#모든문제유형
#기본부터_실력까지

유형
해결의 법칙

Chunjae
Makes
Chunjae

[유형 해결의 법칙] 초등 수학 2-2

기획총괄 김안나
편집개발 이근우, 서진호, 박웅, 최경환
디자인총괄 김희정
표지디자인 윤순미, 여화경
내지디자인 박희춘, 이혜미
제작 황성진, 조규영

발행일 2017년 5월 15일 초판 2023년 3월 1일 7쇄
발행인 (주)천재교육
주소 서울시 금천구 가산로9길 54
신고번호 제2001-000018호
고객센터 1577-0902

※ 정답 분실 시에는 천재교육 교재 홈페이지에서 내려받으세요.
※ KC 마크는 이 제품이 공통안전기준에 적합하였음을 의미합니다.
※ 주의
책 모서리에 다칠 수 있으니 주의하시기 바랍니다.
부주의로 인한 사고의 경우 책임지지 않습니다.
8세 미만의 어린이는 부모님의 관리가 필요합니다.

모든 유형을 다 담은 해결의 법칙

2·2

	1일차	2일차	3일차	4일차	5일차
5주	월 일	월 일	월 일	월 일	월 일
	2. 곱셈구구 74~77쪽	2. 곱셈구구 78~79쪽	2. 곱셈구구 80~81쪽	2. 곱셈구구 82~84쪽	2. 곱셈구구 85~87쪽
6주	월 일	월 일	월 일	월 일	월 일
	3. 길이 재기 90~92쪽	3. 길이 재기 93~95쪽	3. 길이 재기 96~98쪽	3. 길이 재기 99~101쪽	3. 길이 재기 102~105쪽
7주	월 일	월 일	월 일	월 일	월 일
	3. 길이 재기 106~109쪽	3. 길이 재기 110~111쪽	3. 길이 재기 112~113쪽	3. 길이 재기 114~116쪽	3. 길이 재기 117~119쪽
8주	월 일	월 일	월 일	월 일	월 일
	4. 시각과 시간 122~125쪽	4. 시각과 시간 126~129쪽	4. 시각과 시간 130~133쪽	4. 시각과 시간 134~137쪽	4. 시각과 시간 138~139쪽
9주	월 일	월 일	월 일	월 일	월 일
	4. 시각과 시간 140~141쪽	4. 시각과 시간 142~144쪽	4. 시각과 시간 145~147쪽	5. 표와 그래프 150~153쪽	5. 표와 그래프 154~157쪽
10주	월 일	월 일	월 일	월 일	월 일
	5. 표와 그래프 158~161쪽	5. 표와 그래프 162~165쪽	5. 표와 그래프 166~167쪽	5. 표와 그래프 168~169쪽	5. 표와 그래프 170~172쪽
11주	월 일	월 일	월 일	월 일	월 일
	5. 표와 그래프 173~175쪽	6. 규칙 찾기 178~181쪽	6. 규칙 찾기 182~185쪽	6. 규칙 찾기 186~189쪽	6. 규칙 찾기 190~193쪽
12주	월 일	월 일	월 일	월 일	월 일
	6. 규칙 찾기 194~197쪽	6. 규칙 찾기 198~199쪽	6. 규칙 찾기 200~201쪽	6. 규칙 찾기 202~204쪽	6. 규칙 찾기 205~207쪽

학습 플래너

모든 유형을 다 담은 해결의 법칙

활용법

사용법

학기 전에 사용을 하는 경우

[1단계+2단계], [단원평가]만 문제를 풀고, [3단계]는 학기 중에 응용 문제로 풀어도 됩니다.

시험 대비를 하는 경우

❶ 시험 범위에 속하는 단원을 확인합니다.
❷ [1단계-교과서 개념]과 [2단계-유형]을 다시 살펴봅니다.
❸ 각 단계별로 틀린 문제를 다시 점검합니다.

스케줄표 사용법

❶ 스케줄표에 공부할 날짜를 적습니다.
❷ 날짜에 따라 스케줄표에서 제시한 부분을 공부합니다.
❸ 채점을 한 후 확인란에 부모님께 확인을 받습니다.

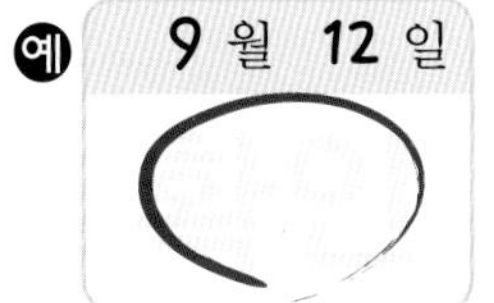

※**스케줄표**는 **12주 진도**에 맞춘 **학습 진도표**입니다.
학생의 학습 기간, 학습 능력에 따라 조절하여 사용하세요.

	1일차	2일차	3일차	4일차	5일차
1주	월 일	월 일	월 일	월 일	월 일
	1. 네 자리 수 8~10쪽	1. 네 자리 수 11~13쪽	1. 네 자리 수 14~17쪽	1. 네 자리 수 18~21쪽	1. 네 자리 수 22~23쪽
2주	월 일	월 일	월 일	월 일	월 일
	1. 네 자리 수 24~25쪽	1. 네 자리 수 26~28쪽	1. 네 자리 수 29~31쪽	1. 네 자리 수 32~33쪽	1. 네 자리 수 34~37쪽
3주	월 일	월 일	월 일	월 일	월 일
	1. 네 자리 수 38~41쪽	1. 네 자리 수 42~43쪽	1. 네 자리 수 44~45쪽	1. 네 자리 수 46~48쪽	1. 네 자리 수 49~51쪽
4주	월 일	월 일	월 일	월 일	월 일
	2. 곱셈구구 54~57쪽	2. 곱셈구구 58~61쪽	2. 곱셈구구 62~65쪽	2. 곱셈구구 66~69쪽	2. 곱셈구구 70~73쪽

문제 중심 해결서

유형 해결의 법칙

2-2

1~2학년군 수학④

개념과 실력을 다질 때나, 시험을 앞두고

있을 때 명쾌한 도움을 받을 수 있는

문제 중심 해결서 **유형 해결의 법칙**

천재교육 **'해결의 법칙'**과 함께 수학만큼은

미리 꼭 준비하세요!

1 핵심 개념

교과서 개념을 만화로 익히고 개념 확인 문제를 풀면서 개념을 제대로 이해했는지 확인할 수 있어요.

학습 게임 제공

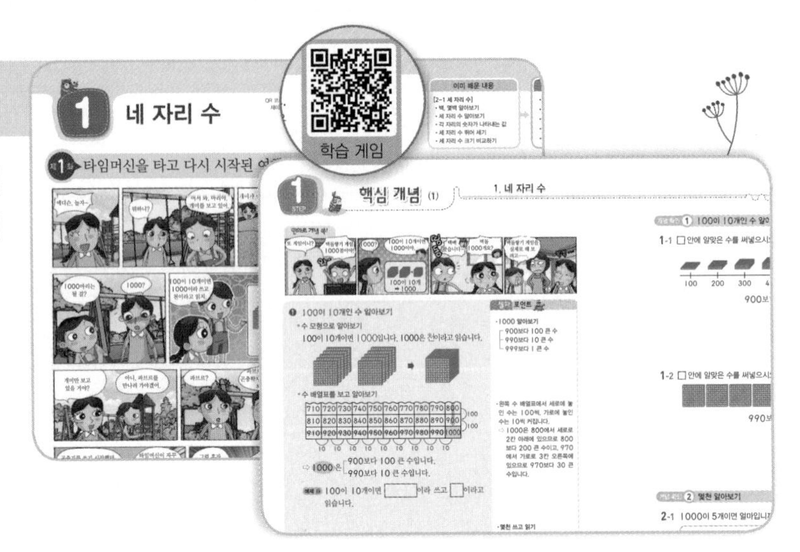

2 유형 탐구

다른 교재에서는 볼 수 없는 학교 선생님, 학원 선생님들의 개념 설명과 노하우를 비풀에 담았어요. 다양한 유형의 문제를 풀면서 개념을 완전히 내 것으로 만들어 보세요.

개념 동영상 강의 제공

플래쉬 학습 제공

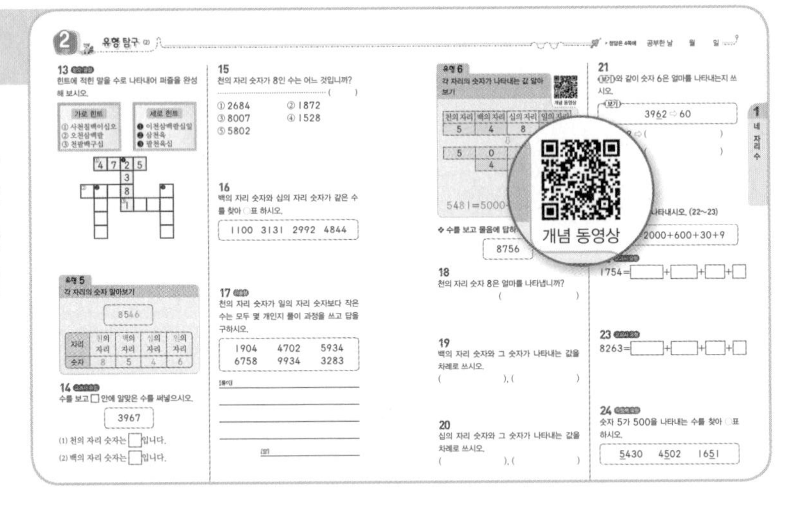

3 해결의 법칙 특강

최근 새롭게 출제되는 창의융합 문제 유형을 연습할 수 있어요.

동영상 강의 제공

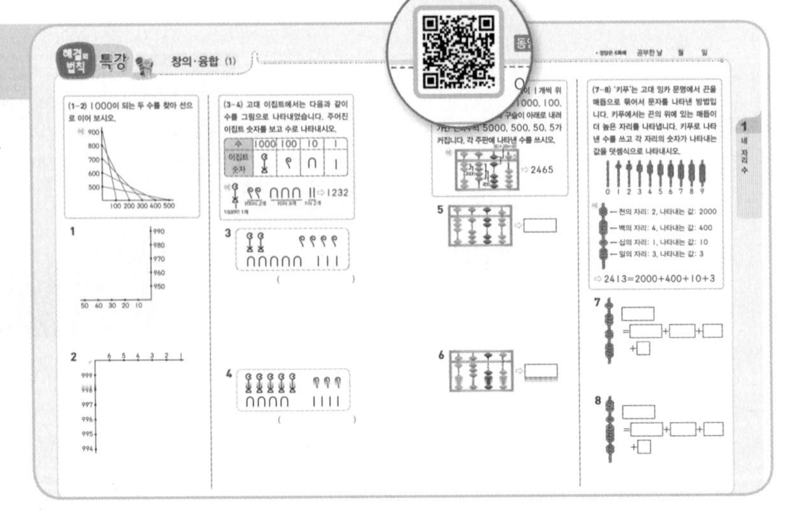

4 레벨 UP

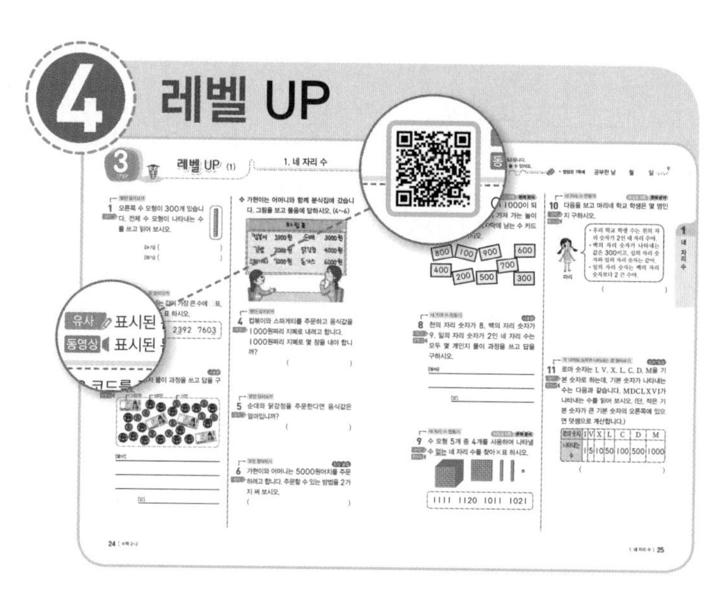

한 단계 더 나아간 응용 유형 문제를 풀면서 어려운 문제도 풀 수 있는 힘을 길러 줍니다.

동영상 강의 제공

유사문제 제공

5 단원평가

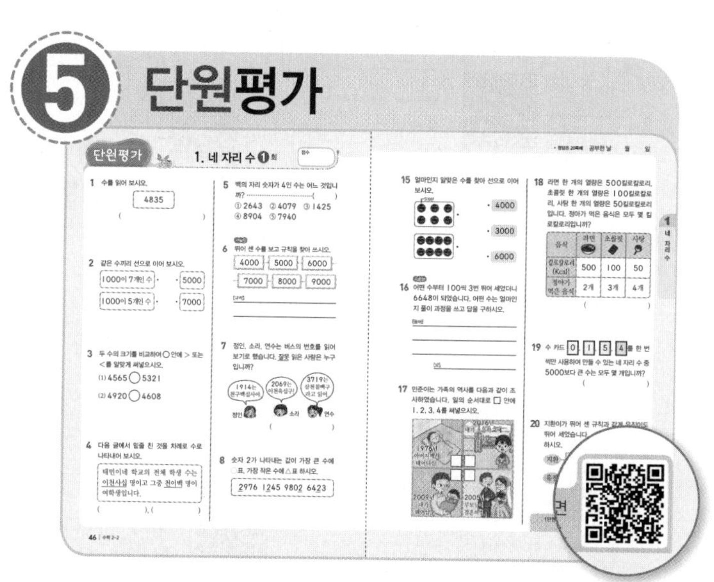

단원평가를 풀면서 앞에서 공부한 내용을 정리해 보세요.

학습 게임 제공

6 정답과 풀이

1. 문제 분석
문제를 단계별로 자세히 분석하여 문제해결력을 높였어요.

2. 생각열기, 해법순서
문제에 대한 접근 방법을 쉽게 제시하였습니다.

3. 참고, 주의, 다른풀이
학생 혼자서도 쉽게 문제를 해결할 수 있고, 다양한 방법으로 문제를 바라볼 수 있는 시각을 기를 수 있습니다.

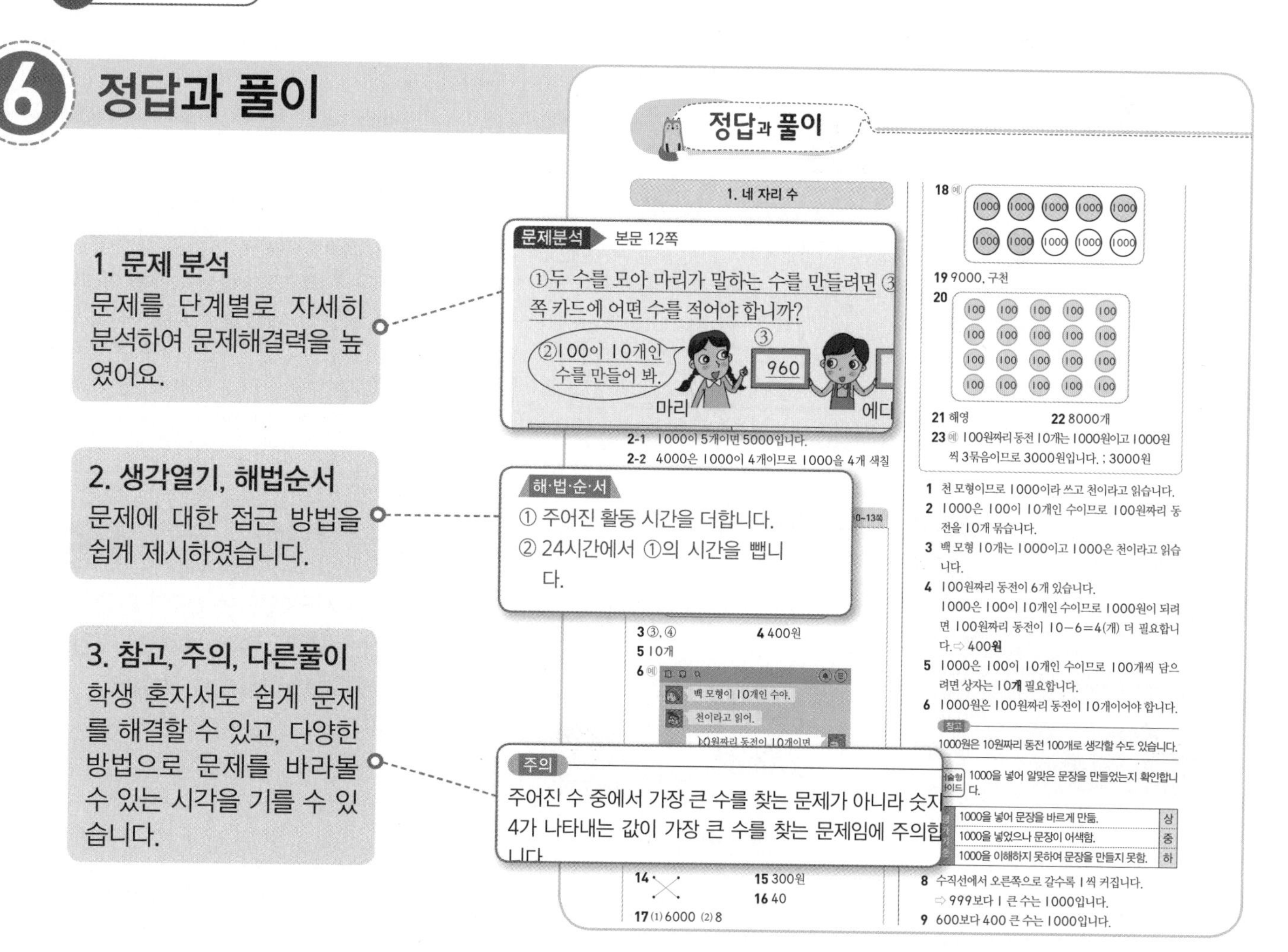

유형 해결의 법칙의 QR 활용법

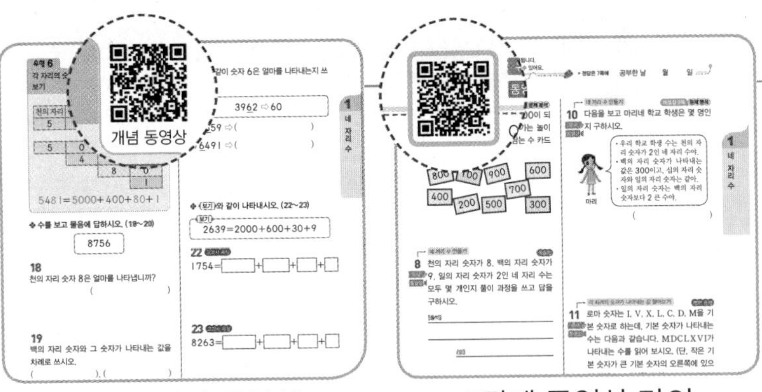

2단계 개념 동영상　　3단계 동영상 강의

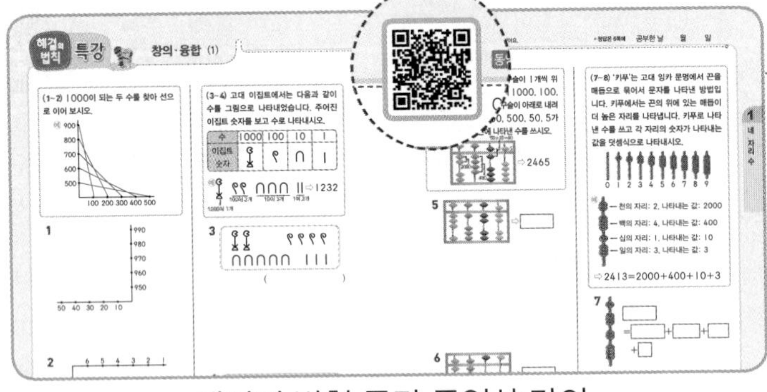

해결의 법칙 특강 동영상 강의

동영상 강의

선생님의 더 자세한 설명을 듣고 싶거나 혼자 해결하기 어려운 문제는 교재 내 QR 코드를 통해 동영상 강의와 플래쉬 학습을 무료로 제공하고 있어요.

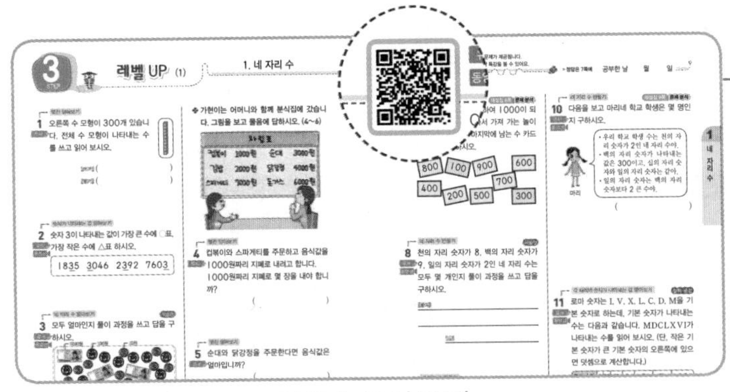

3단계 유사문제

유사문제

3단계에서 비슷한 유형의 문제를 더 풀어 보고 싶다면 QR을 찍어 보세요. 추가로 제공되는 유사문제를 풀면서 앞에서 공부한 내용을 정리할 수 있어요.

학습 게임　　단원평가 게임

학습 게임

단원 시작에 있는 QR과 단원 마지막에 있는 QR을 찍어 보세요. 게임을 하면서 개념을 정리할 수 있어요.

C·O·N·T·E·N·T·S

2·2

1~2학년군 수학④

1 네 자리 수

QR 코드를 찍어 보세요.
재미있는 학습 게임을
할 수 있어요.

학습 게임

제1화 타임머신을 타고 다시 시작된 여행

이미 배운 내용	이번에 배울 내용	앞으로 배울 내용
[2-1 세 자리 수] • 백, 몇백 알아보기 • 세 자리 수 알아보기 • 각 자리의 숫자가 나타내는 값 • 세 자리 수 뛰어 세기 • 세 자리 수 크기 비교하기	• 천, 몇천 알아보기 • 네 자리 수 알아보기 • 각 자리의 숫자가 나타내는 값 • 네 자리 수 뛰어 세기 • 네 자리 수 크기 비교하기	[4-1 큰 수] • 만 알아보기 • 다섯 자리 수 알아보기 • 십만, 백만, 천만 알아보기 • 억, 조 알아보기 • 뛰어 세기

아까 저희도 개미를 봤는데 1000마리도 넘었어요.

내가 지금 관찰하는 개미는 2436마리란다.

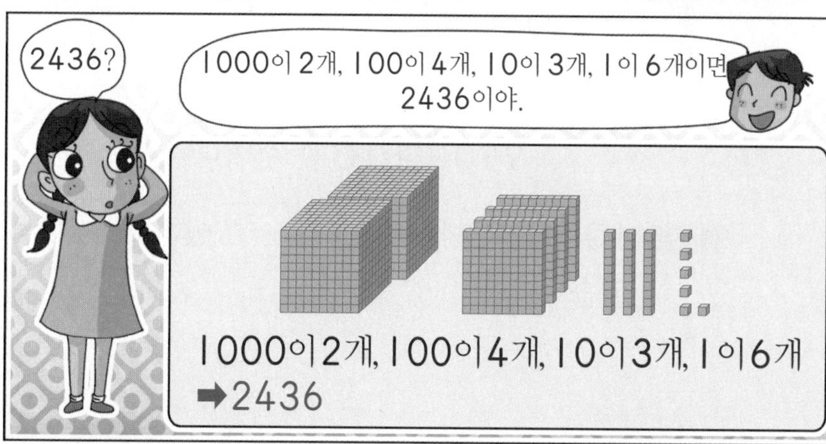

핵심 개념 (1)

만화로 개념 쏙!

❶ 100이 10개인 수 알아보기

• 수 모형으로 알아보기

100이 10개이면 1000입니다. 1000은 천이라고 읽습니다.

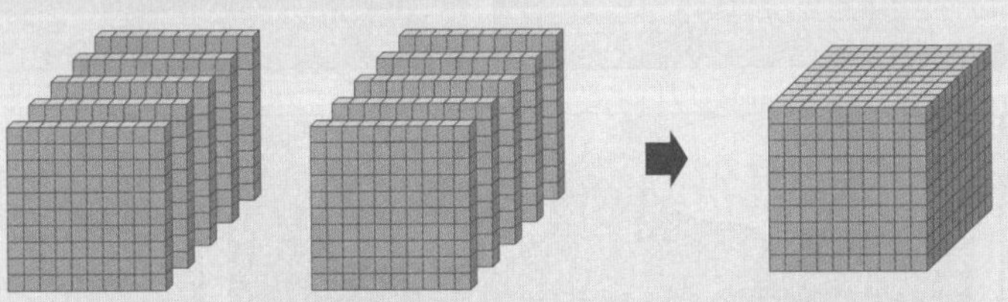

• 수 배열표를 보고 알아보기

710	720	730	740	750	760	770	780	790	800
810	820	830	840	850	860	870	880	890	900
910	920	930	940	950	960	970	980	990	1000

(세로: 100, 100 / 가로: 10 10 10 10 10 10 10 10 10)

⇨ 1000은 900보다 100 큰 수입니다. / 990보다 10 큰 수입니다.

예제 ❶ 100이 10개이면 [ ]이라 쓰고 [ ]이라고 읽습니다.

❷ 몇천 알아보기

수	1000이 2개	1000이 3개	1000이 4개	……
쓰기	2000	3000	4000	……
읽기	이천	삼천	사천	……

예제 ❷ 1000이 8개이면 [ ]이라 쓰고 [ ]이라고 읽습니다.

셀파 포인트

• 1000 알아보기
- 900보다 100 큰 수
- 990보다 10 큰 수
- 999보다 1 큰 수

• 왼쪽 수 배열표에서 세로에 놓인 수는 100씩, 가로에 놓인 수는 10씩 커집니다.

⇨ 1000은 800에서 세로로 2칸 아래에 있으므로 800보다 200 큰 수이고, 970에서 가로로 3칸 오른쪽에 있으므로 970보다 30 큰 수입니다.

• 몇천 쓰고 읽기

쓰기	읽기	쓰기	읽기
2000	이천	6000	육천
3000	삼천	7000	칠천
4000	사천	8000	팔천
5000	오천	9000	구천

예제 정답

❶ 1000, 천
❷ 8000, 팔천

개념 확인 1 1000이 10개인 수 알아보기

1-1 □ 안에 알맞은 수를 써넣으시오.

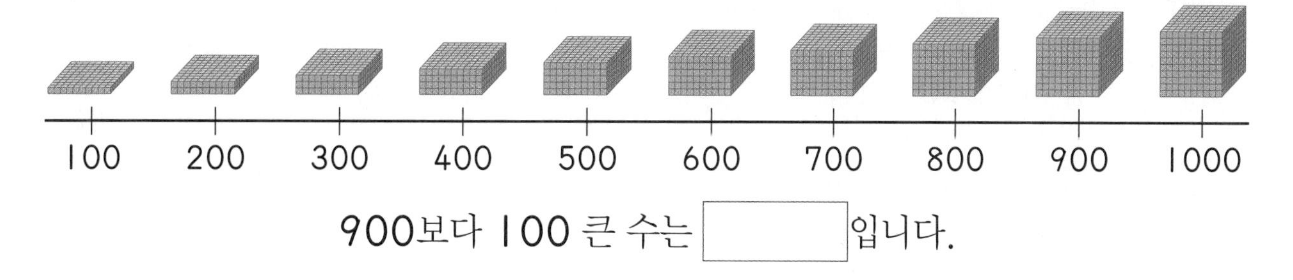

900보다 100 큰 수는 □입니다.

1-2 □ 안에 알맞은 수를 써넣으시오.

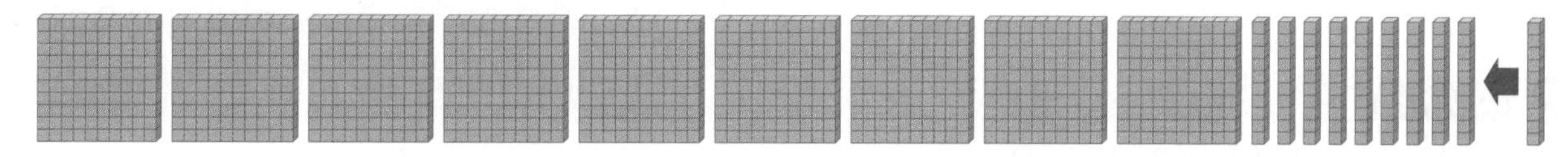

990보다 10 큰 수는 □입니다.

개념 확인 2 몇천 알아보기

2-1 1000이 5개이면 얼마입니까?

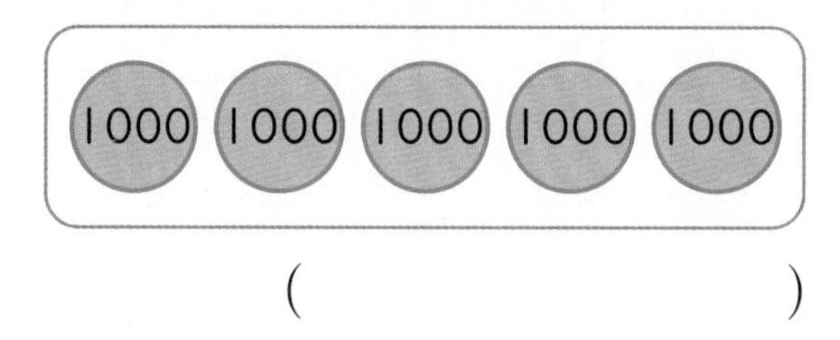

(　　　　　　　　)

2-2 4000만큼 색칠해 보시오.

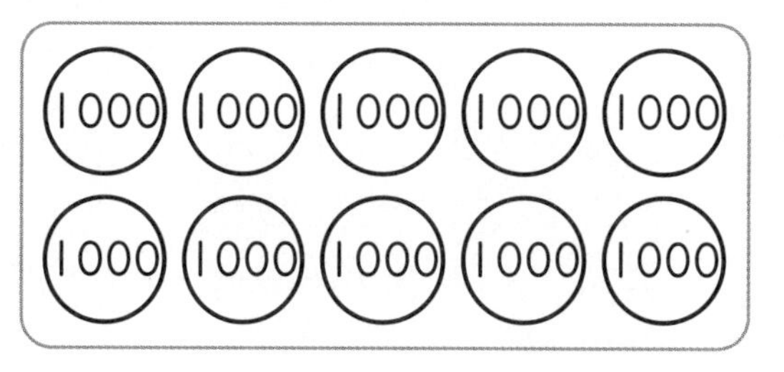

유형 탐구 (1)

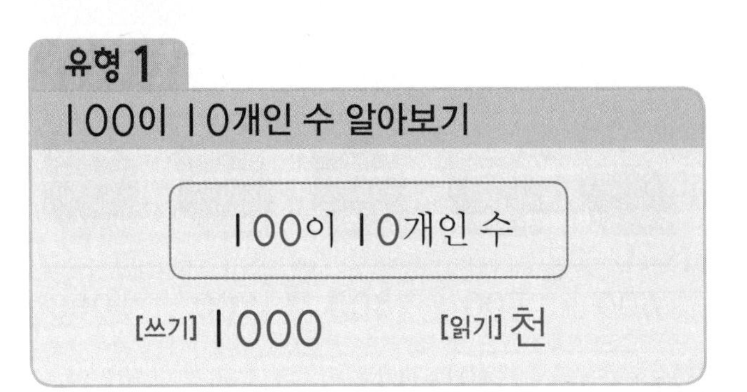

유형 1

100이 10개인 수 알아보기

100이 10개인 수

[쓰기] 1000 [읽기] 천

1

수 모형이 나타내는 수를 쓰시오.

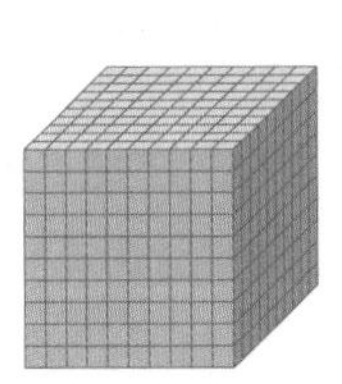

(　　　　　　　　　　)

2 교과서 유형

1000원이 되도록 묶어 보시오.

3

수 모형이 나타내는 수를 모두 고르시오. ………………………… (　　　　　)

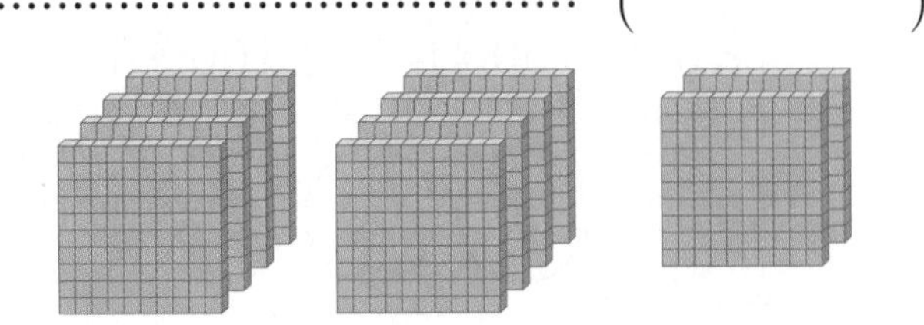

① 10　② 100　③ 1000
④ 천　⑤ 십

4 익힘책 유형

1000원이 되려면 얼마가 더 필요합니까?

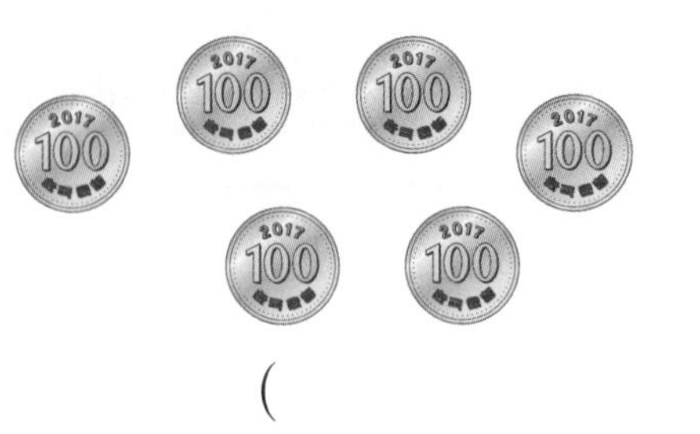

(　　　　　　　　　　)

5

귤 1000개를 한 상자에 100개씩 담으려고 합니다. 상자는 모두 몇 개 필요합니까?

(　　　　　　　　　　)

6 창의·융합

친구들이 1000에 대해 이야기하고 있습니다. 잘못된 부분에 ×표 하시오.

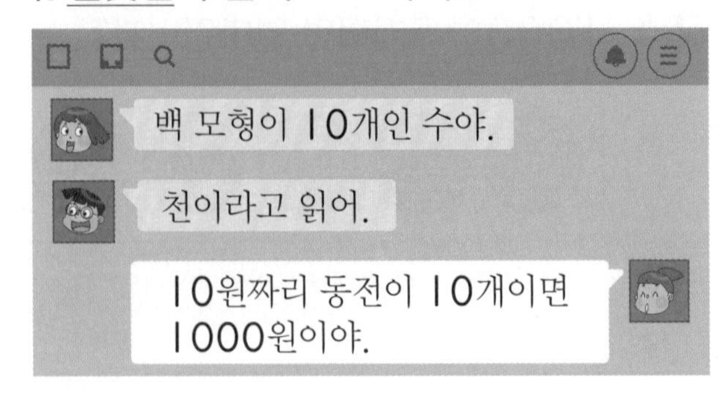

7 서술형

보기 와 같이 1000을 이용하여 문장을 만들어 보시오.

보기

아이돌 가수가 공연하는 곳에 1000명이 들어갈 수 있습니다.

[문장]

유형 2

1000 만들기

1000 — 900보다 100 큰 수 / 800보다 200 큰 수

1000 — 990보다 10 큰 수 / 980보다 20 큰 수

1000 — 999보다 1 큰 수 / 998보다 2 큰 수

8 교과서 유형

□ 안에 알맞은 수를 써넣으시오.

994 995 996 997 998 999 1000

999보다 1 큰 수는 □입니다.

9

□ 안에 알맞은 수를 써넣으시오.

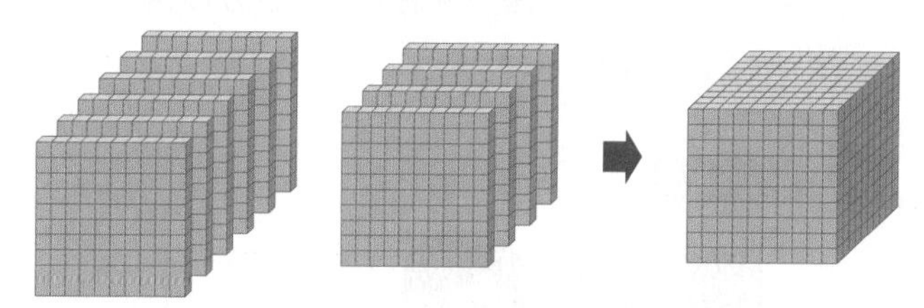

600보다 □ 큰 수는 1000입니다.

10 익힘책 유형

1000에 대한 설명입니다. □ 안에 알맞은 수를 써넣으시오.

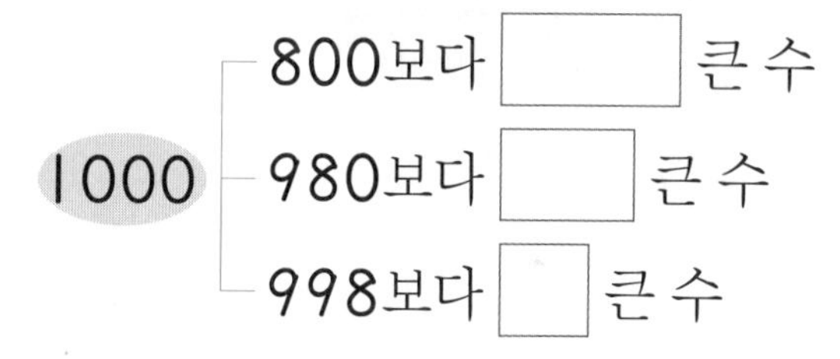

11 서술형

수직선을 보고 1000을 설명해 보시오.

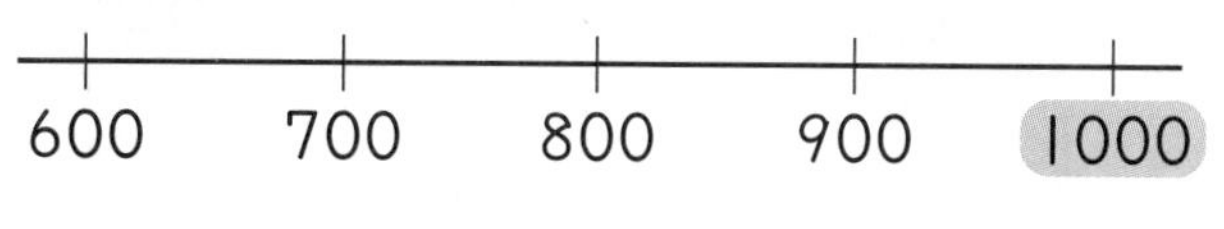

1 네 자리 수

창의·융합

❖ 1000 만들기 놀이를 하고 있습니다. 빈칸에 알맞은 수를 써넣어 1000을 만들어 보시오. (12~13)

12 익힘책 유형

13 익힘책 유형

14 익힘책 유형

1000이 되도록 왼쪽 그림과 오른쪽 수를 서로 이어 보시오.

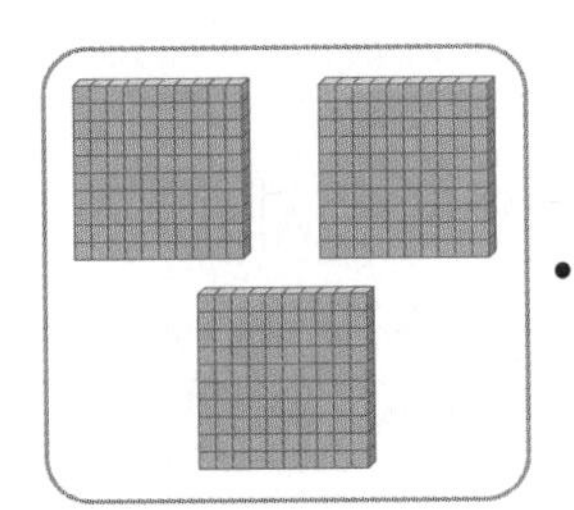 • • 500

 • • 700

15

700원이 있습니다. 1000원을 저금하려면 얼마를 더 모아야 합니까?

( )

16 해설집 3쪽 문제 분석

두 수를 모아 마리가 말하는 수를 만들려면 오른쪽 카드에 어떤 수를 적어야 합니까?

( )

유형 3

몇천 알아보기

수	쓰기	읽기
1000이 2개인 수	2000	이천
1000이 3개인 수	3000	삼천
⋮	⋮	⋮
1000이 ▲개인 수	▲000	▲천

17

□ 안에 알맞은 수를 써넣으시오.

(1) 1000이 6개이면 □ 입니다.

(2) 8000은 1000이 □ 개입니다.

18 교과서 유형

7000만큼 색칠해 보시오.

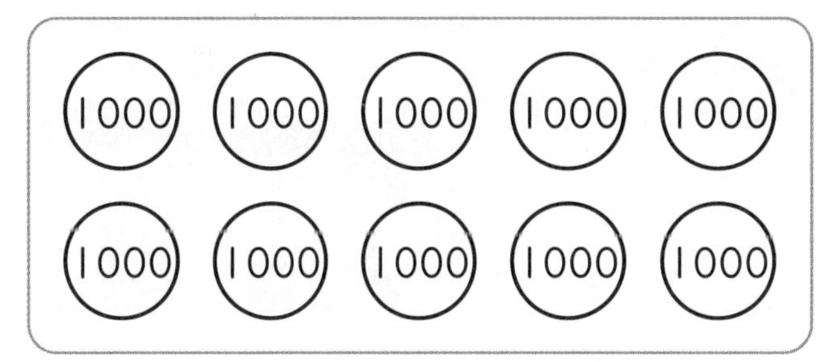

19

알맞은 수를 쓰고 읽어 보시오.

[쓰기] (   )

[읽기] (   )

20 익힘책 유형

100을 사용하여 2000을 나타내어 보시오.

21

세 사람 중 다른 수를 나타낸 사람은 누구입니까?

(   )

22

참치 캔이 한 상자에 100개씩 들어 있습니다. 80상자에는 참치 캔이 모두 몇 개 들어 있습니까?

(   )

23 서술형

서진이는 100원짜리 동전을 그림과 같이 10개씩 쌓았습니다. 쌓은 돈은 모두 얼마인지 풀이 과정을 쓰고 답을 구하시오.

[풀이]

[답]

1

네 자리 수

핵심 개념 (2)

만화로 개념 쏙!

❸ 네 자리 수 알아보기

천 모형	백 모형	십 모형	일 모형
1000이 1개	100이 2개	10이 4개	1이 7개

1000이 1개, 100이 2개, 10이 4개, 1이 7개이면 1247입니다. 1247은 천이백사십칠이라고 읽습니다.

예제 ❶ 1000이 1개, 100이 8개, 10이 2개, 1이 9개이면 ☐입니다.

❹ 각 자리의 숫자가 나타내는 값 알아보기

천의 자리	백의 자리	십의 자리	일의 자리
3	2	4	5

⇩

3	0	0	0
	2	0	0
		4	0
			5

3은 천의 자리 숫자이고, 3000을 나타냅니다.
2는 백의 자리 숫자이고, 200을 나타냅니다.
4는 십의 자리 숫자이고, 40을 나타냅니다.
5는 일의 자리 숫자이고, 5를 나타냅니다.

$$3245=3000+200+40+5$$

예제 ❷ 7298에서

7은 천의 자리 숫자이고, ☐을 나타냅니다.

셀파 포인트

- 1000이 ■개, 100이 ▲개, 10이 ●개, 1이 ★개 ⇨ ■▲●★

- 수를 읽을 때 주의할 점
  - ① 자리의 숫자가 0이면 숫자와 자릿값을 읽지 않습니다.
    - 예 3005 ⇨ 삼천오(○), 삼천영백영십오(×)
  - ② 자리의 숫자가 1이면 자릿값만 읽습니다.
    - 예 2186 ⇨ 이천백팔십육(○), 이천일백팔십육(×)

- 같은 숫자라도 자리에 따라 나타내는 값이 달라집니다.
  - 예 6666
    - → 나타내는 값: 6000
    - → 나타내는 값: 600
    - → 나타내는 값: 60
    - → 나타내는 값: 6

예제 정답

❶ 1829
❷ 7000

개념 확인 3 네 자리 수 알아보기

3-1 □ 안에 알맞은 수를 써넣으시오.

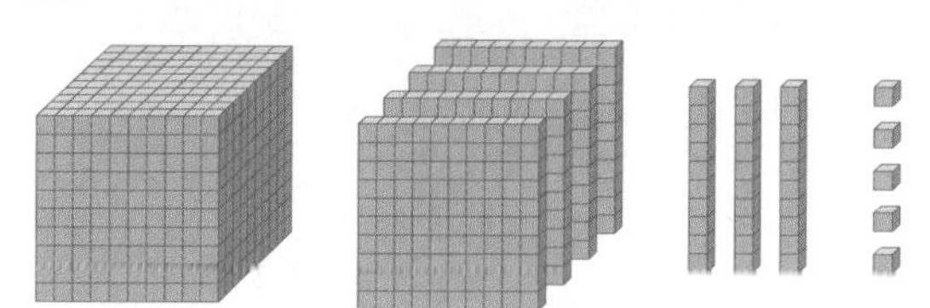

1000이 1개, 100이 4개, 10이 3개, 1이 5개이면 □ 입니다.

3-2 □ 안에 알맞은 수를 써넣으시오.

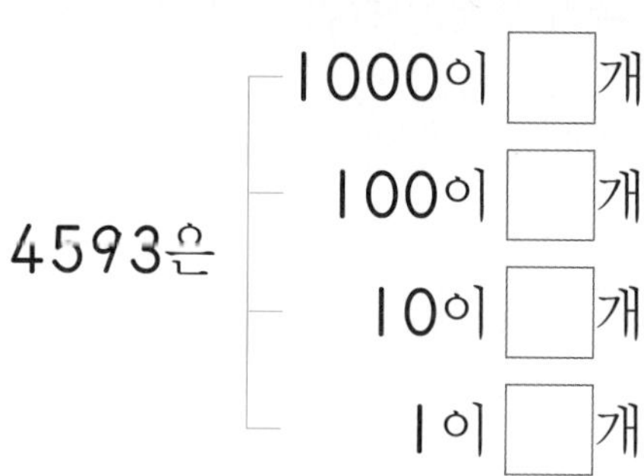

3-3 수를 바르게 읽은 것을 찾아 ○표 하시오.

7300

칠천삼 ( ) 칠천삼백 ( )

3-4 수로 나타내어 보시오.

(1) 천이백오십칠

( )

(2) 삼천사십

( )

개념 확인 4 각 자리의 숫자가 나타내는 값 알아보기

4-1 □ 안에 알맞은 말을 써넣으시오.

4325

(1) 4는 □의 자리 숫자이고,
3은 □의 자리 숫자입니다.

(2) 2는 □의 자리 숫자이고,
5는 □의 자리 숫자입니다.

4-2 □ 안에 알맞은 수를 써넣으시오.

5629

(1) 5는 천의 자리 숫자이고,
□을 나타냅니다.

(2) 6은 백의 자리 숫자이고,
□을 나타냅니다.

유형 탐구 (2)

유형 4

네 자리 수 알아보기

1000이 3개, 100이 5개, 10이 7개, 1이 4개

[쓰기] 3574 [읽기] 삼천오백칠십사

1

□ 안에 알맞은 수를 써넣으시오.

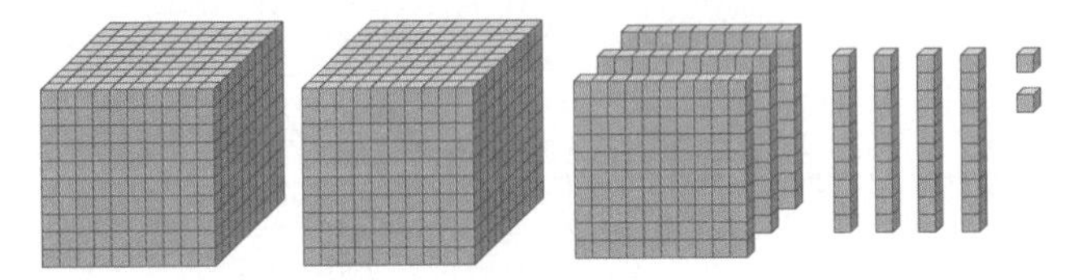

1000이 2개, 100이 3개, 10이 4개, 1이 2개이면 □ 입니다.

2

7514를 바르게 읽은 것에 ○표 하시오.

칠천오백일십사	칠천오백십사
(　　)	(　　)

3 교과서 유형

수로 나타내어 보시오.

육천삼백이십칠

(　　　　　　)

4 익힘책 유형

□ 안에 알맞은 수를 써넣으시오.

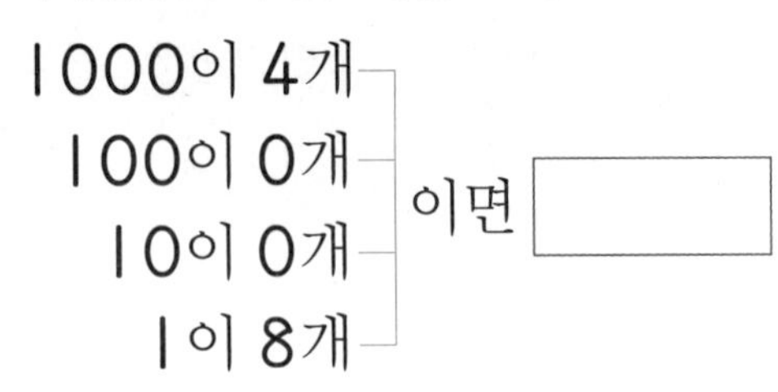

5

1000이 3개, 10이 5개, 1이 3개인 수를 쓰고 읽어 보시오.

[쓰기] (　　　　　　)

[읽기] (　　　　　　)

6 서술형

모두 얼마인지 풀이 과정을 쓰고 답을 구하시오.

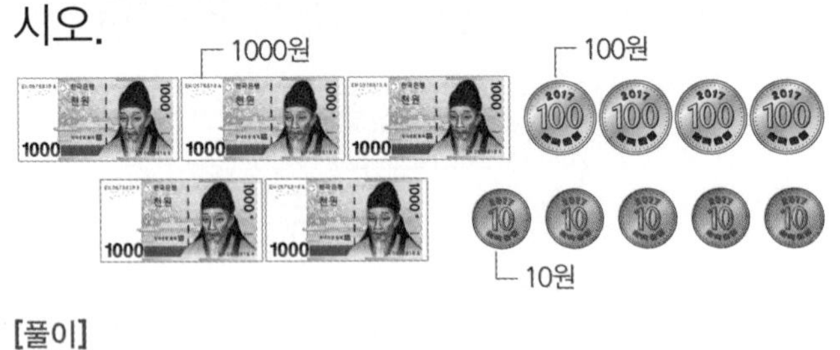

[풀이]

[답]

❖ 주어진 수를 수 카드로 나타내려고 합니다. 필요한 수 카드를 모두 찾아 ○표 하시오. (7~8)

7

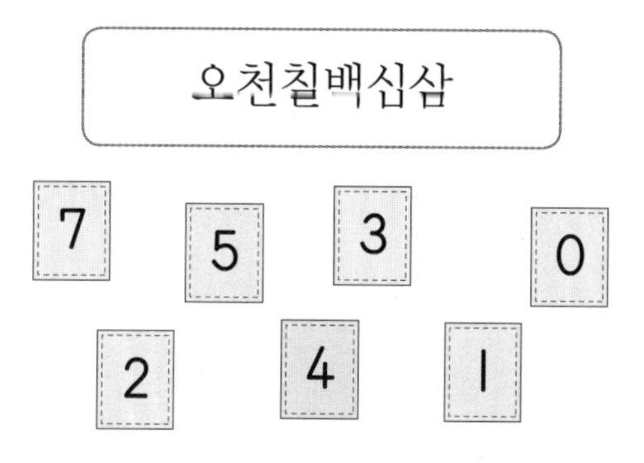

8

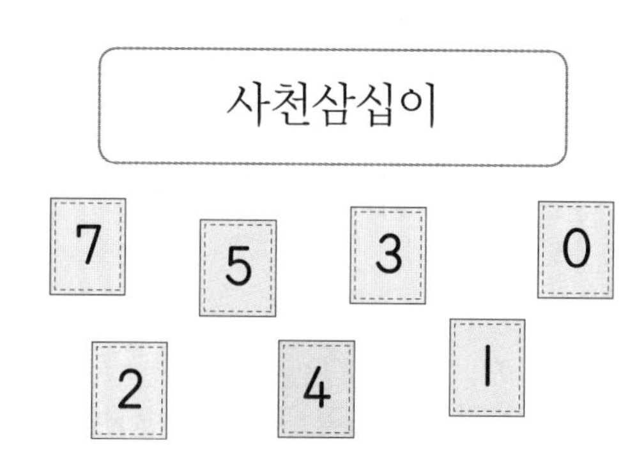

9 창의·융합

신문 기사 속에서 네 자리 수를 모두 찾아 차례로 읽어 보시오.

한국 최초의 우주인

2006년 4월 우주인 선발 공고가 났다. 온 국민의 관심이 쏠렸고 접수 이틀 만에 지원자가 5000명을 넘어섰다.

(　　　　　　　　), (　　　　　　　　)

10 익힘책 유형

(1000), (100), (10), (1)을 사용하여 3524를 나타내어 보시오.

11 교과서 유형

수 모형이 나타내는 수를 쓰고 읽어 보시오.

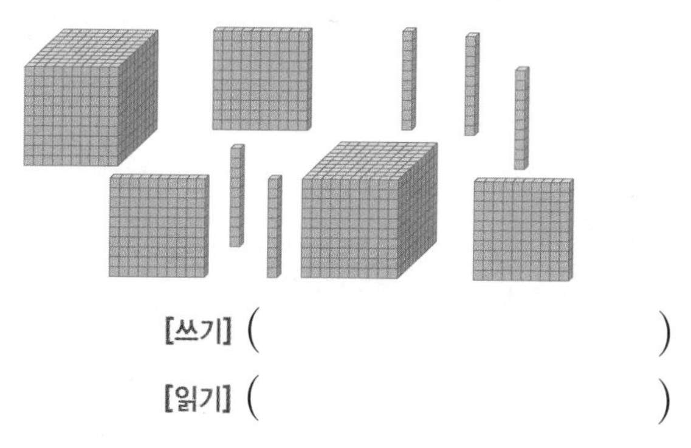

[쓰기] (　　　　　　　　)

[읽기] (　　　　　　　　)

12

윤지는 네 자리 수를 만들려고 합니다. 필요 없는 수 카드를 찾아 ×표 하시오.

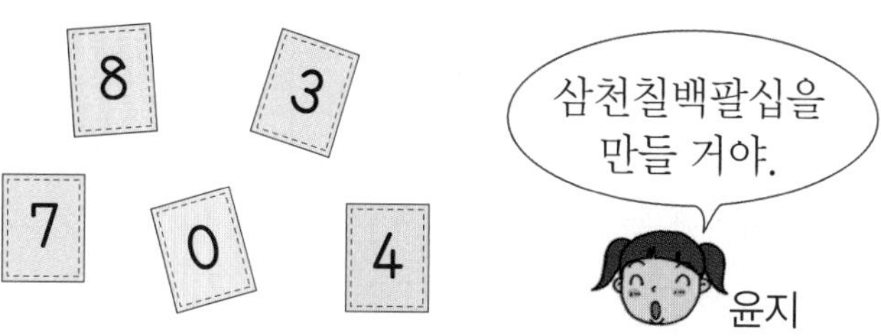

13 창의·융합

힌트에 적힌 말을 수로 나타내어 퍼즐을 완성해 보시오.

가로 힌트
① 사천칠백이십오
② 오천삼백팔
③ 천팔백구십

세로 힌트
❶ 이천삼백팔십일
❷ 삼천육
❸ 팔천육십

유형 5
각 자리의 숫자 알아보기

8546

자리	천의 자리	백의 자리	십의 자리	일의 자리
숫자	8	5	4	6

14 교과서 유형

수를 보고 □ 안에 알맞은 수를 써넣으시오.

3967

(1) 천의 자리 숫자는 □입니다.

(2) 백의 자리 숫자는 □입니다.

15

천의 자리 숫자가 8인 수는 어느 것입니까? ………………………………………… (　　　)

① 2684　② 1872
③ 8007　④ 1528
⑤ 5802

16

백의 자리 숫자와 십의 자리 숫자가 같은 수를 찾아 ○표 하시오.

1100　3131　2992　4844

17 서술형

천의 자리 숫자가 일의 자리 숫자보다 작은 수는 모두 몇 개인지 풀이 과정을 쓰고 답을 구하시오.

1904　4702　5934
6758　9934　3283

[풀이]

[답]

유형 6

각 자리의 숫자가 나타내는 값 알아보기

천의 자리	백의 자리	십의 자리	일의 자리
5	4	8	1

⇩

5	0	0	0
	4	0	0
		8	0
			1

$5481=5000+400+80+1$

❖ 수를 보고 물음에 답하시오. (18~20)

8756

18
천의 자리 숫자 8은 얼마를 나타냅니까?

( )

19
백의 자리 숫자와 그 숫자가 나타내는 값을 차례로 쓰시오.

( ), ( )

20
십의 자리 숫자와 그 숫자가 나타내는 값을 차례로 쓰시오.

( ), ( )

21
보기 와 같이 숫자 6은 얼마를 나타내는지 쓰시오.

보기
3962 ⇨ 60

(1) 1659 ⇨ ( )

(2) 6491 ⇨ ( )

❖ 보기 와 같이 나타내시오. (22~23)

보기
$2639=2000+600+30+9$

22 교과서 유형
$1754=\square+\square+\square+\square$

23 교과서 유형
$8263=\square+\square+\square+\square$

24 익힘책 유형
숫자 5가 500을 나타내는 수를 찾아 ○표 하시오.

5430 4502 1651

25

어떤 네 자리 수에서 각 자리의 숫자가 나타내는 값을 덧셈식으로 나타내었습니다. 네 자리 수를 쓰시오.

$$1000+700+30+5$$

(　　　　　　　　　)

26 익힘책 유형

숫자 9가 나타내는 값이 다른 수를 들고 있는 사람은 누구입니까?

강호　　예진　　세찬

(　　　　　　　　　)

27 서술형

숫자 4가 나타내는 값이 가장 큰 수는 어느 것인지 풀이 과정을 쓰고 답을 구하시오.

5347	4107	2418

[풀이]

[답]

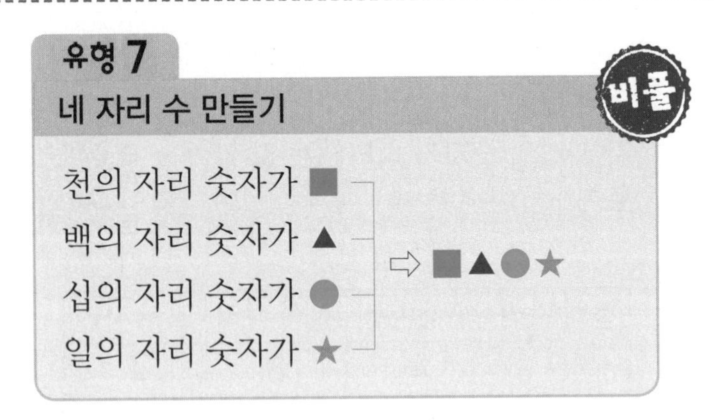

28

백의 자리 숫자가 7인 네 자리 수를 만든 사람은 누구입니까?

지욱　　윤소

(　　　　　　　　　)

29

천의 자리 숫자가 2, 백의 자리 숫자가 3, 십의 자리 숫자가 5, 일의 자리 숫자가 6인 네 자리 수를 쓰시오.

(　　　　　　　　　)

30

천의 자리 숫자가 2, 백의 자리 숫자가 9, 십의 자리 숫자가 0, 일의 자리 숫자가 4인 네 자리 수를 읽어 보시오.

(　　　　　　　　　)

31 창의·융합

다섯고개 놀이는 다섯 번 질문하고 그 질문에 대한 대답을 들어서 알아맞히는 말놀이입니다. 다음 다섯고개 놀이의 답을 구하시오.

고개	질문	대답
(한 손가락)	몇 자리 수인가요?	네 자리 수 입니다.
(두 손가락)	천의 자리 숫자는 무엇인가요?	7입니다.
(세 손가락)	백의 자리 숫자는 무엇인가요?	천의 자리 숫자보다 2 큰 수 입니다.
(네 손가락)	십의 자리 숫자는 무엇인가요?	0입니다.
(다섯 손가락)	일의 자리 숫자는 무엇인가요?	십의 자리 숫자보다 5 큰 수 입니다.

( )

32

다음에서 설명하는 네 자리 수를 구하시오.

- 백의 자리 숫자는 5입니다.
- 십의 자리 숫자는 4입니다.
- (천의 자리 숫자)=(십의 자리 숫자)×2
- (일의 자리 숫자)=(십의 자리 숫자)−4

( )

❖ 수 카드 5, 7, 1, 8 을 한 번씩 만 사용하여 네 자리 수를 만들려고 합니다. 물음에 답하시오. (33~34)

33

천의 자리 숫자가 1, 백의 자리 숫자가 7인 네 자리 수를 모두 만드시오.

( )

34

백의 자리 숫자가 5, 일의 자리 숫자가 8인 네 자리 수를 모두 만드시오.

( )

35

해설집 6쪽 문제 분석

다음에서 설명하는 네 자리 수를 구하시오.

- 천의 자리 숫자는 8, 십의 자리 숫자는 3입니다.
- 백의 자리 숫자는 천의 자리 숫자보다 큽니다.
- 각 자리 숫자의 합은 22입니다.

( )

창의·융합 (1)

(1~2) 1000이 되는 두 수를 찾아 선으로 이어 보시오.

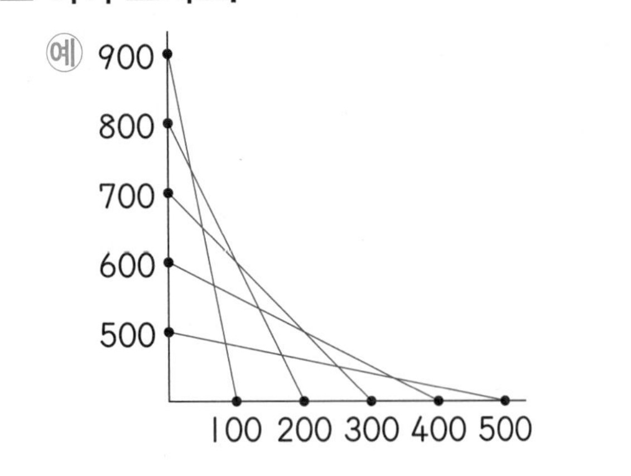

1

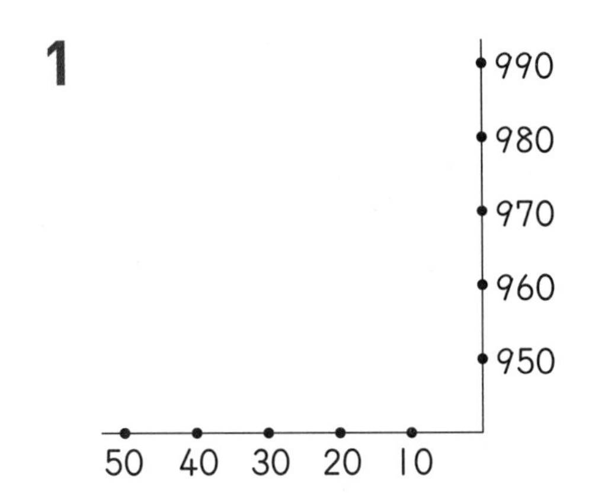

2

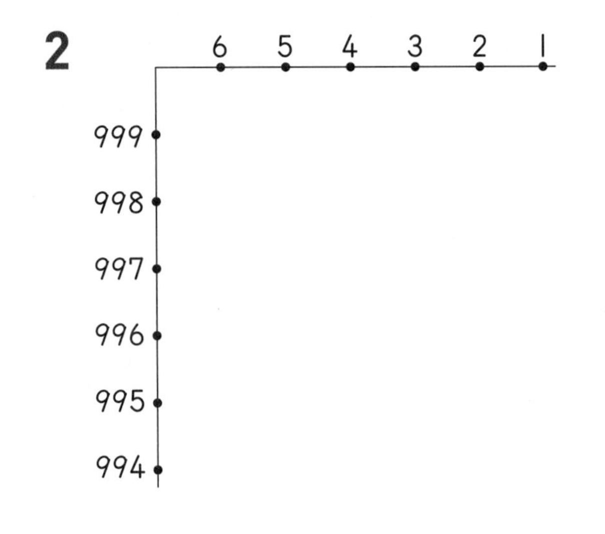

(3~4) 고대 이집트에서는 다음과 같이 수를 그림으로 나타내었습니다. 주어진 이집트 숫자를 보고 수로 나타내시오.

수	1000	100	10	1
이집트 숫자			∩	|

3

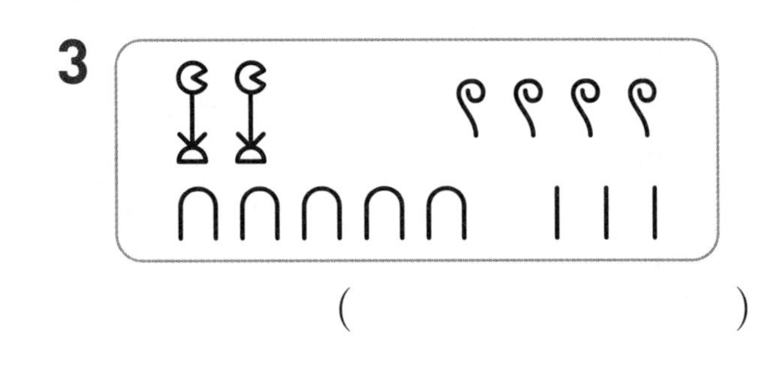

(　　　　　　　　)

4

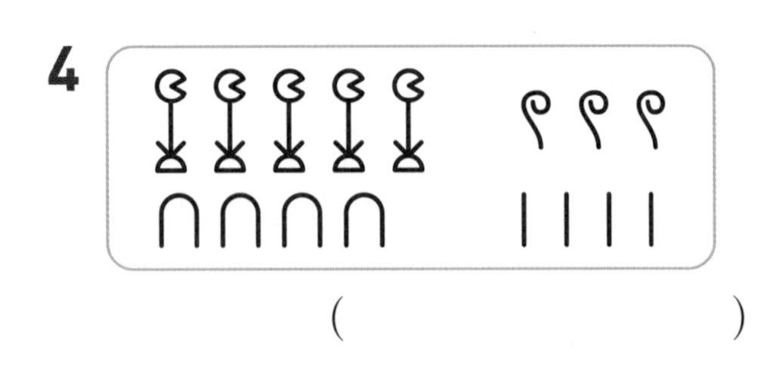

(　　　　　　　　)

(5~6) 주판에서 아래쪽 구슬이 1개씩 위로 올라갈 때마다 왼쪽부터 1000, 100, 10, 1이 커지고, 위쪽 구슬이 아래로 내려가면 왼쪽부터 5000, 500, 50, 5가 커집니다. 각 주판에 나타낸 수를 쓰시오.

예
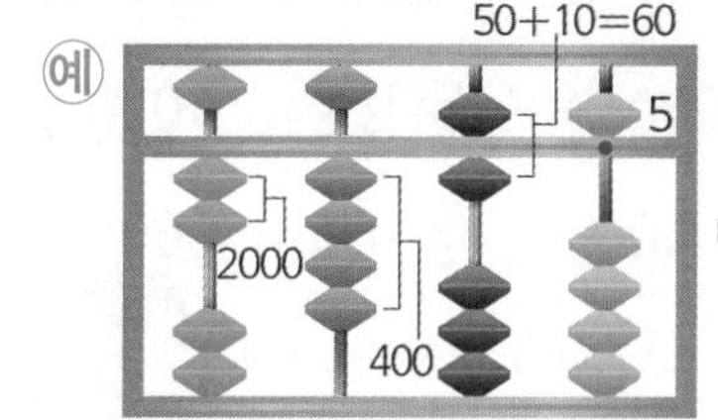

⇨ 2465

5
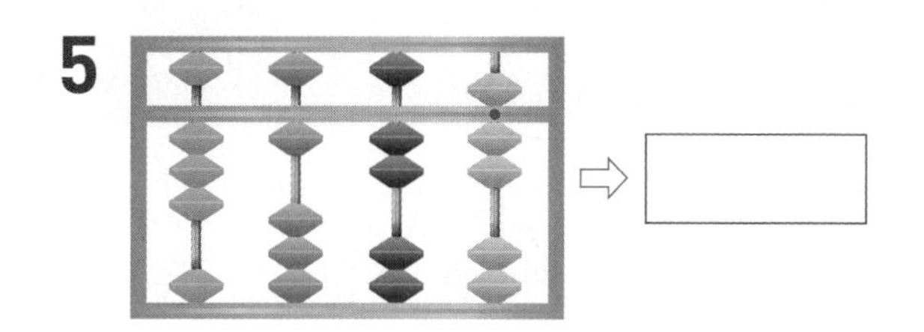
⇨ □

6
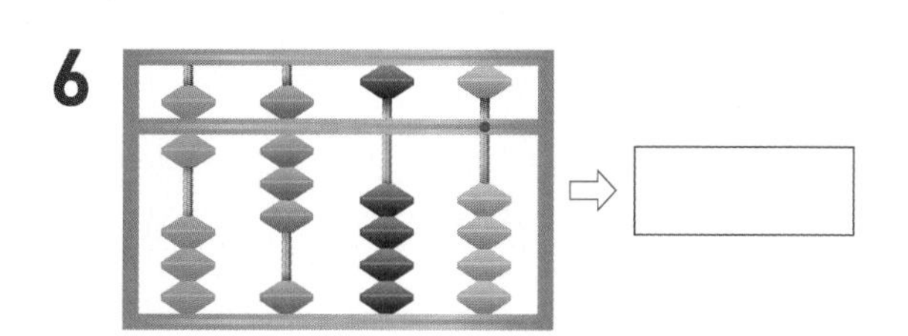
⇨ □

(7~8) '키푸'는 고대 잉카 문명에서 끈을 매듭으로 묶어서 문자를 나타낸 방법입니다. 키푸에서는 끈의 위에 있는 매듭이 더 높은 자리를 나타냅니다. 키푸로 나타낸 수를 쓰고 각 자리의 숫자가 나타내는 값을 덧셈식으로 나타내시오.

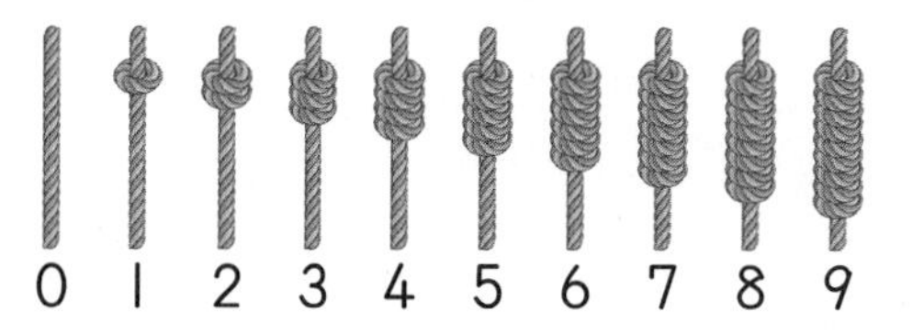

예
← 천의 자리: 2, 나타내는 값: 2000
← 백의 자리: 4, 나타내는 값: 400
← 십의 자리: 1, 나타내는 값: 10
← 일의 자리: 3, 나타내는 값: 3

⇨ 2413=2000+400+10+3

7
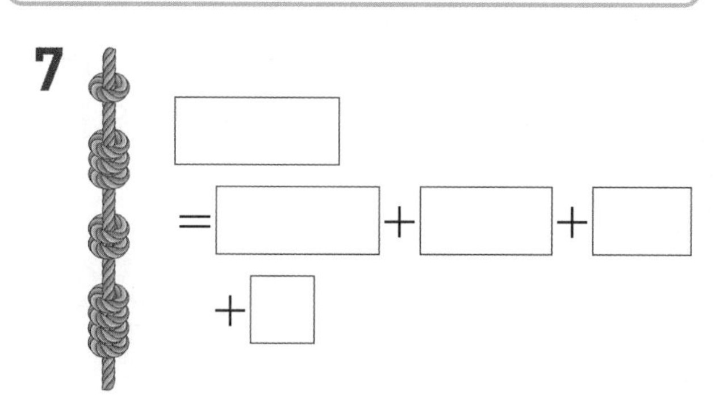
□
=□+□+□
+□

8
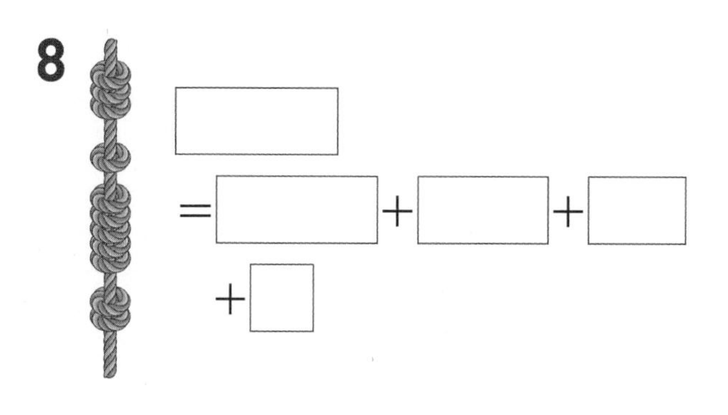
□
=□+□+□
+□

1 네 자리 수

몇천 알아보기

1 오른쪽 수 모형이 300개 있습니다. 전체 수 모형이 나타내는 수를 쓰고 읽어 보시오.

유사

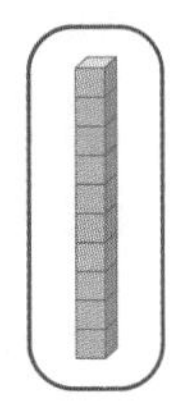

[쓰기] (　　　　　　　　　　)

[읽기] (　　　　　　　　　　)

숫자가 나타내는 값 알아보기

2 숫자 3이 나타내는 값이 가장 큰 수에 ○표, 가장 작은 수에 △표 하시오.

유사 동영상

1835　3046　2392　7603

네 자리 수 알아보기　서술형

3 모두 얼마인지 풀이 과정을 쓰고 답을 구하시오.

유사 동영상

1000원　100원　10원

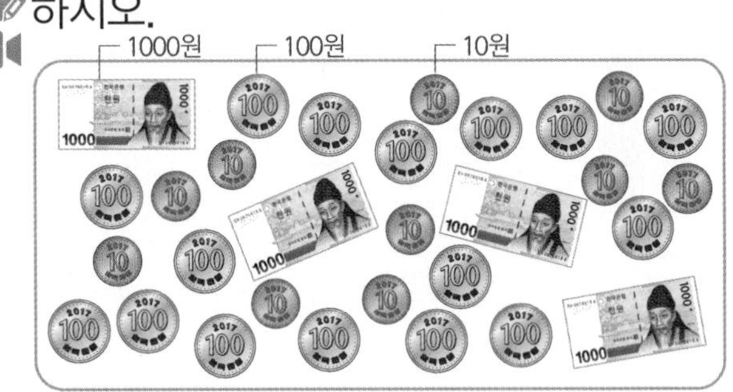

[풀이]

[답]

❖ 가현이는 어머니와 함께 분식집에 갔습니다. 그림을 보고 물음에 답하시오. (4~6)

몇천 알아보기

4 컵볶이와 스파게티를 주문하고 음식값을 1000원짜리 지폐로 내려고 합니다. 1000원짜리 지폐로 몇 장을 내야 합니까?

유사

(　　　　　　　　　　)

몇천 알아보기

5 순대와 닭강정을 주문한다면 음식값은 얼마입니까?

유사

(　　　　　　　　　　)

몇천 알아보기　창의·융합

6 가현이와 어머니는 5000원어치를 주문하려고 합니다. 주문할 수 있는 방법을 2가지 써 보시오.

유사

(　　　　　　　　　　　　　　　　)

▸ 정답은 7쪽에

공부한 날 월 일

1000 만들기 해설집 8쪽 문제 분석

7 유사 민수와 윤후는 모으기 하여 1000이 되는 두 수 카드를 골라서 가져 가는 놀이를 하고 있습니다. 마지막에 남는 수 카드를 찾아 ×표 하시오.

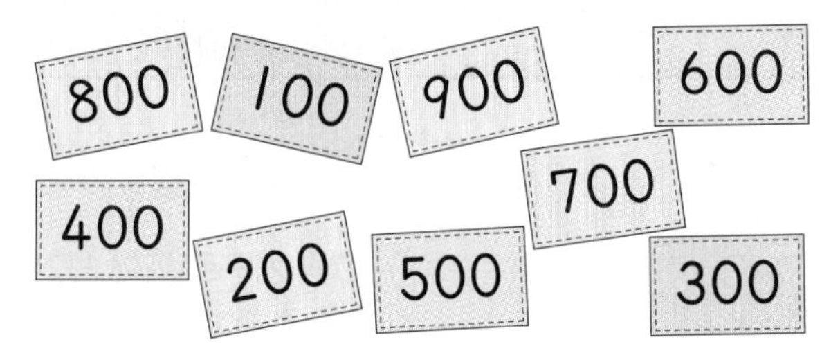

네 자리 수 만들기 서술형

8 유사 동영상 천의 자리 숫자가 8, 백의 자리 숫자가 9, 일의 자리 숫자가 2인 네 자리 수는 모두 몇 개인지 풀이 과정을 쓰고 답을 구하시오.

[풀이]

[답]

네 자리 수 만들기 해설집 9쪽 문제 분석

9 유사 동영상 수 모형 5개 중 4개를 사용하여 나타낼 수 없는 네 자리 수를 찾아 ×표 하시오.

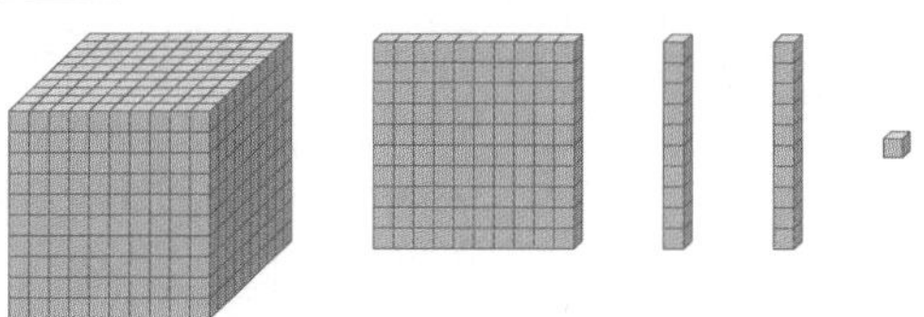

1111	1120	1011	1021

네 자리 수 만들기 해설집 9쪽 문제 분석

10 유사 동영상 다음을 보고 마리네 학교 학생은 몇 명인지 구하시오.

- 우리 학교 학생 수는 천의 자리 숫자가 2인 네 자리 수야.
- 백의 자리 숫자가 나타내는 값은 300이고, 십의 자리 숫자와 일의 자리 숫자는 같아.
- 일의 자리 숫자는 백의 자리 숫자보다 2 큰 수야.

( )

각 자리의 숫자가 나타내는 값 알아보기 창의·융합

11 유사 동영상 로마 숫자는 I, V, X, L, C, D, M을 기본 숫자로 하는데, 기본 숫자가 나타내는 수는 다음과 같습니다. MDCLXVI가 나타내는 수를 읽어 보시오. (단, 작은 기본 숫자가 큰 기본 숫자의 오른쪽에 있으면 덧셈으로 계산합니다.)

로마 숫자	I	V	X	L	C	D	M
나타내는 수	1	5	10	50	100	500	1000

( )

핵심 개념 (3)

만화로 개념 쏙!

⑤ 뛰어 세기

• 1000씩 뛰어 세기

1000 − 2000 − 3000 − 4000 − 5000 − 6000 − 7000 − 8000 − 9000

⇨ 1000씩 뛰어 세면 천의 자리 숫자만 1씩 커집니다.

• 100씩 뛰어 세기

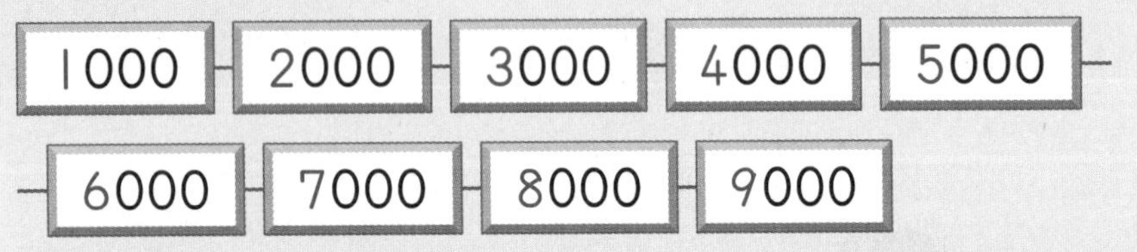

9100 − 9200 − 9300 − 9400 − 9500 − 9600 − 9700 − 9800 − 9900

⇨ 100씩 뛰어 세면 백의 자리 숫자만 1씩 커집니다.

• 10씩 뛰어 세기

9910 − 9920 − 9930 − 9940 − 9950 − 9960 − 9970 − 9980 − 9990

⇨ 10씩 뛰어 세면 십의 자리 숫자만 1씩 커집니다.

• 1씩 뛰어 세기

9991 − 9992 − 9993 − 9994 − 9995 − 9996 − 9997 − 9998 − 9999

⇨ 1씩 뛰어 세면 일의 자리 숫자만 1씩 커집니다.

예제 ① 1000씩 뛰어 세면 ☐의 자리 숫자만 1씩 커집니다.

예제 ② 10씩 뛰어 세면 ☐의 자리 숫자만 1씩 커집니다.

셀파 포인트

• 1000씩 거꾸로 뛰어 세기
9000−8000−7000−6000−5000−4000−3000−2000−1000
⇨ 천의 자리 숫자만 1씩 작아집니다.

• 100씩 거꾸로 뛰어 세기
9900−9800−9700−9600−9500−9400−9300−9200−9100
⇨ 백의 자리 숫자만 1씩 작아집니다.

• 10씩 거꾸로 뛰어 세기
9990−9980−9970−9960−9950−9940−9930−9920−9910
⇨ 십의 자리 숫자만 1씩 작아집니다.

• 1씩 거꾸로 뛰어 세기
9999−9998−9997−9996−9995−9994−9993−9992−9991
⇨ 일의 자리 숫자만 1씩 작아집니다.

예제 정답
① 천 ② 십

개념 확인 5 뛰어 세기

❖ 모두 얼마인지 세어 보려고 합니다. 물음에 답하시오. (5-1～5-4)

5-1 1000원짜리 지폐를 먼저 세어 보시오.

5-2 이어서 100원짜리 동전을 세어 보시오.

5-3 이어서 10원짜리 동전을 세어 보시오.

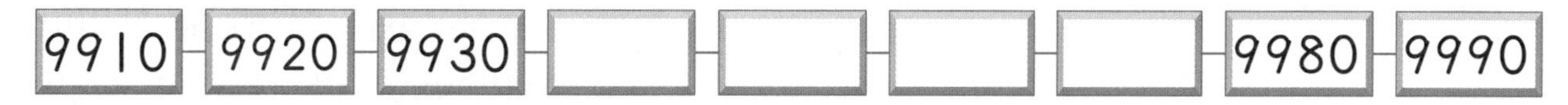

5-4 모두 얼마입니까?

( )

유형 탐구 (3)

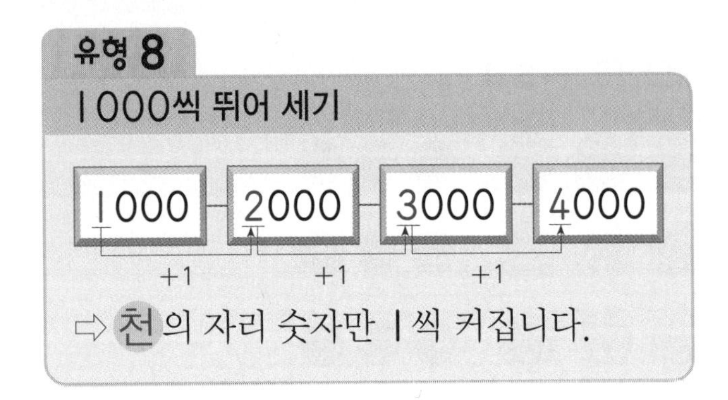

1

얼마씩 뛰어 세었습니까?

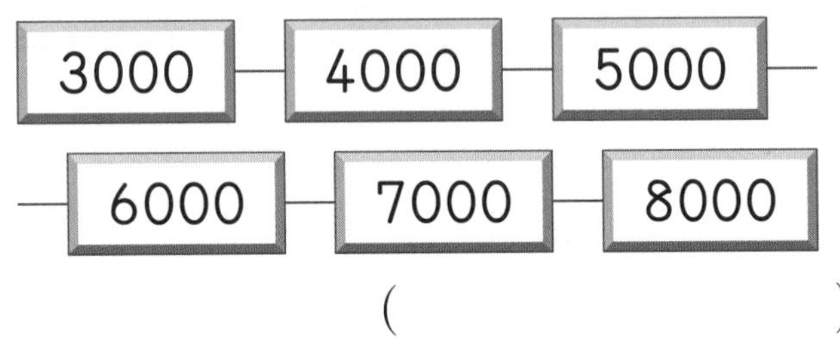

( )

2 교과서 유형

1000씩 뛰어 세어 보시오.

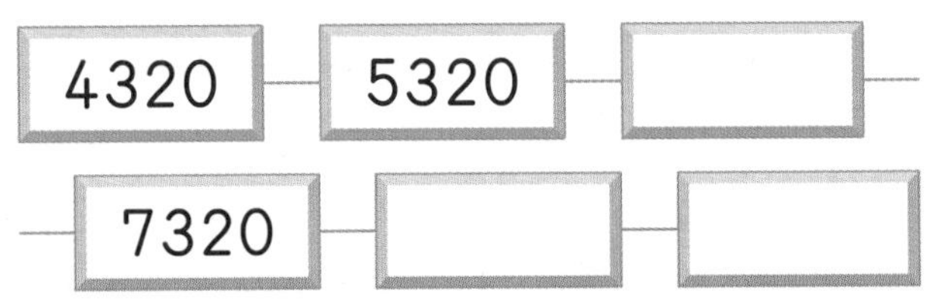

3

1000씩 거꾸로 뛰어 세어 보시오.

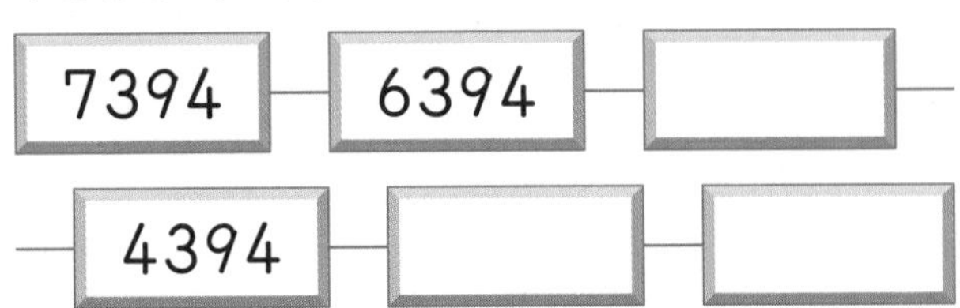

4 익힘책 유형

3217부터 1000씩 커지는 수들을 선으로 이어 보시오.

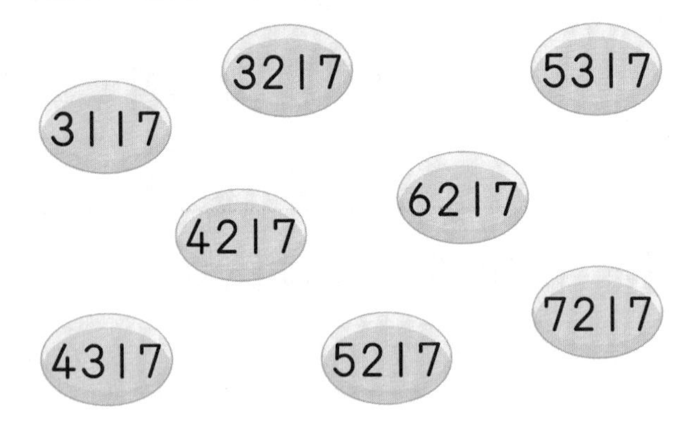

5

1200부터 1000씩 4번 뛰어 센 수를 구하시오.

( )

6 창의·융합

찬열이는 심부름을 한 번 할 때마다 용돈을 1000원씩 받습니다. 찬열이가 심부름을 5번 하여 받는 용돈은 얼마입니까?

( )

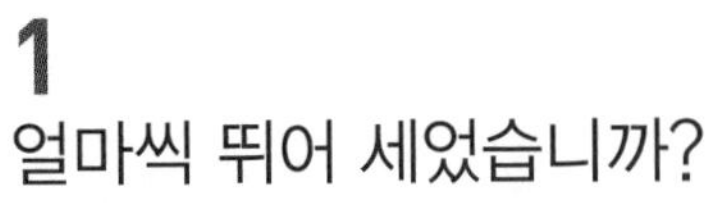

유형 9

100씩 뛰어 세기

7

얼마씩 뛰어 세었습니까?

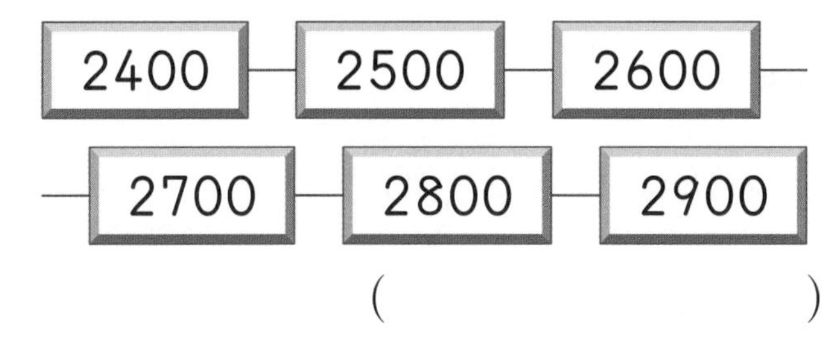

( )

❖ 100씩 뛰어 세어 보시오. (8~9)

8 교과서 유형

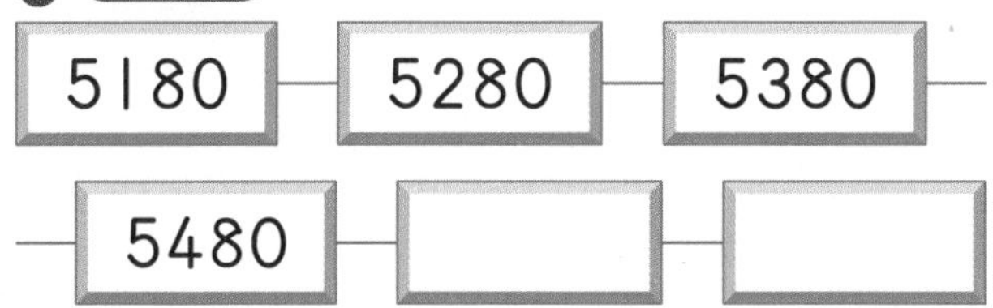

9 교과서 유형

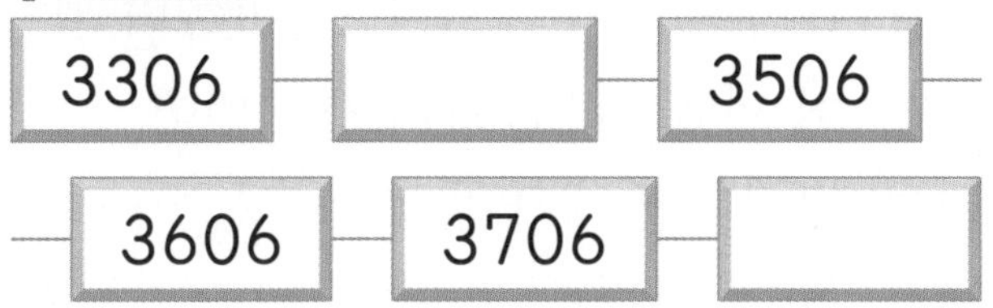

10

100씩 뛰어 셀 때 ㉠에 알맞은 수를 쓰시오.

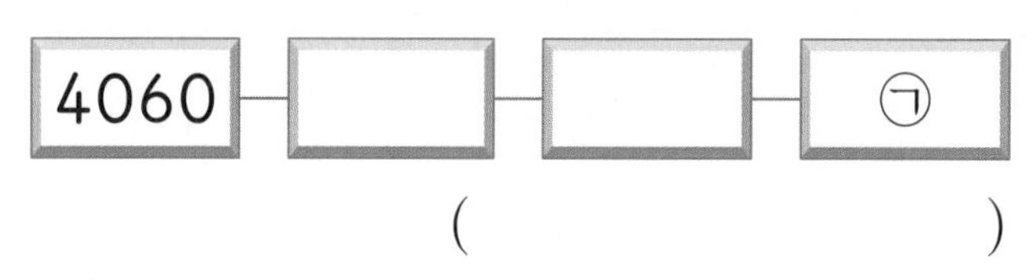

( )

11

보기 와 같은 규칙으로 수를 뛰어 세어 보시오.

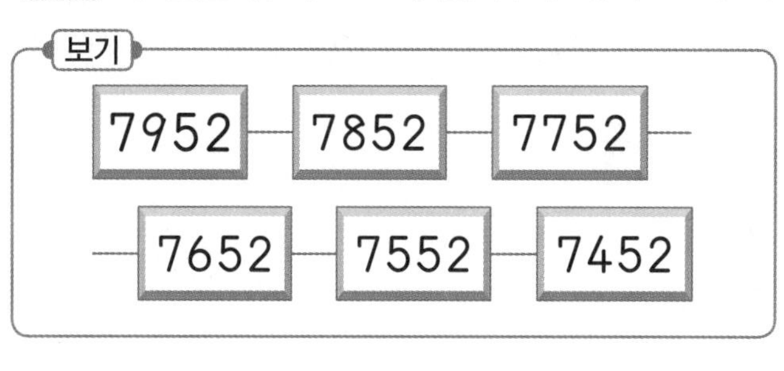

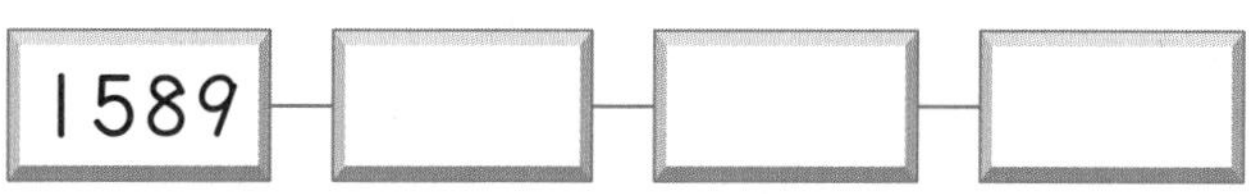

12 서술형

'사천이백오십팔'부터 100씩 5번 뛰어 센 수는 얼마인지 풀이 과정을 쓰고 답을 구하시오.

[풀이]

[답]

유형 10

10씩 뛰어 세기

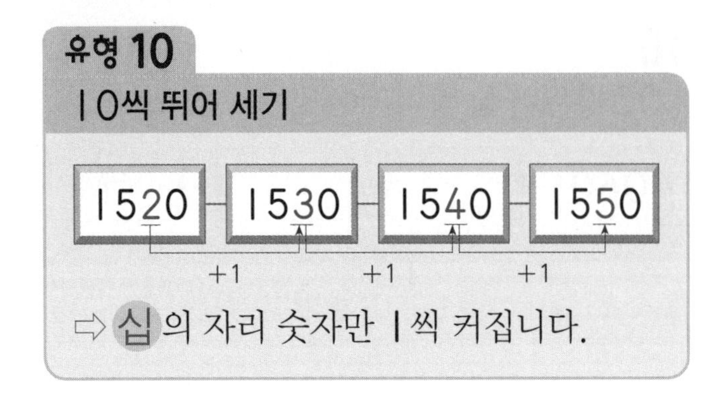

⇨ 십의 자리 숫자만 1씩 커집니다.

13

얼마씩 뛰어 세었습니까?

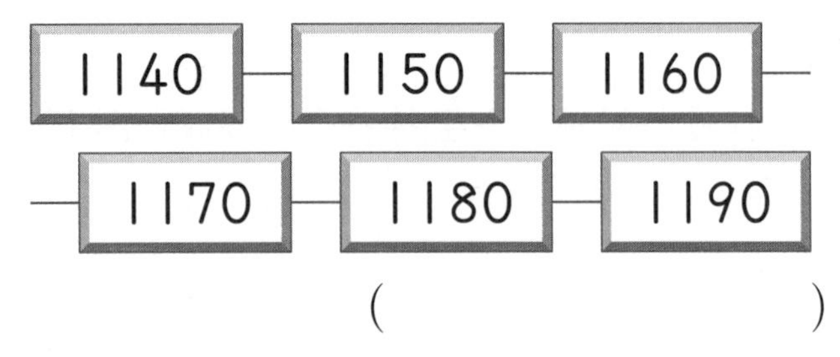

( )

❖ 10씩 뛰어 세어 보시오. (14~15)

14 

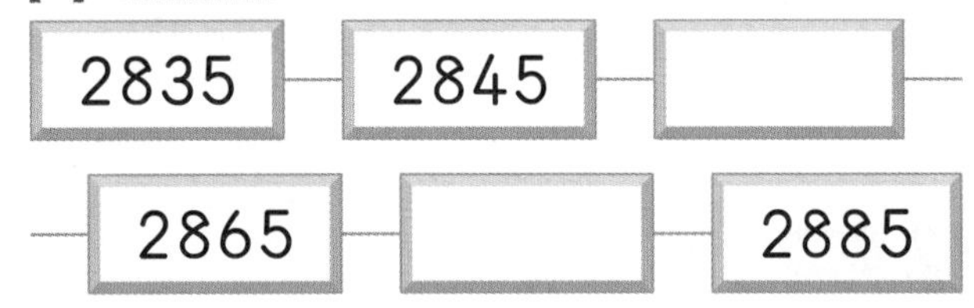

15 교과서 유형

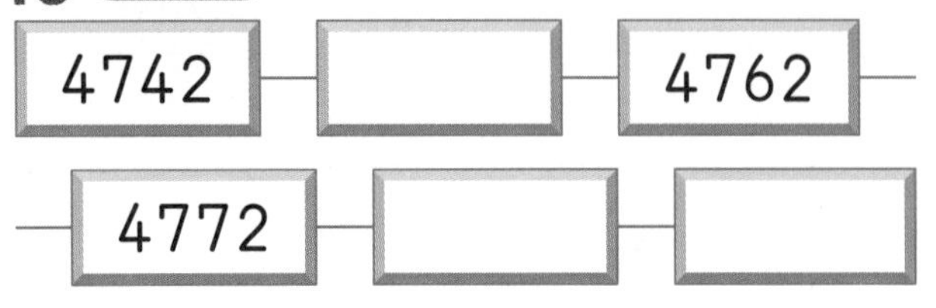

❖ 10씩 거꾸로 뛰어 세어 보시오. (16~17)

16

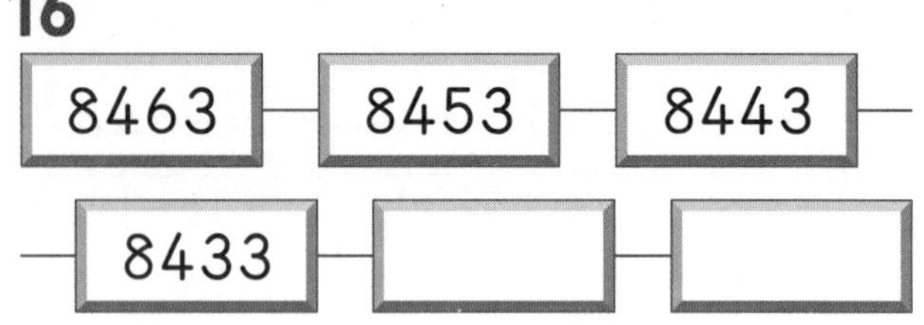

17

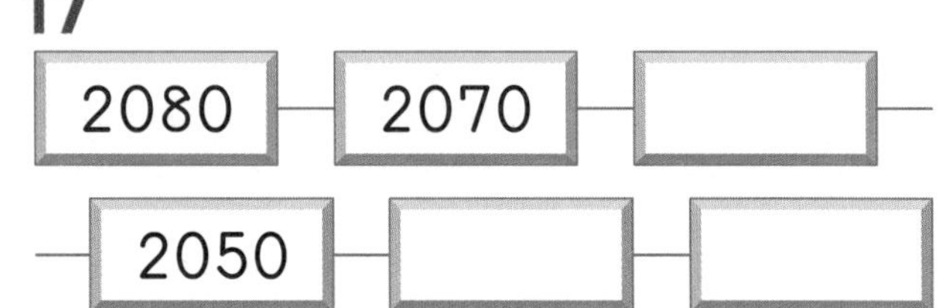

18

9428부터 10씩 5번 뛰어 센 수를 구하시오.

( )

19

지우가 생각한 수는 무엇입니까?

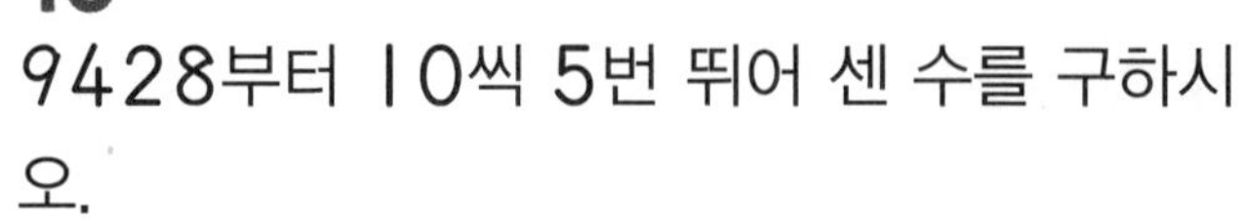

지우: 내가 생각한 수부터 10씩 4번 뛰어 세었더니 8769가 되었어.
민정: 그렇다면 네가 생각한 수는…….

( )

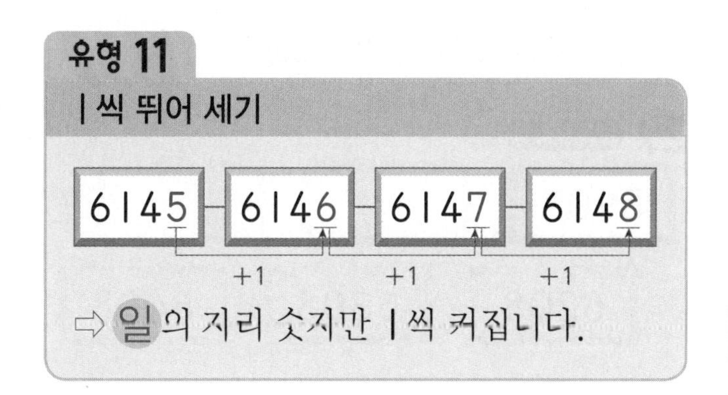

20

얼마씩 뛰어 세었습니까?

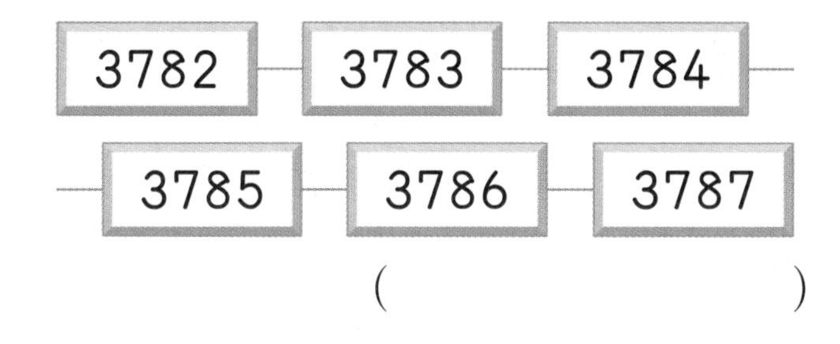

( )

21 교과서 유형

1씩 뛰어 세어 보시오.

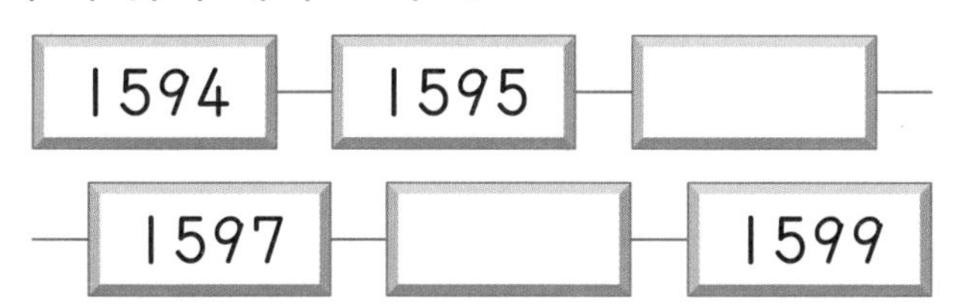

22

1씩 거꾸로 뛰어 세어 보시오.

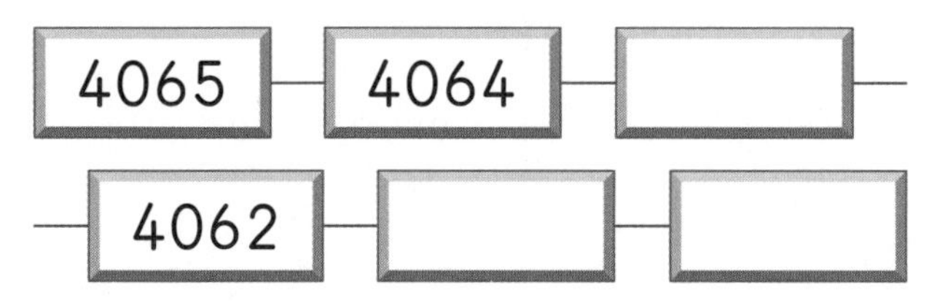

23 창의·융합

2831부터 2839까지 1씩 뛰어 센 수들을 선으로 이어 보시오.

24

5423부터 1씩 뛰어 세었더니 5427이 되었습니다. 1씩 몇 번 뛰어 세었습니까?

( )

25 서술형

☆은 얼마인지 풀이 과정을 쓰고 답을 구하시오.

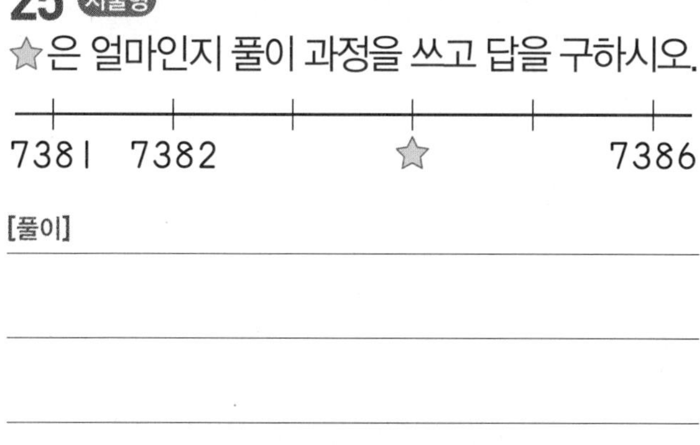

[풀이]

[답]

유형 12 1000씩, 100씩, 10씩, 1씩 뛰어 세기

창의·융합

❖ 친구들이 각자 말한 규칙대로 뛰어 세었습니다. 뛰어 센 수를 보고 누가 쓴 것인지 이름을 쓰시오. (26~28)

26

3458-4458-5458-6458-7458-8458

(　　　　　　　)

27

9295-9395-9495-9595-9695-9795

(　　　　　　　)

28

1894-1904-1914-1924-1934-1944

(　　　　　　　)

❖ 뛰어 세어 보시오. (29~30)

29 교과서 유형

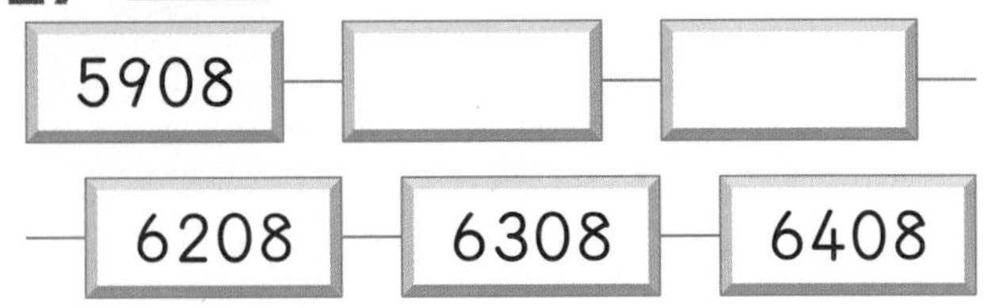

30 교과서 유형

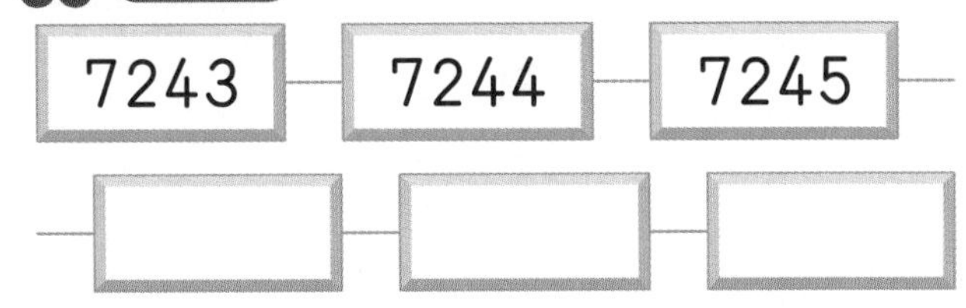

31 해설집 12쪽 문제 분석

천의 자리 숫자가 3, 백의 자리 숫자가 2, 십의 자리 숫자가 8, 일의 자리 숫자가 6인 네 자리 수가 있습니다. 이 수부터 1000씩 4번 뛰어 센 수를 구하시오.

(　　　　　　　)

유형 13 수 배열표에서 뛰어 세기

비플

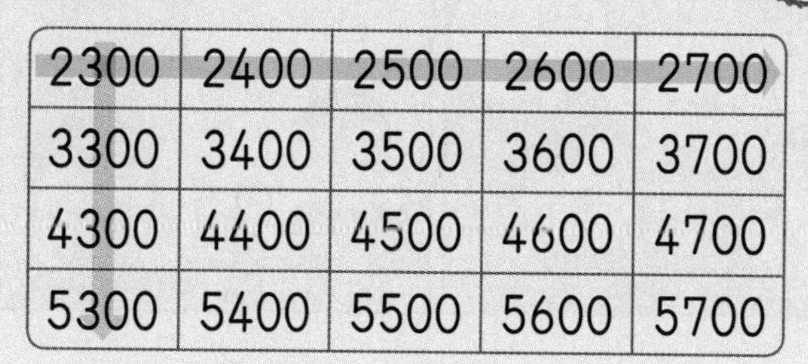

➡는 100씩 뛰어 세었습니다.
⬇는 1000씩 뛰어 세었습니다.

❖ 수 배열표를 보고 물음에 답하시오. (32~33)

1100	1200	1300	1400	1500
2100	2200	2300	2400	2500
3100	3200	3300	★	3500
4100	♥	4300	4400	4500

32 익힘책 유형

➡와 ⬇는 각각 얼마씩 뛰어 센 것입니까?

➡ (　　　　)

⬇ (　　　　)

33 익힘책 유형

★과 ♥에 들어갈 수는 각각 얼마입니까?

★ (　　　　)

♥ (　　　　)

유형 14 뛰어 세는 규칙 찾기

개념 동영상

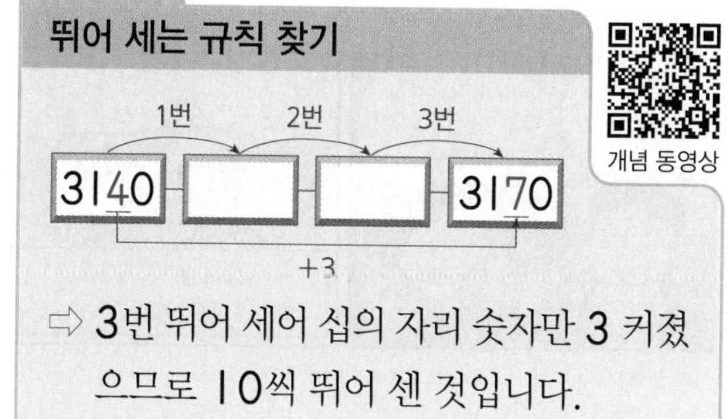

⇨ 3번 뛰어 세어 십의 자리 숫자만 3 커졌으므로 10씩 뛰어 센 것입니다.

❖ 수직선에서 일정하게 뛰어 세었습니다. 얼마씩 뛰어 센 것인지 알아보시오. (34~35)

34

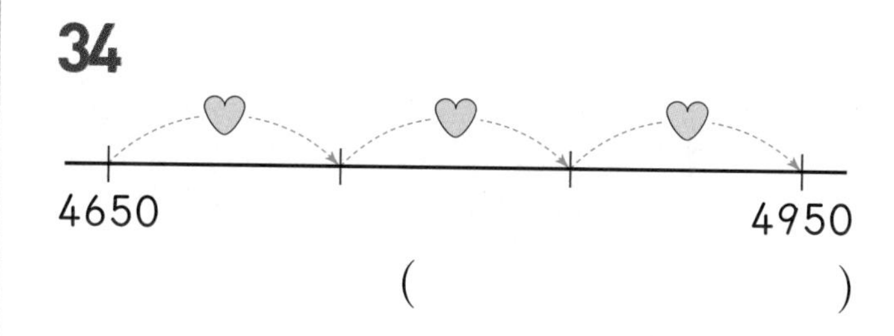

(　　　　)

35

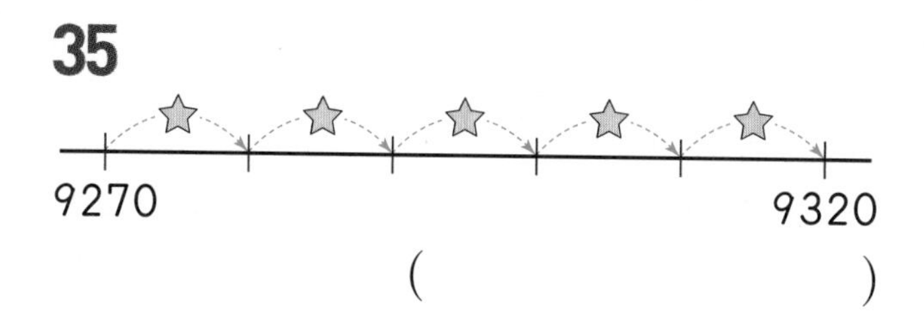

(　　　　)

36 서술형

2253부터 얼마씩 4번 뛰어 세었더니 6253이 되었습니다. 얼마씩 뛰어 세었는지 풀이 과정을 쓰고 답을 구하시오.

[풀이]

[답]

핵심 개념 (4)

만화로 개념 쏙!

❻ 두 수의 크기 비교하기

• 수 모형으로 나타내어 비교하기

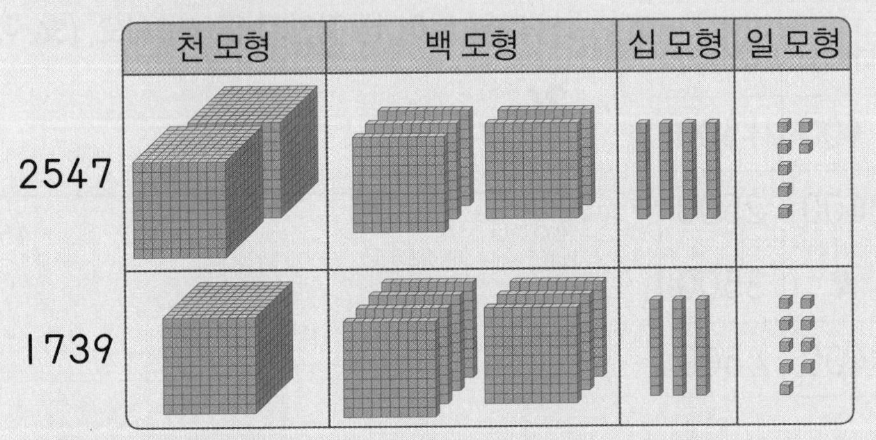

천 모형이 2547은 2개, 1739는 1개이므로 2547의 천 모형이 더 많습니다.

2547은 1739보다 큽니다. ⇨ 2547>1739

1739는 2547보다 작습니다. ⇨ 1739<2547

• 각 자리 숫자를 이용해 비교하기

	천	백	십	일
3514 ⇨	3	5	1	4
5947 ⇨	5	9	4	7

3514<5947 (3<5)

	천	백	십	일
8249 ⇨	8	2	4	9
8194 ⇨	8	1	9	4

8249>8194 (2>1)

예제 ❶ • 1592와 4734의 크기 비교

천의 자리 숫자를 비교하면 1<4이므로

1592와 4734 중에서 더 큰 수는 [　　　]입니다.

셀파 포인트

• ■>▲
■는 ▲보다 큽니다.

• ▲<■
▲는 ■보다 작습니다.

• 네 자리 수의 크기 비교 방법

① 천의 자리 숫자부터 비교합니다.
3514<5947 (3<5)

② 천의 자리 숫자가 같으면 백의 자리 숫자를 비교합니다.
8249>8194 (2>1)

③ 천, 백의 자리 숫자가 각각 같으면 십의 자리 숫자를 비교합니다.
2197>2184 (9>8)

④ 천, 백, 십의 자리 숫자가 각각 같으면 일의 자리 숫자를 비교합니다.
4358>4350 (8>0)

예제 정답

❶ 4734

개념 확인 6 두 수의 크기 비교하기

6-1 그림을 보고 ○ 안에 > 또는 <를 알맞게 써넣으시오.

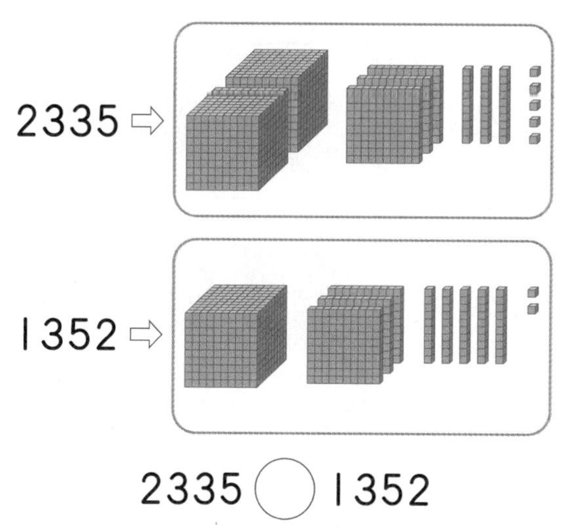

2335 ○ 1352

6-2 그림을 보고 □ 안에 알맞은 수를 써넣으시오.

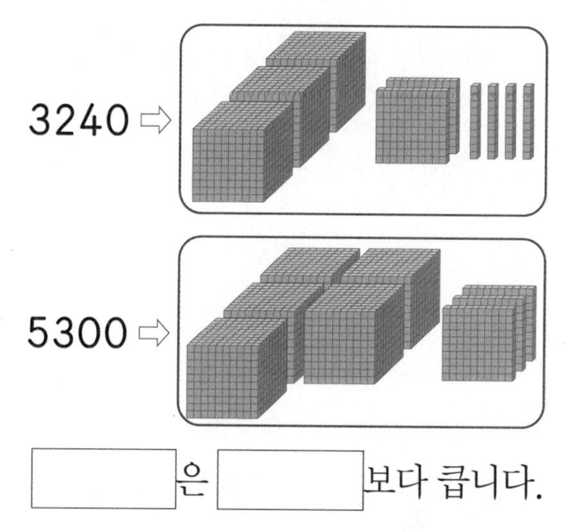

□은 □보다 큽니다.

6-3 두 수의 크기를 비교하여 ○ 안에 > 또는 <를 알맞게 써넣으시오.

	천의 자리	백의 자리	십의 자리	일의 자리
4780 ⇨	4	7	8	0
6204 ⇨	6	2	0	4

4780 ○ 6204

6-4 두 수의 크기를 비교하여 ○ 안에 > 또는 <를 알맞게 써넣으시오.

(1) 7435 ○ 7259
4>2

(2) 2572 ○ 2534
7>3

6-5 두 수의 크기를 비교하여 ○ 안에 > 또는 <를 알맞게 써넣으시오.

(1) 9047 ○ 8159

(2) 5392 ○ 5513

6-6 두 수의 크기를 비교하여 ○ 안에 > 또는 <를 알맞게 써넣으시오.

(1) 1673 ○ 1690

(2) 4085 ○ 4084

유형 15

수 모형으로 두 수의 크기 비교하기

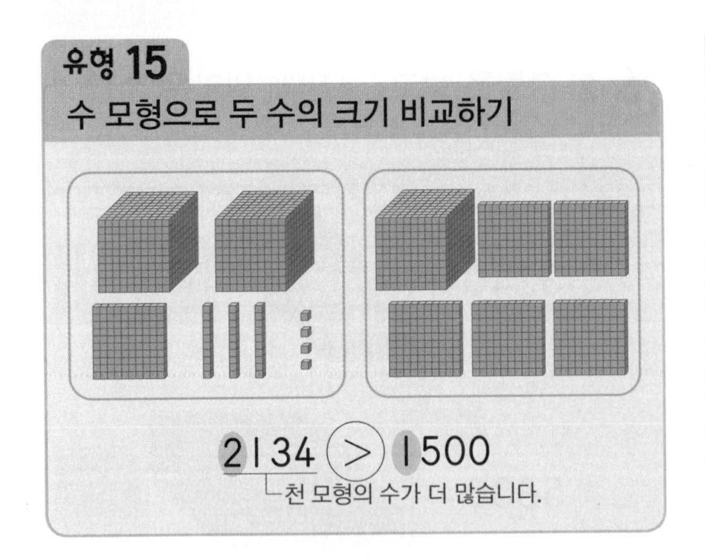

2134 (>) 1500

└천 모형의 수가 더 많습니다.

❖ 수 모형으로 4123과 2360의 크기를 비교하려고 합니다. 물음에 답하시오. (1~2)

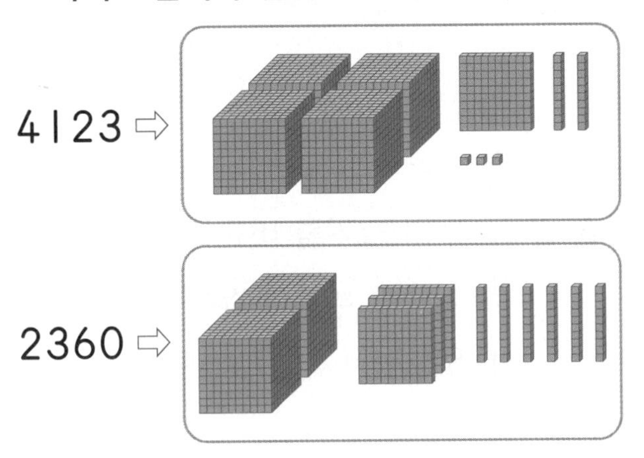

1

천 모형, 백 모형, 십 모형, 일 모형 중 어느 수 모형의 수를 비교해야 합니까?

( )

2 교과서 유형

두 수의 크기를 비교하여 ◯ 안에 > 또는 < 를 알맞게 써넣으시오.

4123 ◯ 2360

3 익힘책 유형

수 모형을 보고 □ 안에 알맞은 수를 써넣으시오.

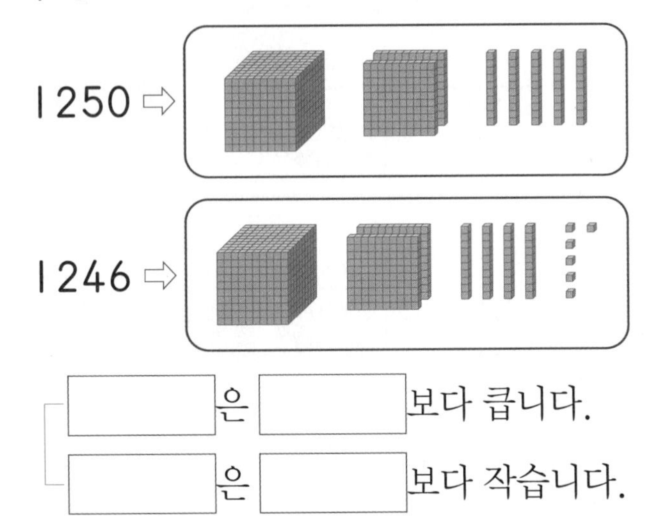

□은 □보다 큽니다.

□은 □보다 작습니다.

4 서술형

4165와 4168을 수 모형으로 나타내었습니다. 4165와 4168 중 어느 수가 더 큰지 풀이 과정을 쓰고 답을 구하시오.

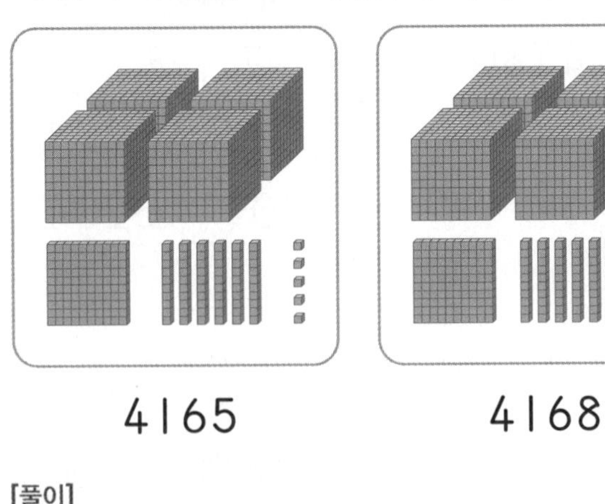

[풀이]

[답]

유형 16 두 수의 크기 비교하기

비풀

네 자리 수의 크기는 다음과 같은 순서로 비교합니다.

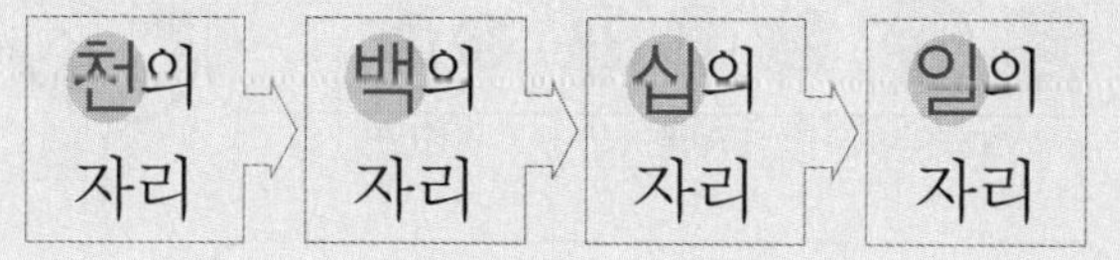

5 교과서 유형

2584와 2731 중 어느 수가 더 큽니까?

	천의 자리	백의 자리	십의 자리	일의 자리
2584 ⇨	2	5	8	4
2731 ⇨	2	7	3	1

( )

6 익힘책 유형

두 수의 크기를 비교하여 ○ 안에 $>$ 또는 $<$를 알맞게 써넣으시오.

(1) 3456 ○ 2948

(2) 9605 ○ 9207

7

4376과 5082의 크기를 비교하여 바르게 나타낸 것은 어느 것입니까? ·········( )

① $4376>5082$
② $4376=5082$
③ $4376<5082$
④ $5082<4376$

8

두 수 9208과 9207의 크기를 바르게 비교한 사람은 누구입니까?

윤하: 9208은 9207보다 커.
서현: $9208<9207$로 나타낼 수 있어.

( )

9

두 수의 크기를 잘못 비교한 사람은 누구입니까?

지용: $3600<3900$
예은: $5087>6100$
종석: $8249>8244$

( )

10 창의·융합

개미와 베짱이 중 누가 식량을 더 많이 모았습니까?

( )

11 익힘책 유형

더 큰 수를 말한 사람은 누구입니까?

( )

12

준수는 읽고 싶은 책을 사기 위해서 서점에 갔습니다. 준수는 7650원을 가지고 있었고 책값은 7800원이었습니다. 준수는 책을 살 수 있습니까, 살 수 없습니까?

( )

13 서술형

㉠과 ㉡ 중 더 큰 수는 어느 것인지 풀이 과정을 쓰고 답을 구하시오.

㉠ 1000이 7개, 100이 3개, 10이 4개, 1이 8개인 수
㉡ 1000이 7개, 10이 43개인 수

[풀이]

[답]

14

튜브와 비치볼의 값은 다음과 같습니다. 어느 것이 더 비쌉니까?

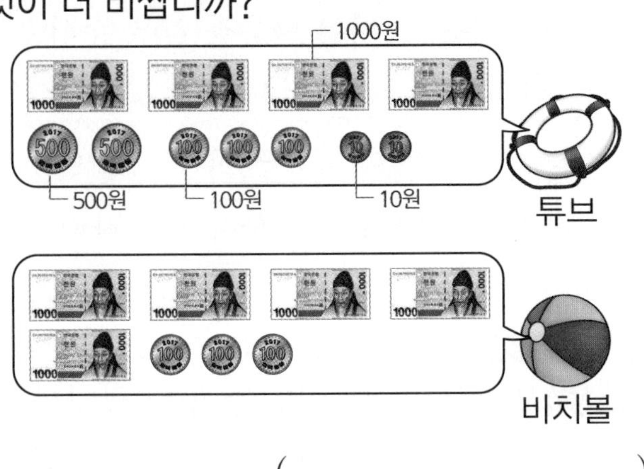

( )

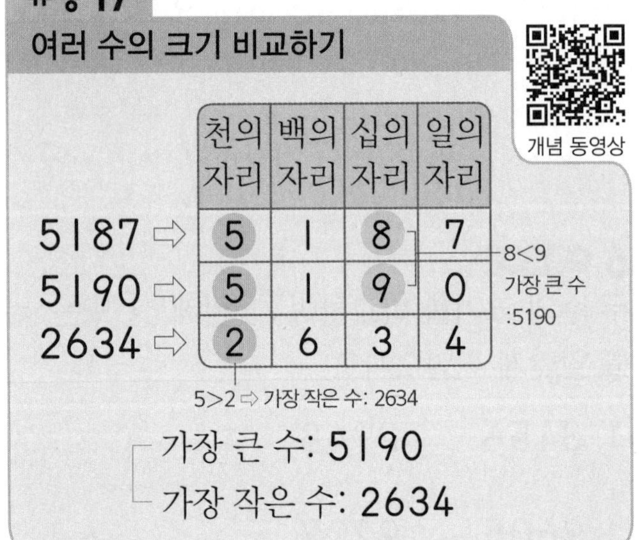

유형 17
여러 수의 크기 비교하기

개념 동영상

	천의 자리	백의 자리	십의 자리	일의 자리
5187 ⇨	5	1	8	7
5190 ⇨	5	1	9	0
2634 ⇨	2	6	3	4

8<9 가장 큰 수 :5190

5>2 ⇨ 가장 작은 수: 2634

가장 큰 수: 5190
가장 작은 수: 2634

15 교과서 유형

4703, 8526, 3914 중 가장 큰 수를 찾아 쓰시오.

	천의 자리	백의 자리	십의 자리	일의 자리
4703 ⇨	4	7	0	3
8526 ⇨	8	5	2	6
3914 ⇨	3	9	1	4

( )

16

가장 작은 수를 찾아 ○표 하시오.

8901 9018 8811

17

가장 큰 수에 ○표, 가장 작은 수에 △표 하시오.

6904 7109 7012

18 익힘책 유형

큰 수부터 차례로 쓰시오.

2452 3919 3207

( )

19

햇빛, 사랑, 행복, 은혜 마을에 사는 사람 수를 조사했습니다. 사람 수가 가장 적은 마을은 어느 마을입니까?

마을	햇빛	사랑	행복	은혜
사람 수 (명)	3723	5760	3719	4012

( )

20 창의·융합

박물관에 곤충들이 다음과 같이 전시되어 있습니다. 많이 전시되어 있는 곤충부터 차례로 쓰시오.

( )

21

다음 중 가장 작은 수는 어느 것입니까? ....( )

① 4517 ② 3806 ③ 3860
④ 3880 ⑤ 4010

22

6700보다 크고 7100보다 작은 수를 모두 찾아 쓰시오.

6670, 6894, 6700, 7010

( )

유형 18

수 카드를 사용하여 네 자리 수 만들기 비풀

• 가장 큰 수
천의 자리부터 큰 수를 차례로 놓습니다.

• 가장 작은 수
천의 자리부터 작은 수를 차례로 놓습니다. 단, 천의 자리에는 0을 놓을 수 없습니다.

❖ 수 카드 4장을 한 번씩만 사용하여 네 자리 수를 만들려고 합니다. 물음에 답하시오. (23~25)

2	6	5	9

23 익힘책 유형
가장 큰 네 자리 수를 만들어 보시오.
(　　　　　　　)

24 익힘책 유형
가장 작은 네 자리 수를 만들어 보시오.
(　　　　　　　)

25
둘째로 작은 네 자리 수를 만들어 보시오.
(　　　　　　　)

❖ 수 카드 4장을 한 번씩만 사용하여 네 자리 수를 만들려고 합니다. 물음에 답하시오. (26~27)

8	3	7	1

26
천의 자리 숫자가 7인 가장 큰 네 자리 수를 만들어 보시오.
(　　　　　　　)

27
백의 자리 숫자가 1인 가장 작은 네 자리 수를 만들어 보시오.
(　　　　　　　)

28 해설집 14쪽 문제 분석
5장의 수 카드 중에서 4장을 뽑아 한 번씩만 사용하여 가장 작은 네 자리 수를 만들어 보시오.

1	0	5	4	1

(　　　　　　　)

유형 19

□ 안에 들어갈 숫자 찾기

2754<27□3 (같음)

천, 백의 자리 숫자가 각각 같으므로 54<□3입니다. ⇨ □=6, 7, 8, 9

29

네 자리 수의 크기를 비교했습니다. 알맞은 말에 ○표 하고 □ 안에 알맞은 수를 써넣으시오.

6117<611■

천, 백, 십의 자리 숫자가 각각 같으므로 ■는 7보다 (커야, 작아야) 합니다.

⇨ ■에 알맞은 수는 □, □입니다.

❖ □ 안에 들어갈 수 있는 수를 모두 찾아 ○표 하시오. (30~31)

30

37□0>3762

(4 5 6 7 8 9)

31

805□<8054

(0 1 2 3 4 5)

32 익힘책 유형

0부터 9까지의 수 중 □ 안에 들어갈 수 있는 수를 모두 쓰시오.

1453>1□29

(   )

33

0부터 9까지의 수 중 □ 안에 들어갈 수 있는 수는 모두 몇 개입니까?

2□84<2795

(   )

34 창의·융합

네 자리 수의 크기를 비교했습니다. 틀리게 설명한 사람은 누구입니까?

74□7<7440

수찬: □ 안에 들어갈 수 있는 가장 작은 수는 0입니다.

아름: □ 안에 들어갈 수 있는 가장 큰 수는 4입니다.

현아: □ 안에 들어갈 수 있는 수는 모두 4개입니다.

(   )

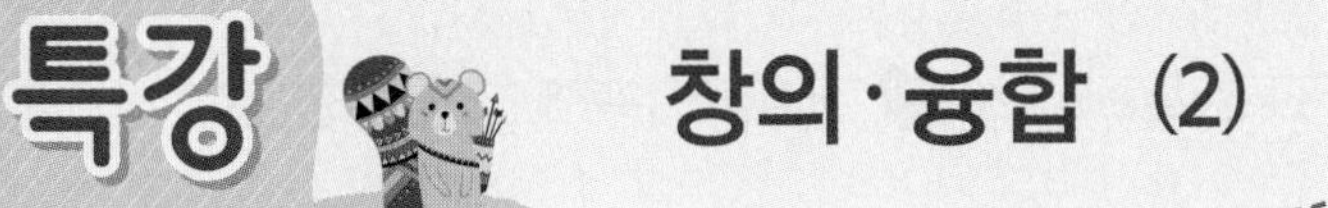

창의·융합 (2)

(1~2) 수연이는 대통령 선거가 있었던 연도와 올림픽대회가 열렸던 연도를 조사했습니다. 물음에 답하시오.

1 우리나라 대통령 선거가 있었던 연도입니다. 우리나라는 몇 년에 한 번씩 대통령 선거를 했습니까?

1987년 — 1992년 — 1997년 — 2002년 — 2007년 — 2012년

(　　　　　　　)

2 동계 올림픽이 열렸던 연도입니다. 동계 올림픽은 몇 년에 한 번씩 열렸습니까?

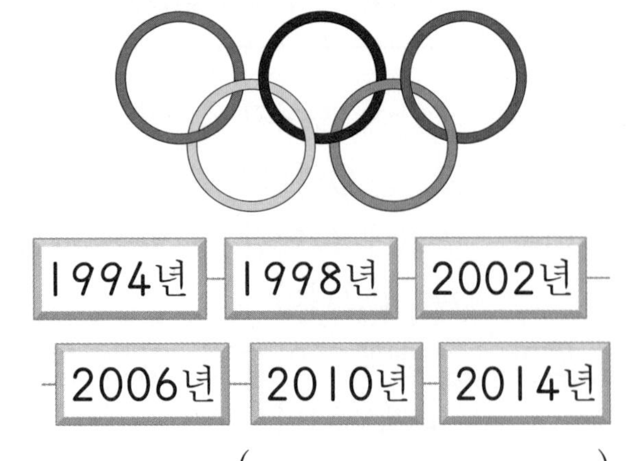

(　　　　　　　)

(3~4) 태어난 연도가 작을수록 더 먼저 태어난 것입니다. 위인들이 태어난 연도를 보고 더 먼저 태어난 위인을 써 보시오.

▲ 세종대왕: 1397년

▲ 유관순: 1902년

⇨ 1397<1902이므로
세종대왕이 더 먼저 태어났습니다.

3

▲ 신사임당: 1504년

▲ 이순신: 1545년

(　　　　　　　)

4

▲ 안창호: 1878년

▲ 김구: 1876년

(　　　　　　　)

(5~6) 화살표를 따라가면서 뛰어 세어 보시오.

 100씩 뛰어 세기

 1000씩 뛰어 세기

5

1350 → 1450
↓
2450
↓
( ) → ( )

6

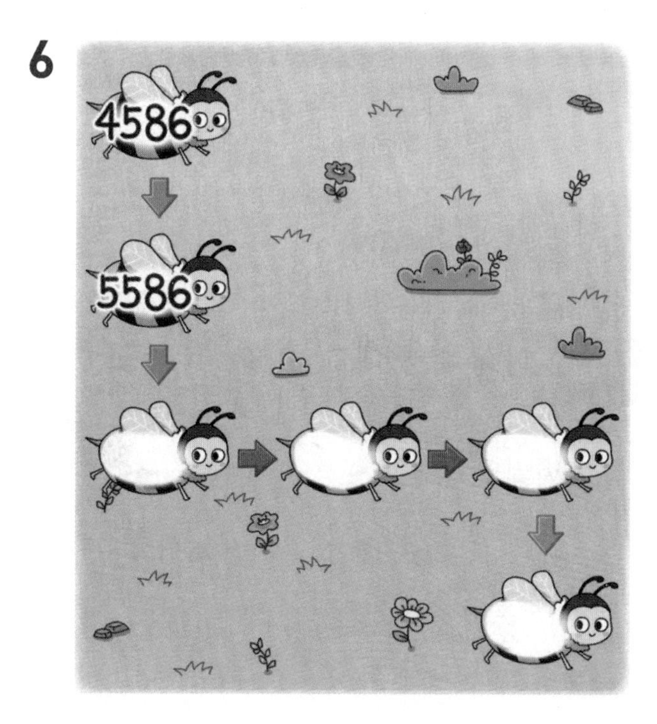

(7~8) 점선에 거울을 대고 비추면 다음과 같은 수가 만들어집니다. 이와 같이 거울을 비췄을 때 만들어지는 수 중 더 큰 수에 ◯표 하시오.

 ⇨ 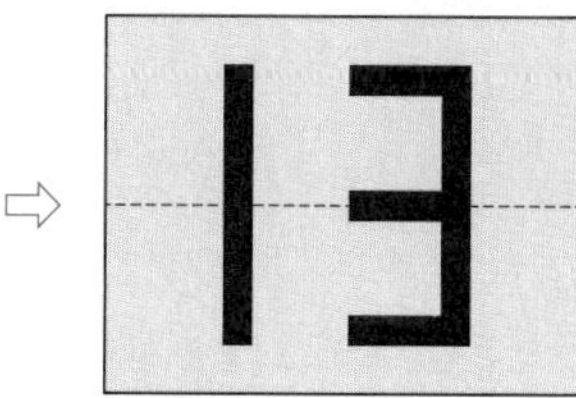

7

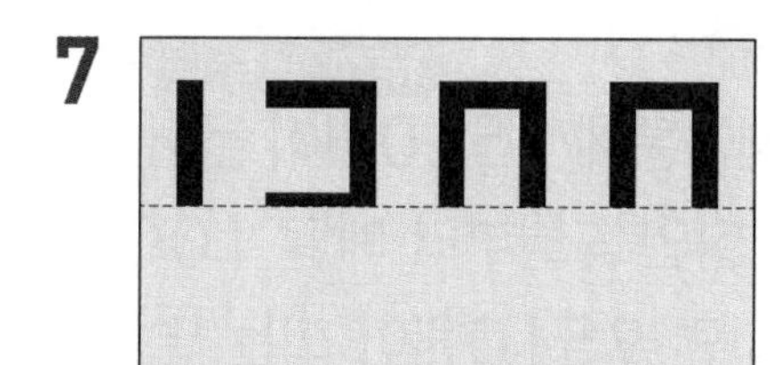 (   )

 (   )

8

 (   )

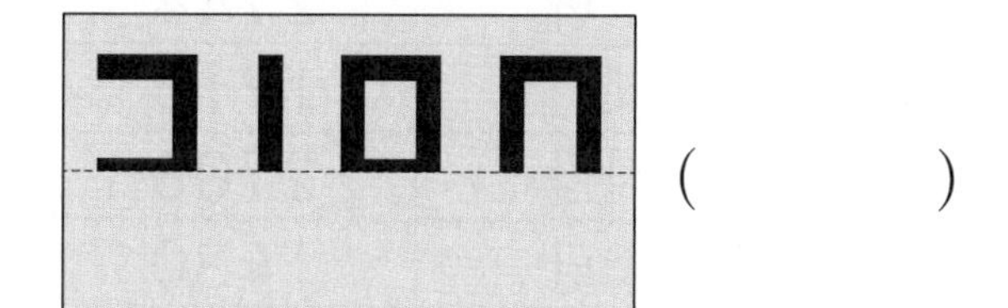 (   )

레벨 UP (2)

뛰어 세기

1 보람이는 2000원을 가지고 있습니다. 보람이는 500원짜리 아이스크림을 몇 개까지 살 수 있습니까?

유사

(　　　　　　　　)

1000씩 뛰어 세기

해설집 16쪽 문제 분석

2 지원이의 저금통에 2510원이 들어 있습니다. 다음 달인 4월부터 매달 1000원씩 저금한다면 9510원이 되는 달은 몇 월입니까?

유사 동영상

(　　　　　　　　)

여러 수의 크기 비교하기

3 동욱이는 과수원에서 딴 사과 수를 조사하였습니다. 사과 수가 싱싱 과수원에서 딴 사과 수보다 많고 사랑 과수원에서 딴 사과 수보다 적은 과수원의 이름을 쓰시오.

유사

과수원	사과 수(개)
싱싱	1614
은하	2744
샛별	1915
사랑	2708
소망	1430

(　　　　　　　　)

뛰어 세기

창의·융합

4 현영이가 집안일을 하면 다음과 같이 용돈을 받습니다. 현영이가 방 청소를 4번, 분리 배출을 2번 했다면 받을 용돈은 얼마입니까?

유사

(　　　　　　　　)

두 수의 크기 비교하기

5 ■와 ▲에는 각각 0부터 9까지의 수가 들어갈 수 있다고 할 때, 두 수의 크기를 비교하여 ○ 안에 > 또는 <를 알맞게 써넣으시오.

유사 동영상

69■8 ○ 6▲03

여러 수의 크기 비교하기 해설집 17쪽 문제 분석

6 큰 수부터 차례로 기호를 쓰시오.

유사 동영상

㉠ 수 카드 1, 2, 6, 4 를 한 번씩만 사용하여 만들 수 있는 네 자리 수 중에서 둘째로 큰 수

㉡ 1000이 6개, 100이 1개, 10이 38개인 수

㉢ 4327부터 1000씩 2번 뛰어 센 수

( )

뛰어 세기 서술형

7 아영이의 저금통에 들어 있는 돈입니다. 아영이가 저금통에서 매일 500원씩 꺼내어 쓴다면 모두 며칠 동안 쓸 수 있는지 풀이 과정을 쓰고 답을 구하시오.

유사 동영상

[풀이]

[답]

여러 수의 크기 비교하기 해설집 18쪽 문제 분석

8 종원, 희애, 세현이가 주어진 4장의 수 카드를 한 번씩만 사용하여 네 자리 수를 만들었습니다. 가장 큰 수를 만든 사람은 누구입니까?

유사 동영상

4 0 3 9

종원: 일의 자리 숫자가 9인 가장 큰 수
희애: 천의 자리 숫자가 9인 가장 작은 수
세현: 백의 자리 숫자가 0인 가장 큰 수

( )

뛰어 세기 서술형

9 어떤 수부터 50씩 4번 뛰어 세어야 할 것을 잘못하여 500씩 4번 뛰어 세었더니 7708이 되었습니다. 바르게 뛰어 센 수는 얼마인지 풀이 과정을 쓰고 답을 구하시오.

유사 동영상

[풀이]

[답]

단원평가  1. 네 자리 수 ①회

1 수를 읽어 보시오.

4835

( )

2 같은 수끼리 선으로 이어 보시오.

1000이 7개인 수 •	• 5000
1000이 5개인 수 •	• 7000

3 두 수의 크기를 비교하여 ◯ 안에 > 또는 <를 알맞게 써넣으시오.

(1) 4565 ◯ 5321

(2) 4920 ◯ 4608

4 다음 글에서 밑줄 친 것을 차례로 수로 나타내어 보시오.

> 태민이네 학교의 전체 학생 수는 <u>이천사십</u> 명이고 그중 <u>천이백</u> 명이 여학생입니다.

( ), ( )

5 백의 자리 숫자가 4인 수는 어느 것입니까? ……………………………( )

① 2643 ② 4079 ③ 1425
④ 8904 ⑤ 7940

서술형

6 뛰어 센 수를 보고 규칙을 찾아 쓰시오.

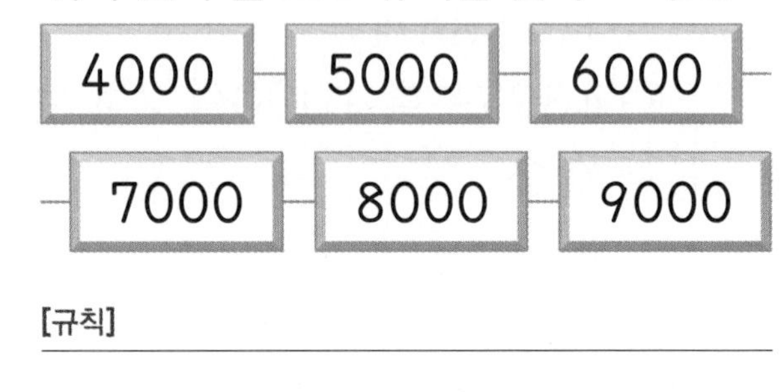

[규칙] ______________________

____

7 정인, 소라, 연수는 버스의 번호를 읽어 보기로 했습니다. <u>잘못</u> 읽은 사람은 누구입니까?

( )

8 숫자 2가 나타내는 값이 가장 큰 수에 ◯표, 가장 작은 수에 △표 하시오.

<u>2</u>976 1<u>2</u>45 980<u>2</u> 64<u>2</u>3

9 다음 수부터 100씩 4번 뛰어 센 수는 얼마입니까?

4508

( )

10 나타내는 수가 나머지와 다른 하나를 찾아 기호를 쓰시오.

㉠ 994보다 6 큰 수
㉡ 400보다 600 큰 수
㉢ 990보다 1 큰 수

( )

11 희선이네 가족은 민속 박물관에 갔습니다. 입장료로 1000원짜리 지폐 8장, 100원짜리 동전 2개, 10원짜리 동전 5개를 냈습니다. 희선이네 가족은 입장료로 모두 얼마를 냈습니까?

( )

12 3505보다 작은 수를 모두 찾아 쓰시오.

3506, 3500, 3487, 3510

( )

13 수 카드 4장을 한 번씩만 사용하여 가장 큰 네 자리 수를 만들어 보시오.

8 7 3 9

( )

서술형 창의·융합

14 통장에 8월 31일 현재 2800원이 들어 있습니다. 9월부터 12월까지 매달 1000원씩 저금한다면 모두 얼마가 되는지 풀이 과정을 쓰고 답을 구하시오.

날짜	찾으신 금액	맡기신 금액	남은 금액
7월 25일		1000	3300
8월 15일		500	3800
8월 31일	1000		2800

[풀이]

[답]

15 0부터 9까지의 수 중 □ 안에 들어갈 수 있는 수를 모두 쓰시오.

3□56>3573

( )

1 네 자리 수

▸ 정답은 19쪽에

16 윤영이와 재호가 저금한 돈입니다. 누가 더 많이 저금했습니까?

( )

서술형

17 천의 자리 숫자가 7, 백의 자리 숫자가 9, 십의 자리 숫자가 5, 일의 자리 숫자가 3인 네 자리 수부터 10씩 3번 뛰어 센 수는 얼마인지 풀이 과정을 쓰고 답을 구하시오.

[풀이]

[답]

18 더 큰 수를 찾아 기호를 쓰시오.

㉠ 7090부터 10씩 3번 뛰어 센 수

㉡ 1000이 6개, 100이 16개, 10이 5개, 1이 9개인 수

( )

19 하계 올림픽은 2016년 리우데자네이루 올림픽까지 31회가 열렸습니다. 제 32회 하계 올림픽은 몇 년에 열리겠습니까?

횟수	연도	열린 곳
27회	2000년	호주 시드니
28회	2004년	그리스 아테네
29회	2008년	중국 베이징
30회	2012년	영국 런던
31회	2016년	브라질 리우데자네이루

( )

창의·융합

20 유진이와 동생이 다음과 같은 놀이를 합니다. 유진이가 2800이라고 적힌 칸에서 주사위를 던져 5가 나왔다면 유진이가 도착한 칸에 적힌 수는 얼마입니까?

놀이 방법

- 주사위를 던져 나온 수만큼 칸을 움직입니다.
- 놀이판에 적힌 수는 0부터 시작하여 한 칸 갈 때마다 200씩 커지고 8000이 끝입니다.
- 수가 커지는 방향으로 움직입니다.

( )

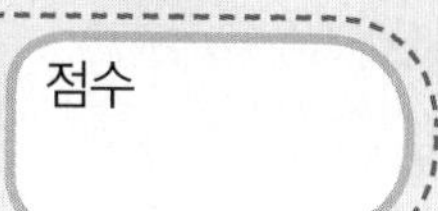

단원평가 1. 네 자리 수 ②회

1 1000원이 되도록 묶어 보시오.

2 수를 바르게 읽은 사람은 누구입니까?

( )

3 해영이는 문방구에서 필통을 사고 다음과 같이 돈을 냈습니다. 해영이가 낸 돈은 얼마입니까?

( )

❖ 준영이는 물건을 사기 위해 마트에 갔습니다. 물음에 답하시오. (4~5)

4 음료수 1개를 사려면 100원짜리 동전 몇 개가 필요합니까?

( )

5 과자 1봉지를 사려면 1000원짜리 지폐 몇 장이 필요합니까?

( )

서술형

6 2351부터 2360까지 선으로 이었습니다. 이은 수를 보고 규칙을 찾아 쓰시오.

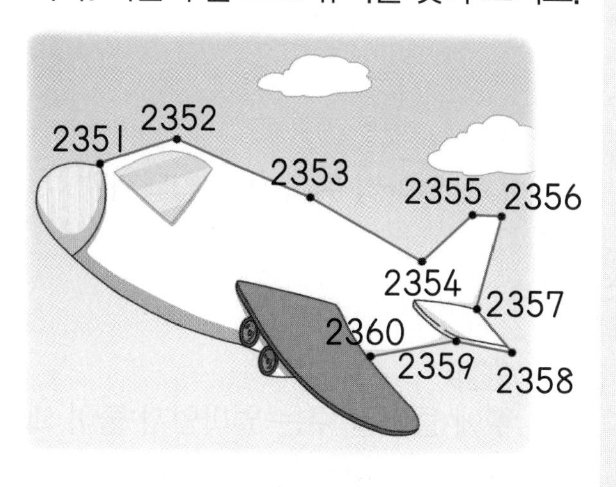

[규칙]

창의·융합

7 아기 개구리가 엄마 개구리에게 갈 수 있도록 1320부터 100씩 커지는 수들에 색칠하여 길을 만들어 보시오.

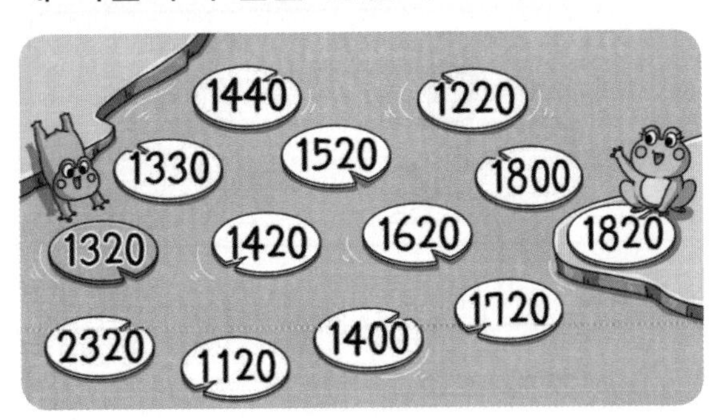

❖ **수 배열표를 보고 물음에 답하시오. (8~10)**

4100	4200	4300	4400	4500	4600
5100	5200	5300	5400	5500	5600
6100	6200	6300	6400	6500	6600
7100	7200	7300	7400	7500	7600
8100	8200	8300	♥	8500	8600
9100	9200	9300	9400	9500	9600

8 ➡는 얼마씩 뛰어 센 것입니까?

( )

9 ⬇는 얼마씩 뛰어 센 것입니까?

( )

서술형

10 ♥에 들어갈 수는 얼마인지 풀이 과정을 쓰고 답을 구하시오.

[풀이]

[답]

11 모두 얼마입니까?

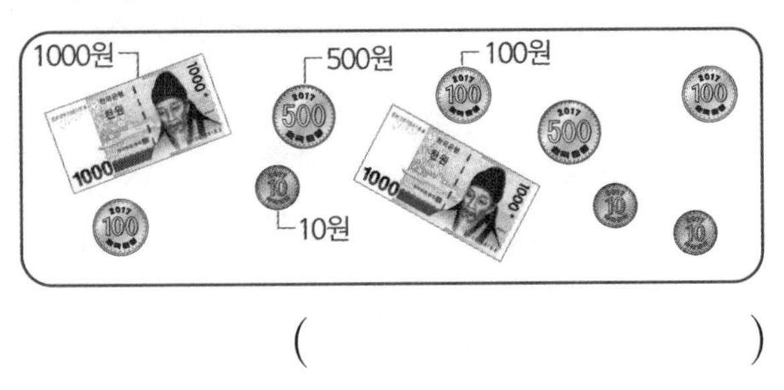

( )

❖ **다음 수 카드 4장을 한 번씩만 사용하여 네 자리 수를 만들려고 합니다. 물음에 답하시오. (12~13)**

4 9 2 7

12 천의 자리 숫자가 4인 가장 큰 네 자리 수를 만들어 보시오.

( )

13 백의 자리 숫자가 7인 가장 작은 네 자리 수를 만들어 보시오.

( )

14 주은이가 진료를 받고 진료비로 2900원을 내고 약국에서 약값으로 2500원을 냈습니다. 진료비와 약값 중 어느 것에 돈을 더 많이 냈습니까?

( )

15 얼마인지 알맞은 수를 찾아 선으로 이어 보시오.

500원

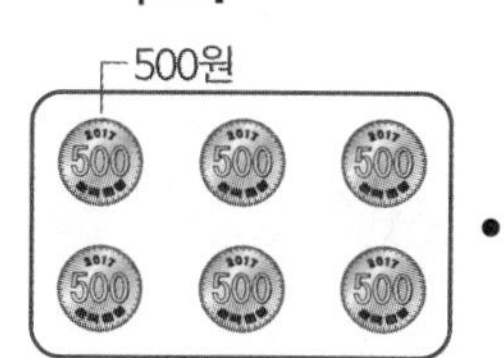

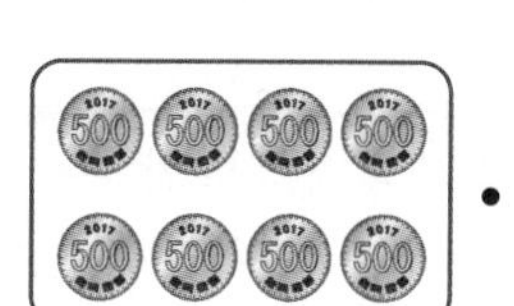

• 4000

• 3000

• 6000

서술형

16 어떤 수부터 100씩 3번 뛰어 세었더니 6648이 되었습니다. 어떤 수는 얼마인지 풀이 과정을 쓰고 답을 구하시오.

[풀이]

[답]

17 민준이는 가족의 역사를 다음과 같이 조사하였습니다. 일의 순서대로 □ 안에 1, 2, 3, 4를 써넣으시오.

18 라면 한 개의 열량은 500킬로칼로리, 초콜릿 한 개의 열량은 100킬로칼로리, 사탕 한 개의 열량은 50킬로칼로리입니다. 정아가 먹은 음식은 모두 몇 킬로칼로리입니까?

음식	라면	초콜릿	사탕
킬로칼로리 (Kcal)	500	100	50
정아가 먹은 음식	2개	3개	4개

( )

19 수 카드 0, 1, 5, 4를 한 번씩만 사용하여 만들 수 있는 네 자리 수 중 5000보다 큰 수는 모두 몇 개입니까?

( )

20 지환이가 뛰어 센 규칙과 같게 유진이도 뛰어 세었습니다. ★에 들어갈 수를 구하시오.

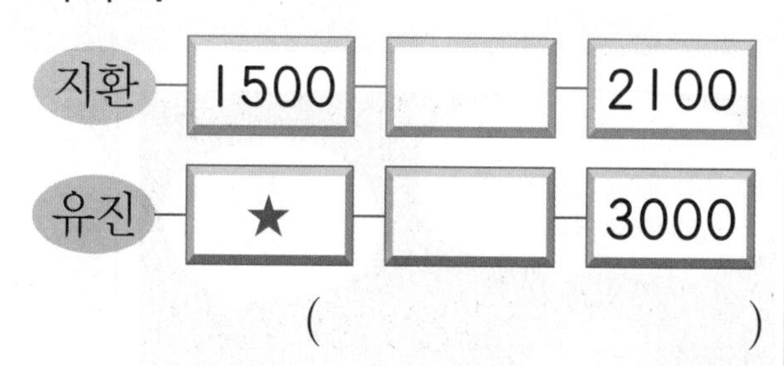

( )

1단원이 끝났습니다. QR 코드를 찍으면 재미있는 게임을 할 수 있어요.

2 곱셈구구

QR 코드를 찍어 보세요.
재미있는 학습 게임을
할 수 있어요.

학습 게임

제 2 화 인류 최초로 달에 착륙한 닐 암스트롱

×	1	2	3	4	5	6	7	8	9
5	5	10	15	20	25	30	35	40	45

+5 +5 +5 +5 +5 +5 +5 +5

⇨ 5의 단 곱셈구구에서 곱은 5씩 커집니다.

이미 배운 내용	이번에 배울 내용	앞으로 배울 내용
[2-1 곱셈] • 여러 가지 방법으로 세기 • 몇의 몇 배 알아보기 • 곱셈식 알아보기 • 곱셈 활용하기	• 2, 5, 3, 6의 단 곱셈구구 • 4, 8, 7, 9의 단 곱셈구구 • 1의 단 곱셈구구 • 0과 어떤 수의 곱 • 곱셈표 만들기	**[3-1 곱셈]** • (몇십)×(몇) 계산하기 • (두 자리 수)×(한 자리 수) 계산하기 • 곱셈 활용하기

×	1	2	3	4	5	6	7	8	9
7	7	14	21	28	35	42	49	56	63

+7 +7 +7 +7 +7 +7 +7 +7

⇨ 7의 단 곱셈구구에서 곱은 7씩 커집니다.

핵심 개념 (1)

만화로 개념 쏙!

❶ 2의 단 곱셈구구, 5의 단 곱셈구구 알아보기

• 2의 단 곱셈구구

$2\times1=2$
$2\times2=4$
$2\times3=6$
$2\times4=8$
$2\times5=10$
$2\times6=12$
$2\times7=14$
$2\times8=16$
$2\times9=18$

(곱하는 수: 1씩 커짐, 곱: 2씩 커짐)

• 5의 단 곱셈구구

$5\times1=5$
$5\times2=10$
$5\times3=15$
$5\times4=20$
$5\times5=25$
$5\times6=30$
$5\times7=35$
$5\times8=40$
$5\times9=45$

(곱하는 수: 1씩 커짐, 곱: 5씩 커짐)

예제 ❶ 2의 단 곱셈구구에서 곱은 □씩 커집니다.

❷ 3의 단 곱셈구구, 6의 단 곱셈구구 알아보기

• 3의 단 곱셈구구

$3\times1=3$
$3\times2=6$
$3\times3=9$
$3\times4=12$
$3\times5=15$
$3\times6=18$
$3\times7=21$
$3\times8=24$
$3\times9=27$

(곱하는 수: 1씩 커짐, 곱: 3씩 커짐)

• 6의 단 곱셈구구

$6\times1=6$
$6\times2=12$
$6\times3=18$
$6\times4=24$
$6\times5=30$
$6\times6=36$
$6\times7=42$
$6\times8=48$
$6\times9=54$

(곱하는 수: 1씩 커짐, 곱: 6씩 커짐)

예제 ❷ 3의 단 곱셈구구에서 곱은 □씩 커집니다.

셀파 포인트

• 5×4의 계산 방법
① 5에 5씩 3번 더합니다.
⇨ $5+5+5+5=20$
② 5×3에 5를 더합니다.
⇨ $5\times3=15$, $5\times4=20$ (+5)

• ■의 단 곱셈구구에서 곱하는 수가 1씩 커지면 그 곱은 ■씩 커집니다.

• 곱셈구구를 외울 때 '곱하기'를 빼고 외우면 편리합니다.
$6\times1=6$ ⇨ 육 일은 육
$6\times2=12$ ⇨ 육 이 십이
$6\times3=18$ ⇨ 육 삼 십팔
$6\times4=24$ ⇨ 육 사 이십사
$6\times5=30$ ⇨ 육 오 삼십
$6\times6=36$ ⇨ 육 육 삼십육
$6\times7=42$ ⇨ 육 칠 사십이
$6\times8=48$ ⇨ 육 팔 사십팔
$6\times9=54$ ⇨ 육 구 오십사

예제 정답
❶ 2 ❷ 3

개념 확인 1 2의 단 곱셈구구, 5의 단 곱셈구구 알아보기

1-1 그림을 보고 □ 안에 알맞은 수를 써넣으시오.

$2+2+2+2=\square$

$2\times4=\square$

1-2 그림을 보고 □ 안에 알맞은 수를 써넣으시오.

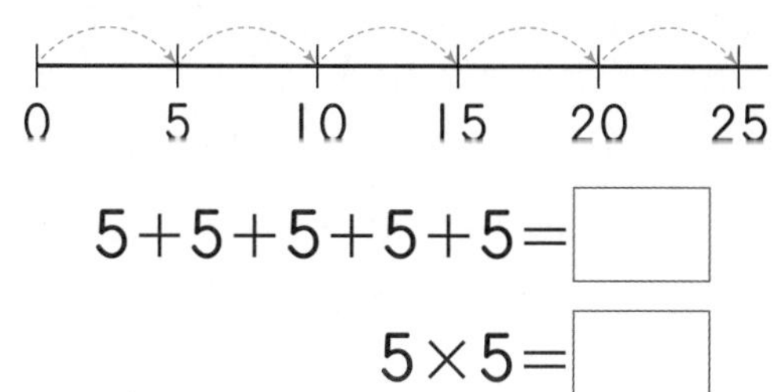

$5+5+5+5+5=\square$

$5\times5=\square$

1-3 □ 안에 알맞은 수를 써넣으시오.

(1) $2\times3=\square$

(2) $2\times8=\square$

1-4 □ 안에 알맞은 수를 써넣으시오.

(1) $5\times2=\square$

(2) $5\times6=\square$

개념 확인 2 3의 단 곱셈구구, 6의 단 곱셈구구 알아보기

2-1 그림을 보고 □ 안에 알맞은 수를 써넣으시오.

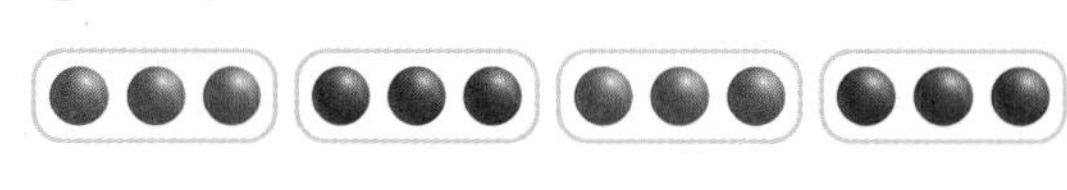

$3+3+3+3=\square$

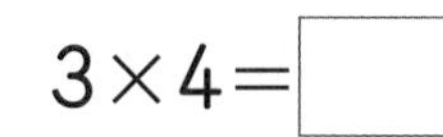

$3\times4=\square$

2-2 그림을 보고 □ 안에 알맞은 수를 써넣으시오.

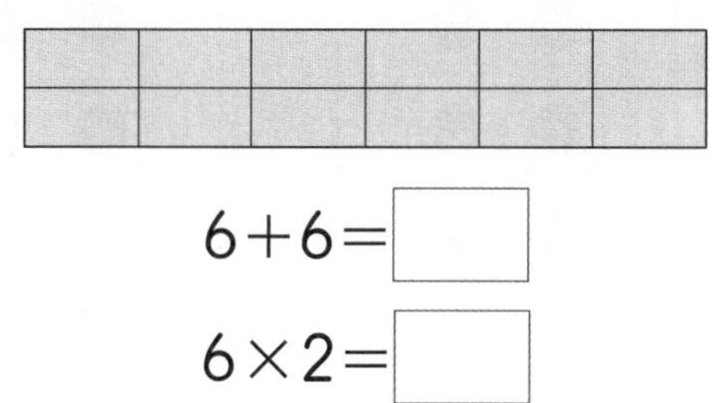

$6+6=\square$

$6\times2=\square$

2-3 □ 안에 알맞은 수를 써넣으시오.

(1) $3\times5=\square$

(2) $3\times7=\square$

2-4 □ 안에 알맞은 수를 써넣으시오.

(1) $6\times4=\square$

(2) $6\times9=\square$

유형 탐구 (1)

유형 1
2의 단 곱셈구구

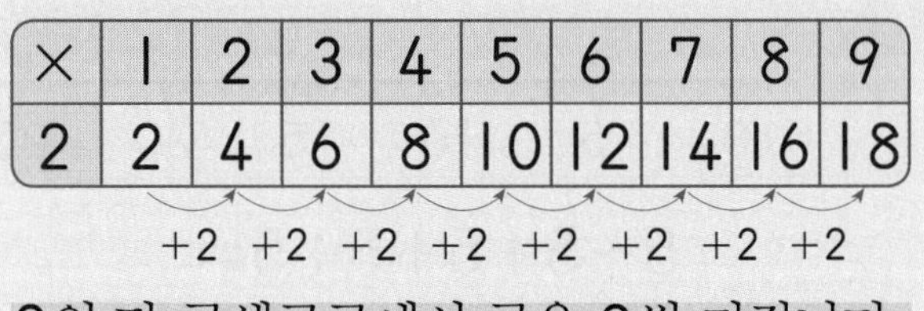

×	1	2	3	4	5	6	7	8	9
2	2	4	6	8	10	12	14	16	18

+2 +2 +2 +2 +2 +2 +2 +2

2의 단 곱셈구구에서 곱은 2씩 커집니다.

1
곱셈을 하시오.

(1) 2×2

(2) 2×7

2 교과서 유형
그림을 보고 물음에 답하시오.

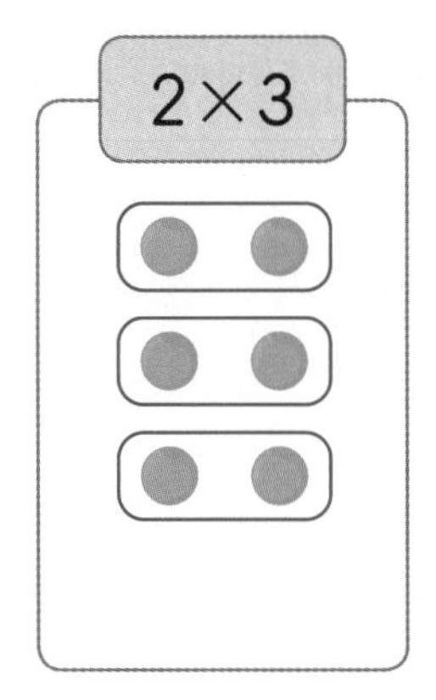

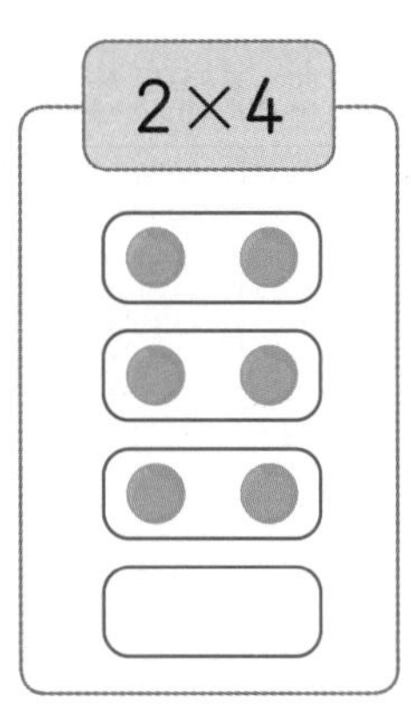

(1) 2×4가 되도록 빈 곳에 ○를 그려 보시오.

(2) 2×4는 2×3보다 얼마나 더 큽니까?
( )

3 익힘책 유형
2의 단 곱셈구구의 값을 찾아 이어 보시오.

2×5 •	• 18
2×6 •	• 10
2×9 •	• 12

4
□ 안에 알맞은 수를 써넣으시오.

(1) $2 \times \square = 12$

(2) $2 \times \square = 16$

5 서술형
민호가 2×9를 계산하는 방법을 잘못 설명한 것입니다. 바르게 고치시오.

민호: 2×8에 8을 더하면 돼.

유형 2

5의 단 곱셈구구

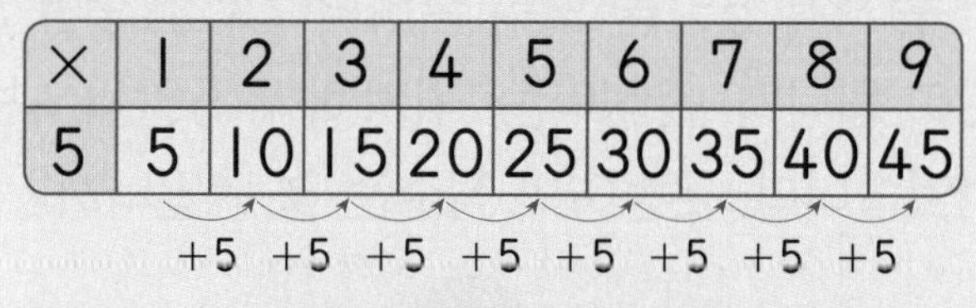

×	1	2	3	4	5	6	7	8	9
5	5	10	15	20	25	30	35	40	45

+5 +5 +5 +5 +5 +5 +5 +5

5의 단 곱셈구구에서 곱은 5씩 커집니다.

6

곱셈을 하시오.

(1) 5×3

(2) 5×5

7

□ 안에 알맞은 수를 써넣으시오.

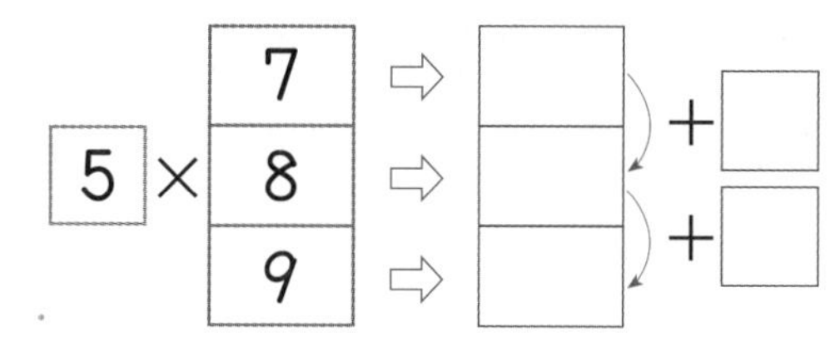

8 교과서 유형

5개씩 묶어 보고 곱셈식으로 나타내어 보시오.

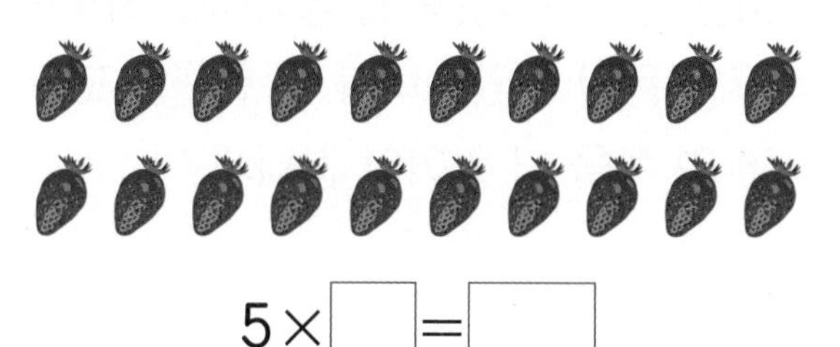

5×□=□

9

□ 안에 알맞은 수를 써넣으시오.

5×6보다 5 큰 수 ⇨ □

10 익힘책 유형 서술형

5×5를 나타내는 그림을 생각하여 그려 보시오.

11 창의·융합

곱이 30보다 크면 빨간색 주머니에 넣었고, 곱이 30보다 작으면 파란색 주머니에 넣었습니다. 5×7은 어느 주머니에 넣었습니까?

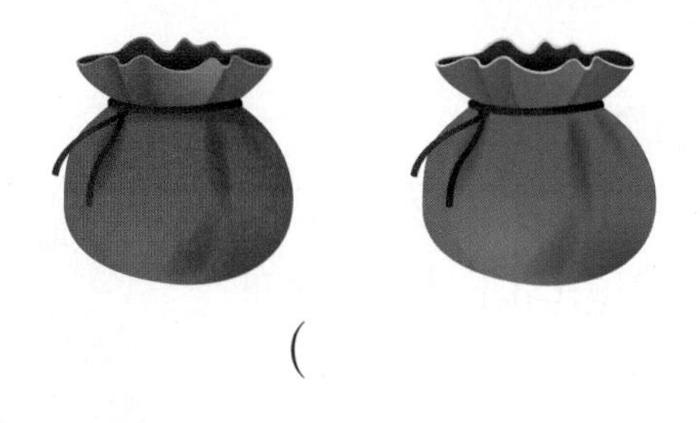

(　　　　　　　　)

2 곱셈구구

유형 3

2의 단, 5의 단 곱셈구구의 활용

비풀

상자 1개에 수박이 2통씩 들어 있습니다.

(상자 4개에 들어 있는 수박의 수)
$=2\times4=8$(통)

❖ 그림을 보고 곱셈식으로 바르게 나타내었으면 ○표, 잘못 나타내었으면 ×표 하시오. (12~13)

12

$2\times6=12$

(　　　)

13

$5\times6=30$

(　　　)

14 익힘책 유형

봉지 1개에 빵이 2개씩 포장되어 있습니다. 봉지 8개에 들어 있는 빵은 몇 개인지 곱셈식으로 알아보시오.

$2\times$ □ $=$ □ (개)

15 창의·융합

공기놀이는 '꺾기'에서 5알을 손등에 올렸다가 던져서 5알을 모두 손바닥으로 잡으면 5년이 됩니다. 은정이는 '꺾기'에서 5알씩 4번 꺾었습니다. 은정이의 점수는 몇 년입니까?

(　　　　　　)

16

지수는 도화지 1장을 똑같이 반으로 나누어 생일 카드를 2장 만들었습니다. 도화지 9장으로 생일 카드를 몇 장 만들 수 있습니까?

(　　　　　　)

17 해설집 23쪽 문제 분석

희진이는 전체가 72쪽인 동화책을 하루에 5쪽씩 7일 동안 읽었습니다. 동화책을 모두 읽으려면 몇 쪽을 더 읽어야 합니까?

(　　　　　　)

유형 4
3의 단 곱셈구구

×	1	2	3	4	5	6	7	8	9
3	3	6	9	12	15	18	21	24	27

+3 +3 +3 +3 +3 +3 +3 +3

3의 단 곱셈구구에서 곱은 3씩 커집니다.

18
곱셈을 하시오.

(1) 3×4

(2) 3×8

19
빈 곳에 알맞은 수를 써넣으시오.

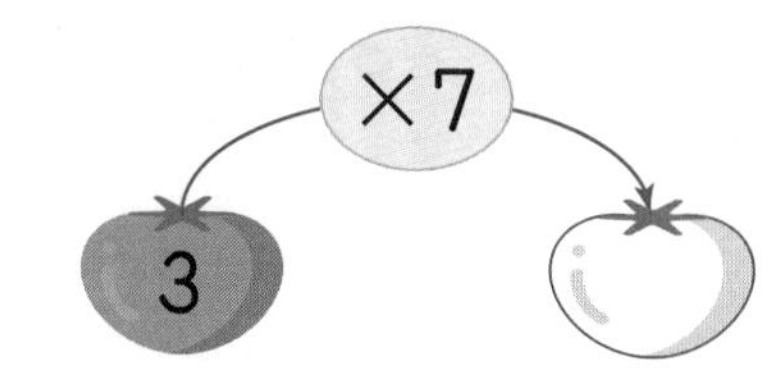

20
3의 단 곱셈구구의 값을 모두 찾아 ○표 하시오.

1	2	3	4	5	6	7
8	9	10	11	12	13	14
15	16	17	18	19	20	21
22	23	24	25	26	27	28

21 익힘책 유형
보기와 같이 곱셈식을 수직선에 나타내고 □ 안에 알맞은 수를 써넣으시오.

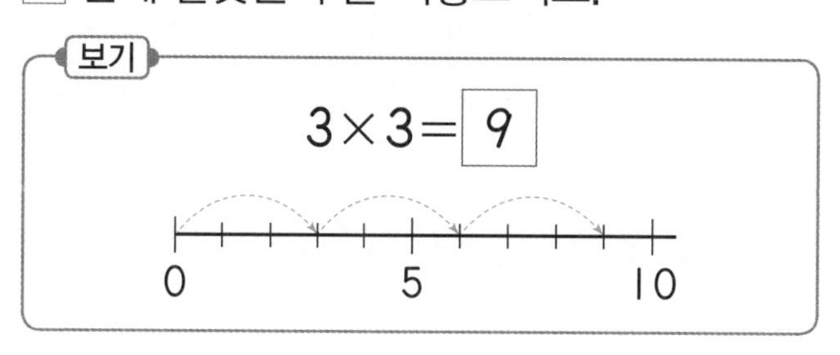

$3\times5=$□

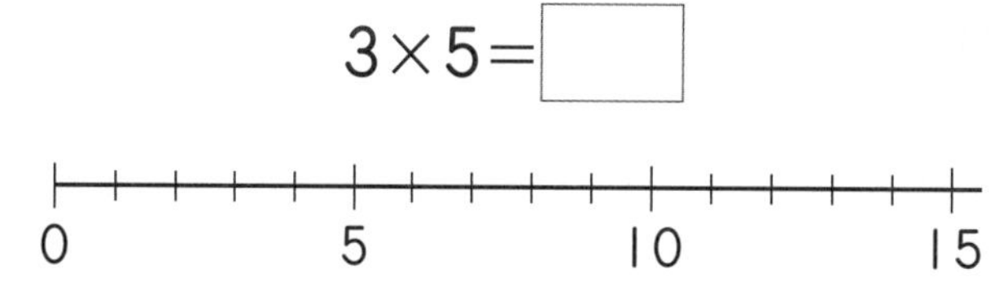

22 교과서 유형 서술형
3×6을 계산하는 방법을 두 가지 쓰시오.

[방법 1]

[방법 2]

23
□ 안에 들어갈 수 있는 가장 큰 두 자리 수는 얼마입니까?

$3\times9>$□

(   )

2 곱셈구구

유형 5

6의 단 곱셈구구

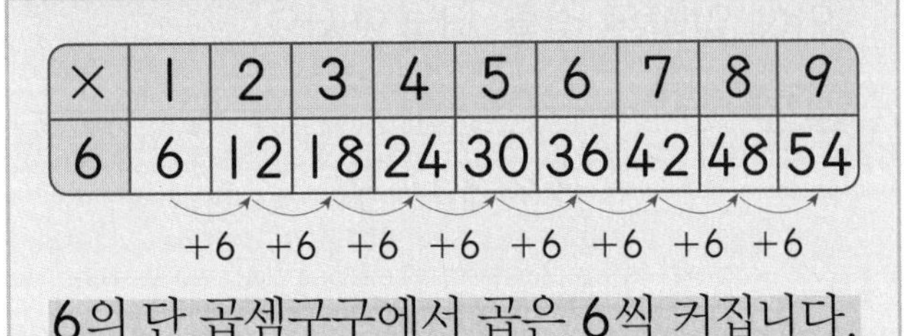

×	1	2	3	4	5	6	7	8	9
6	6	12	18	24	30	36	42	48	54

+6 +6 +6 +6 +6 +6 +6 +6

6의 단 곱셈구구에서 곱은 6씩 커집니다.

24

곱셈을 하시오.

(1) 6×5

(2) 6×8

25

두 수의 곱을 구하시오.

6, 3

( )

26

오른쪽 곱셈구구의 값을 수 카드로 나타내려고 합니다. 필요한 수 카드에 모두 ○표 하시오.

6×6

3 5 4 7 9 6

27 익힘책 유형

곱셈식이 옳게 되도록 이어 보시오.

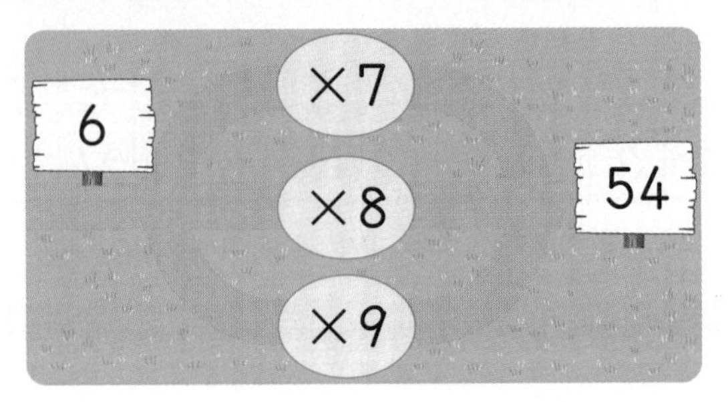

28 교과서 유형

6×4를 계산하는 방법을 잘못 설명한 사람을 찾아 쓰시오.

미라: 6에 6씩 3번 더하면 돼.
윤호: 6×3에 6을 더하면 돼.
초아: 6에 6을 3번 곱하면 돼.

( )

29

다음 조건을 모두 만족하는 수를 구하시오.

- 6의 단 곱셈구구의 값입니다.
- 일의 자리 숫자가 4입니다.
- 40보다 작은 수입니다.

( )

유형 6 3의 단, 6의 단 곱셈구구의 활용

비풀

봉지 1개에 참외가 3개씩 들어 있습니다.

(봉지 4개에 들어 있는 참외의 수)
$=3\times4=12$(개)

❖ 그림을 보고 곱셈식으로 나타내려고 합니다. □ 안에 알맞은 수를 써넣으시오. (30~31)

30

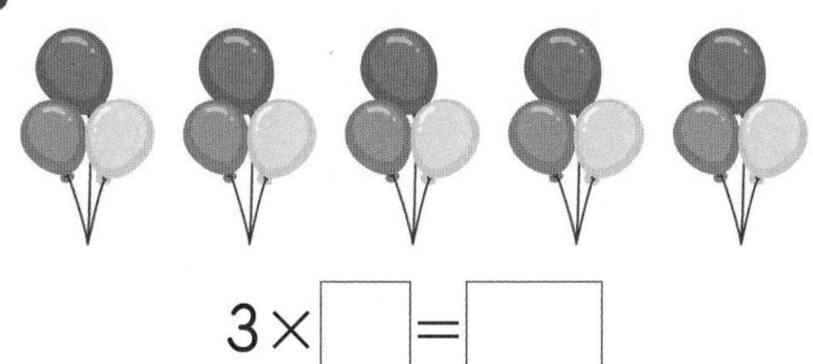

$3\times\square=\square$

31

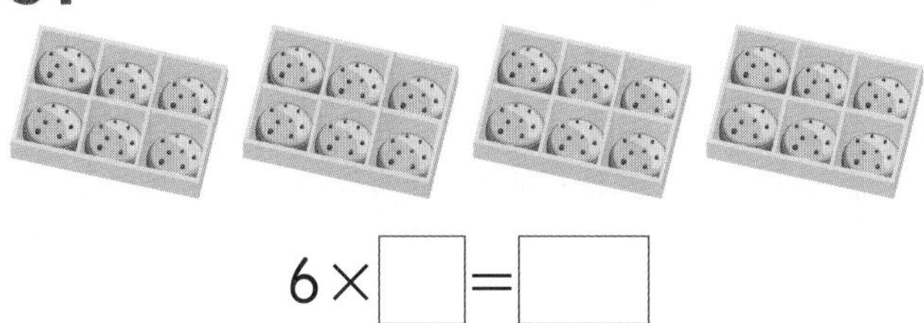

$6\times\square=\square$

32 교과서 유형

바퀴의 수를 3의 단 곱셈구구와 6의 단 곱셈구구 두 가지를 이용하여 구하려고 합니다. □ 안에 알맞은 수를 써넣으시오.

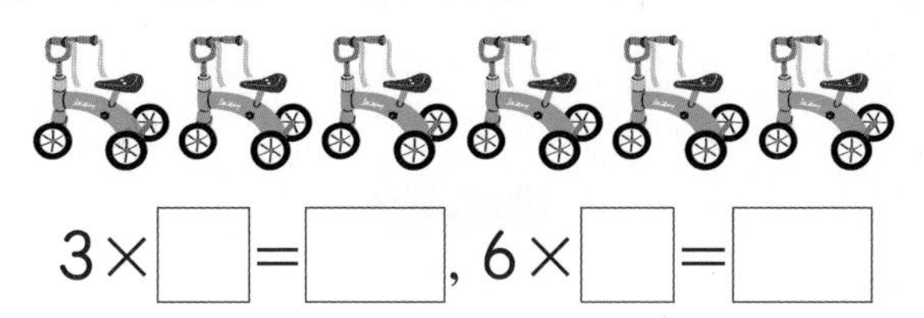

$3\times\square=\square$, $6\times\square=\square$

33 창의·융합

장수풍뎅이 한 마리의 다리는 6개입니다. 장수풍뎅이 9마리의 다리는 몇 개입니까?

( )

34 서술형

민준이네 반은 한 모둠에 6명씩 5모둠입니다. 민준이네 반 학생은 몇 명입니까?

[식]

[답]

35

은서네 모둠에서는 체육 시간에 쓸 콩 주머니를 한 명이 3개씩 8명이 준비했습니다. 준비한 콩 주머니 중 15개를 사용했다면 남은 것은 몇 개입니까?

( )

핵심 개념 (2)

만화로 개념 쏙!

❸ 4의 단 곱셈구구, 8의 단 곱셈구구 알아보기

• 4의 단 곱셈구구

$4\times1=4$
$4\times2=8$
$4\times3=12$
$4\times4=16$
$4\times5=20$
$4\times6=24$
$4\times7=28$
$4\times8=32$
$4\times9=36$

1씩 커짐 / 4씩 커짐

• 8의 단 곱셈구구

$8\times1=8$
$8\times2=16$
$8\times3=24$
$8\times4=32$
$8\times5=40$
$8\times6=48$
$8\times7=56$
$8\times8=64$
$8\times9=72$

1씩 커짐 / 8씩 커짐

예제 ❶ 4의 단 곱셈구구에서 곱은 ☐씩 커집니다.

❹ 7의 단 곱셈구구, 9의 단 곱셈구구 알아보기

• 7의 단 곱셈구구

$7\times1=7$
$7\times2=14$
$7\times3=21$
$7\times4=28$
$7\times5=35$
$7\times6=42$
$7\times7=49$
$7\times8=56$
$7\times9=63$

1씩 커짐 / 7씩 커짐

• 9의 단 곱셈구구

$9\times1=9$
$9\times2=18$
$9\times3=27$
$9\times4=36$
$9\times5=45$
$9\times6=54$
$9\times7=63$
$9\times8=72$
$9\times9=81$

1씩 커짐 / 9씩 커짐

예제 ❷ 7의 단 곱셈구구에서 곱은 ☐씩 커집니다.

셀파 포인트

• 8×4의 계산 방법

① 8에 8씩 3번 더합니다.
⇨ $8+8+8+8=32$

② 8×3에 8을 더합니다.
⇨ $8\times3=24$
$8\times4=32$ (+8)

• 9의 단 곱셈구구 완성하는 방법

9×1은 9입니다.
9×2는
9×1보다 9만큼 더 크므로
9×2=18입니다.
9×3은
9×2보다 9만큼 더 크므로
9×3=27입니다.
⋮
9×9는
9×8보다 9만큼 더 크므로
9×9=81입니다.

예제 정답

❶ 4 ❷ 7

개념 확인 3 4의 단 곱셈구구, 8의 단 곱셈구구 알아보기

3-1 그림을 보고 □ 안에 알맞은 수를 써넣으시오.

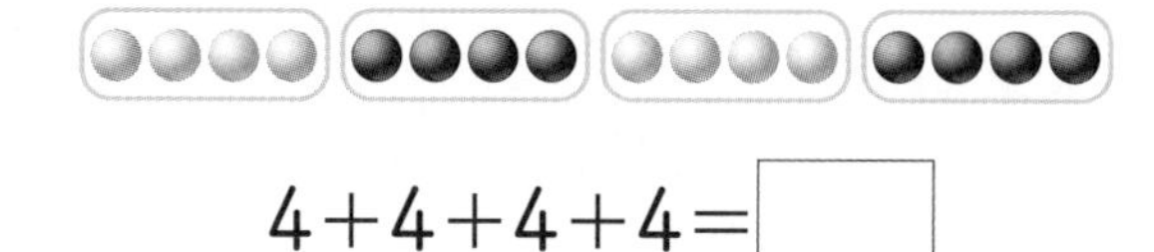

$4+4+4+4=\square$

$4\times4=\square$

3-2 그림을 보고 □ 안에 알맞은 수를 써넣으시오.

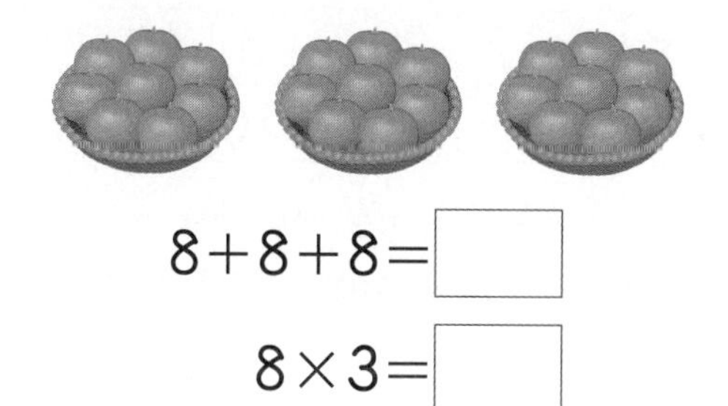

$8+8+8=\square$

$8\times3=\square$

3-3 □ 안에 알맞은 수를 써넣으시오.

(1) $4\times3=\square$

(2) $4\times6=\square$

3-4 □ 안에 알맞은 수를 써넣으시오.

(1) $8\times2=\square$

(2) $8\times7=\square$

개념 확인 4 7의 단 곱셈구구, 9의 단 곱셈구구 알아보기

4-1 그림을 보고 □ 안에 알맞은 수를 써넣으시오.

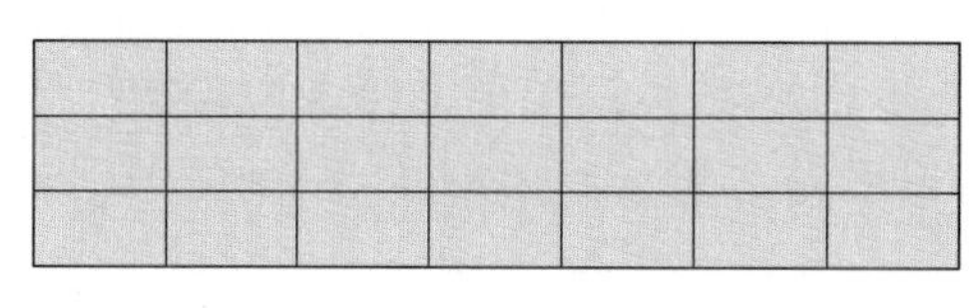

$7+7+7=\square$

$7\times3=\square$

4-2 그림을 보고 □ 안에 알맞은 수를 써넣으시오.

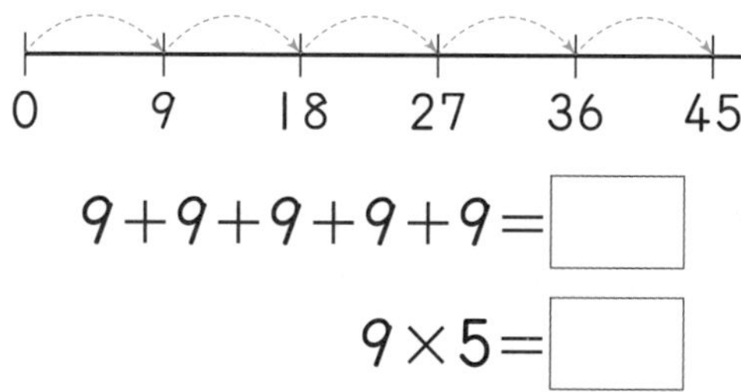

$9+9+9+9+9=\square$

$9\times5=\square$

4-3 □ 안에 알맞은 수를 써넣으시오.

(1) $7\times1=\square$

(2) $7\times4=\square$

4-4 □ 안에 알맞은 수를 써넣으시오.

(1) $9\times6=\square$

(2) $9\times8=\square$

유형 탐구 (2)

유형 7 4의 단 곱셈구구

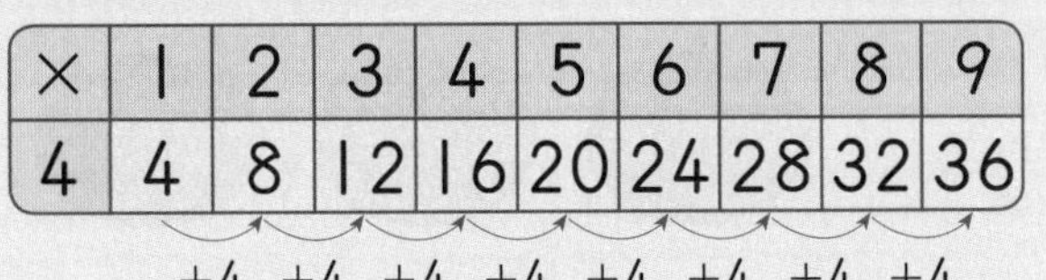

×	1	2	3	4	5	6	7	8	9
4	4	8	12	16	20	24	28	32	36

+4 +4 +4 +4 +4 +4 +4 +4

4의 단 곱셈구구에서 곱은 4씩 커집니다.

1
곱셈을 하시오.

(1) 4×2

(2) 4×5

2
두 수의 곱을 빈 곳에 써넣으시오.

4	9

3
4의 단 곱셈구구의 값이 있는 칸을 모두 찾아 색칠하시오.

12	25	8	35
36	9	32	10
28	20	16	4
7	42	24	27
14	5	36	18

4 익힘책 유형
보기 와 같이 곱셈식을 보고 빈 곳에 ○를 그려 보시오.

보기

$4 \times 3 = 12$

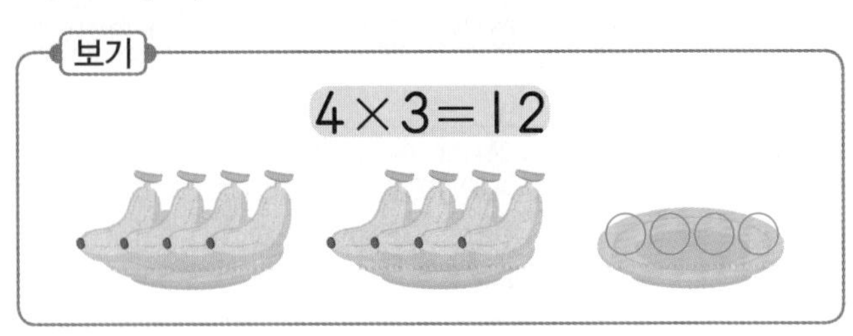

$4 \times 4 = 16$

5 교과서 유형 서술형
진주가 4×7을 계산하는 방법을 잘못 설명한 것입니다. 바르게 고치시오.

진주: 4에 4씩 7번 더하면 돼.

____

____

6
□ 안에 들어갈 수가 더 큰 것을 찾아 기호를 쓰시오.

㉠ $4 \times \square = 24$

㉡ $\square \times 8 = 32$

(　　　　　　　　)

유형 8

8의 단 곱셈구구

×	1	2	3	4	5	6	7	8	9
8	8	16	24	32	40	48	56	64	72

+8 +8 +8 +8 +8 +8 +8 +8

8의 단 곱셈구구에서 곱은 8씩 커집니다.

7

곱셈을 하시오.

(1) 8×5

(2) 8×9

8 익힘책 유형

□ 안에 알맞은 수를 써넣으시오.

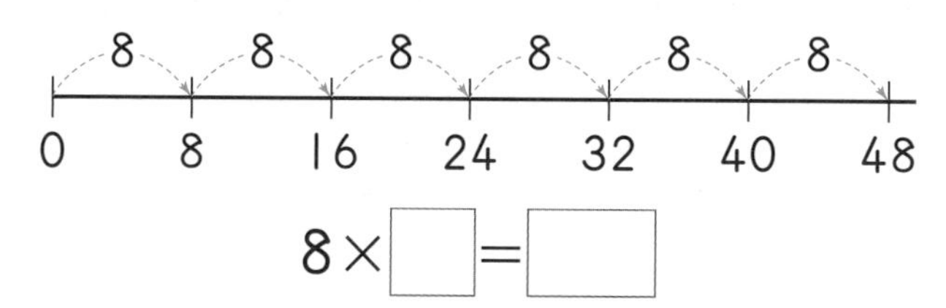

$8\times\square=\square$

9

8의 단 곱셈구구의 값을 찾아 이어 보시오.

8×2 •	• 32
8×4 •	• 56
8×7 •	• 16

10 서술형

8×3을 나타내는 그림을 생각하여 그려 보시오.

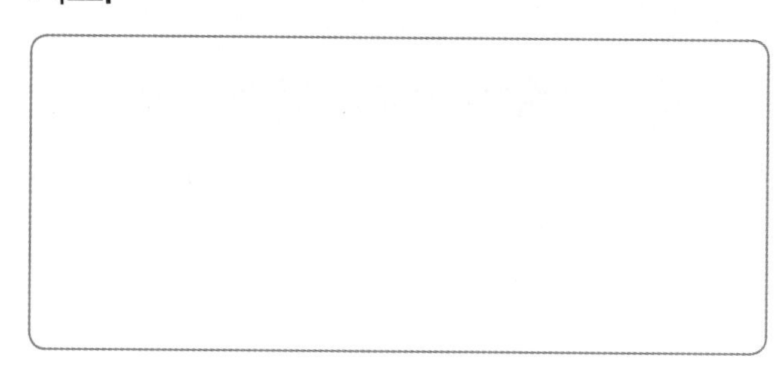

11 창의·융합

보기 와 같이 주어진 곱셈구구 값의 일의 자리 숫자들을 차례로 이어 그림을 완성하시오.

보기

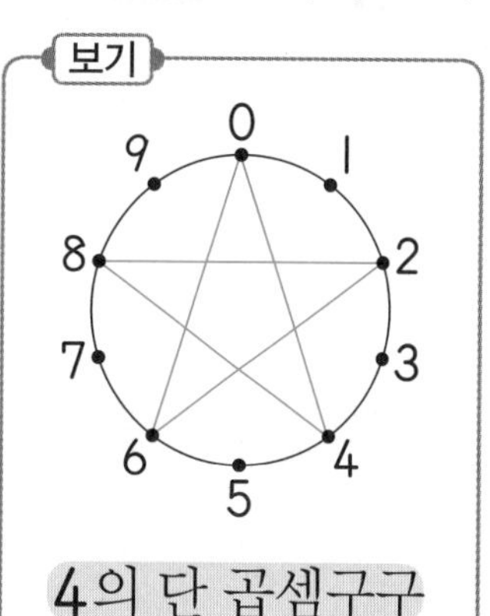

4의 단 곱셈구구

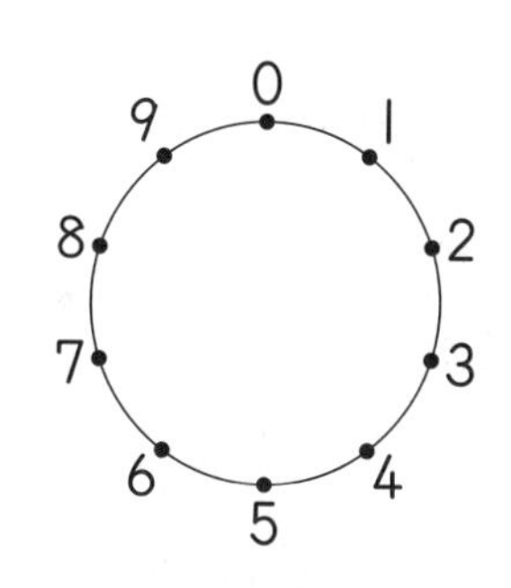

8의 단 곱셈구구

12

□ 안에 들어갈 수 있는 가장 작은 두 자리 수는 얼마입니까?

$8\times8<\square$

( )

2 곱셈구구

유형 9

4의 단, 8의 단 곱셈구구의 활용

접시 1개에 딸기가 4개씩 담겨 있습니다.

(접시 5개에 담겨 있는 딸기의 수)
$=4\times5=20$(개)

❖ 그림을 보고 곱셈식으로 나타내려고 합니다. □ 안에 알맞은 수를 써넣으시오. (13~14)

13

$4\times\square=\square$

14

$8\times\square=\square$

15 교과서 유형

쿠키의 수를 4의 단 곱셈구구와 8의 단 곱셈구구 두 가지를 이용하여 구하려고 합니다. □ 안에 알맞은 수를 써넣으시오.

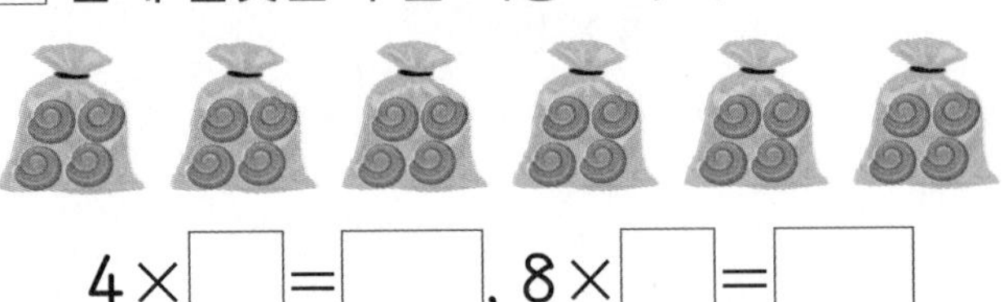

$4\times\square=\square$, $8\times\square=\square$

16 창의·융합

도윤이는 다음 뉴스를 보고 에어컨을 틀지 않기로 다짐했습니다. 선풍기 한 대의 날개는 4개입니다. 선풍기 7대의 날개는 몇 개입니까?

(　　　　　　)

17 서술형

버스 1대에 어린이가 8명씩 타고 있습니다. 버스 9대에 타고 있는 어린이는 몇 명입니까?

[식] ____________________

[답] ____________________

18

은하는 색종이를 80장 가지고 있습니다. 카네이션을 한 송이 만드는 데 색종이 8장이 필요합니다. 은하가 카네이션을 7송이 만들고 남는 색종이는 몇 장입니까?

(　　　　　　)

유형 10

7의 단 곱셈구구

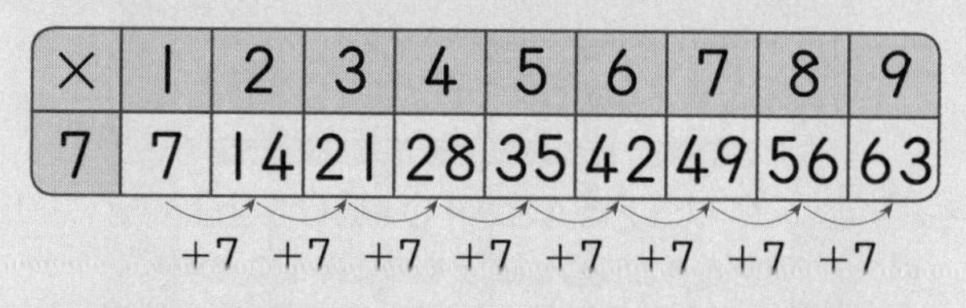

×	1	2	3	4	5	6	7	8	9
7	7	14	21	28	35	42	49	56	63

+7 +7 +7 +7 +7 +7 +7 +7

7의 단 곱셈구구에서 곱은 7씩 커집니다.

19

곱셈을 하시오.

(1) 7×4

(2) 7×7

20

빈 곳에 알맞은 수를 써넣으시오.

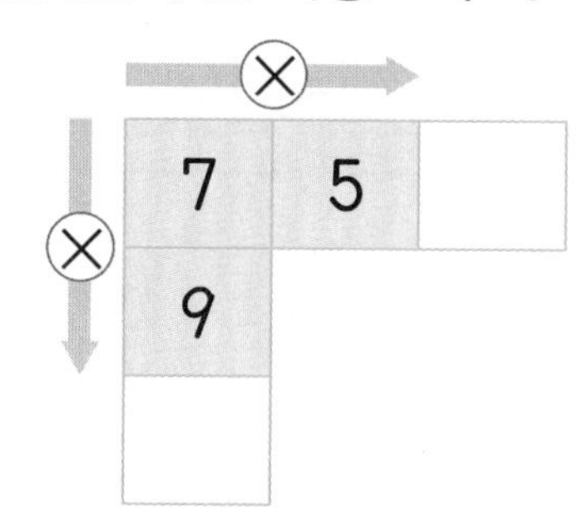

21 교과서 유형

7개씩 묶어 보고 곱셈식으로 나타내어 보시오.

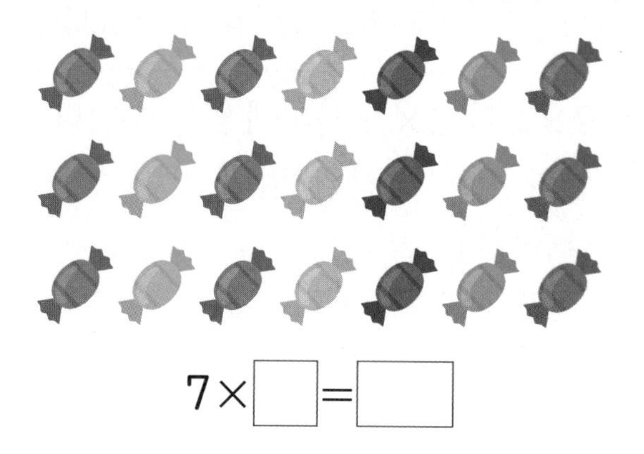

$7 \times \square = \square$

22

7×8보다 7 큰 수는 얼마입니까?

(　　　　　　)

23 익힘책 유형 서술형

7×6을 계산하는 방법을 두 가지 쓰시오.

[방법 1]

[방법 2]

24

7의 단 곱셈표를 보고 알 수 있는 점이 아닌 것을 찾아 기호를 쓰시오.

×	1	2	3	4	5	6	7	8	9
7	7	14	21	28	35	42	49	56	63

㉠ 곱의 일의 자리에는 1부터 9까지 모든 숫자가 사용됩니다.

㉡ 곱은 8씩 커집니다.

(　　　　　　)

2 곱셈구구

유형 11
9의 단 곱셈구구

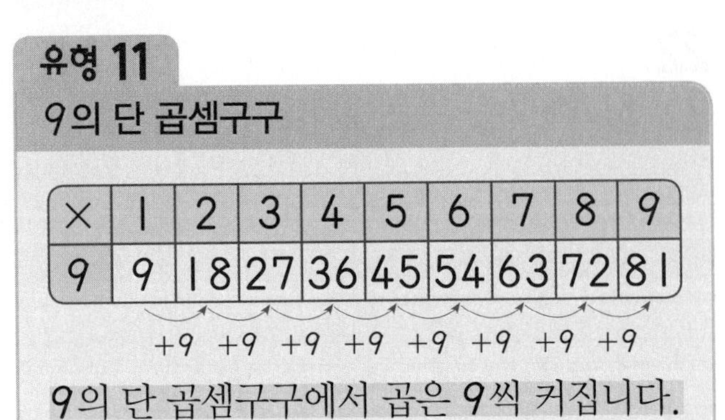

×	1	2	3	4	5	6	7	8	9
9	9	18	27	36	45	54	63	72	81

+9 +9 +9 +9 +9 +9 +9 +9

9의 단 곱셈구구에서 곱은 9씩 커집니다.

25
곱셈을 하시오.

(1) 9×6

(2) 9×8

26
□ 안에 알맞은 수를 써넣으시오.

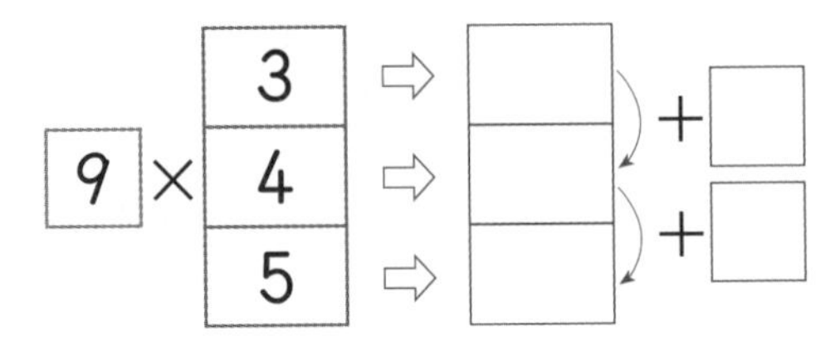

27
나영이가 9의 단 곱셈구구의 값을 큰 수부터 차례로 5개를 쓴 것입니다. 잘못 쓴 것을 찾아 ×표 하고, 바르게 고쳐 보시오.

81 — 72 — 64 — 54 — 45

(　　　　　　　　)

28 교과서 유형
9의 단 곱셈구구의 값을 선으로 이어 보시오.

29 창의·융합
보기 와 같이 수 카드를 한 번씩만 사용하여 □ 안에 알맞은 수를 써넣으시오.

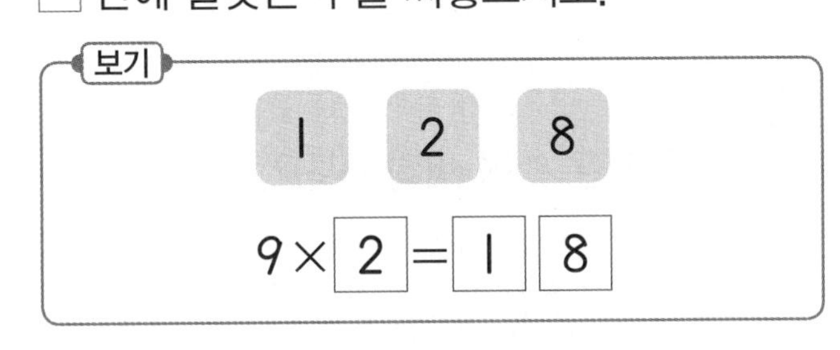

3　6　7

$9 \times$ □ = □□

30
다음 조건을 모두 만족하는 수를 구하시오.

- 9×4와 9×5 사이에 있는 수입니다.
- 십의 자리 숫자와 일의 자리 숫자가 같습니다.

(　　　　　　　　)

유형 12
7의 단, 9의 단 곱셈구구의 활용 비풀

봉지 1개에 귤이 7개씩 들어 있습니다.

(봉지 5개에 들어 있는 귤의 수)
$=7\times5=35$(개)

❖ **그림을 보고 곱셈식으로 바르게 나타내었으면 ○표, 잘못 나타내었으면 ×표 하시오.** **(31~32)**

31

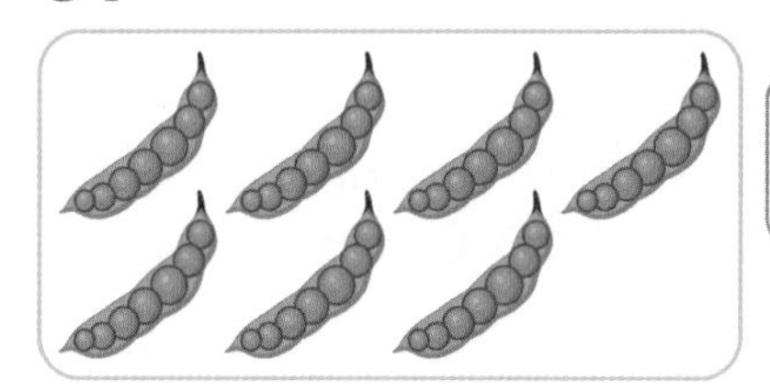

$7\times7=49$

(　　　)

32

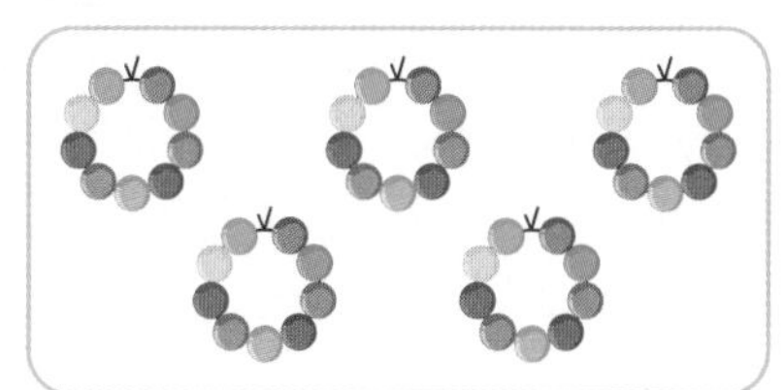

$9\times6=54$

(　　　)

33 익힘책 유형

상자 1개에 색연필이 7자루씩 포장되어 있습니다. 상자 4개에 들어 있는 색연필은 몇 자루인지 곱셈식으로 알아보시오.

$7\times\square=\square$(자루)

34 창의·융합

'주사위를 던져요' 놀이의 순서입니다. 9명씩 2모둠으로 나누었다면 놀이에 참가한 어린이는 몇 명입니까?

▲ 두 모둠으로 나누기

⇨

▲ 달려가서 주사위 던지기

⇨

▲ 주사위에서 나온 말이 적힌 깃발을 돌아오기

⇨

▲ 주사위를 다음 친구에게 전달하기

(　　　　　　　　)

35

상자 1개에 초콜릿 5개, 사탕 4개를 담았습니다. 친구 9명에게 똑같은 상자를 1개씩 주려면 초콜릿과 사탕은 모두 몇 개 필요합니까?

(　　　　　　　　)

36 해설집 26쪽 문제 분석

색종이를 정희는 7장씩 6묶음을 가지고 있고, 준수는 9장씩 4묶음을 가지고 있습니다. 색종이를 누가 몇 장 더 많이 가지고 있습니까?

(　　　　　　　), (　　　　　　　)

2 곱셈구구

핵심 개념 (3)

만화로 개념 쏙!

❺ 1의 단 곱셈구구 알아보기

×	1	2	3	4	5	6	7	8	9
1	1	2	3	4	5	6	7	8	9

⇨ 1과 어떤 수의 곱은 항상 어떤 수가 됩니다.

예제 ❶ 1의 단 곱셈구구에서 곱은 □씩 커집니다.

❻ 0의 곱 알아보기

- 0과 어떤 수의 곱은 항상 0입니다.
- 어떤 수와 0의 곱은 항상 0입니다.

예제 ❷ $0\times3=$□, $3\times0=$□

❼ 곱셈표 만들기

×	0	1	2	3	4	5	6	7	8	9
0	0	0	0	0	0	0	0	0	0	0
1	0	1	2	3	4	5	6	7	8	9
2	0	2	4	6	8	10	12	14	16	18
3	0	3	6	9	12	15	18	21	24	27
4	0	4	8	12	16	20	24	28	32	36
5	0	5	10	15	20	25	30	35	40	45
6	0	6	12	18	24	30	36	42	48	54
7	0	7	14	21	28	35	42	49	56	63
8	0	8	16	24	32	40	48	56	64	72
9	0	9	18	27	36	45	54	63	72	81

- 2의 단 곱셈구구에서는 곱이 2씩 커집니다.
- 곱이 5씩 커지는 곱셈구구는 5의 단 곱셈구구입니다.
- $8\times9=72$, $9\times8=72$와 같이 곱하는 두 수의 순서를 서로 바꾸어도 곱은 같습니다.

예제 ❸ 6의 단 곱셈구구에서는 곱이 (4, 6)씩 커집니다.

셀파 포인트

- $1\times$(어떤 수)=(어떤 수)
- $0\times$(어떤 수)$=0$, (어떤 수)$\times0=0$
- 곱셈표는 세로줄에 있는 수를 곱해지는 수, 가로줄에 있는 수를 곱하는 수로 하여 두 줄이 만나는 칸에 두 수의 곱을 써넣은 표입니다.

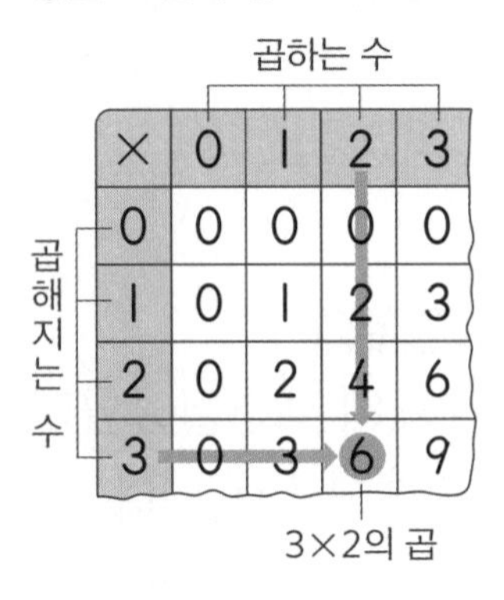

예제 정답

❶ 1 ❷ 0, 0 ❸ 6에 ○표

개념 확인 5 1의 단 곱셈구구 알아보기

5-1 1의 단 곱셈표를 완성하시오

×	1	2	3	4
1	1	2		

5-2 □ 안에 알맞은 수를 써넣으시오.

(1) 1×6=□

(2) 1×9=□

개념 확인 6 0의 곱 알아보기

6-1 곱을 바르게 구한 것에 ○표 하시오.

0×3=3　　　2×0=0

(　　　)　　(　　　)

6-2 □ 안에 알맞은 수를 써넣으시오.

(1) 0×5=□

(2) 4×0=□

개념 확인 7 곱셈표 만들기

7-1 곱셈구구를 이용하여 곱셈표를 만들어 보시오.

×	0	1	2	3	4	5	6	7	8	9
0	0	0	0	0	0	0	0	0	0	0
1	0	1	2	3	4	5	6	7	8	9
2	0	2	4	6		10	12	14	16	18
3	0	3	6	9	12	15	18		24	27
4	0	4	8		16	20	24	28	32	36
5	0	5	10	15	20		30	35	40	45
6	0	6	12	18	24	30	36	42		54
7	0	7	14	21	28	35		49	56	63
8	0	8		24	32	40	48	56	64	72
9	0	9	18	27	36	45	54	63	72	

유형 탐구 (3)

유형 13

1의 단 곱셈구구

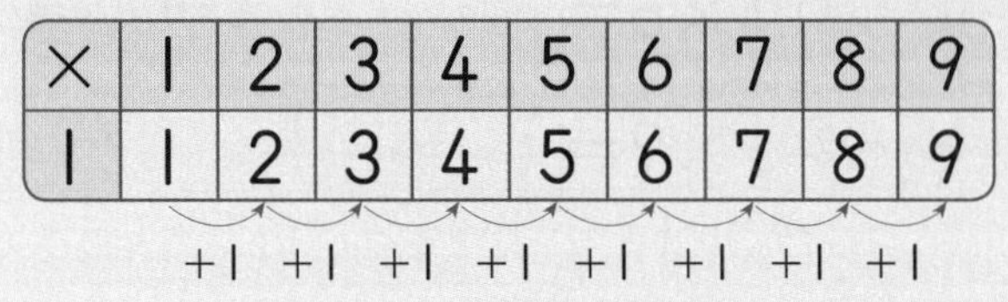

×	1	2	3	4	5	6	7	8	9
1	1	2	3	4	5	6	7	8	9

+1 +1 +1 +1 +1 +1 +1 +1

1의 단 곱셈구구에서 곱은 1씩 커집니다.

1×(어떤 수)=(어떤 수)

1
곱셈을 하시오.

(1) 1×3

(2) 1×5

2
□ 안에 알맞은 수를 써넣으시오.

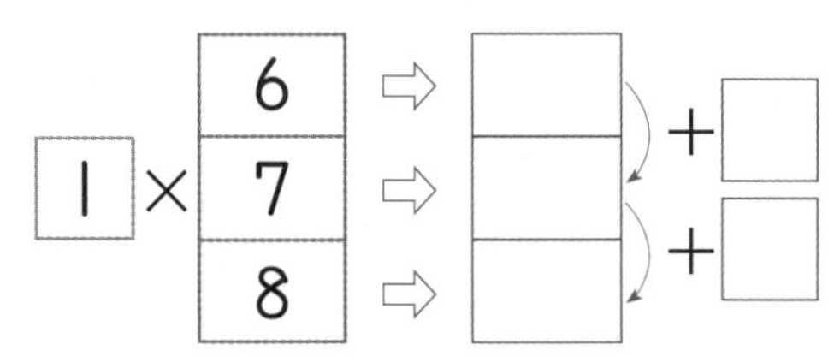

3
□ 안에 알맞은 수를 써넣으시오.

(1) $1\times\square=4$

(2) $1\times\square=9$

4 익힘책 유형
곱셈을 이용하여 빈칸에 알맞은 수를 써넣으시오.

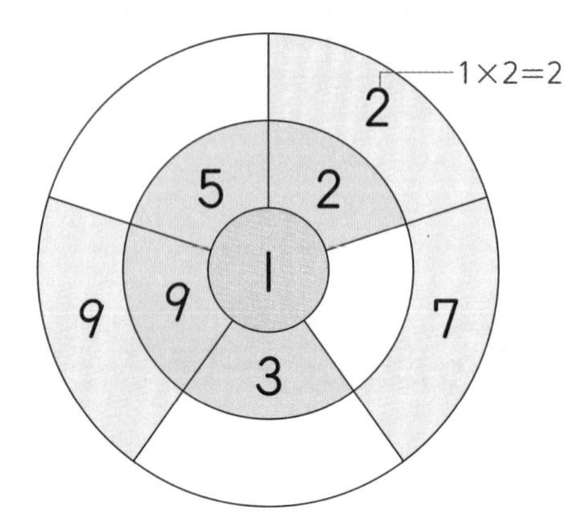

5 교과서 유형 서술형
1의 단 곱셈표를 완성하고, 이것을 통해 알 수 있는 점을 한 가지 쓰시오.

×	1	2	3	4	5	6	7	8	9
1									

[알 수 있는 점]

6
●와 ▲는 같은 수입니다. ★을 구하시오.

2×3=●, 1×★=▲

(　　　　　)

유형 14
0의 곱

- 0과 어떤 수의 곱은 항상 0입니다.
  ⇨ $0\times$(어떤 수)$=0$
- 어떤 수와 0의 곱은 항상 0입니다.
  ⇨ (어떤 수)$\times 0=0$

7
곱셈을 하시오.

(1) 0×5

(2) 0×9

8
빈 곳에 알맞은 수를 써넣으시오.

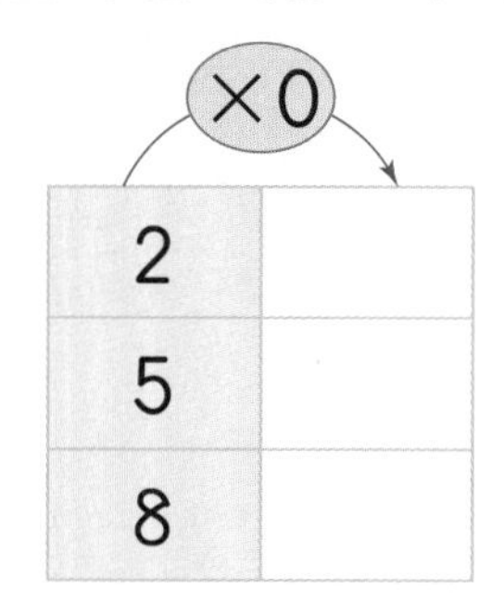

×0	
2	
5	
8	

9
두 수의 곱을 구하시오.

(1) 7, 0 (　　　)

(2) 0, 8 (　　　)

10
계산 결과가 나머지와 다른 하나는 어느 것입니까? ················ (　　)

① 0×5　② 7×1
③ 1×0　④ 0×1
⑤ 4×0

11 창의·융합
민준이와 지선이가 들고 있는 곱셈의 결과가 같습니다. 지선이의 곱셈에서 □ 안에 알맞은 수를 구하시오.

(　　　)

12 해설집 28쪽 문제 분석
수 카드 4장 중에서 2장을 뽑아 두 수의 곱을 구했을 때 가장 큰 곱이 42이고, 가장 작은 곱이 0이었습니다. 뒤집힌 수 카드에 적힌 수는 무엇입니까?

4　7　　6

(　　　)

2 곱셈구구

유형 15

1의 단 곱셈구구, 0의 곱 활용 비풀

상자 1개에 인형이 1개씩 들어 있습니다.

(상자 4개에 들어 있는 인형의 수)
$= 1 \times 4 = 4$(개)

13

그림을 보고 곱셈식으로 바르게 나타내었으면 ○표, 잘못 나타내었으면 ×표 하시오.

$1 \times 6 = 6$

(　　　)

14

꽃병 7개에 꽂혀 있는 꽃은 몇 송이인지 곱셈식으로 알아보시오.

□×7=□(송이)

15 서술형

민주는 초콜릿을 친구 1명에게 1개씩 9명에게 주었습니다. 민주가 친구들에게 준 초콜릿은 몇 개입니까?

[식]

[답]

16 창의·융합

공을 꺼내어 공에 적힌 수만큼 점수를 얻는 놀이를 하였습니다. 표를 완성하고 얻은 점수는 모두 몇 점인지 구하시오.

공에 적힌 수	1	0
꺼낸 횟수(번)	5	2
점수(점)	$1 \times 5 = 5$	

(　　　　　)

17

달리기 경기에서 1등은 3점, 2등은 2점, 3등은 1점을 얻습니다. 진호네 반은 1등이 4명, 2등이 6명, 3등이 2명입니다. 진호네 반의 달리기 점수는 모두 몇 점입니까?

(　　　　　)

유형 16

곱셈표 만들기

곱셈표는 세로줄에 있는 수를 곱해지는 수, 가로줄에 있는 수를 곱하는 수로 하여 두 줄이 만나는 칸에 두 수의 곱을 써넣은 표입니다.

×	0	1	2	3	4
1	0	1	2	3	4
2	0	2	4	6	8

(①: 세로줄에 있는 수, ②: 가로줄에 있는 수, 두 줄이 만나는 칸: ①×②)

❖ 빈칸에 알맞은 수를 써넣어 곱셈표를 완성하시오. (18~19)

18 익힘책 유형

×	2	3
4	8	
5		

19 익힘책 유형

×	4	6	9
3		18	
7			63
8	32		

20

곱셈표에서 곱이 7씩 커지는 칸을 모두 찾아 색칠하시오.

×	6	7	8	9
6	36	42	48	54
7	42	49	56	63
8	48	56	64	72
9	54	63	72	81

21 서술형

곱셈표의 ㉠과 ㉡에 알맞은 수의 합은 얼마인지 풀이 과정을 쓰고 답을 구하시오.

×	3	4	5	6
2	6	㉠		
8			㉡	48

[풀이]

[답]

22

곱셈표를 완성하고 곱이 20보다 큰 칸에 모두 색칠하시오.

×	5	6	7	8	9
3	15		21		27
4		24		32	
5	25		35		45

23

곱셈표에서 가와 나에 알맞은 수를 각각 구하시오.

×	3	가	5	6
7		28	35	
나			45	54

가 ( )
나 ( )

유형 17
두 수를 바꾸어 곱하기

$3\times4=12$　　$4\times3=12$

⇨ 곱셈에서 곱하는 두 수의 순서를 서로 바꾸어도 곱은 같습니다.

24
그림을 보고 □ 안에 알맞은 수를 써넣으시오.

☆☆☆☆☆☆☆☆
☆☆☆☆☆☆☆☆
☆☆☆☆☆☆☆☆

$8\times3=\square$, $3\times\square=\square$

25
곱이 같은 것끼리 선으로 이어 보시오.

2×8 ·	· 9×5
4×6 ·	· 8×2
5×9 ·	· 6×4

26
□ 안에 알맞은 수를 써넣으시오.

$7\times4=4\times\square=\square$

❖ 곱셈표를 보고 물음에 답하시오. (27~28)

×	0	1	2	3	4	5	6	7	8	9
0	0	0	0	0	0	0	0	0	0	0
1	0	1	2	3	4	5	6	7	8	9
2	0	2	4	6	8	10	12	14	16	18
3	0	3	6	9	12	15	18	21	24	27
4	0	4	8	12	16	20	24	28	32	36
5	0	5	10	15	20	25	30	35	40	45
6	0	6	12	18	24	30	36	42	48	54
7	0	7	14	21	28	35	42	49	56	63
8	0	8	16	24	32	40	48	56	64	72
9	0	9	18	27	36	45	54	63	72	81

27 교과서 유형
곱셈표에서 3×6과 곱이 같은 곱셈구구를 모두 찾아 보시오.

(　　　　　　　　　　)

28 서술형
위 **27**에서 어떤 방법으로 찾았는지 설명해 보시오.

[방법]

29
□ 안에 알맞은 수가 더 큰 것을 찾아 기호를 쓰시오.

㉠ $4\times5=\square\times4$
㉡ $3\times8=8\times\square$

(　　　　　　)

유형 18 다양한 계산 방법 (1)

비풀

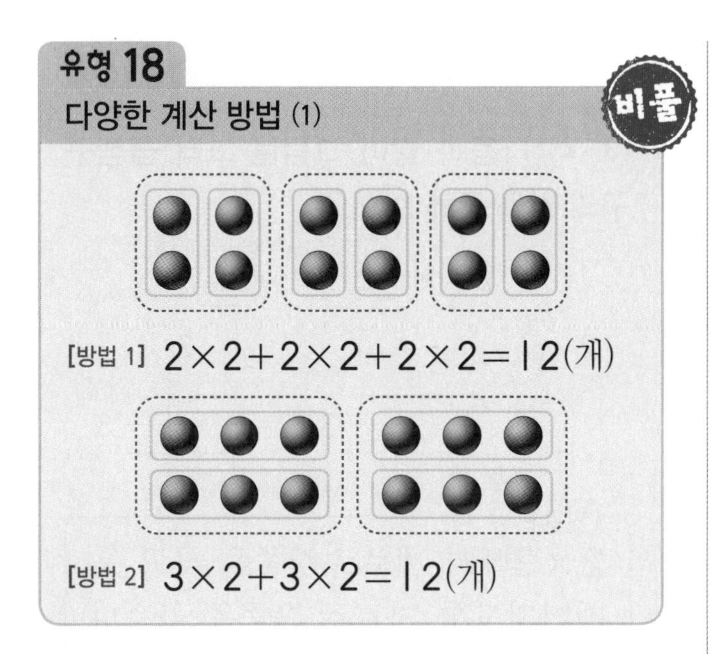

[방법 1] $2 \times 2 + 2 \times 2 + 2 \times 2 = 12$(개)

[방법 2] $3 \times 2 + 3 \times 2 = 12$(개)

30

사과의 수를 2가지 방법으로 구하려고 합니다. □ 안에 알맞은 수를 써넣으시오.

(1) $3 \times 2 + 3 \times 2 + 3 \times \square = \square$(개)

(2) $3 \times 3 + 3 \times \square = \square$(개)

31 서술형

사탕은 몇 개인지 2가지 방법으로 구하시오.

[방법 1]

[방법 2]

유형 19 다양한 계산 방법 (2)

비풀

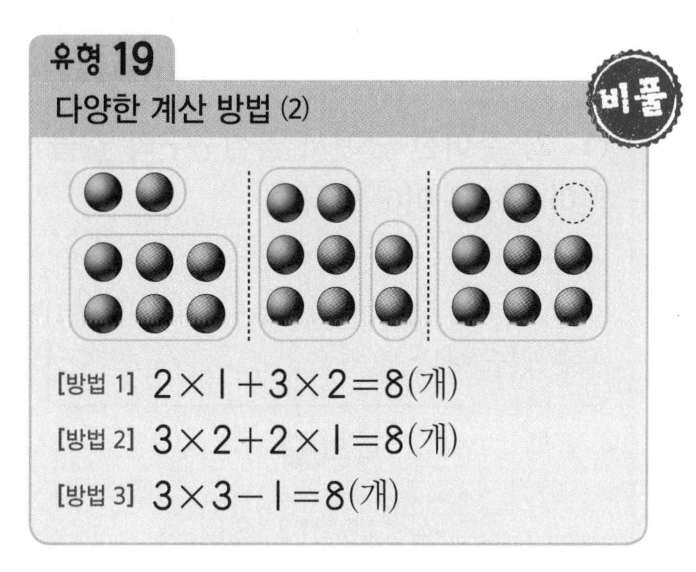

[방법 1] $2 \times 1 + 3 \times 2 = 8$(개)

[방법 2] $3 \times 2 + 2 \times 1 = 8$(개)

[방법 3] $3 \times 3 - 1 = 8$(개)

32

딸기의 수를 3가지 방법으로 구하려고 합니다. □ 안에 알맞은 수를 써넣으시오.

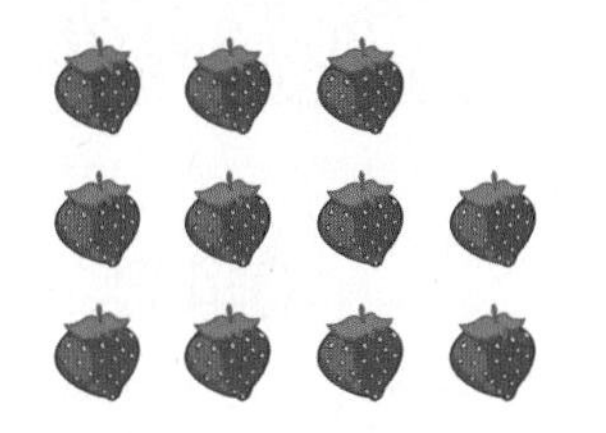

(1) $3 \times 1 + 4 \times \square = \square$(개)

(2) $3 \times \square + 2 \times 1 = \square$(개)

(3) $4 \times 3 - \square = \square$(개)

33 서술형

귤은 몇 개인지 2가지 방법으로 구하시오.

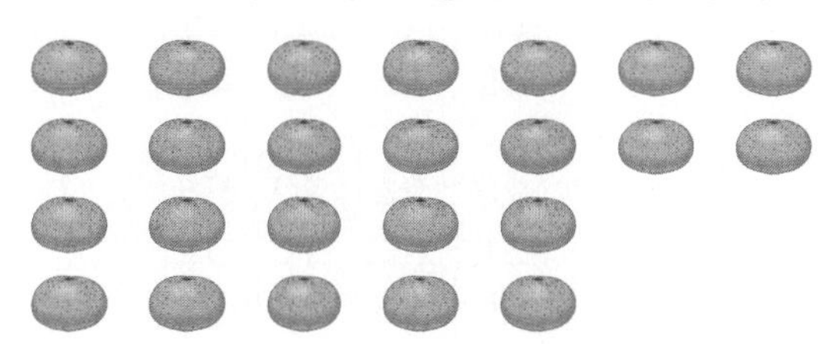

[방법 1]

[방법 2]

2 곱셈구구

(1~2) 주어진 단에서 곱셈구구의 값을 찾아 선으로 이어 보시오.

규칙

위, 아래, 왼쪽, 오른쪽 칸으로만 갈 수 있습니다.

4의 단

1

3의 단

2

8의 단

42	19	40	48
27	24	32	56
⇨ 8	16	28	64
15	35	20	72 ⇨

(3~4) 다음과 같이 그림을 그려 곱셈구구의 값을 구해 보시오.

2 × 3 = 6

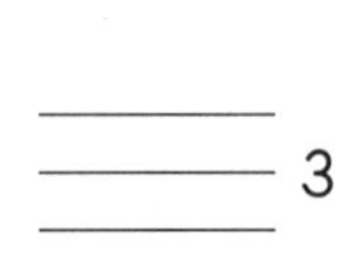

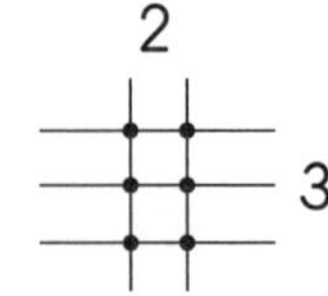

방법

2×3에서 세로로 2줄을 긋고 포개어지도록 가로로 3줄을 긋습니다. 세로 2줄과 가로 3줄이 서로 만나는 점을 세면 6개가 나옵니다.
⇨ $2 \times 3 = 6$

3 $4 \times 3 =$ ☐

4 $5 \times 4 =$ ☐

(5~6) 성냥개비로 0부터 9까지의 수를 만들었습니다. 성냥개비 한 개를 옮겨서 올바른 곱셈식으로 만들어 보시오.

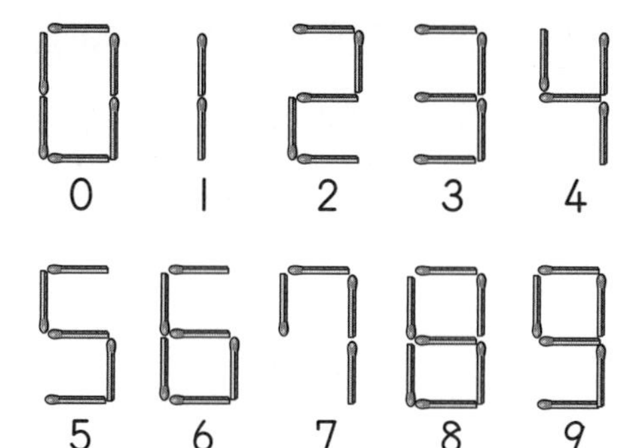

5

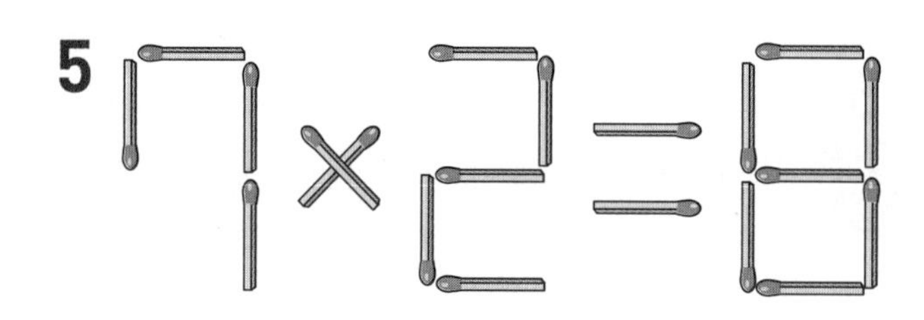

6

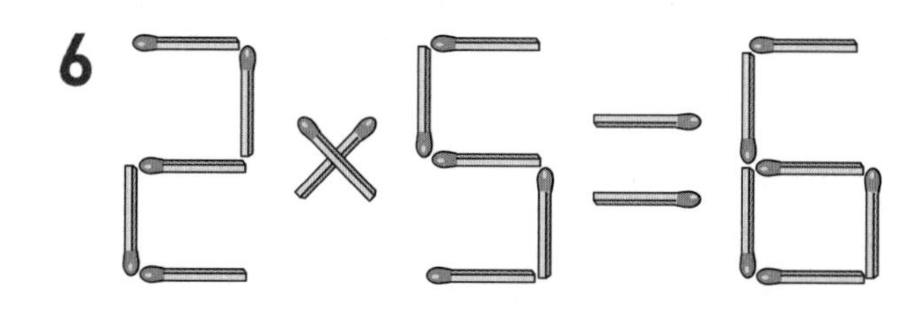

(7~8) 주사위를 굴려서 나온 주사위 눈의 횟수를 나타내었습니다. 주사위 눈의 수의 전체 합은 얼마인지 구하시오.

주사위 눈	⚀	⚁
나온 횟수(번)	3	2

⚀ : 3번 ⇨ $1 \times 3 = 3$,

⚁ : 2번 ⇨ $2 \times 2 = 4$

(주사위 눈의 수의 전체 합)$=3+4=7$

7

주사위 눈	⚀	⚁	⚃	⚄
나온 횟수(번)	2	5	3	7

(　　　　　　　　)

8

주사위 눈	⚁	⚂	⚄	⚅
나온 횟수(번)	8	4	1	9

(　　　　　　　　)

2 곱셈구구

곱셈구구 활용 창의·융합

1 다음과 같이 글자 '수'의 획수는 4획입니다. 붓으로 글자 '수'를 5번 쓰려면 몇 획을 써야 합니까?

유사

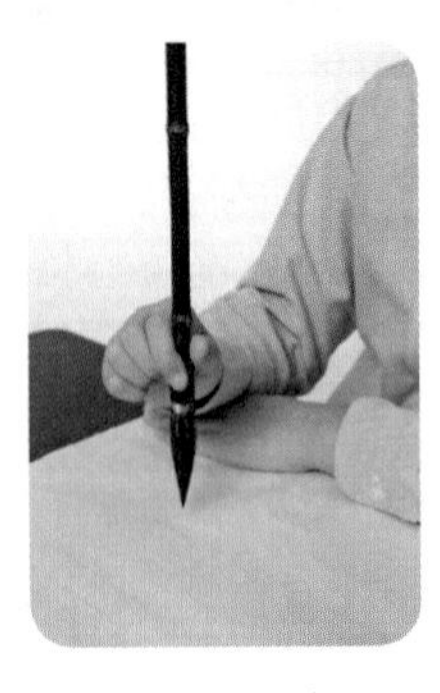

(　　　　　　　　)

□ 안에 알맞은 수 찾기

2 □ 안에 알맞은 수를 써넣으시오.

유사

$2 \times 9 = \square \times 6$

모르는 수 구하기

3 그림과 같은 요술 상자에 7을 넣었더니 21이 나왔습니다. 이 요술 상자에 4를 넣으면 얼마가 나오겠습니까?

유사

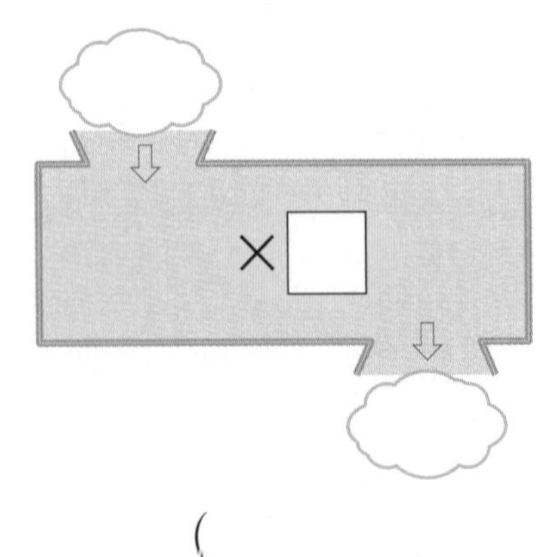

(　　　　　　　　)

크기 비교하기 해설집 31쪽 문제 분석

4 구슬이 많은 것부터 차례로 기호를 쓰시오.

유사

㉠ 봉지 1개에 8개씩 봉지 4개
㉡ 봉지 1개에 6개씩 봉지 6개
㉢ 봉지 1개에 7개씩 봉지 5개

(　　　　　　　　)

곱셈구구 활용 서술형

5 지호네 농장에는 닭이 8마리, 염소가 3마리, 토끼가 6마리 있습니다. 농장에 있는 동물의 다리는 모두 몇 개인지 풀이 과정을 쓰고 답을 구하시오.

유사 동영상

한 마리의 다리 수

동물	닭	염소	토끼
다리 수	2개	4개	4개

[풀이]

[답]

곱셈표 활용

6 ㉠, ㉡, ㉢에 알맞은 수를 각각 구하시오.

유사 동영상

×	2	4	7	㉠
6	12		42	54
㉡		32	56	㉢

㉠ (　　　), ㉡ (　　　), ㉢ (　　　)

곱셈구구 활용 해설집 32쪽 문제 분석

7 유사 동영상 민준이는 사탕을 80개 가지고 있었습니다. 어제는 한 명에게 4개씩 8명에게 나누어 주었고 오늘은 한 명에게 3개씩 9명에게 나누어 주었습니다. 민준이에게 남아 있는 사탕은 몇 개입니까?

( )

조건에 맞는 수 찾기

8 유사 다음 조건을 모두 만족하는 수를 구하시오.

- 4의 단 곱셈구구의 값입니다.
- 3×8보다 작습니다.
- 5의 단 곱셈구구의 값에도 있습니다.

( )

□ 안에 알맞은 수 찾기 서술형

9 유사 동영상 □ 안에 공통으로 들어갈 수 있는 수는 모두 몇 개인지 풀이 과정을 쓰고 답을 구하시오.

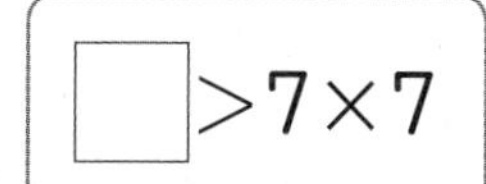

$\square > 7\times7$ $9\times6 > \square$

[풀이]

[답]

곱셈구구 활용

10 유사 미라네 모둠 5명이 가위바위보를 했습니다. 가위를 낸 미라와 윤호가 이겼다면 5명이 펼친 손가락은 모두 몇 개입니까?

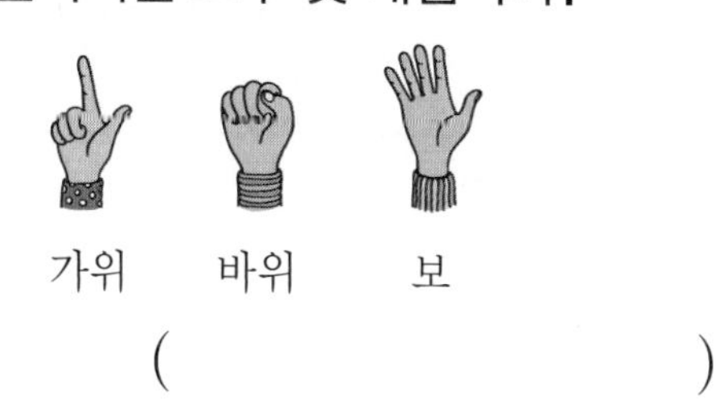

( )

곱셈구구 활용

11 유사 동영상 □ 안의 수는 양 끝의 ○ 안에 있는 두 수의 곱입니다. ○ 안에 알맞은 한 자리 수를 써넣으시오.

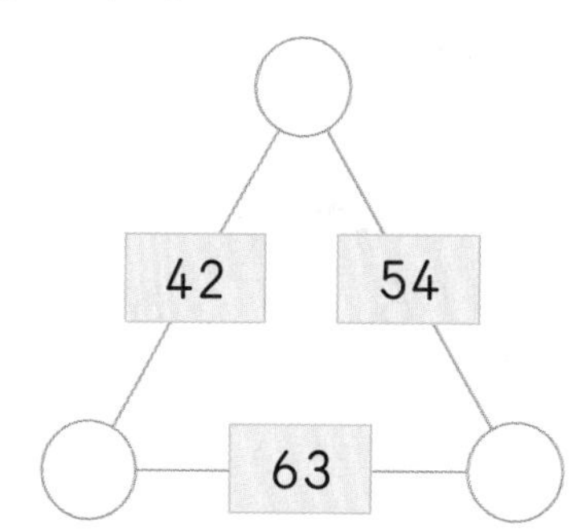

곱셈식 세우기 해설집 33쪽 문제 분석

12 유사 동영상 다음 수 카드 6장 중에서 합이 9가 되는 두 수를 곱했을 때 가장 큰 곱과 가장 작은 곱의 차는 얼마입니까?

( )

단원평가

2. 곱셈구구 ❶회

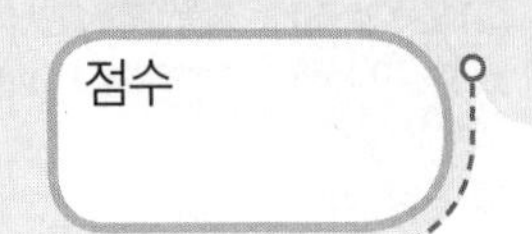

1 보기와 같이 곱셈식을 수직선에 나타내고 □ 안에 알맞은 수를 써넣으시오.

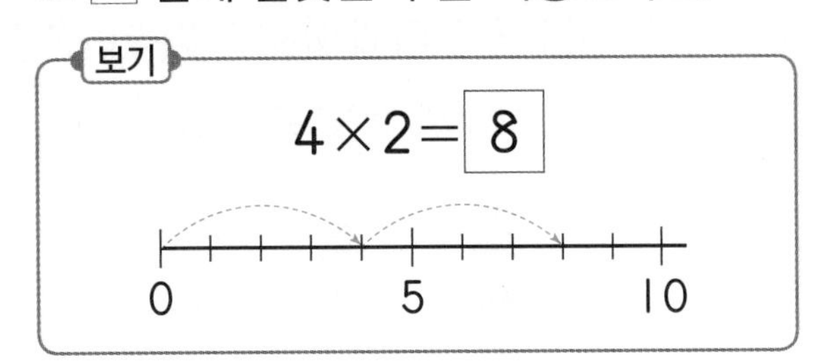

4×3=□

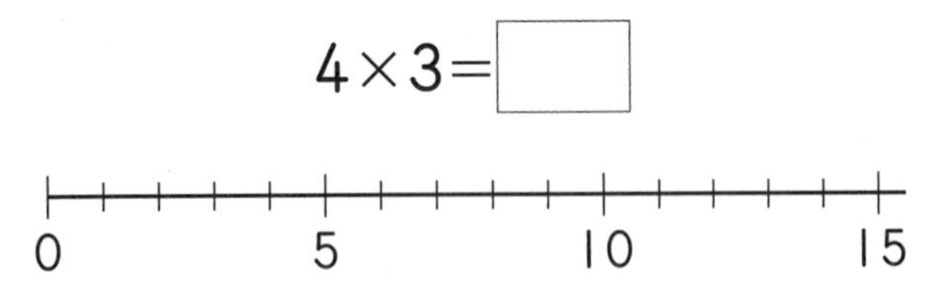

2 □ 안에 알맞은 수에 ○표 하시오.

7의 단 곱셈구구에서는 곱이 □씩 커집니다.

(6 , 7 , 8 , 9)

3 곱셈을 하시오.

(1) 9×4

(2) 7×8

4 5의 단 곱셈표를 완성하시오.

×	3	4	5	6	7	8
5	15		25			

5 곱의 크기를 비교하여 ○ 안에 >, =, <를 알맞게 써넣으시오.

1×8 ○ 0×9

6 4의 단 곱셈구구의 값이 아닌 것을 찾아 ×표 하시오.

8 36 38 16

7 다음 중 8×3과 곱이 다른 것을 찾아 ○표 하시오.

3×8	6×4	7×3
( )	( )	( )

창의·융합 서술형

8 나비 한 마리의 더듬이는 2개입니다. 나비 4마리의 더듬이는 몇 개입니까?

[식]

[답]

9 곱이 같은 것끼리 선으로 이으시오.

0×5 •	• 4×4
2×8 •	• 5×2
2×5 •	• 7×0

10 곱셈을 이용하여 빈 곳에 알맞은 수를 써넣으시오.

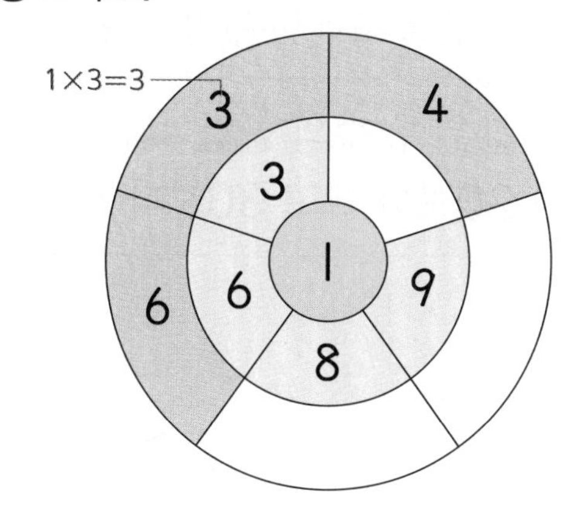

서술형

11 6×8을 계산하는 방법을 두 가지 쓰시오.

[방법 1] ______________________

[방법 2] ______________________

12 곱이 작은 것부터 차례로 기호를 쓰시오.

㉠ 4×7 ㉡ 8×3 ㉢ 6×5

( )

13 빈 곳에 알맞은 수를 써넣으시오.

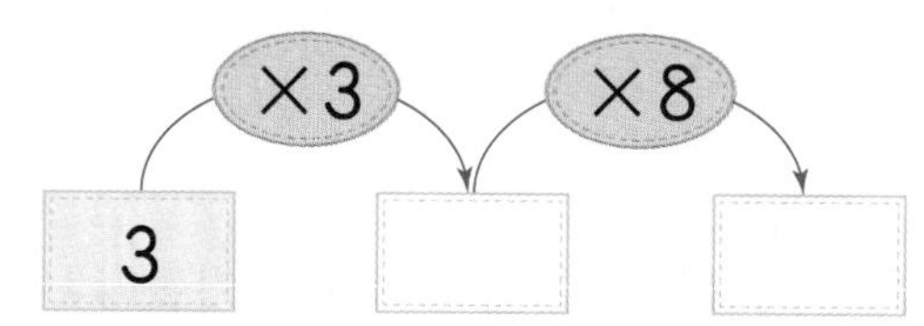

14 3의 단 곱셈구구의 값이 있는 칸을 모두 찾아 색칠하면 어떤 글자가 됩니까?

4	2	16	23	26	38
1	17	5	19	25	6
16	21	27	9	22	18
14	12	29	24	28	15
2	3	4	18	23	27
11	15	24	12	10	3
8	20	13	26	7	9
5	31	14	25	28	1

( )

2 곱셈구구

▸ 정답은 33쪽에

15 □ 안에 알맞은 수가 나머지와 다른 하나를 찾아 기호를 쓰시오.

㉠ $5\times\square=15$

㉡ $\square\times9=27$

㉢ $8\times\square=32$

(　　　　　　)

서술형

16 □ 안에 들어갈 수 있는 가장 큰 두 자리 수는 얼마인지 풀이 과정을 쓰고 답을 구하시오.

$3\times9>\square$

[풀이]

[답]

17 수 카드 4장 중에서 2장을 뽑아 두 수의 곱을 구했을 때 가장 큰 곱과 가장 작은 곱의 합을 구하시오.

5　2　9　4

(　　　　　　)

18 원판을 돌려서 멈췄을 때, 📍가 가리키는 수만큼 점수를 얻는 놀이를 하였습니다. 도영이가 원판을 10번 돌려서 얻은 점수는 모두 몇 점입니까?

원판의 수	0	1	2	3
나온 횟수(번)	3	4		0

(　　　　　　)

19 다음 조건을 모두 만족하는 수를 구하시오.

• 같은 두 수의 곱입니다.
• 20보다 크고 30보다 작습니다.

(　　　　　　)

20 그림과 같이 성냥개비를 사용하여 도형을 만들고 있습니다. 영희는 삼각형만 7개를 만들었고, 인수는 사각형만 6개를 만들었습니다. 두 사람이 사용한 성냥개비를 모두 사용하여 다시 오각형을 만들려고 합니다. 오각형을 몇 개 만들 수 있습니까? (단, 도형은 겹치지 않게 만듭니다.)

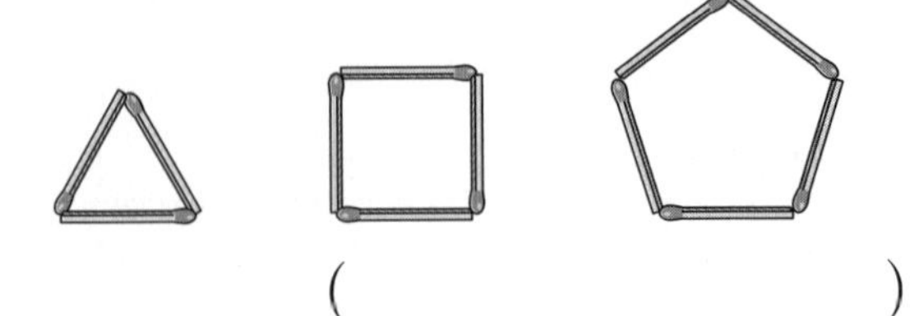

(　　　　　　)

점수

단원평가 2. 곱셈구구 ②회

1 그림을 보고 곱셈식으로 나타내려고 합니다. □ 안에 알맞은 수를 써넣으시오.

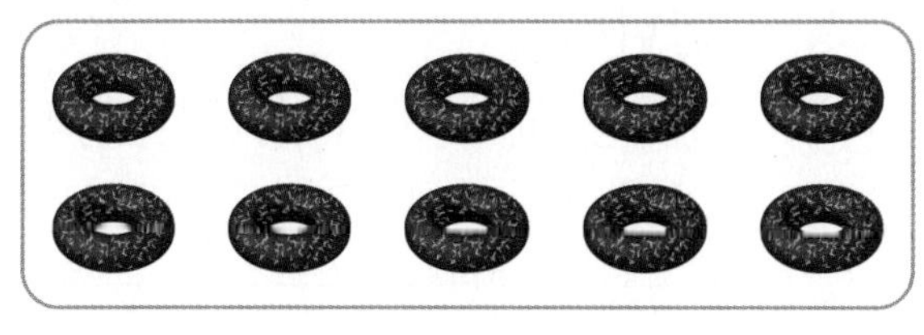

2×□=□

5×□=□

2 □ 안에 알맞은 수를 써넣으시오.

(1) 3×7은 3×□에 3을 더한 것과 같습니다.

(2) 4×6은 4×□에 4를 더한 것과 같습니다.

3 곱셈을 하시오.

(1) 6×8

(2) 9×5

4 곱의 크기를 비교하여 ○ 안에 >, =, <를 알맞게 써넣으시오.

6×3  2×9

5 빈칸에 알맞은 수를 써넣어 곱셈표를 완성하시오.

×	3	5	6	8	9
4	12		24		36
7		35		56	

6 □ 안에 알맞은 수를 써넣으시오.

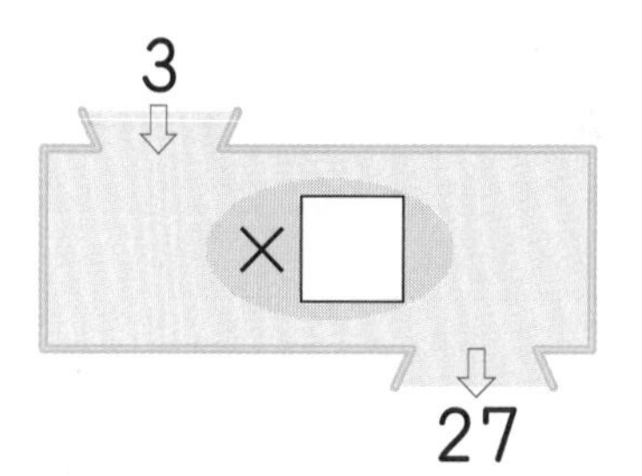

창의·융합 서술형

7 한 번 넘어지면 넘어진 때부터 7년밖에 못 산다 하여 이름이 붙여진 칠 년 고개가 있었습니다. 어떤 할아버지가 이 고개에서 9번 넘어지셨습니다. 이 할아버지는 지금부터 몇 년을 더 사실 수 있습니까?

[식]

[답]

2 곱셈구구

8 곱이 50보다 큰 것을 찾아 기호를 쓰시오.

㉠ 8×6	㉡ 7×8	㉢ 9×5

(　　　　　　　　)

9 □ 안에 알맞은 수를 구하시오.

> 9×3은 8×4보다 □만큼 더 작습니다.

(　　　　　　　　)

10 다음 중 곱이 다른 하나를 찾아 기호를 쓰시오.

㉠ 0×7	㉡ 4×0
㉢ 2×3	㉣ 0×6

(　　　　　　　　)

11 민수네 반은 한 모둠에 5명씩 5모둠입니다. 민수네 반 학생은 몇 명입니까?

(　　　　　　　　)

12 '나'는 어떤 수입니까?

- '나'는 2×6과 5×3 사이의 수입니다.
- '나'는 십의 자리 숫자와 일의 자리 숫자 중 하나는 4입니다.

(　　　　　　　　)

서술형

13 달리기 경기에서 1등은 5점, 2등은 3점, 3등은 1점을 얻습니다. 재민이네 반은 1등이 3명, 2등이 4명, 3등이 5명입니다. 재민이네 반의 달리기 점수는 모두 몇 점인지 풀이 과정을 쓰고 답을 구하시오.

[풀이]

[답]

14 조개 8개를 물고기 1마리와 바꿀 수 있습니다. 조개 40개는 물고기 몇 마리와 바꿀 수 있습니까?

(　　　　　　　　)

15 같은 모양은 같은 수를 나타낸다고 할 때 ●, ▲, ■를 각각 구하시오.

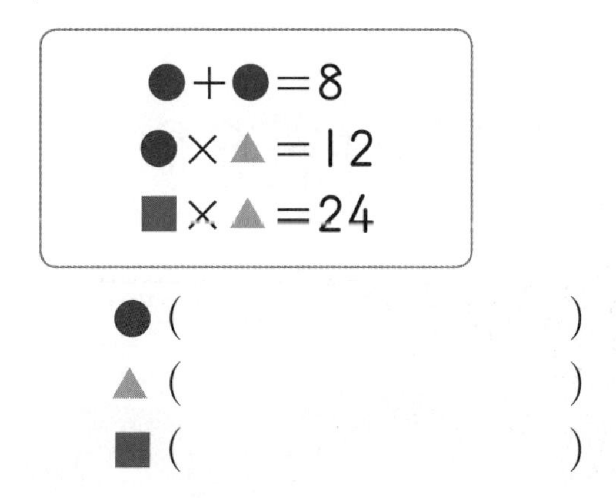

● ( )
▲ ( )
■ ( )

16 ★과 ♥의 합을 구하시오.

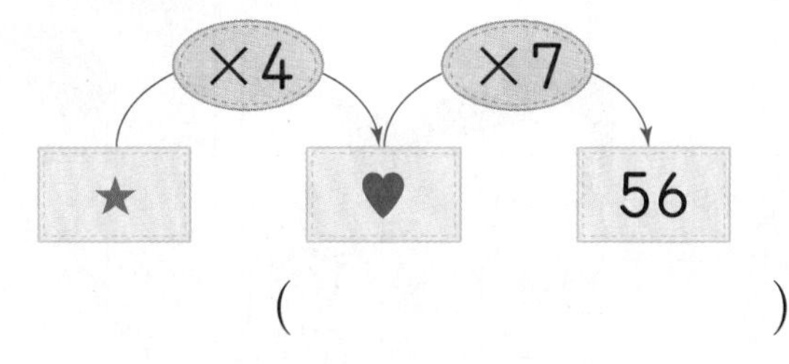

( )

창의·융합

17 공 꺼내기 놀이에서 다음과 같이 공을 꺼냈습니다. 꺼낸 공의 점수는 모두 몇 점입니까?

> 0점짜리 공 2개, 1점짜리 공 3개,
> 2점짜리 공 1개, 3점짜리 공 4개

( )

18 수 카드 4장 중에서 2장을 뽑아 두 수의 곱을 구했을 때 가장 작은 곱이 7이었습니다. 둘째로 큰 곱을 구하시오.

9 8 ? ?

( )

19 □ 안에 공통으로 들어갈 수 있는 수를 모두 구하시오.

> 7×□<45
> 40<9×□

( )

서술형

20 강당에 한 명씩 앉을 수 있는 의자가 99개 있습니다. 남학생은 한 줄에 5명씩 9줄로, 여학생은 한 줄에 6명씩 8줄로 의자에 앉았습니다. 빈 의자는 몇 개인지 풀이 과정을 쓰고 답을 구하시오.

[풀이]

[답]

2단원이 끝났습니다. QR 코드를 찍으면 재미있는 게임을 할 수 있어요.

2 곱셈구구

3 길이 재기

QR 코드를 찍어 보세요.
재미있는 학습 게임을
할 수 있어요.

제3화 한석봉이 글씨를 잘 쓰게 된 사건은?

이미 배운 내용	이번에 배울 내용	앞으로 배울 내용
[2-1 길이 재기] • 여러 가지 단위로 길이 재기 • 1 cm 알아보기 • 자로 길이 재기 • 길이 어림하기	• 1 m 알아보기 • 자로 길이 재기 • 길이의 합과 차 구하기 • 길이 어림하기	[3-1 길이와 시간] • 1 mm 알아보기 • 1 km 알아보기 • 길이의 합과 차 구하기

핵심 개념 (1)

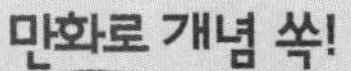

❶ cm보다 더 큰 단위 알아보기

- 100 cm는 1 m와 같습니다. 1 m는 1 미터라고 읽습니다.

100 cm=1 m

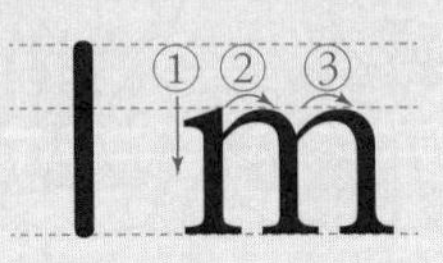

- 120 cm는 1 m보다 20 cm 더 깁니다.
  120 cm를 1 m 20 cm라고도 씁니다.
  1 m 20 cm를 1 미터 20 센티미터라고 읽습니다.

20 cm
100 cm 1 m

120 cm=1 m 20 cm

예제 ❶ 100 cm는 ☐ m와 같습니다.

❷ 자로 길이 재어 보기

- 줄자를 사용하여 길이를 재는 방법

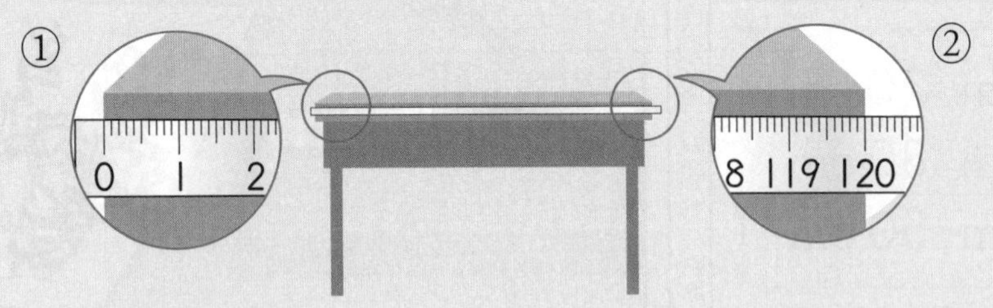

①	②
책상의 한끝을 줄자의 눈금 0에 맞춥니다.	책상의 다른 쪽 끝에 있는 줄자의 눈금을 읽습니다.

⇨ 눈금이 120이므로 120 cm입니다.

⇨ 120 cm=1 m 20 cm이므로 책상의 길이는 1 m 20 cm입니다.

셀파 포인트

- cm와 m의 관계
  ■00 cm=■ m,
  ■▲● cm=■ m ▲● cm

- 길이 읽기
  ■ m ⇨ ■ 미터,
  ■ m ▲● cm
  ⇨ ■ 미터 ▲● 센티미터

- 줄자는 여러 가지 종류가 있습니다. 1 m가 약간 넘는 줄자부터 운동장의 길이도 잴 수 있는 50 m 줄자도 있습니다.

예제 정답

❶ 1

개념 확인 1 cm보다 더 큰 단위 알아보기

1-1 □ 안에 알맞게 써넣으시오.

100 cm는 1 □와 같고 1 m는 1 □라고 읽습니다.

1-2 길이를 바르게 써 보시오.

(1) 1 m

(2) 2 m

1-3 □ 안에 알맞은 수를 써넣으시오.

300 cm
= 100 cm + 100 cm + 100 cm
= 1 m + □ m + □ m
= □ m

1-4 □ 안에 알맞은 수를 써넣으시오.

2 m
= 1 m + 1 m
= 100 cm + □ cm
= □ cm

1-5 □ 안에 알맞은 수를 써넣으시오.

125 cm = □ cm + 25 cm
= □ m + 25 cm
= □ m □ cm

1-6 □ 안에 알맞은 수를 써넣으시오.

1 m 38 cm = □ m + 38 cm
= □ cm + 38 cm
= □ cm

개념 확인 2 자로 길이 재어 보기

2-1 자의 눈금을 읽어 보시오.

□ cm

99 100 101 102 103 104
1 m

2-2 자의 눈금을 읽어 보시오.

□ cm

106 107 108 109 110 111

유형 탐구 (1)

유형 1

1 m 알아보기

100 cm는 1 m와 같습니다.
1 m는 1 미터라고 읽습니다.

0이 2개 줄어듦
100 cm = 1 m
0이 2개 늘어남

1 교과서 유형

□ 안에 알맞은 수를 써넣으시오.

(1) 500 cm = □ m

(2) 9 m = □ cm

2

길이를 읽어 보시오.

(1) 4 m ⇨ (　　　　)

(2) 7 m ⇨ (　　　　)

3

cm 단위로 길이가 표시되어 있는 어떤 줄자에서 눈금 100 cm 아래에는 m 단위 길이도 쓰여 있습니다. 몇 m라고 쓰여 있겠습니까?

(　　　　)

4

같은 길이를 나타내는 것끼리 이어 보시오.

600 cm •	• 8 m
300 cm •	• 6 m
800 cm •	• 3 m

5 익힘책 유형

□ 안에 cm와 m 중 알맞은 단위를 써넣으시오.

(1) 연필의 길이는 약 16 □ 입니다.

(2) 축구장 긴 쪽의 길이는 약 110 □ 입니다.

6

□ 안에 알맞은 수를 보기에서 찾아 써넣으시오.

보기

1　10　100　1000

(1) 1 m는 1 cm를 □ 번 이은 것과 같습니다.

(2) 1 m는 10 cm를 □ 번 이은 것과 같습니다.

유형 2
길이 단위 바꾸어 나타내기

• '몇 cm'를 '몇 m 몇 cm'로 나타내기

오른쪽에서부터 두 자리를 끊어 사이에 m를 넣습니다.

140 cm=1 m 40 cm

• '몇 m 몇 cm'를 '몇 cm'로 나타내기

2 m 50 cm=250 cm

7 교과서 유형

□ 안에 알맞은 수를 써넣으시오.

(1) 173 cm=□ m □ cm

(2) 2 m 68 cm=□ cm

8

길이를 읽어 보시오.

(1) 3 m 19 cm

( )

(2) 4 m 25 cm

( )

9

보기 와 같이 나타내시오.

보기

620 cm=600 cm+20 cm
=6 m+20 cm
=6 m 20 cm

507 cm

10 창의·융합

다음 ▼현판 긴 쪽의 길이는 몇 m 몇 cm입니까?(▼현판: 글자나 그림을 새겨 문 위나 벽에 다는 널조각)

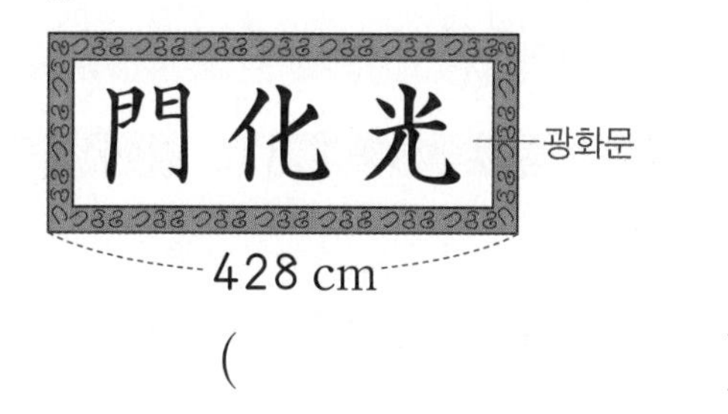

( )

11 서술형

㉠과 ㉡에 알맞은 수의 합은 얼마인지 풀이 과정을 쓰고 답을 구하시오.

• 317 cm=㉠ m 17 cm
• 942 cm=9 m ㉡ cm

[풀이]

[답]

12 익힘책 유형

옳게 나타낸 칸에는 ○표, 틀리게 나타낸 칸에는 ×표 하시오.

536 cm=5 m 36 cm	
409 cm=4 m 90 cm	
8 m 12 cm=812 cm	
7 m 3 cm=730 cm	

유형 3
길이 비교하기

같은 형태로 나타내기 ⇨ 길이 비교하기

[방법 1]

1 m 25 cm ⃝> 120 cm=1 m 20 cm
(25>20)

[방법 2]

1 m 25 cm=125 cm ⃝> 120 cm
(125>120)

13

길이를 비교하여 ○ 안에 >, =, <를 알맞게 써넣으시오.

(1) 2 m 38 cm ○ 217 cm

(2) 405 cm ○ 4 m 50 cm

14

길이 비교를 바르게 한 것에 ○표 하시오.

327 cm>3 m 48 cm ( )

5 m 61 cm<509 cm ( )

780 cm>7 m 25 cm ( )

15 서술형

리본의 길이는 4 m 56 cm이고 끈의 길이는 461 cm입니다. 리본과 끈 중 길이가 더 짧은 것은 무엇인지 풀이 과정을 쓰고 답을 구하시오.

[풀이]

[답]

16

가장 긴 길이를 찾아 기호를 쓰시오.

㉠ 838 cm	㉡ 8 m 40 cm
㉢ 809 cm	㉣ 8 m 57 cm

( )

유형 4
자로 길이 재어 보기

• 줄자를 사용하여 길이를 재는 방법
① 길이를 재려는 물건의 한끝을 줄자의 눈금 0에 맞춥니다.
② 물건의 다른 쪽 끝에 있는 줄자의 눈금을 읽습니다.

17 익힘책 유형
자의 눈금을 읽어 보시오.

(1) □ m □ cm

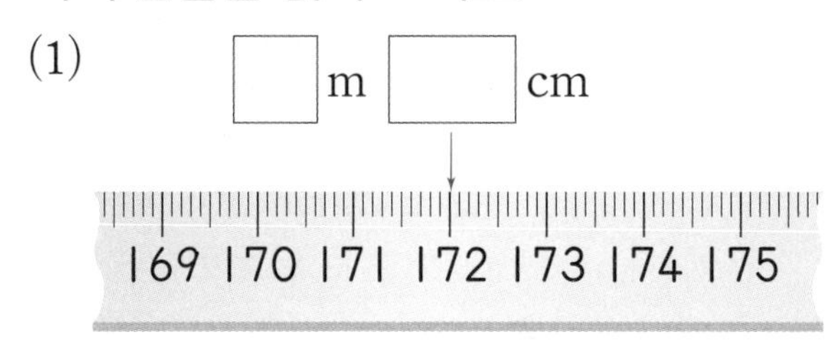

(2) □ m □ cm

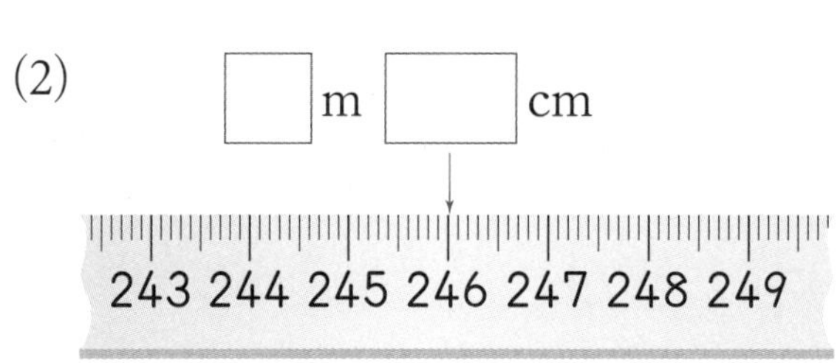

18
색 테이프의 한끝을 자의 눈금 0에 맞추었습니다. 색 테이프의 길이를 두 가지 방법으로 나타내어 보시오.

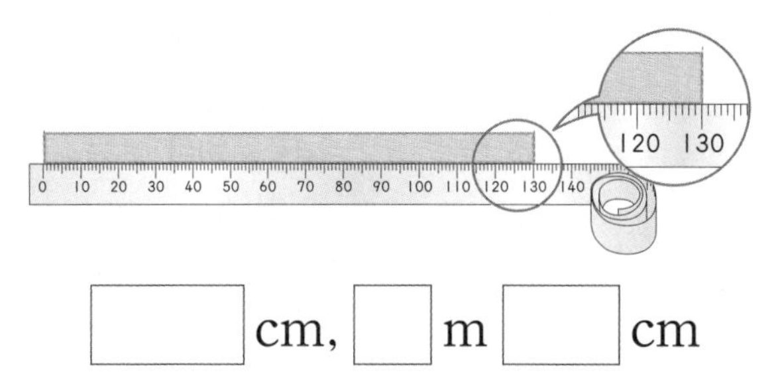

□ cm, □ m □ cm

19 창의·융합 서술형
길이를 잘못 잰 이유를 쓰시오.

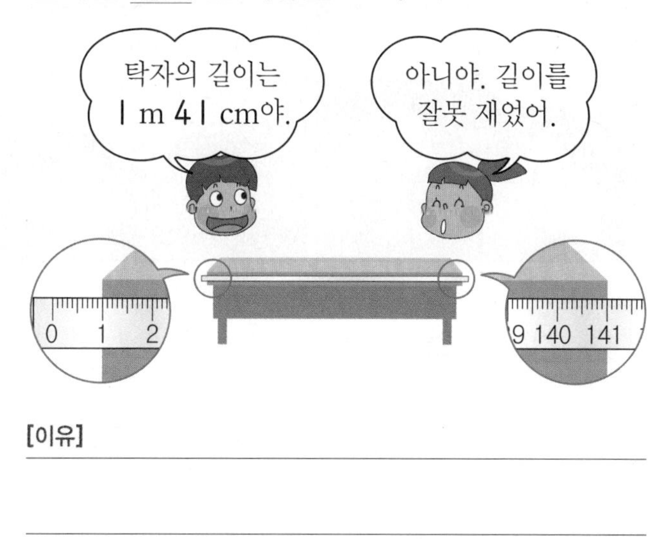

[이유]

20 교과서 유형 서술형
주변에서 1 m보다 긴 물건을 3가지 찾아 길이를 자로 재고, 잰 길이를 두 가지 방법으로 나타내어 보시오.

물건	□ cm	□ m □ cm

3 길이 재기

핵심 개념 (2)

만화로 개념 쏙!

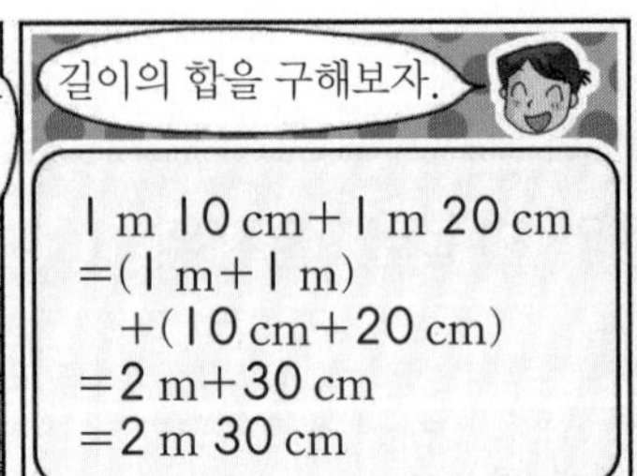

❸ 길이의 합

m는 m끼리, cm는 cm끼리 계산합니다. 이때, cm끼리의 합이 100이거나 100보다 크면 100 cm를 1 m로 받아올림하여 계산합니다.

• 1 m 40 cm+1 m 30 cm의 계산 ─받아올림이 없는 경우

[방법 1] 1 m 40 cm+1 m 30 cm
=(1 m+1 m)+(40 cm+30 cm)
=2 m+70 cm=2 m 70 cm

[방법 2]

	1 m	40 cm
+	1 m	30 cm
		70 cm

⇨

	1 m	40 cm
+	1 m	30 cm
	2 m	70 cm

• 1 m 50 cm+1 m 60 cm의 계산 ─받아올림이 있는 경우

[방법 1] 1 m 50 cm+1 m 60 cm
=(1 m+1 m)+(50 cm+60 cm)
=2 m+110 cm
=(2 m+1 m)+10 cm (110 cm=1 m 10 cm)
=3 m+10 cm=3 m 10 cm

[방법 2]

	1	
	1 m	50 cm
+	1 m	60 cm
		10 cm

⇨

	1	
	1 m	50 cm
+	1 m	60 cm
	3 m	10 cm

예제 ❶ 5 m 20 cm+3 m 40 cm=8 m ☐ cm

셀파 포인트

• 길이의 합

m는 m끼리, cm는 cm끼리 더합니다.

1 m 40 cm+1 m 30 cm
1+1=2, 40+30=70
=2 m 70 cm

• 받아올림이 있는 길이의 합을 세로로 계산하는 과정

m는 m끼리, cm는 cm끼리 자리를 맞추어 씁니다.

⇩

받아올림에 주의하여 cm는 cm끼리, m는 m끼리 더합니다.

예제 정답

❶ 60

개념 확인 3 길이의 합

3-1 그림을 보고 □ 안에 알맞은 수를 써넣으시오.

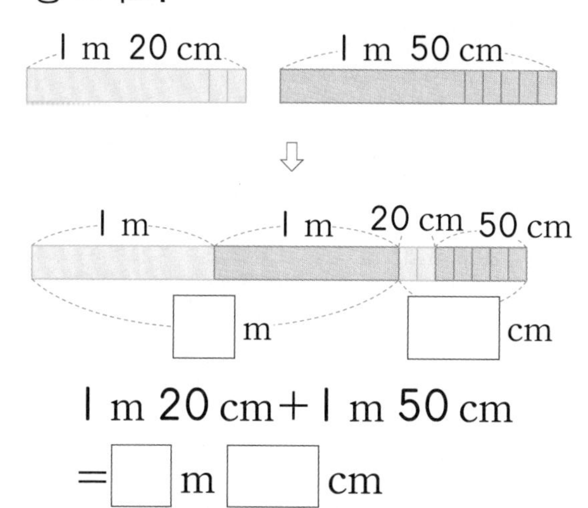

1 m 20 cm+1 m 50 cm

=□ m □ cm

3-2 그림을 보고 □ 안에 알맞은 수를 써넣으시오.

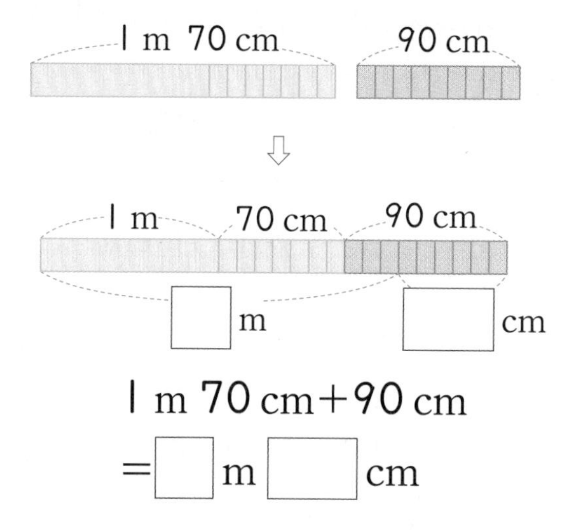

1 m 70 cm+90 cm

=□ m □ cm

3-3 □ 안에 알맞은 수를 써넣으시오.

2 m 30 cm+1 m 40 cm

=(2 m+1 m)

+(30 cm+□ cm)

=□ m+□ cm

=□ m □ cm

3-4 □ 안에 알맞은 수를 써넣으시오.

1 m 90 cm+1 m 80 cm

=(1 m+1 m)

+(□ cm+80 cm)

=2 m+□ cm

=(2 m+1 m)+□ cm

=□ m □ cm

3-5 □ 안에 알맞은 수를 써넣으시오.

	5 m	20 cm
+	3 m	50 cm
	□ m	□ cm

3-6 □ 안에 알맞은 수를 써넣으시오.

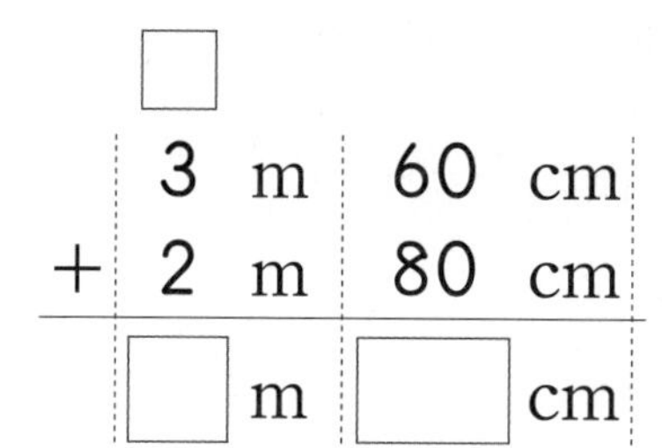

3 길이 재기

유형 탐구 (2)

유형 5
받아올림이 없는 길이의 합 구하기

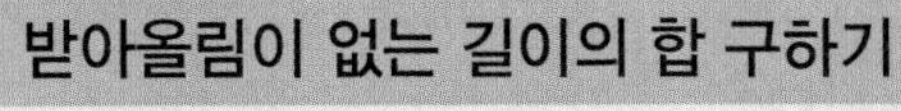

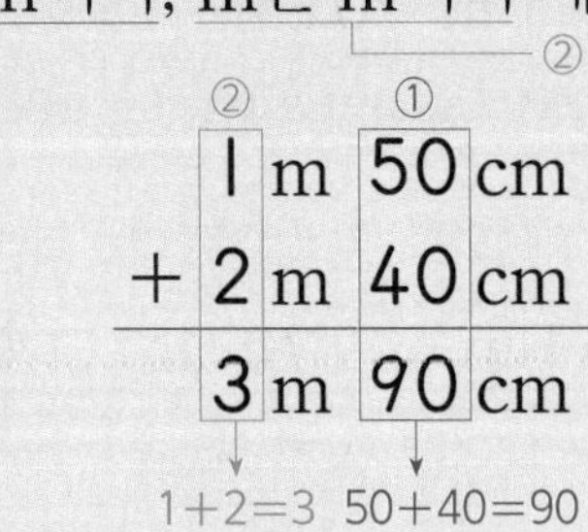

1

□ 안에 알맞은 수를 써넣으시오.

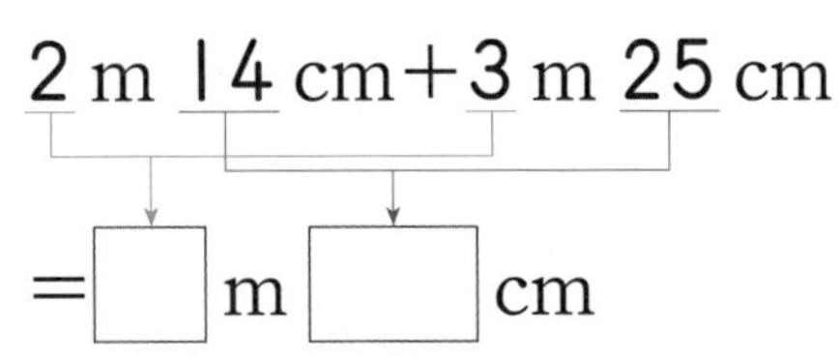

2 교과서 유형

길이의 합을 구하시오.

$$\begin{array}{r} 3\text{ m } 41\text{ cm} \\ +\ 6\text{ m } 17\text{ cm} \\ \hline \end{array}$$

3

빈 곳에 두 길이의 합을 써넣으시오.

3 m 45 cm	1 m 26 cm

4

빈 곳에 알맞게 써넣으시오.

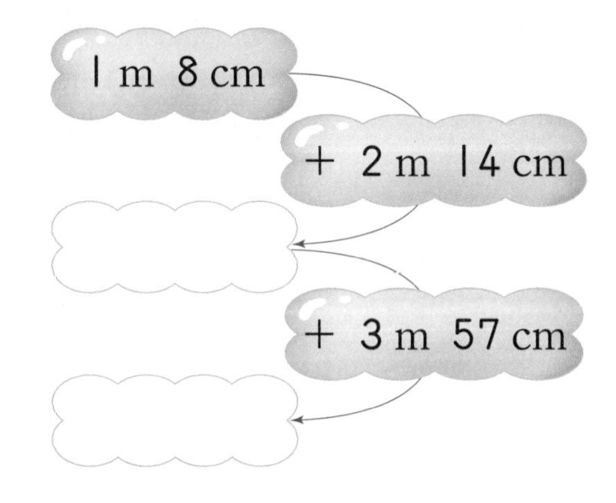

5 익힘책 유형

색 테이프의 전체 길이는 몇 m 몇 cm입니까?

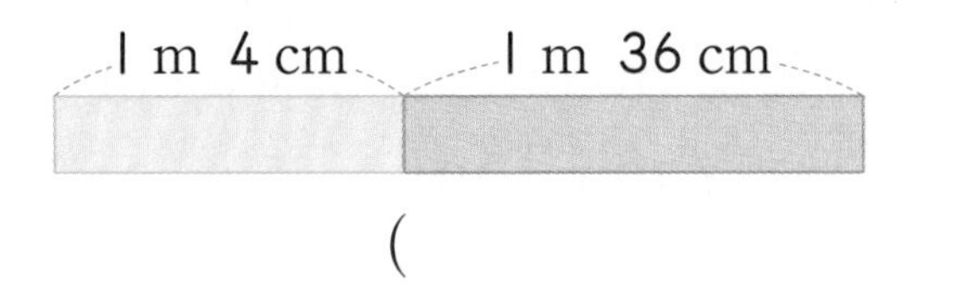

(　　　　　　　　)

6 창의·융합

다음은 우리나라의 전통 의상인 한복입니다. 저고리와 치마의 길이의 합은 몇 m 몇 cm입니까?

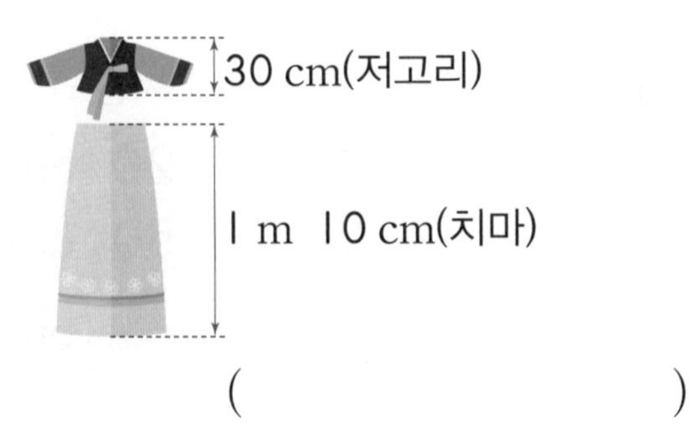

(　　　　　　　　)

7
◯ 안에 >, =, <를 알맞게 써넣으시오.

$$\begin{array}{r} 2\text{ m}\ \ 10\text{ cm} \\ +\ 3\text{ m}\ \ 60\text{ cm} \\ \hline \end{array} \quad \bigcirc \quad \begin{array}{r} 1\text{ m}\ \ 20\text{ cm} \\ +\ 4\text{ m}\ \ 70\text{ cm} \\ \hline \end{array}$$

8 서술형
빨간색 끈의 길이는 5 m 34 cm이고, 파란색 끈의 길이는 419 cm입니다. 두 끈의 길이의 합은 몇 m 몇 cm인지 풀이 과정을 쓰고 답을 구하시오.

[풀이]

[답]

9
㉠과 ㉡에 알맞은 수를 각각 구하시오.

㉠ m ㉡ cm−5 m 42 cm
=3 m 14 cm

㉠ (　　　　　)
㉡ (　　　　　)

유형 6
받아올림이 있는 길이의 합 구하기

cm끼리의 합이 100이거나 100보다 크면 100 cm를 1 m로 받아올림합니다.

$$\begin{array}{r} 2\text{ m}\ \ \ 40\text{ cm} \\ +\ 3\text{ m}\ \ \ 70\text{ cm} \\ \hline 5\text{ m}\ \ 110\text{ cm} \end{array} \Rightarrow 6\text{ m}\ 10\text{ cm}$$

100 cm를 1 m로 받아올림합니다. 5+1=6

10
□ 안에 알맞은 수를 써넣으시오.

1 m 80 cm+1 m 70 cm
=2 m+□ cm
=(2 m+1 m)+□ cm
=□ m □ cm

11 교과서 유형
길이의 합을 구하시오.

(1)
$$\begin{array}{r} 2\text{ m}\ \ 60\text{ cm} \\ +\ 4\text{ m}\ \ 70\text{ cm} \\ \hline \end{array}$$

(2)
$$\begin{array}{r} 1\text{ m}\ \ 85\text{ cm} \\ +\ 5\text{ m}\ \ 50\text{ cm} \\ \hline \end{array}$$

12 교과서 유형

두 길이의 합은 몇 m 몇 cm입니까?

6 m 80 cm, 2 m 47 cm

(　　　　　　　　)

13 서술형

길이의 합을 잘못 계산한 것입니다. 그 이유를 쓰고 빈 곳에 바르게 고쳐 계산하시오.

$$\begin{array}{r} 3\text{ m }\ 50\text{ cm} \\ +\ 4\text{ m }\ 80\text{ cm} \\ \hline 7\text{ m }\ 30\text{ cm} \end{array}$$ ⇨

[이유]

14

더 긴 것을 찾아 기호를 쓰시오.

㉠ 4 m 38 cm+2 m 84 cm
㉡ 3 m 72 cm+3 m 59 cm

(　　　　　　　　)

15

▲+●+●는 몇 m 몇 cm입니까?

- ▲=277 cm
- ●=1 m 15 cm

(　　　　　　　　)

16

사각형의 네 변의 길이의 합은 몇 m 몇 cm입니까?

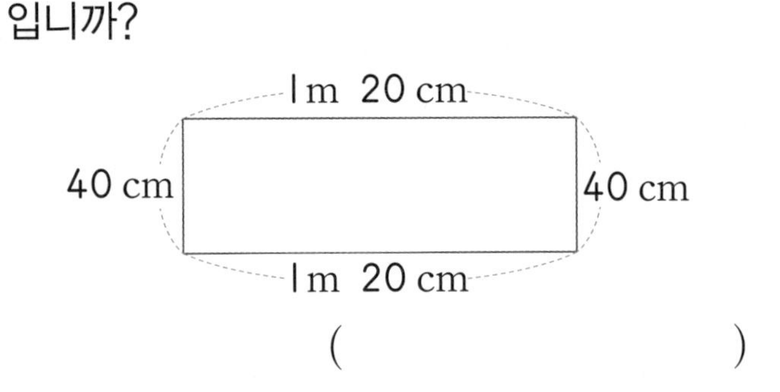

(　　　　　　　　)

17 익힘책 유형

다음 중 가장 긴 길이와 가장 짧은 길이의 합은 몇 m 몇 cm입니까?

4 m 96 cm | 425 cm | 4 m 9 cm

(　　　　　　　　)

유형 7
길이의 합 활용

비풀

- ■와 ▲를 이어 붙인 길이
- ■를 거쳐 ▲까지 가는 거리
- ■보다 ▲만큼 더 긴 길이
- ■보다 ▲만큼 더 큰 키

⇨ ■+▲

18 익힘책 유형

정호는 운동장에서 굴렁쇠 굴리기 연습을 하였습니다. 굴렁쇠가 굴러간 거리는 모두 몇 m 몇 cm입니까?

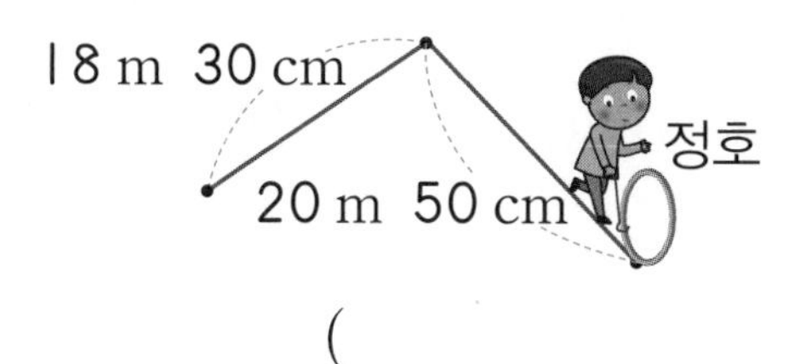

(   )

19

지선이와 민준이가 쌓은 상자의 높이는 각각 1 m 20 cm, 1 m 50 cm입니다. 두 사람이 쌓은 상자의 높이의 합은 몇 m 몇 cm입니까?

(   )

20

길이가 각각 3 m 20 cm, 4 m 70 cm인 두 색 테이프를 겹치지 않게 길게 이어 붙였습니다. 이어 붙인 색 테이프의 전체 길이는 몇 m 몇 cm입니까?

(   )

21 서술형

정미네 학교 운동장은 짧은 쪽의 길이가 25 m 40 cm이고 긴 쪽의 길이는 짧은 쪽의 길이보다 55 m 47 cm 더 깁니다. 정미네 학교 운동장의 긴 쪽의 길이는 몇 m 몇 cm입니까?

[식]

[답]

22 창의·융합

세단뛰기는 그림과 같이 3번 뛴 거리를 모두 더합니다. 그림의 선수가 뛴 거리는 모두 몇 m 몇 cm입니까?

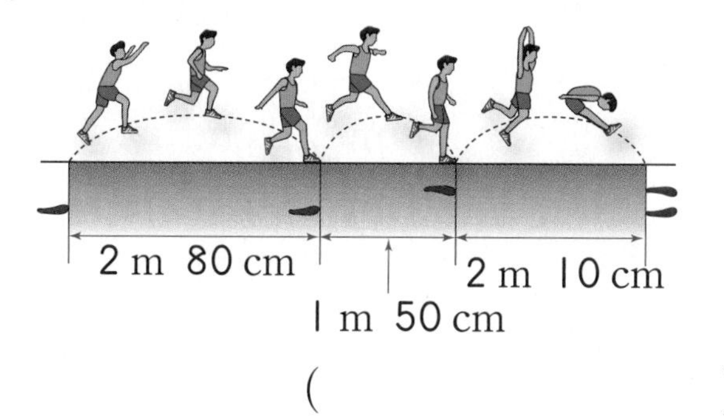

(   )

23 해설집 39쪽 문제 분석

어머니의 키는 1 m 63 cm이고, 아버지의 키는 어머니의 키보다 13 cm 더 큽니다. 어머니와 아버지의 키의 합은 몇 m 몇 cm입니까?

(   )

3 길이 재기

핵심 개념 (3)

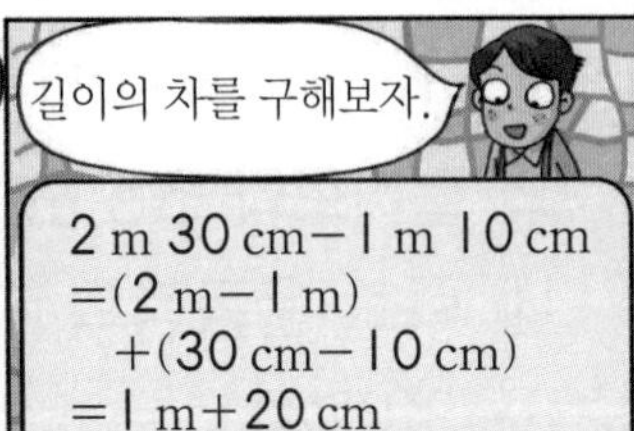

❹ 길이의 차

> m는 m끼리, cm는 cm끼리 계산합니다. 이때, cm끼리 뺄 수 없으면 1 m를 100 cm로 받아내림하여 계산합니다.

• 3 m 70 cm−1 m 40 cm의 계산 –받아내림이 없는 경우

	m	cm
	3 m	70 cm
−	1 m	40 cm
		30 cm

⇨

	m	cm
	3 m	70 cm
−	1 m	40 cm
	2 m	30 cm

• 4 m 20 cm−1 m 50 cm의 계산 –받아내림이 있는 경우

	m	cm
	3	100
	~~4~~ m	20 cm
−	1 m	50 cm
		70 cm

⇨

	m	cm
	3	100
	~~4~~ m	20 cm
−	1 m	50 cm
	2 m	70 cm

예제 ❶ 5 m 80 cm−2 m 30 cm=3 m ☐ cm

❺ 길이 어림하기

• 몸의 일부로 길이 어림하는 방법

① 주어진 길이를 재는 데 알맞은 몸의 일부를 정합니다.

② 단위 길이를 일정하게 하여 잽니다.

예 • 복도의 길이나 축구 골대의 길이와 같은 긴 길이

⇨ 양팔을 벌린 길이나 걸음 등으로 재는 것이 적당합니다.

• 책상 짧은 쪽의 길이나 의자의 높이

⇨ 뼘이나 발의 길이 등으로 재는 것이 적당합니다.

셀파 포인트

• 길이의 차

m는 m끼리, cm는 cm끼리 뺍니다.

3 m 70 cm−1 m 40 cm

3−1=2, 70−40=30

=2 m 30 cm

• 받아내림이 있는 길이의 차를 세로로 계산하는 과정

m는 m끼리, cm는 cm끼리 자리를 맞추어 씁니다.

⇩

받아내림에 주의하여 cm는 cm끼리, m는 m끼리 뺍니다.

• 같은 길이를 잴 때 몸의 일부의 길이가 짧을수록 여러 번 재어야 합니다.

예제 정답

❶ 50

개념 확인 4 길이의 차

4-1 그림을 보고 □ 안에 알맞은 수를 써넣으시오.

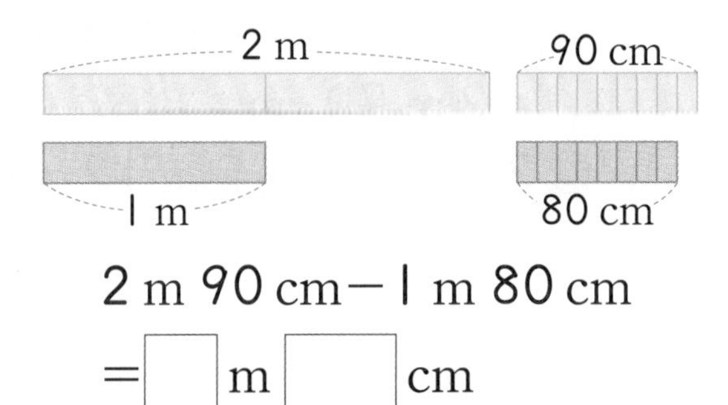

2 m 90 cm − 1 m 80 cm
= □ m □ cm

4-2 □ 안에 알맞은 수를 써넣으시오.

4 m 50 cm − 2 m 30 cm
= (4 m − 2 m)
+ (50 cm − □ cm)
= □ m + □ cm
= □ m □ cm

4-3 □ 안에 알맞은 수를 써넣으시오.

	m	cm
	3 m	70 cm
−	1 m	40 cm
	□ m	□ cm

4-4 □ 안에 알맞은 수를 써넣으시오.

	m	cm
	□	□
	~~6~~ m	40 cm
−	4 m	50 cm
	□ m	□ cm

개념 확인 5 길이 어림하기

5-1 성수의 키는 1 m입니다. 기린의 키는 약 몇 m입니까?

약 (   )

5-2 아라의 키는 1 m입니다. 가로등의 높이는 약 몇 m입니까?

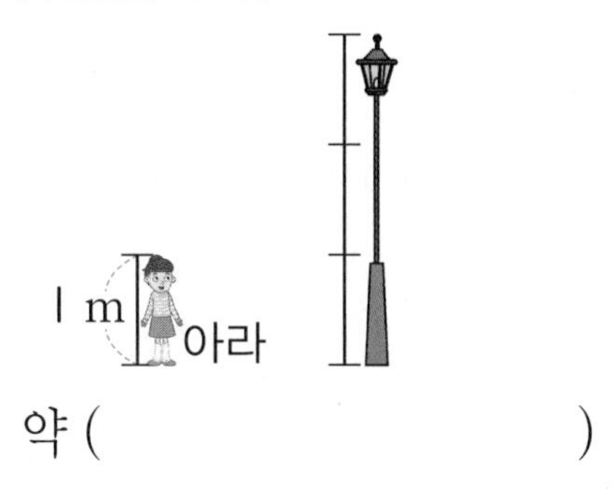

약 (   )

유형 탐구 (3)

유형 8
받아내림이 없는 길이의 차 구하기

cm는 cm끼리, m는 m끼리 계산합니다.

$$\begin{array}{r} 3\text{ m } 80\text{ cm} \\ -\ 2\text{ m } 50\text{ cm} \\ \hline 1\text{ m } 30\text{ cm} \end{array}$$

3−2=1 80−50=30

1

□ 안에 알맞은 수를 써넣으시오.

5 m 68 cm−2 m 35 cm

=□ m □ cm

2 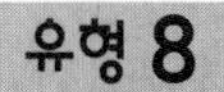

길이의 차를 구하시오.

$$\begin{array}{r} 9\text{ m } 52\text{ cm} \\ -\ 6\text{ m } 31\text{ cm} \\ \hline \end{array}$$

3

두 길이의 차는 몇 m 몇 cm입니까?

8 m 79 cm, 3 m 62 cm

(　　　　　　　)

4

바르게 계산한 것을 찾아 기호를 쓰시오.

㉠ 8 m 93 cm−6 m 23 cm
=2 m 70 cm

㉡ 3 m 17 cm−2 m 12 cm
=1 m 15 cm

(　　　　　　　)

5 익힘책 유형

사용한 색 테이프의 길이는 몇 m 몇 cm입니까?

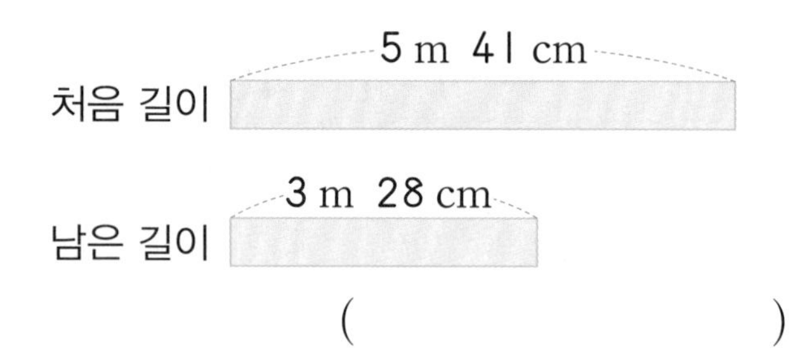

(　　　　　　　)

6 창의·융합

다음은 여러 가지 방법으로 줄 당기기를 하는 모습입니다. 짧은 줄의 길이는 1 m 40 cm이고 긴 줄의 길이는 2 m 60 cm입니다. 두 줄의 길이의 차는 몇 m 몇 cm입니까?

▲ 짧은 줄 당기기　▲ 긴 줄 허리에 감고 당기기

(　　　　　　　)

7

긴 길이부터 차례로 기호를 쓰시오.

㉠ 7 m 62 cm−5 m 50 cm
㉡ 6 m 84 cm−4 m 70 cm
㉢ 5 m 94 cm−3 m 20 cm

( )

8 서술형

어느 동물원에 있는 악어와 사자의 몸길이는 각각 5 m 80 cm, 225 cm입니다. 두 동물의 몸길이의 차는 몇 m 몇 cm인지 풀이 과정을 쓰고 답을 구하시오.

[풀이]

[답]

9

동원, 미라, 윤주 중에서 가지고 있는 끈의 길이가 4 m 50 cm에 가장 가까운 사람은 누구입니까?

이름	동원	미라	윤주
끈의 길이	4 m 75 cm	4 m 30 cm	4 m 80 cm

( )

유형 9

받아내림이 있는 길이의 차 구하기

cm끼리 뺄 수 없을 때에는
1 m를 100 cm로 받아내림합니다.

cm끼리 뺄 수 없습니다.

m 단위에서 1 m를 100 cm로 받아내림합니다.

```
  7 m 20 cm          6   100
− 1 m 50 cm    ⇨     7 m  20 cm
                   − 1 m  50 cm
                     5 m  70 cm
```

10 교과서 유형

길이의 차를 구하시오.

(1)
```
  8 m 40 cm
− 3 m 50 cm
```

(2)
```
  9 m 63 cm
− 7 m 81 cm
```

11

빈 곳에 두 길이의 차를 써넣으시오.

(1)

4 m 30 cm	2 m 60 cm

(2)

6 m 15 cm	1 m 73 cm

3 길이 재기

12 서술형

길이의 차를 잘못 계산한 것입니다. 그 이유를 쓰고 빈 곳에 바르게 고쳐 계산하시오.

$$\begin{array}{rr} & 7\text{ m }\ 63\text{ cm} \\ - & 2\text{ m }\ 74\text{ cm} \\ \hline & 5\text{ m }\ 89\text{ cm} \end{array}$$ ⇨

[이유]

13

○ 안에 >, =, <를 알맞게 써넣으시오.

$$\begin{array}{rr} & 5\text{ m }\ 27\text{ cm} \\ - & 1\text{ m }\ 48\text{ cm} \\ \hline \end{array}$$ ○ $$\begin{array}{rr} & 6\text{ m }\ 38\text{ cm} \\ - & 2\text{ m }\ 87\text{ cm} \\ \hline \end{array}$$

14

파란색 리본의 길이는 640 cm이고, 초록색 리본의 길이는 12 m 20 cm입니다. 두 리본의 길이의 차는 몇 m 몇 cm입니까?

(   )

15 창의·융합

선생님께서 다양한 악기로 연주된 왕벌의 비행을 들려 주셨습니다. 형진이는 그중에서 피아노와 마림바 소리가 마음에 들었습니다. 다음을 보고 피아노와 마림바의 길이의 차를 구하시오.

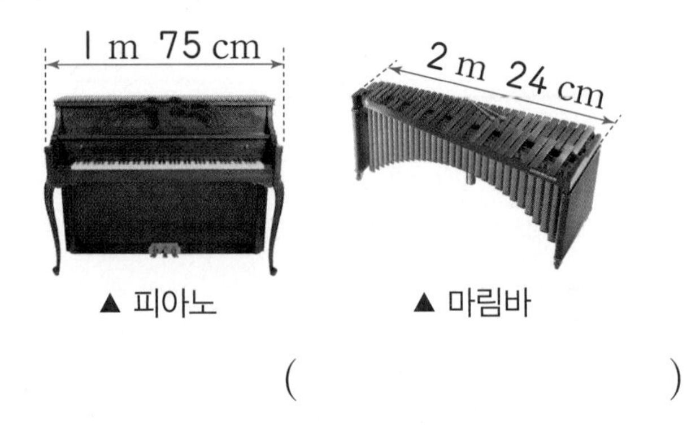

▲ 피아노 ▲ 마림바

(   )

16

삼각형에서 길이가 가장 긴 변과 가장 짧은 변의 길이의 차는 몇 m 몇 cm입니까?

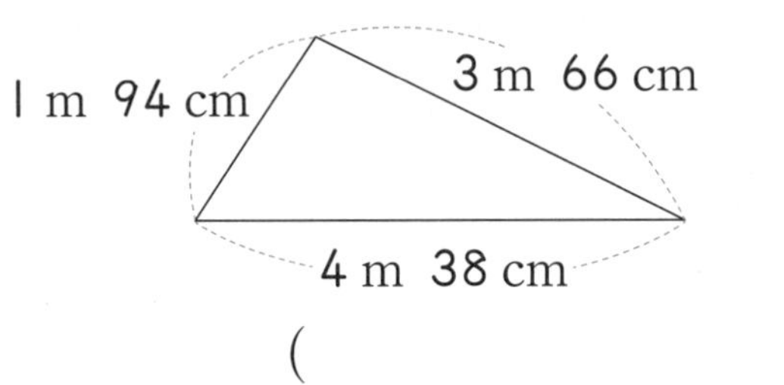

(   )

17

해설집 41쪽 문제 분석

길이가 4 m인 막대를 두 도막으로 잘랐더니 한 도막의 길이가 1 m 86 cm였습니다. 자른 두 도막의 길이의 차는 몇 cm입니까?

(   )

유형 10 길이의 차 활용

- ■가 ▲보다 더 긴 길이
- ■보다 ▲만큼 더 짧은 길이
- ■보다 ▲만큼 더 작은 키

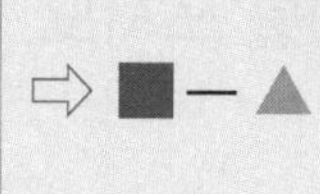

⇨ ■−▲

18

태극기의 긴 쪽의 길이는 짧은 쪽의 길이보다 몇 m 몇 cm 더 깁니까?

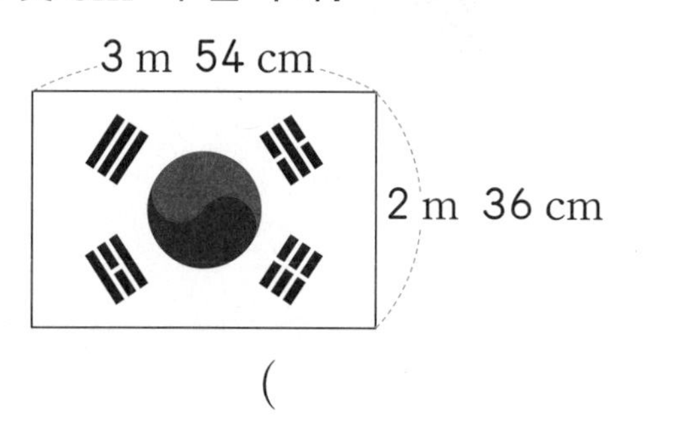

( )

19

성수는 리본 4 m 75 cm 중 선물을 포장하는 데 1 m 38 cm를 사용했습니다. 남은 리본의 길이는 몇 m 몇 cm입니까?

( )

20 익힘책 유형

길이가 1 m 45 cm인 고무줄이 있습니다. 이 고무줄을 양쪽에서 잡아당겼더니 3 m 62 cm가 되었습니다. 고무줄이 늘어난 길이는 몇 m 몇 cm입니까?

( )

21 서술형

그림을 보고 1 m 50 cm와 1 m 30 cm의 차를 구하는 문제를 완성하고 답을 구하시오.

[문제] 놀이기구를 타려면 키가 1 m 50 cm 가 되어야 합니다.

[답]

22

파란색 깃발에서 빨간색 깃발을 거쳐 초록색 깃발까지 가는 거리는 파란색 깃발에서 초록색 깃발로 바로 가는 거리보다 몇 m 몇 cm 더 멉니까?

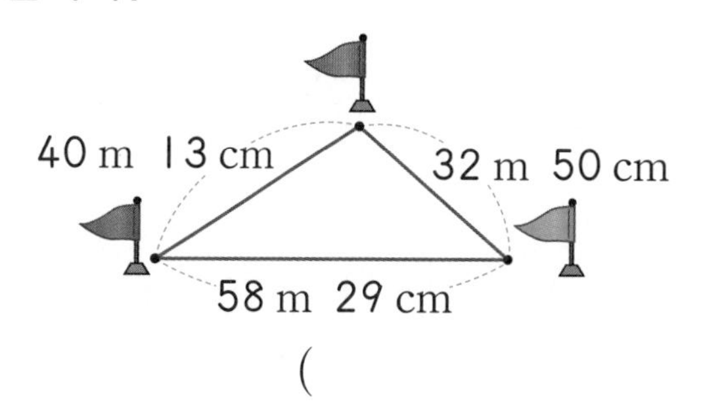

( )

3 길이 재기

유형 11
몸의 일부를 이용하여 길이 어림하기

양팔을 벌린 길이: 1 m
⇨ 칠판 긴 쪽의 길이: 약 2 m

23

지수의 키는 1 m입니다. 나무의 높이는 약 몇 m입니까?

약 (   )

24 서술형

내 키를 이용하여 다음에 해당하는 물건을 1가지씩 찾아 쓰시오.

내 키보다 짧은 물건
내 키만한 물건
내 키보다 긴 물건

25 익힘책 유형

방의 길이를 재려고 합니다. 다음 방법으로 잴 때 여러 번 재어야 하는 것부터 차례로 기호를 쓰시오.

(   )

26

길이가 1 m보다 긴 것의 기호를 쓰시오.

㉠ 지우개의 길이	㉡ 양말의 길이
㉢ 색연필의 길이	㉣ 줄넘기의 길이

(   )

27

윤호의 두 걸음은 1 m입니다. 윤호의 말을 읽고 자동차의 길이는 약 몇 m인지 구하시오.

약 (   )

유형 12
여러 가지 방법으로 길이 어림하기

• 양팔을 벌린 거리: 1 m
⇨ 축구 골대의 길이: 5 m
• 한 걸음의 길이: 50 cm
⇨ 축구 골대의 길이: 5 m

28 익힘책 유형

주어진 1 m로 끈의 길이를 어림하였습니다. 어림한 끈의 길이는 약 몇 m입니까?

1 m

약 (   )

29

☐ 안에 알맞은 길이를 보기 에서 골라 문장을 완성하시오.

보기
170 cm   10 m   50 m

(1) 운동장 긴 쪽의 길이는 약 ☐ 입니다.

(2) 버스의 길이는 약 ☐ 입니다.

(3) 아빠의 키는 약 ☐ 입니다.

30

길이가 5 m보다 긴 것을 모두 고르시오.
························ (   )

① 엄마의 키
② 비행기의 길이
③ 책상의 높이
④ 15층 아파트의 높이
⑤ 축구 경기장 긴 쪽의 길이

31

오른쪽은 은수의 한 걸음의 길이입니다. 은수의 걸음으로 학교 복도의 길이를 재었더니 약 20걸음이었습니다. 학교 복도의 길이는 약 몇 m입니까?

약 (   )

32 교과서 유형

진호가 양팔을 벌린 길이는 1 m 20 cm입니다. 두 깃발 사이의 거리는 약 몇 m입니까?

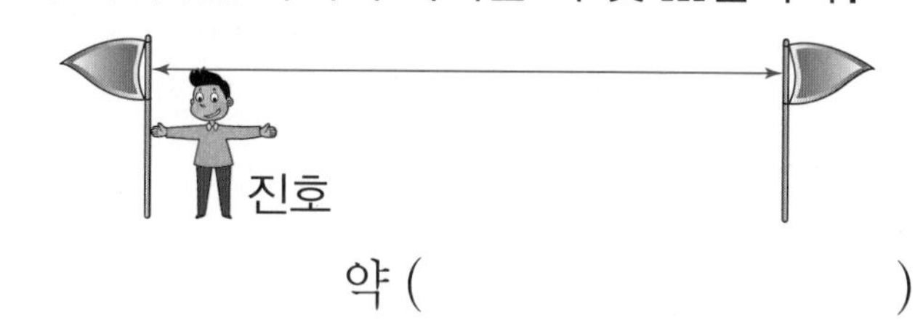

약 (   )

창의·융합

(1~2) 1 m부터 시작하는 잘못된 줄자가 있습니다. 물음에 답하시오.

1 용태의 키를 잘못된 줄자로 재었더니 다음과 같이 235 cm였습니다. 용태의 실제 키는 몇 m 몇 cm입니까?

( )

2 탁자 긴 쪽의 길이를 잘못된 줄자로 재었더니 다음과 같이 248 cm였습니다. 탁자 긴 쪽의 실제 길이는 몇 m 몇 cm입니까?

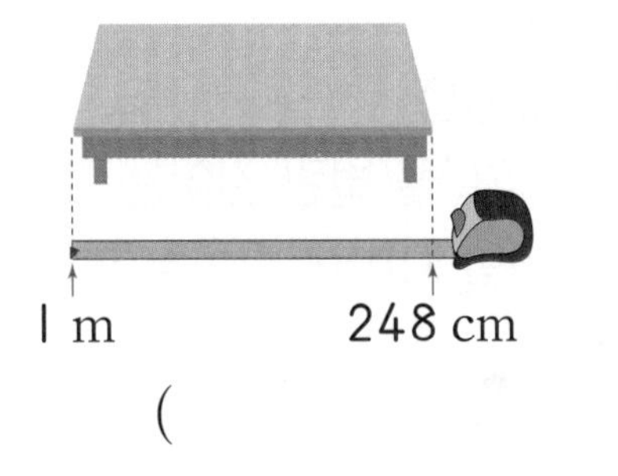

( )

(3~4) 다음과 같이 길이를 알고 있는 두 막대를 이용하여 다른 길이를 잴 수 있습니다. 물음에 답하시오.

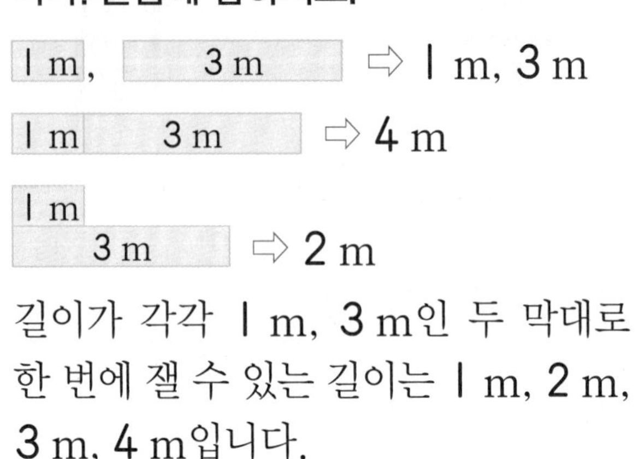

길이가 각각 1 m, 3 m인 두 막대로 한 번에 잴 수 있는 길이는 1 m, 2 m, 3 m, 4 m입니다.

3 길이가 각각 1 m, 4 m인 두 막대를 이용하여 한 번에 잴 수 <u>없는</u> 길이를 찾아 쓰시오.

2 m 3 m 4 m 5 m

( )

4 길이가 각각 1 m, 5 m, 8 m인 세 막대를 이용하여 한 번에 잴 수 있는 길이는 모두 몇 가지입니까?

10 m 11 m 12 m 14 m

( )

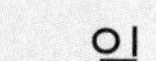

(5~6) 다음과 같이 두 막대의 길이의 합과 차를 알면 두 막대의 길이를 각각 구할 수 있습니다. 물음에 답하시오.

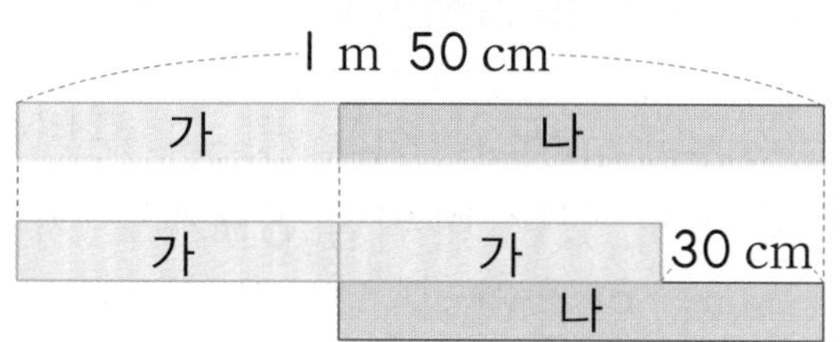

가+가
$=1\text{ m }50\text{ cm}-30\text{ cm}$
$=1\text{ m }20\text{ cm}=120\text{ cm}$이고
$60+60=120$이므로 가$=60\text{ cm}$,
나$=60\text{ cm}+30\text{ cm}=90\text{ cm}$입니다.

5 그림을 보고 막대 가와 막대 나의 길이는 각각 몇 cm인지 구하시오.

1 m 25 cm
가 나
가 가 25 cm
나

가 (　　　　　)
나 (　　　　　)

6 막대 가와 막대 나의 길이의 합은 1 m 55 cm이고 막대 나의 길이는 막대 가의 길이보다 15 cm 더 깁니다. 막대 가와 나의 길이는 각각 몇 cm입니까?

가 (　　　　　)
나 (　　　　　)

(7~8) 이어 붙인 색 테이프의 전체 길이는 다음과 같은 방법으로 구할 수 있습니다. 물음에 답하시오.

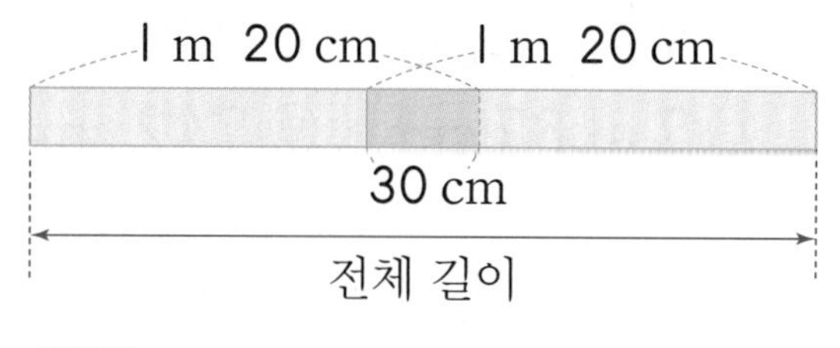

방법
색 테이프 두 개의 길이의 합에서 겹쳐진 부분의 길이를 뺍니다.
$1\text{ m }20\text{ cm}+1\text{ m }20\text{ cm}$
-30 cm
$=2\text{ m }10\text{ cm}$

7 그림을 보고 이어 붙인 색 테이프의 전체 길이는 몇 m 몇 cm인지 구하시오.

2 m 10 cm　2 m 10 cm
70 cm

(　　　　　)

8 그림을 보고 이어 붙인 색 테이프의 전체 길이는 몇 m 몇 cm인지 구하시오.

4 m 50 cm　3 m 75 cm
1 m 50 cm

(　　　　　)

길이 비교하기

1 긴 길이부터 차례로 기호를 쓰시오.

유사

㉠ 7 m 56 cm ㉡ 709 cm
㉢ 7 m 87 cm ㉣ 742 cm

( )

길이의 차 활용

2 □ 안에 알맞은 수를 써넣으시오.

유사

248 cm+□ m □ cm
=6 m 75 cm

더 짧은 길이 구하기 서술형

3 긴 막대의 길이는 2 m 18 cm이고, 짧은 막대의 길이는 긴 막대의 길이보다 84 cm 더 짧습니다. 두 막대의 길이의 합은 몇 m 몇 cm인지 풀이 과정을 쓰고 답을 구하시오.

유사 동영상

[풀이]

[답]

더 높은 높이 구하기 창의·융합

4 독도와 관련된 다음 글을 읽고 서도의 높이는 몇 m 몇 cm인지 구하시오.

유사

독도는 동도와 서도 및 그 주변에 흩어져 있는 바위섬 89개로 이루어져 있습니다. 동도의 높이는 98 m 60 cm이고 서도는 동도보다 6990 cm 더 높습니다.

( )

더 긴 길이 구하기 해설집 43쪽 문제 분석

5 파란색 리본의 길이는 248 cm이고, 초록색 리본의 길이는 파란색 리본의 길이보다 1 m 54 cm 더 깁니다. 두 리본의 길이의 합은 몇 m 몇 cm입니까?

유사

( )

길이의 합 활용

6 다음 그림과 같이 상자의 모든 면에 종이 테이프를 딱 붙게 붙이려고 합니다. 필요한 종이 테이프의 길이는 모두 몇 m 몇 cm입니까? (단, 종이 테이프의 두께는 생각하지 않습니다.)

유사 동영상

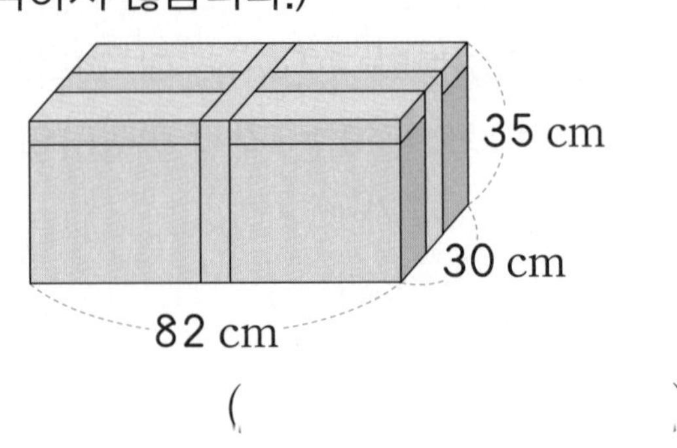

( )

유사 표시된 문제의 유사 문제가 제공됩니다.
동영상 표시된 문제의 동영상 특강을 볼 수 있어요.
QR 코드를 찍어 보세요.

▸ 정답은 43쪽에 공부한 날 월 일

겹쳐진 부분의 길이 구하기 해설집 44쪽 문제 분석

7 유사 동영상 각각의 길이가 3 m 24 cm인 리본 4개를 똑같은 길이만큼 2개씩 겹쳐서 길게 이어 붙였습니다. 이어 붙인 리본의 전체 길이가 12 m 69 cm라면 리본을 몇 cm씩 겹쳐서 이어 붙인 것입니까?

( )

사용하기 전 길이 구하기 서술형

8 유사 동영상 지원이가 가지고 있던 테이프 중에서 2 m 45 cm를 썼더니 320 cm가 남았습니다. 처음에 지원이가 가지고 있던 테이프의 길이는 몇 m 몇 cm인지 풀이 과정을 쓰고 답을 구하시오.

[풀이]

[답]

색 테이프 한 개의 길이 구하기

9 유사 동영상 길이가 똑같은 색 테이프 3개가 있습니다. 겹쳐진 부분의 길이가 10 cm가 되도록 2개씩 겹쳐서 길게 이어 붙였습니다. 이어 붙인 색 테이프의 전체 길이가 3 m 10 cm라면 색 테이프 한 개의 길이는 몇 m 몇 cm입니까?

( )

가장 긴, 짧은 길이 만들기 해설집 45쪽 문제 분석

10 유사 동영상 수 카드 6장을 한 번씩만 사용하여 가장 긴 길이와 가장 짧은 길이를 만들고 그 차를 구하시오.

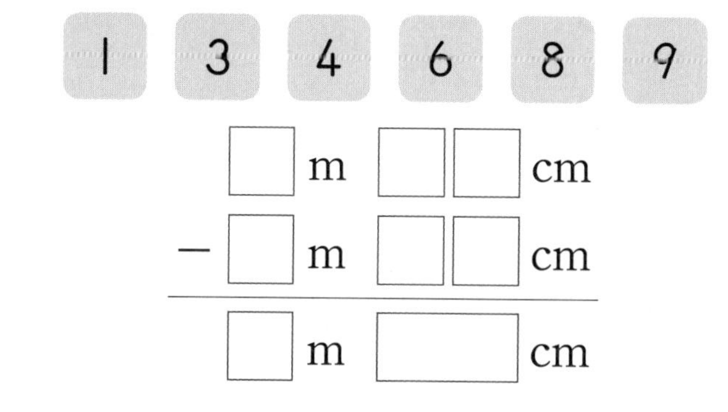

거리 구하기

11 유사 승협이와 승준이 형제는 달리기 연습을 하였습니다. 승협이는 A에서 출발하여 나를 거쳐 가까지 뛰어 갔다가 같은 길로 A로 돌아왔고, 승준이는 A에서 출발하여 다를 거쳐 라까지 뛰어 갔다가 같은 길로 A로 돌아왔습니다. 누가 몇 m 몇 cm 더 많이 달렸습니까?

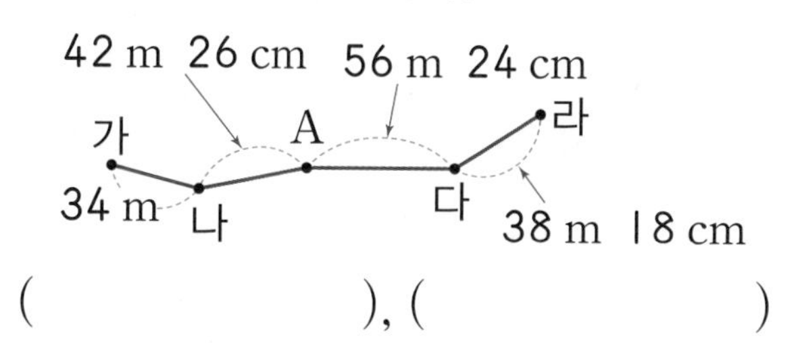

( ), ( )

3 길이 재기

단원평가  3. 길이 재기 ❶회

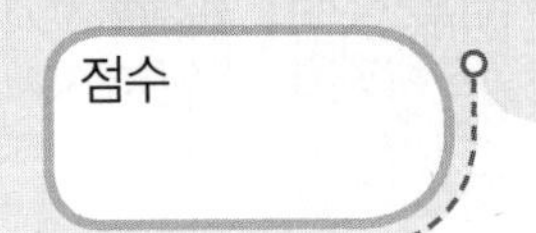

1 길이를 바르게 써 보시오.

3 m

2 길이를 읽어 보시오.

3 m 27 cm

(   )

❖ □ 안에 알맞은 수를 써넣으시오. (3~4)

3 260 cm

= □ cm+60 cm

= □ m+60 cm

= □ m □ cm

4 6 m 35 cm

= □ m+35 cm

= □ cm+35 cm

= □ cm

❖ 계산해 보시오. (5~6)

5

$$\begin{array}{r} 6\text{ m }\ 80\text{ cm} \\ +\ 2\text{ m }\ 40\text{ cm} \\ \hline \end{array}$$

6

$$\begin{array}{r} 8\text{ m }\ 30\text{ cm} \\ -\ 5\text{ m }\ 70\text{ cm} \\ \hline \end{array}$$

7 길이를 비교하여 ○ 안에 >, =, <를 알맞게 써넣으시오.

2 m 45 cm ○ 250 cm

서술형

8 주변에서 내 키보다 긴 물건을 2가지 찾아 쓰시오.

9 같은 길이를 나타내는 것끼리 이어 보시오.

9 m	•	•	452 cm
836 cm	•	•	900 cm
4 m 52 cm	•	•	8 m 36 cm

10 길이를 나타낼 때 m를 사용하기에 가장 알맞은 것을 찾아 기호를 쓰시오.

㉠ 가위의 길이 ㉡ 오이의 길이
㉢ 코끼리의 키 ㉣ 한 뼘의 길이

( )

11 아파트 복도의 길이를 재려고 합니다. 다음 방법으로 잴 때 여러 번 재어야 하는 것부터 차례로 기호를 쓰시오.

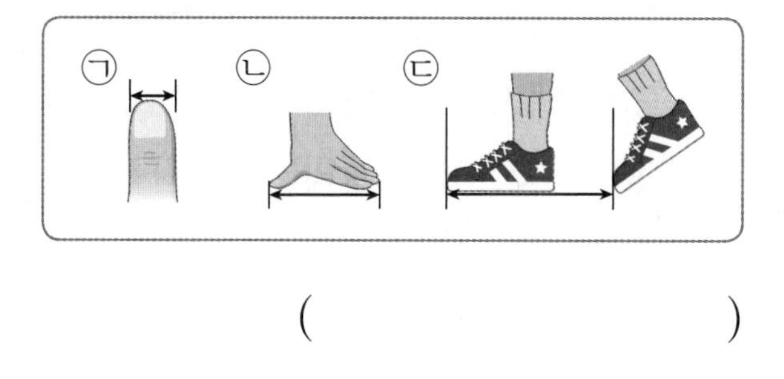

( )

창의·융합

12 관복은 옛날에 나라의 일을 하는 관리들이 궁궐에 들어갈 때 입던 옷이라고 합니다. 주어진 색 테이프의 길이가 1 m일 때 관복의 ㉠의 길이는 약 몇 m입니까?

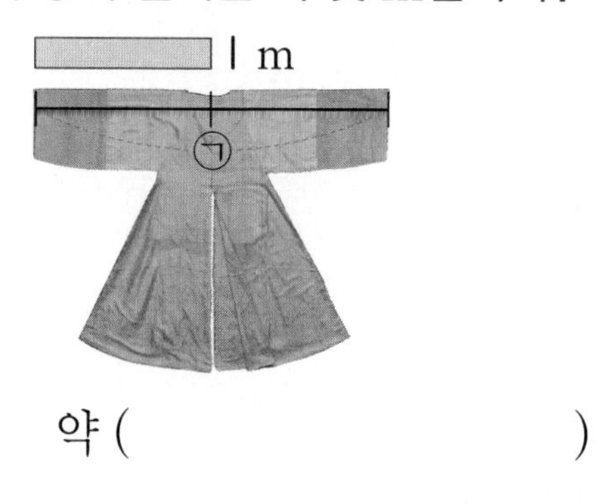

약 ( )

13 철사를 현진이는 5 m 80 cm, 문수는 4 m 70 cm 가지고 있습니다. 가지고 있는 철사의 길이가 현진이는 문수보다 몇 m 몇 cm 더 깁니까?

( )

서술형

14 꽃밭 긴 쪽의 길이는 3 m 75 cm이고, 꽃밭 짧은 쪽의 길이는 긴 쪽의 길이보다 2 m 60 cm 더 짧습니다. 긴 쪽과 짧은 쪽의 길이의 합은 몇 m 몇 cm인지 풀이 과정을 쓰고 답을 구하시오.

[풀이]

[답]

▸ 정답은 46쪽에

15 긴 길이부터 차례로 쓰시오.

928 cm, 9 m 9 cm, 964 cm

(　　　　　　　　)

16 더 긴 것을 찾아 기호를 쓰시오.

㉠ 1 m 15 cm+3 m 90 cm
㉡ 5 m 60 cm−1 m 26 cm

(　　　　　　　　)

서술형

17 진영이는 놀이공원에서 범퍼카를 타고 1바퀴의 길이가 16 m 24 cm인 트랙을 3바퀴 돌았습니다. 진영이가 범퍼카를 타고 돈 길이는 모두 몇 m 몇 cm인지 풀이 과정을 쓰고 답을 구하시오.

트랙: 경기할 때 달리는 길

[풀이]

[답]

18 그림을 보고 이어 붙인 색 테이프의 전체 길이는 몇 m 몇 cm인지 구하시오.

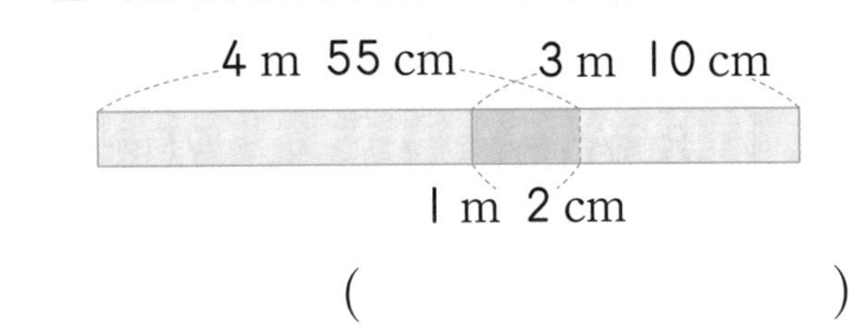

(　　　　　　　　)

19 ㉮에서 ㉯를 거쳐 ㉰까지 가는 거리는 ㉮에서 ㉰로 바로 가는 거리보다 몇 m 몇 cm 더 멉니까?

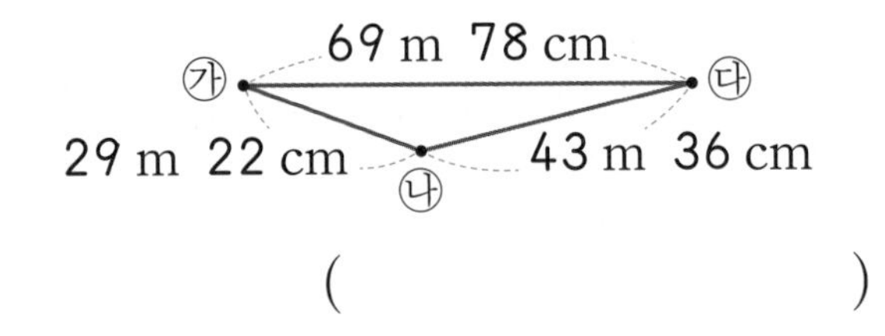

(　　　　　　　　)

20 각각의 길이가 2 m 14 cm인 줄 4개를 오른쪽과 같은 방법으로 이었습니다. 줄과 줄을 잇는 데 양쪽 줄에서 각각 4 cm씩 사용했습니다. 이은 줄의 전체 길이는 몇 m 몇 cm 입니까?

(　　　　　　　　)

단원평가 3. 길이 재기 ②회

점수

1 □ 안에 알맞은 수를 써넣으시오.

(1) 4 m 65 cm=□ cm

(2) 828 cm=□ m □ cm

❖ 계산해 보시오. (2~3)

2
$$\begin{array}{r} 3\text{ m } 63\text{ cm} \\ +\ 6\text{ m } 57\text{ cm} \\ \hline \end{array}$$

3
$$\begin{array}{r} 8\text{ m } 24\text{ cm} \\ -\ 4\text{ m } 79\text{ cm} \\ \hline \end{array}$$

4 텔레비전의 한끝을 자의 눈금 0에 맞추었습니다. 텔레비전 긴 쪽의 길이는 몇 m 몇 cm입니까?

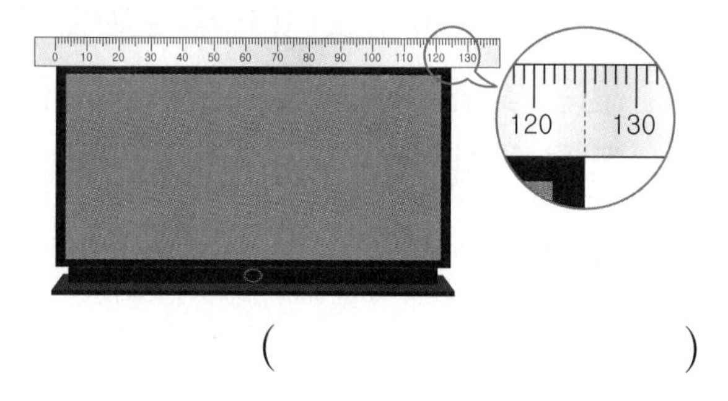

( )

서술형

5 주변에서 길이가 1 m보다 긴 물건을 2가지 찾아 쓰시오.

____

____

6 길이를 비교하여 ○ 안에 >, =, <를 알맞게 써넣으시오.

920 cm ○ 9 m 12 cm

창의·융합

7 첨성대는 별을 보기 위해 높이 쌓은 대입니다. 첨성대의 높이는 917 cm입니다. 첨성대의 높이는 몇 m 몇 cm입니까?

( )

8 두 길이의 합과 차는 각각 몇 m 몇 cm인지 구하시오.

2 m 30 cm, 360 cm

합 ( )

차 ( )

3 길이 재기

9 다현이와 현석이는 멀리뛰기를 하였습니다. 다현이는 1 m 47 cm를 뛰었고, 현석이는 138 cm를 뛰었습니다. 누가 더 멀리 뛰었습니까?

( )

창의·융합

10 우진이는 길다고 생각되는 악기를 찾아 길이를 재었습니다. 어느 악기가 가장 깁니까?

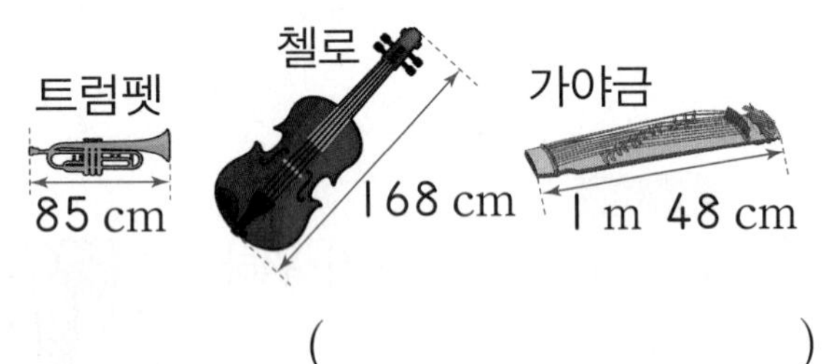

( )

11 학교 정문에서 체육관 입구까지의 거리는 54 m 70 cm이고, 체육관 입구에서 국기 게양대까지의 거리는 36 m 27 cm입니다. 학교 정문에서 체육관 입구를 거쳐 국기 게양대까지 가는 거리는 몇 m 몇 cm입니까?

( )

12 길이가 2 m 98 cm인 끈과 185 cm인 끈이 있습니다. 두 끈의 길이의 차는 몇 m 몇 cm입니까?

( )

13 길이가 9 m 68 cm인 리본이 있습니다. 이 리본을 한 번에 1 m 22 cm씩 2번 잘라 사용했습니다. 남은 리본의 길이는 몇 m 몇 cm입니까?

( )

서술형

14 길이가 270 cm인 빨간색 노끈과 빨간색 노끈보다 길이가 62 cm 더 짧은 노란색 노끈이 있습니다. 두 노끈의 길이의 합은 몇 m 몇 cm인지 풀이 과정을 쓰고 답을 구하시오.

[풀이]

[답]

15 막대 가, 나, 다가 있습니다. 가의 길이는 나의 길이보다 12 cm 더 짧고, 다의 길이는 나의 길이보다 20 cm 더 깁니다. 막대 가의 길이가 1 m 30 cm일 때 막대 다의 길이는 몇 m 몇 cm입니까?

( )

서술형

16 삼각형에서 길이가 가장 긴 변과 가장 짧은 변의 길이의 차는 몇 m 몇 cm인지 풀이 과정을 쓰고 답을 구하시오.

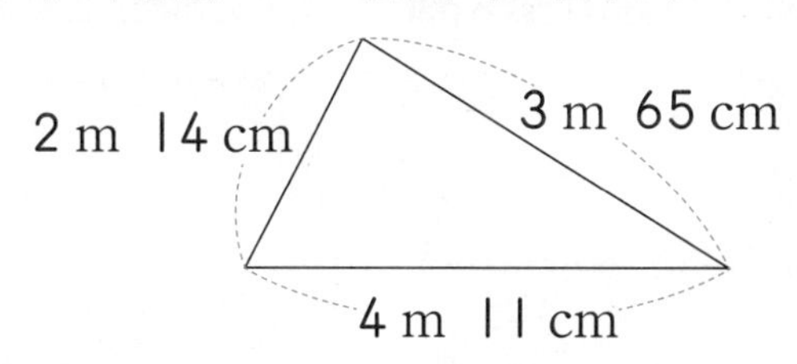

[풀이]

[답]

17 각각의 길이가 1 m 14 cm인 노끈 5개를 2개씩 8 cm만큼 겹쳐서 길게 이어 붙였습니다. 이어 붙인 노끈의 전체 길이는 몇 m 몇 cm입니까?

( )

18 ㉮에서 ㉱까지 갈 때 ㉯와 ㉰ 중 어디를 거쳐서 가는 길이 더 가깝습니까?

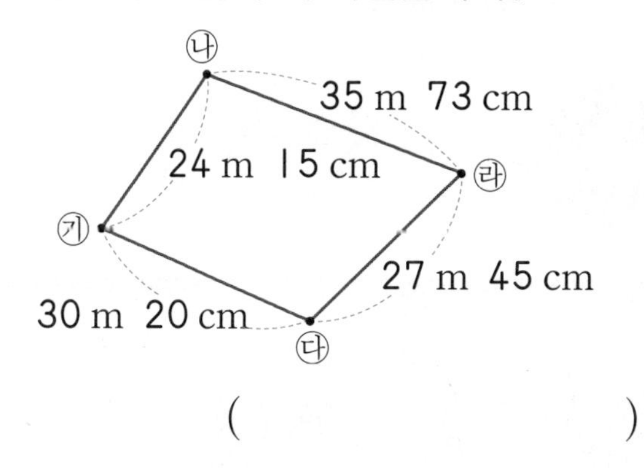

( )

19 진아와 친구들이 동전을 3 m에 가깝게 던지는 경기를 하였습니다. 누가 가장 가깝게 던졌습니까?

이름	던진 거리	이름	던진 거리
진아	3 m 55 cm	민송	3 m 10 cm
보람	2 m 70 cm	성호	2 m 85 cm

( )

20 길이가 2 m인 막대를 두 도막으로 잘랐습니다. 긴 막대의 길이가 짧은 막대의 길이보다 40 cm 더 길게 되도록 잘랐다면 긴 막대의 길이는 몇 m 몇 cm입니까?

( )

3단원이 끝났습니다. QR 코드를 찍으면 재미있는 게임을 할 수 있어요.

4 시각과 시간

QR 코드를 찍어 보세요.
재미있는 학습 게임을
할 수 있어요.

학습 게임

제 4 화 도시락을 눈 앞에 두고도 못 먹다니…….

이미 배운 내용	이번에 배울 내용	앞으로 배울 내용
[1-2 시계 보기와 규칙 찾기] • 시계를 보고 '몇 시' 읽기 • 시계를 보고 '몇 시 30분' 읽기	• 몇 시 몇 분 알아보기 • 몇 시 몇 분 전으로 시각 읽기 • 1시간 알아보기 • 하루의 시간 알아보기 • 1년 알아보기	[3-1 길이와 시간] • 1분보다 작은 단위 알아보기 • 시간의 덧셈 • 시간의 뺄셈

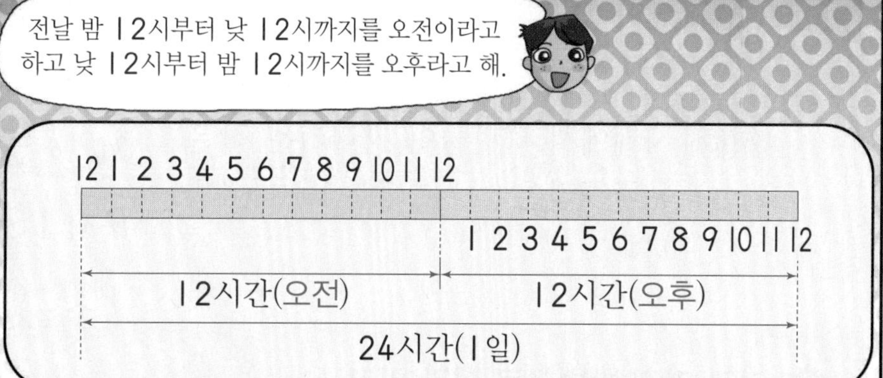

핵심 개념 (1)

만화로 개념 쏙!

❶ 몇 시 몇 분 알아보기 (1)

시계의 긴바늘이 가리키는 숫자가 1이면 5분, 2이면 10분, 3이면 15분 ……을 나타냅니다.

5시 15분

예제 ❶ 시계의 긴바늘이 가리키는 숫자가 4이면 (4분 , 20분)을 나타냅니다.

❷ 몇 시 몇 분 알아보기 (2)

시계에서 긴바늘이 가리키는 작은 눈금 한 칸 ⇨ 1분

9시 13분

긴바늘이 2에서 작은 눈금으로 3칸 더 감.

예제 ❷ 시계에서 긴바늘이 가리키는 작은 눈금 2칸은 (1분 , 2분)을 나타냅니다.

❸ 여러 가지 방법으로 시각 읽기

2시 50분을 3시 10분 전이라고도 합니다.

2시 50분
=3시 10분 전

예제 ❸ 3시 55분은 4시가 되기 5분 전의 시각과 같으므로 4시 5분 [ ]으로 나타낼 수 있습니다.

셀파 포인트

• **시각을 읽는 순서**
짧은바늘을 먼저 보고 '시'를 말하고, 긴바늘을 나중에 보고 '분'을 말합니다.

• 짧은바늘이 숫자와 숫자 사이를 가리킬 경우 지나온 숫자를 '시'로 읽습니다.

7시 10분 (○)
8시 10분 (×)

짧은바늘이 7을 지났고 8은 지나지 않음.

• **전자시계를 보고 시각 읽기**
왼쪽의 수는 시를 나타내고 오른쪽의 수는 분을 나타냅니다.

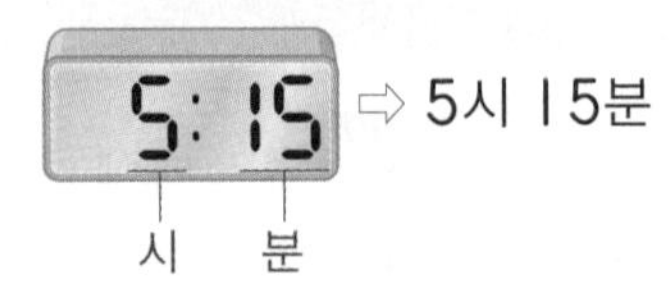

⇨ 5시 15분

예제 정답
❶ 20분에 ○표
❷ 2분에 ○표
❸ 전

개념 확인 1 몇 시 몇 분 알아보기 (1)

1-1 시계에서 긴바늘이 가리키는 숫자가 몇 분을 나타내는지 써넣으시오.

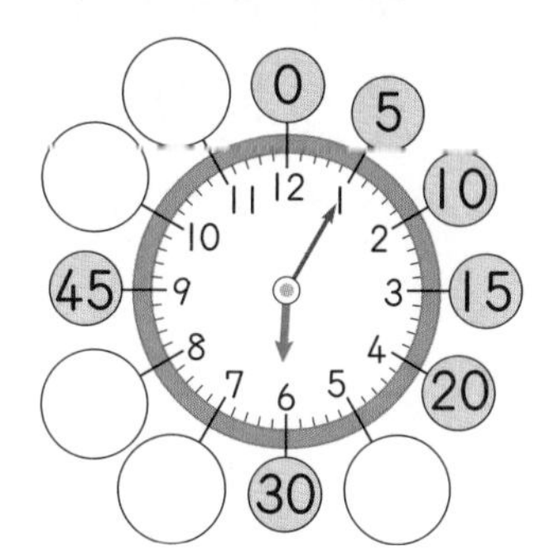

1-2 시계의 짧은바늘이 1과 2 사이를 가리키고, 긴바늘이 5를 가리키고 있습니다. 몇 시 몇 분입니까?

개념 확인 2 몇 시 몇 분 알아보기 (2)

2-1 시계의 짧은바늘이 8과 9 사이를 가리키고, 긴바늘이 2에서 작은 눈금으로 2칸 더 간 곳을 가리키고 있습니다. 몇 시 몇 분입니까?

8시 □분

2-2 시계의 짧은바늘이 5와 6 사이를 가리키고, 긴바늘이 8에서 작은 눈금으로 1칸 덜 간 곳을 가리키고 있습니다. 몇 시 몇 분입니까?

5시 □분

개념 확인 3 여러 가지 방법으로 시각 읽기

3-1 4시가 되기 10분 전입니다. 몇 시 몇 분 전입니까?

4시 □분 전

3-2 8시가 되려면 5분이 더 지나야 합니다. 몇 시 몇 분 전입니까?

8시 □분 전

유형 1

시각 읽기 (1)

• 긴바늘이 가리키는 숫자와 나타내는 분

숫자	1	2	3	4	5	6
분	5	10	15	20	25	30

숫자	7	8	9	10	11
분	35	40	45	50	55

1 교과서 유형

시계를 보고 □ 안에 알맞은 수를 써넣으시오.

(1) 짧은바늘이 □와 □ 사이를 가리키고 있습니다.

(2) 긴바늘이 □을 가리키고 있습니다.

(3) 나타내는 시각은 □시 □분입니다.

❖ 시각을 쓰시오. (2~3)

2

□시 □분

3

□시 □분

4

유정이가 학교에 도착한 시각입니다. 유정이가 학교에 도착한 시각은 몇 시 몇 분입니까?

(　　　　　　)

5 익힘책 유형

다음에서 설명하는 시각은 몇 시 몇 분입니까?

> 짧은바늘이 1과 2 사이를 가리키고 있습니다.
> 긴바늘이 8을 가리키고 있습니다.

(　　　　　　)

6 서술형

마리가 시각을 잘못 읽은 이유와 올바른 시각을 쓰시오.

지금 시각은 4시 10분이구나.

마리

[이유] ______________________

____

[시각 쓰기] ______________________

유형 2 시각을 시계에 나타내기 (1)

• 2시 40분 나타내기
2시 ⇨ 짧은바늘이 2와 3 사이를 가리키게 그립니다.
40분 ⇨ 긴바늘이 8을 가리키게 그립니다.

❖ 시각에 맞게 긴바늘을 그려 넣으시오. (7~8)

7 4시 40분

8 9시 25분

9 창의·융합
윤주가 일어난 시각에 맞게 긴바늘을 그려 넣으시오.

윤주는 8시 15분에 일어났습니다.

10 익힘책 유형
3시 35분을 시계에 나타내려고 합니다. □ 안에 알맞은 수를 써넣으시오.

짧은바늘이 □과 □ 사이를 가리키고, 긴바늘이 □을 가리키게 그립니다.

11
윤후는 벽에 걸린 시계의 시각이 맞지 않는 것을 보고 시각을 제대로 맞추려고 합니다. 형의 말을 읽고 지금 시각을 시계에 나타내시오.

12 서술형
오른쪽 모형 시계는 6시 20분을 잘못 나타낸 것입니다. 바르게 고칠 방법을 쓰시오.

[방법]

유형 3
시각 읽기 (2)

개념 동영상

- 짧은바늘: 1과 2 사이 ⇨ 1시
- 긴바늘: 4에서 작은 눈금으로 2칸 더 간 곳 ⇨ 22분
  (4 → 20분, 2칸 → 2분, 22분 → 20분+2분=22분)
- 시각 읽기: 1시 22분

13
시계를 보고 □ 안에 알맞은 수를 써넣으시오.

(1) 짧은바늘이 □와 □ 사이를 가리키고 있습니다.

(2) 긴바늘이 3에서 작은 눈금으로 □칸 덜 간 곳을 가리키고 있습니다.

(3) 나타내는 시각은 □시 □분입니다.

❖ 시각을 쓰시오. (14~15)

14 교과서 유형

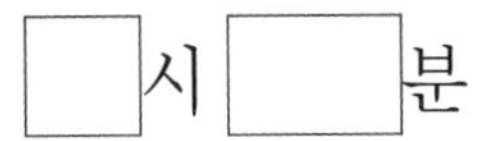

15 교과서 유형

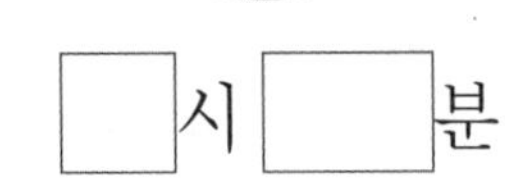

16
12시 28분을 나타내는 시계에 ○표 하시오.

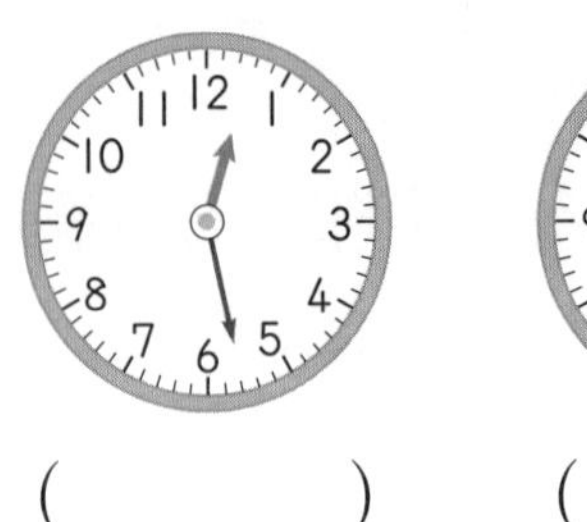

( ) ( )

17
다음에서 설명하는 시각은 몇 시 몇 분입니까?

> 짧은바늘이 3과 4 사이를 가리키고 있습니다.
> 긴바늘이 6에서 작은 눈금으로 2칸 더 간 곳을 가리키고 있습니다.

( )

18 서술형
연아와 민정이가 몇 시 몇 분에 어떤 일을 하였는지 쓰시오.

시계탑

유형 4 시각을 시계에 나타내기 (2)

비풀

- 5시 46분 나타내기

  5시 ⇨ 짧은바늘이 5와 6 사이를 가리키게 그립니다.

  46분(45분+1분) ⇨ 긴바늘이 9(45분)에서 작은 눈금으로 1칸(1분) 더 간 곳을 가리키게 그립니다.

❖ 시각에 맞게 긴바늘을 그려 넣으시오. (19~20)

19 익힘책 유형

3시 52분

20 익힘책 유형

6시 28분

21 창의·융합

재현이가 학교에 도착한 시각에 맞게 긴바늘을 그려 넣으시오.

재현이는 8시 37분에 학교에 도착했습니다.

22

10시 29분을 시계에 나타내려고 합니다. □ 안에 알맞은 수를 써넣으시오.

짧은바늘이 □과 □ 사이를 가리키고, 긴바늘이 6에서 작은 눈금으로 □칸 덜 간 곳을 가리키게 그립니다.

23

규원이와 서영이는 2시 33분을 각각 다음과 같이 나타냈습니다. 바르게 나타낸 사람은 누구입니까?

규원 서영

( )

24 해설집 51쪽 문제 분석

형인이의 하루 생활을 나타낸 것입니다. 시각에 맞게 시곗바늘을 그려 넣으시오.

4시 11분에 집에 도착했습니다.

5시 54분에 숙제를 하고 있습니다.

유형 5
전자시계 알아보기

비풀

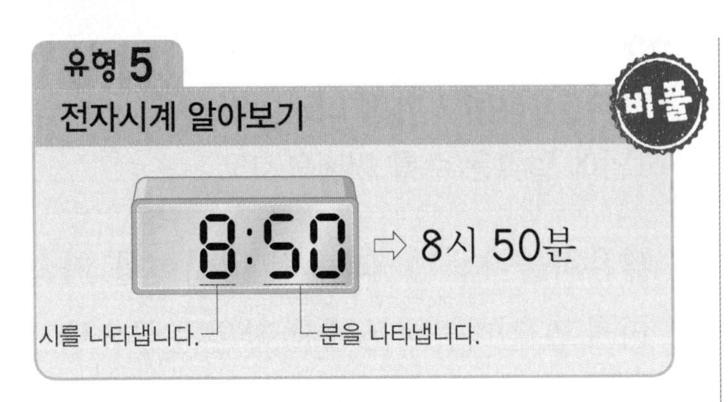

❖ 시각을 쓰시오. (25~26)

25 교과서 유형

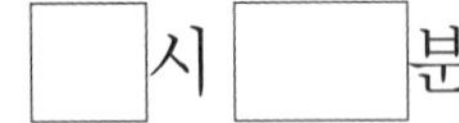

26 교과서 유형

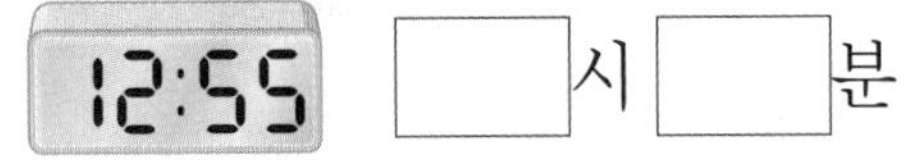

27
시각을 바르게 읽은 것을 찾아 선으로 이어 보시오.

12:10 •	• 5시 45분
5:45 •	• 12시 10분
9:35 •	• 9시 35분

28 익힘책 유형
같은 시각을 나타내는 것끼리 선으로 이으시오.

❖ 전자시계가 나타내는 시각에 맞게 시곗바늘을 그려 넣으시오. (29~30)

29

30

유형 6
몇 시 몇 분 전 알아보기

31
선미가 잠자리에 든 시각은 8시 55분입니다. □ 안에 알맞은 수를 써넣으시오.

선미가 잠자리에 든 시각은 9시가 되기 □분 전의 시각과 같으므로 9시 □분 전이라고도 합니다.

❖ 시각을 쓰시오. (32~33)

32 교과서 유형

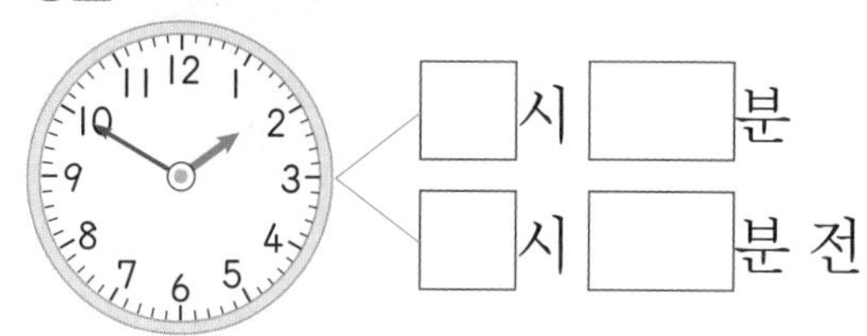

□시 □분
□시 □분 전

33 교과서 유형

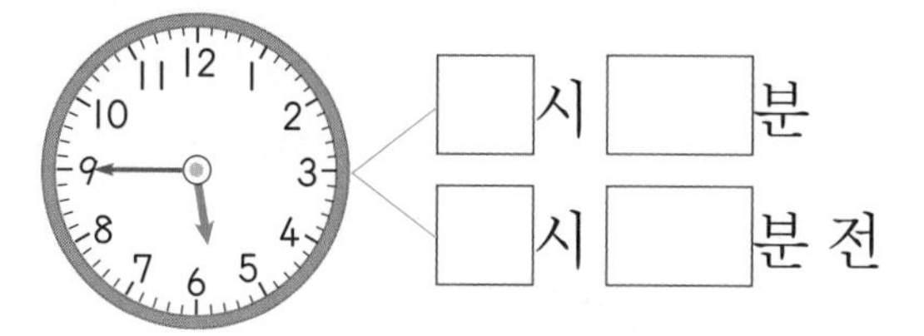

□시 □분
□시 □분 전

34
□ 안에 알맞은 수를 써넣으시오.

(1) 2시 55분은 □시 □분 전입니다.

(2) 7시 50분은 □시 □분 전입니다.

35
같은 시각끼리 선으로 이으시오.

3시 50분 •	• 4시 10분 전
4시 55분 •	• 3시 15분 전
2시 45분 •	• 5시 5분 전

36 창의·융합
신데렐라는 10시 15분 전에 무도회장에 도착했고, 12시 5분 전에 무도회장에서 나왔습니다. 시각에 맞게 긴바늘을 그려 넣으시오.

무도회장에 도착함. 무도회장에서 나옴.

핵심 개념 (2)

만화로 개념 쏙!

❹ 1시간 알아보기

시계의 긴바늘이 한 바퀴 도는 데 걸리는 시간 ⇨ 60분

60분은 1시간입니다. **60분=1시간**

예제 ❶ 시계의 긴바늘이 한 바퀴 도는 데 걸리는 시간은 ☐분입니다.

❺ 하루의 시간 알아보기

하루는 24시간입니다. **1일=24시간**

- 전날 밤 12시부터 낮 12시까지 ⇨ 오전
- 낮 12시부터 밤 12시까지 ⇨ 오후

예제 ❷ 1일은 ☐시간입니다.

❻ 달력 알아보기

7월						
일	월	화	수	목	금	토
			1	2	3	4
5	6	7	8	9	10	11
12	13	14	15	16	17	18
19	20	21	22	23	24	25
26	27	28	29	30	31	

1주일

같은 요일이 돌아오는 데 걸리는 기간

1주일은 7일입니다. **1주일=7일**

1년은 12개월입니다. **1년=12개월**

예제 ❸ 1주일은 ☐일이고, 1년은 ☐개월입니다.

셀파 포인트

• 1시간

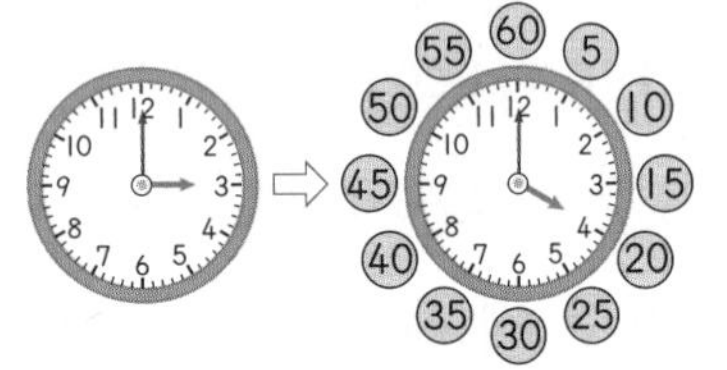

60분=1시간

•하루의 시간

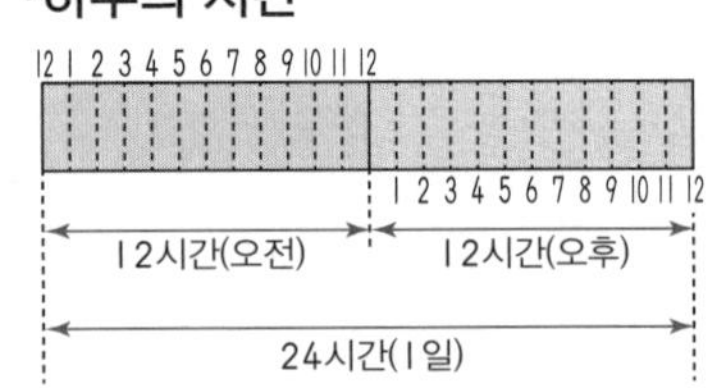

•각 달의 날수

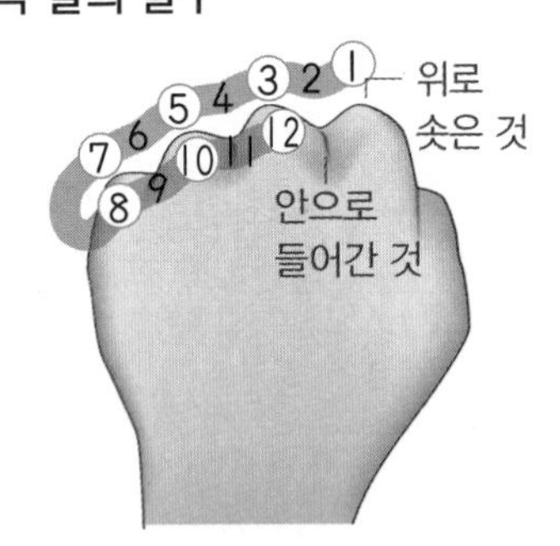

날수가 31일인 달: 1월, 3월, 5월, 7월, 8월, 10월, 12월
날수가 30일인 달: 4월, 6월, 9월, 11월
2월의 날수: 28일 또는 29일
⇨ 1년의 날수는 365일 또는 366일입니다.

예제 정답
❶ 60 ❷ 24 ❸ 7, 12

개념 확인 4 1시간 알아보기

4-1 □ 안에 알맞은 수를 써넣으시오.

2시간=60분+60분

=□분

4-2 □ 안에 알맞은 수를 써넣으시오.

180분=60분+60분+60분

=□시간

개념 확인 5 하루의 시간 알아보기

5-1 □ 안에 오전 또는 오후를 알맞게 써넣으시오.

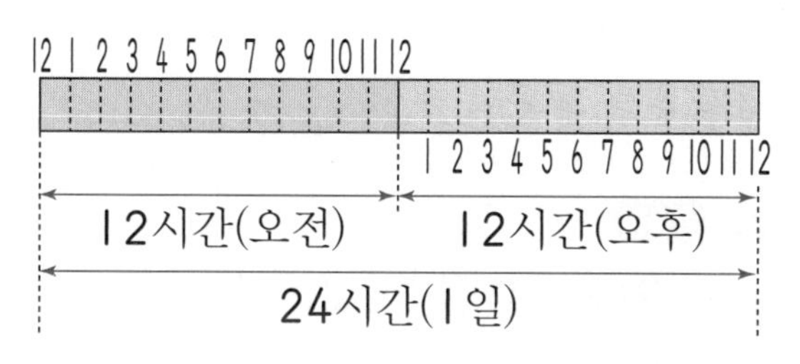

전날 밤 12시부터 낮 12시까지를 □(이)라 하고 낮 12시부터 밤 12시까지를 □(이)라고 합니다.

5-2 □ 안에 오전 또는 오후를 알맞게 써넣으시오.

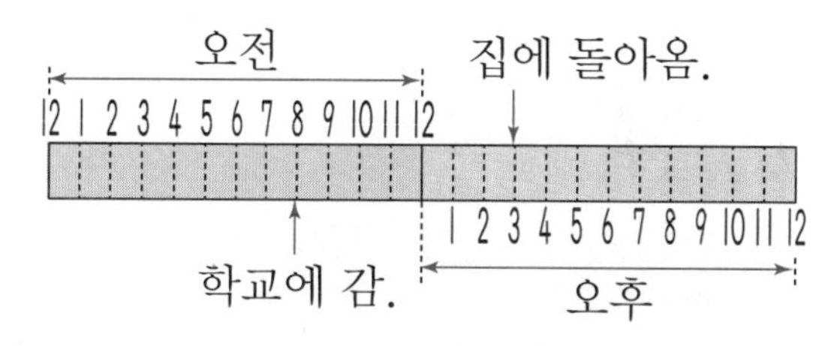

정민이는 □ 8시에 학교에 갔다가 □ 3시에 집에 돌아왔습니다.

개념 확인 6 달력 알아보기

6-1 몇 월의 달력입니까?

8월						
일	월	화	수	목	금	토
	1	2	3	4	5	6
7	8	9	10	11	12	13
14	15	16	17	18	19	20
21	22	23	24	25	26	27
28	29	30	31			

( )

6-2 이 달은 모두 며칠입니까?

11월						
일	월	화	수	목	금	토
			1	2	3	4
5	6	7	8	9	10	11
12	13	14	15	16	17	18
19	20	21	22	23	24	25
26	27	28	29	30		

( )

유형 7 시각과 시간

비풀

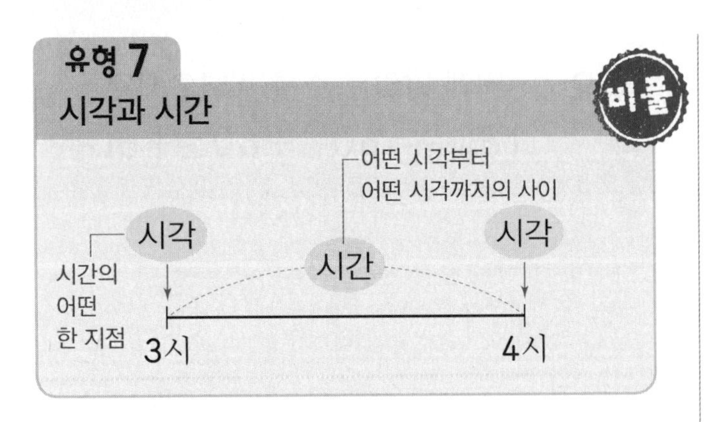

❖ □ 안에 알맞은 말을 보기 에서 골라 써넣으시오. (1~2)

보기

시각 시간

1 창의·융합

오늘 아침 해가 뜬 □은 6시 37분입니다.

2 창의·융합

종원이가 사과 따기 체험을 한 □은 1시간 30분입니다.

3

다음 중 틀리게 말한 사람은 누구입니까?

혜원: 1교시가 시작하는 시각은 9시 10분이야.
민우: 1교시가 끝나는 시각은 9시 50분이지.
홍기: 그 다음에 쉬는 시각이 10분 있어.

(   )

4 서술형

위의 **3**에서 틀린 부분을 바르게 고쳐 보시오.

____

유형 8 시간, 분으로 나타내기

60분=1시간

2시간 30분=60분+60분+30분
=150분

100분=60분+40분=1시간 40분

5 교과서 유형

□ 안에 알맞은 수를 써넣으시오.

(1) 1시간 20분=□분

(2) 200분=□시간 □분

6
현무는 1시간 45분 동안 운동을 했습니다. 현무가 운동을 한 시간은 몇 분입니까?

( )

7
토끼와 거북이 숲 입구부터 언덕까지 달리는 데 걸린 시간은 다음과 같습니다. 토끼와 거북 중 누가 더 오래 걸렸습니까?

토끼— 1시간 15분 거북— 85분

( )

유형 9
걸린 시간 구하기

3시 10분 20분 30분 40분 50분 4시

40분

⇨ 3시 10분부터 3시 50분까지의 시간은 40분입니다.

8
두 시계를 보고 시간이 얼마나 흘렀는지 시간 띠에 나타내어 구하시오.

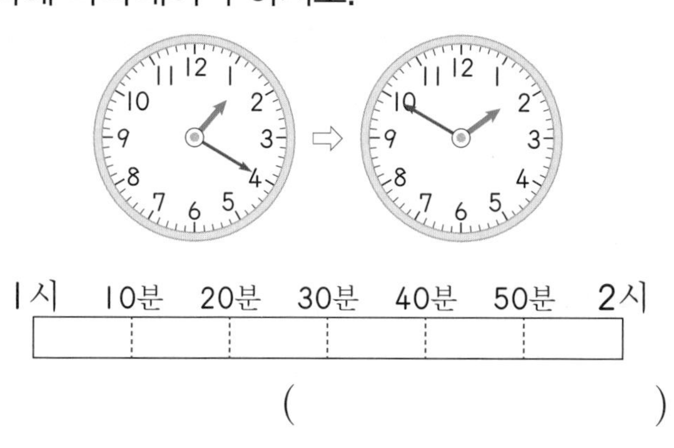

1시 10분 20분 30분 40분 50분 2시

( )

9 교과서 유형
숙제를 하는 데 걸린 시간은 몇 시간 몇 분인지 시간 띠에 나타내어 구하시오.

7시 10분 20분 30분 40분 50분 8시 10분 20분 30분 40분 50분 9시

□분=□시간 □분

10 익힘책 유형
만화 영화가 시작한 시각과 끝난 시각을 나타낸 것입니다. 만화 영화가 방송된 시간은 몇 시간 몇 분인지 시간 띠에 나타내어 구하시오.

6시 10분 20분 30분 40분 50분 7시 10분 20분 30분 40분 50분 8시

( )

11
승현이는 2시 40분에 집에서 출발하여 5시 20분에 할머니 댁에 도착했습니다. 승현이가 할머니 댁에 가는 데 걸린 시간은 몇 시간 몇 분입니까?

(　　　　　　　　)

12
다음은 민혁이가 운동장에서 축구를 시작한 시각과 끝낸 시각입니다. 민혁이는 축구를 몇 시간 몇 분 동안 했습니까?

시작한 시각 9:10　　끝낸 시각 10:20

(　　　　　　　　)

13 창의·융합
왕자는 마음껏 돌아다니고 싶어서 거지와 옷을 바꿔 입었습니다. 왕자가 거지 옷을 입고 돌아다닌 시간은 몇 시간 몇 분입니까?

(　　　　　　　　)

유형 10
□분 후의 시각 구하기

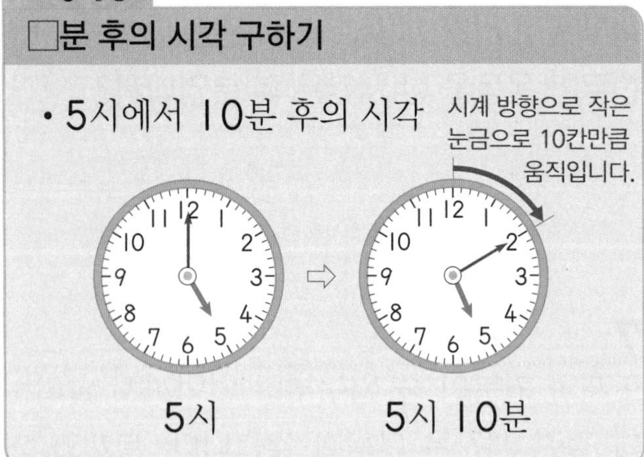

14
오른쪽 시계가 나타내는 시각에서 30분이 지난 시각은 몇 시 몇 분입니까?

(　　　　　　　　)

❖ 솔비네 학교는 오전 9시 20분에 1교시 수업을 시작하여 40분 동안 수업을 하고 10분 동안 쉽니다. 물음에 답하시오. (15~16)

	시작하는 시각	끝나는 시각
1교시	9시 20분	10시
쉬는 시간	10시	10시 10분
2교시	10시 10분	
쉬는 시간		

15 익힘책 유형
2교시 수업이 끝나는 시각은 몇 시 몇 분입니까?

(　　　　　　　　)

16 익힘책 유형
3교시 수업을 시작하는 시각을 구하시오.

(　　　　　　　　)

17 서술형

럭비 경기는 전반전, 휴식, 후반전 순서로 진행됩니다. 럭비 경기 전반전이 2시 15분에 시작되었습니다. 후반전이 시작되는 시각은 몇 시 몇 분인지 풀이 과정을 쓰고 답을 구하시오.

전반전 경기 시간	40분
휴식 시간	10분
후반전 경기 시간	40분

[풀이]

[답]

유형 11
긴바늘이 도는 횟수와 시간 사이의 관계

긴바늘이 1바퀴 돌면: 1시간이 지남.
긴바늘이 2바퀴 돌면: 2시간이 지남.
긴바늘이 3바퀴 돌면: 3시간이 지남.
⋮ ⋮

18

긴바늘이 5바퀴 돌면 몇 시간이 지난 것입니까?

( )

19

영화가 시작한 시각은 4시 35분입니다. 시계의 긴바늘이 2바퀴 돌았을 때 영화가 끝났습니다. 영화가 끝난 시각은 몇 시 몇 분입니까?

( )

20 해설집 54쪽 문제 분석

다음은 효진이가 미술관 관람을 시작한 시각과 끝낸 시각입니다. 효진이가 미술관을 관람하는 동안 시계의 긴바늘은 몇 바퀴 돌았습니까?

( )

유형 12
하루의 시간 알아보기

플래쉬 학습

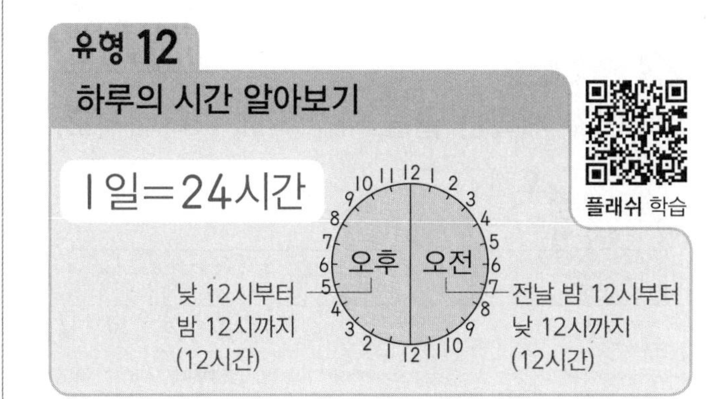

21 교과서 유형

□ 안에 알맞은 수를 써넣으시오.

(1) 1일 3시간=□시간

(2) 34시간=□일 □시간

22 익힘책 유형

보기 에서 알맞은 말을 골라 ( ) 안에 알맞게 써넣으시오.

보기: 오전 오후

(1) 아침 8시 ( )
(2) 저녁 9시 ( )
(3) 낮 2시 ( )
(4) 새벽 1시 ( )

유형 탐구 (2)

창의·융합

❖ 영욱이의 어느 하루 생활 계획표를 보고 물음에 답하시오. (23~24)

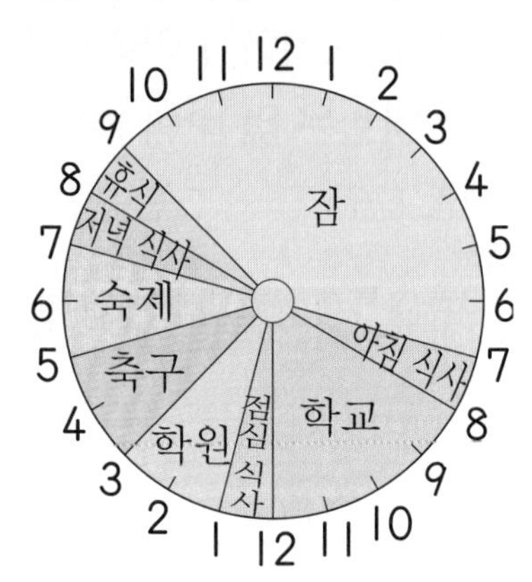

23 교과서 유형

영욱이가 계획한 일을 시간 띠에 나타내시오.

오전

12 1 2 3 4 5 6 7 8 9 10 11 12

잠 아침 식사 점심 식사 학원 저녁 식사 휴식 잠

1 2 3 4 5 6 7 8 9 10 11 12

오후

24

영욱이가 오후에 계획한 일이 아닌 것은 어느 것입니까? ………………………… (　　　)

① 축구　② 저녁 식사
③ 학교　④ 숙제
⑤ 학원

25 서술형

다음 시각이 들어간 문장을 만들어 보시오.

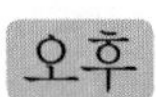

[문장]

26 익힘책 유형

시계를 보고 공부한 시간은 몇 시간인지 시간 띠에 나타내어 구하시오.

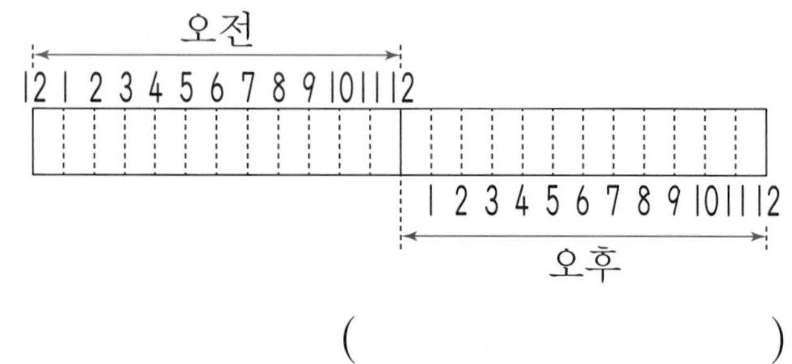

(　　　　　　　　　　)

유형 13
달력 알아보기

10월

일	월	화	수	목	금	토
1	2	3	4	5	6	7
8	9	10	11	12	13	14
15	16	17	18	19	20	21
22	23	24	25	26	27	28
29	30	31				

1주일=7일

세로줄: 같은 요일

27 익힘책 유형

□ 안에 알맞은 수를 써넣으시오.

(1) 3주일=□일

(2) 35일=□주일

❖ 어느 해의 4월 달력을 보고 물음에 답하시오. (28~30)

4월

일	월	화	수	목	금	토
		1	2	3	4	5
6	7	8	9	10	11	12
13	14	15	16	17	18	19
20	21	22	23	24	25	26
27	28	29	30			

28

현욱이는 매주 금요일에 수영장에 갑니다. 현욱이가 4월 한 달 동안 수영장에 가는 날은 모두 며칠입니까?

( )

29 교과서 유형

현욱이의 생일은 4월 셋째 화요일입니다. 현욱이의 생일은 몇 월 며칠입니까?

( )

30 교과서 유형

4월 19일로부터 2주일 후는 몇 월 며칠이고 무슨 요일입니까?

( ), ( )

유형 14

1년 알아보기

1년=12개월

1년 9개월
=12개월+9개월
=21개월

15개월
=12개월+3개월
=1년 3개월

31

□ 안에 알맞은 수를 써넣으시오.

(1) 2년 3개월=□개월

(2) 33개월=□년 □개월

32

더 짧은 기간에 △표 하시오.

2년 5개월 ( )

25개월 ( )

33

날수가 31일인 달끼리 짝 지은 것은 어느 것입니까? ·································· ( )

① 1월, 9월 ② 3월, 6월
③ 2월, 4월 ④ 7월, 12월
⑤ 5월, 11월

창의·융합

(1~3) 거울에 비친 시계는 왼쪽과 오른쪽이 서로 바뀌어 보입니다. 거울에 비친 시계가 나타내는 시각을 쓰시오.

⇨

10시 25분

1

(　　　　　　　　)

2

(　　　　　　　　)

3

(　　　　　　　　)

(4~6) 수가 빠진 시계가 나타내는 시각을 쓰시오.

8시 20분

시계에 빠진 수를 직접 써 봐.

4

(　　　　　　　　)

5

(　　　　　　　　)

6

(　　　　　　　　)

(7~8) 대한민국 서울의 시각이 오전 10시일 때 중국 베이징의 시각은 같은 날 오전 9시입니다. 이와 같이 중국 베이징의 시각은 대한민국 서울의 시각보다 1시간 느립니다. 물음에 답하시오.

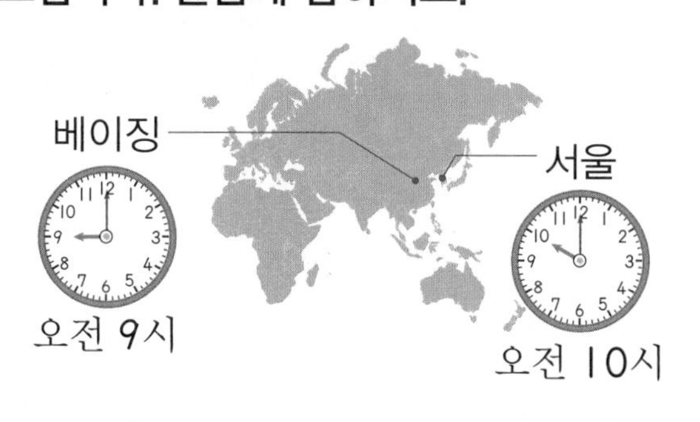

7 대한민국 서울의 시각이 다음과 같을 때 중국 베이징의 시각에 맞게 긴바늘을 그려 넣으시오.

8 중국 베이징의 시각이 다음과 같을 때 대한민국 서울의 시각에 맞게 시곗바늘을 그려 넣으시오.

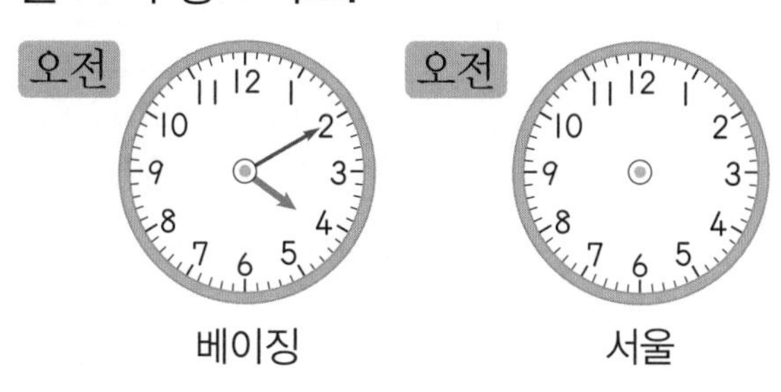

(9~10) 오후의 시각을 다음과 같이 나타낼 수 있습니다.

오후 1시	13시	오후 7시	19시
오후 2시	14시	오후 8시	20시
오후 3시	15시	오후 9시	21시
오후 4시	16시	오후 10시	22시
오후 5시	17시	오후 11시	23시
오후 6시	18시	밤 12시	24시

다음은 서울역을 출발하여 부산역까지 가는 기차가 각 역에 도착하는 시각을 나타낸 것입니다. 기차가 주어진 역에 도착하는 시각을 '오후'를 써서 나타내시오.

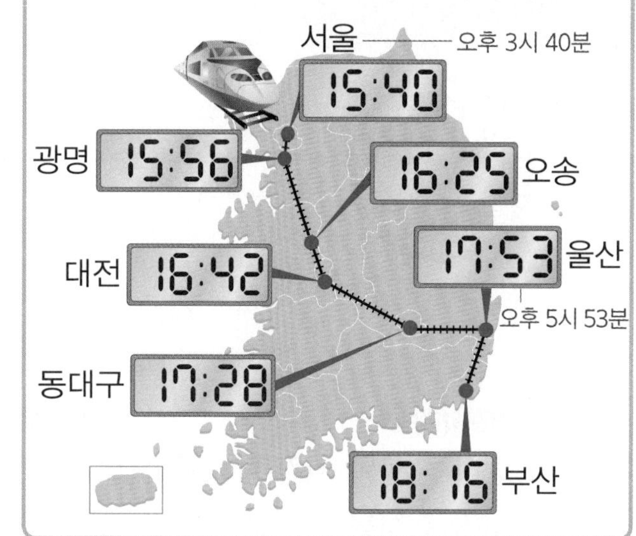

9 대전역

오후 (　　　　　　)

10 부산역

오후 (　　　　　　)

레벨 UP

❖ 시각에 맞게 시곗바늘을 그려 넣으시오. (1~2)

시각을 시계에 나타내기

1 유사

5시 14분

시각을 시계에 나타내기

2 유사

9시 8분 전

하루의 시간 알아보기 서술형

3 유사 동영상 유라의 하루 활동 시간은 다음과 같고 나머지 시간은 잠을 잡니다. 유라는 하루에 몇 시간을 자는지 풀이 과정을 쓰고 답을 구하시오.

• 학교: 6시간 • 식사: 2시간
• 숙제: 2시간 • 자유 시간: 6시간

[풀이]

[답]

몇 시 몇 분 전 알아보기 창의·융합

4 유사 오른쪽 거울에 비친 시계가 나타내는 시각은 몇 시 몇 분 전입니까?

( )

○시간 후 알아보기 해설집 57쪽 문제 분석

5 유사 11월 어느 날 영국 런던과 대한민국 서울의 현재 시각을 나타낸 것입니다. 서울의 시각은 런던의 시각보다 몇 시간 빠릅니까?

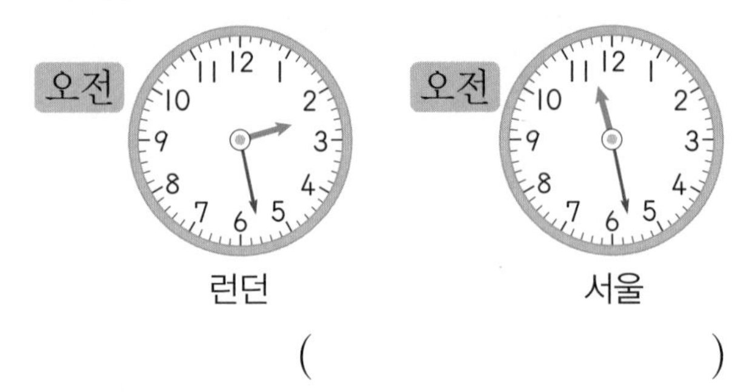

( )

달력 알아보기 해설집 58쪽 문제 분석

6 유사 동영상 다음은 어느 해 8월 달력의 일부분입니다. 같은 해 9월 5일은 무슨 요일입니까?

8월

일	월	화	수	목	금	토
				1		
4	5	6	7			

( )

달력 알아보기

7 유사
예원이네 학교 여름 방학은 7월 15일부터 8월 20일까지입니다. 여름 방학 기간은 며칠입니까?

( )

하루의 시간 알아보기 서술형

8 유사 동영상
1시간에 1분씩 빨라지는 시계가 있습니다. 이 시계의 시각을 오늘 오전 8시에 정확하게 맞추었습니다. 내일 오전 8시에 이 시계가 가리키는 시각은 몇 시 몇 분인지 풀이 과정을 쓰고 답을 구하시오.

[풀이]

[답]

걸린 시간 구하기 해설집 59쪽 문제 분석

9 유사 동영상
도일이와 주희가 어느 날 오후에 물놀이를 시작한 시각과 끝낸 시각입니다. 누가 물놀이를 몇 분 더 오래 했습니까?

	시작한 시각	끝낸 시각
도일	2:30	3:55
주희	2:15	3:50

( ), ( )

□분 후의 시각 구하기

10 유사 동영상
영준이는 점심 시간이 시작될 때 어머니와 만나기로 하였습니다. 다음 글을 읽고 영준이가 어머니와 만나기로 한 시각은 몇 시 몇 분인지 구하시오.

- 1교시 수업 시작 시각은 8시 40분입니다.
- 수업 시간은 40분씩입니다.
- 수업 시간 사이에는 쉬는 시간이 10분씩 있습니다.
- 점심 시간은 4교시가 끝난 다음 바로 시작됩니다.

( )

○시간 □분 전의 시각 알아보기

11 유사 동영상
정우네 가족이 집에서 출발하여 동물원까지 가는 데 2시간 30분이 걸렸습니다. 동물원에 도착한 시각이 다음과 같을 때, 집에서 출발한 시각을 구하시오.

(오전, 오후) □시 □분

단원평가  4. 시각과 시간 ❶회

점수

1 다음은 시계의 긴바늘이 가리키는 숫자와 나타내는 분입니다. 빈칸에 알맞은 수를 써넣으시오.

숫자	1	2	3	4	5	6
분	5	10	15			

숫자	7	8	9	10	11
분					

2 시각을 쓰시오.

(　　　　　　　　　　)

3 오른쪽 시각은 몇 시 몇 분 전입니까?

(　　　　　　　　　　)

4 다음 시각에 맞게 긴바늘을 그려 넣으시오.

5 □ 안에 알맞은 말을 써넣으시오.

전날 밤 12시부터 낮 12시까지를 □(이)라 하고 낮 12시부터 밤 12시까지를 □(이)라고 합니다.

6 같은 시각끼리 선으로 이으시오.

5시 15분 •　　　• 

5시 15분 전 •　　　• 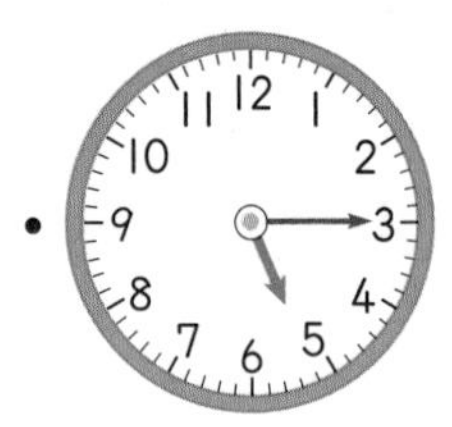

7 선생님께서 말씀하시는 시각에 맞게 긴바늘을 그려 넣으시오.

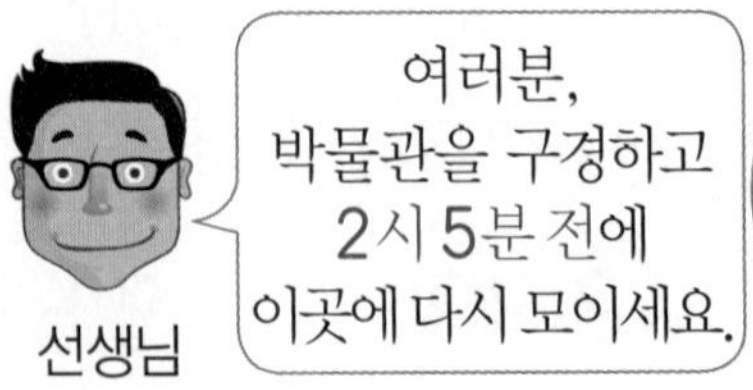

창의·융합

8 효진이의 어느 하루 생활 계획표입니다. 효진이가 박물관을 견학하는 데 걸리는 시간은 몇 시간입니까?

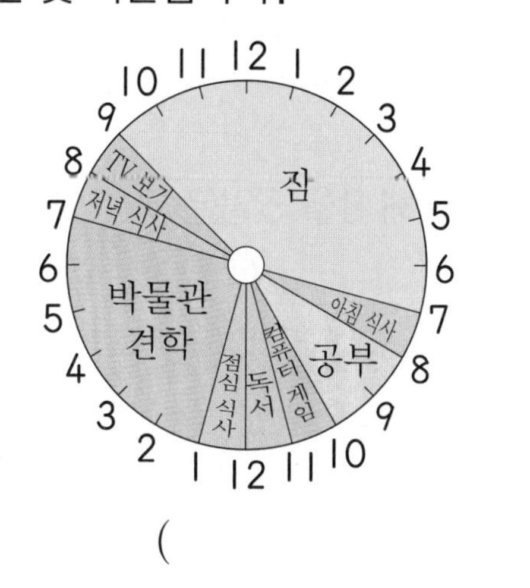

( )

9 다른 시각을 말하고 있는 한 사람은 누구입니까?

> 다은: 지금 시각은 3시에서 5분이 지난 시각이야.
> 주아: 맞아. 지금은 3시 5분 전이야.
> 수정: 그럼, 시계의 짧은바늘이 3과 4 사이를 가리키고 긴바늘이 1을 가리키겠네?

( )

10 다음은 어느 날 오후에 수찬이가 독서를 시작한 시각과 독서를 끝낸 시각입니다. 수찬이가 독서를 한 시간은 몇 분입니까?

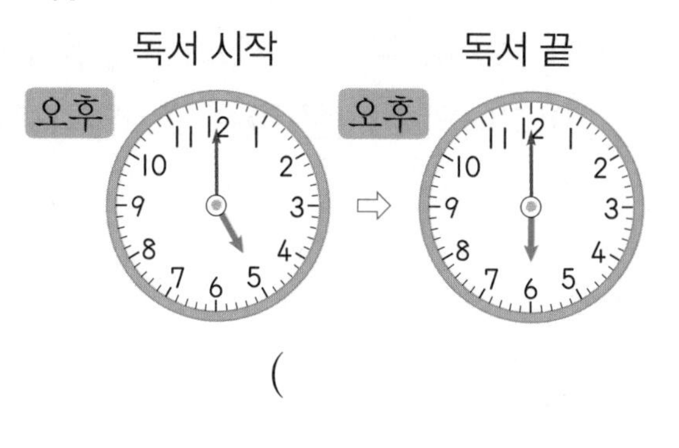

( )

❖ **모형 시계의 바늘을 움직였을 때 가리키는 시각을 알아보시오. (11~12)**

11 긴바늘이 한 바퀴 돌았을 때의 시각을 알아보시오.

(오전 , 오후) ☐시 ☐분

12 짧은바늘이 한 바퀴 돌았을 때의 시각을 알아보시오.

(오전 , 오후) ☐시 ☐분

서술형

13 지원이는 8월 1일부터 10월 31일까지 병원에 입원했습니다. 지원이는 며칠 동안 병원에 입원했는지 풀이 과정을 쓰고 답을 구하시오.

[풀이]

[답]

창의·융합

14 거울에 비친 시계가 나타내는 시각을 쓰시오.

( )

서술형

15 해명이는 피아노를 3년 2개월 동안 배웠고, 현태는 40개월 동안 배웠습니다. 피아노를 더 오래 배운 사람은 누구인지 풀이 과정을 쓰고 답을 구하시오.

[풀이]

[답]

❖ 다음은 어느 해 7월 달력의 일부분입니다. 물음에 답하시오. (16~18)

7월

일	월	화	수	목	금	토
	1	2	3	4	5	6
7	8	9	10	11	12	13
14	15	16	17	18	19	20

16 이 달에 월요일이 몇 번 있습니까?

( )

17 이 달의 마지막 날은 무슨 요일입니까?

( )

18 같은 해 8월 5일은 무슨 요일입니까?

( )

서술형

19 소영이와 준수 중 더 일찍 일어난 사람은 누구인지 풀이 과정을 쓰고 답을 구하시오.

[풀이]

[답]

20 영미의 생일은 4월 8일이고, 영미 어머니의 생신은 5월 4일입니다. 어느 해 영미의 생일이 목요일이었다면 같은 해 영미 어머니의 생신은 무슨 요일입니까?

( )

단원평가 4. 시각과 시간 ②회

점수

❖ 시각을 쓰시오. (1~2)

1

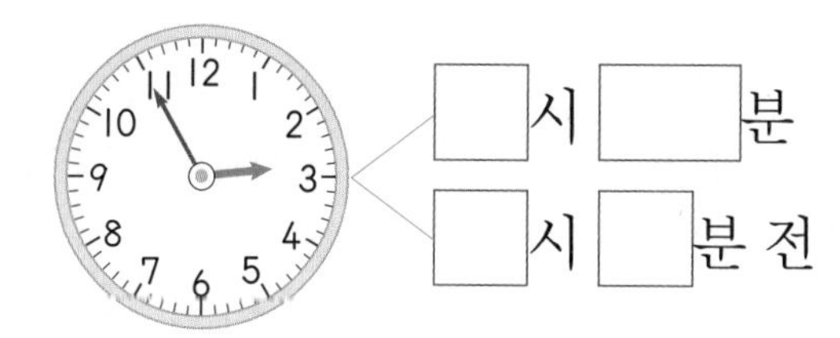

□시 □분
□시 □분 전

2

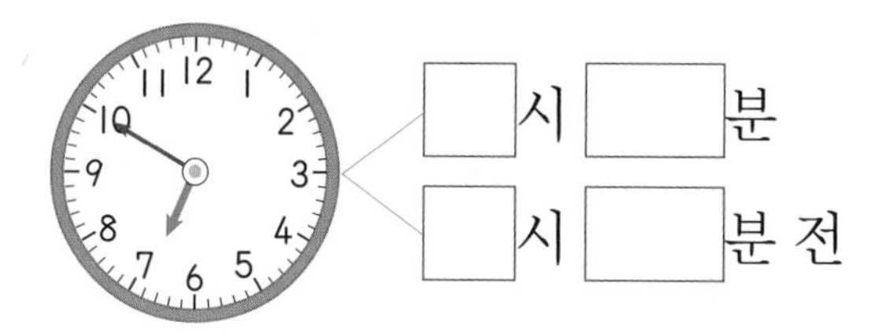

□시 □분
□시 □분 전

3 □ 안에 오전 또는 오후를 알맞게 써넣으시오.

태연이는 □ 7시에 일어납니다. 그리고 □ 10시에 잠자리에 듭니다.

4 8시 32분을 나타내는 시계를 보고 친구들이 나눈 대화입니다. □ 안에 알맞은 수를 써넣으시오.

정혁: 짧은바늘은 8과 □ 사이를 가리키고 있어.
송이: 긴바늘은 6에서 작은 눈금으로 □칸 더 간 곳을 가리키고 있어.

5 어느 해 각 달의 날수를 조사했습니다. 빈칸에 알맞은 수를 써넣으시오.

월	1	2	3	4	5	6
날수(일)	31	28	31			
월	7	8	9	10	11	12
날수(일)		31				

❖ 다음 달력을 보고 물음에 답하시오. (6~7)

10월

일	월	화	수	목	금	토
	1	2	3	4	5	6
7	8	9	10	11	12	13
14	15	16	17	18	19	20
21	22	23	24	25	26	27
28	29	30	31			

6 10월 셋째 토요일은 몇 월 며칠입니까?

( )

7 10월 마지막 날로부터 2주일 전은 몇 월 며칠이고 무슨 요일입니까?

( ), ( )

8 다음 중 틀린 것을 찾아 기호를 쓰시오.

㉠ 1시간 30분=90분
㉡ 19일=2주일 5일
㉢ 1년 2개월=12개월

( )

❖ 은지의 어느 하루 생활 계획표입니다. 물음에 답하시오. (9~10)

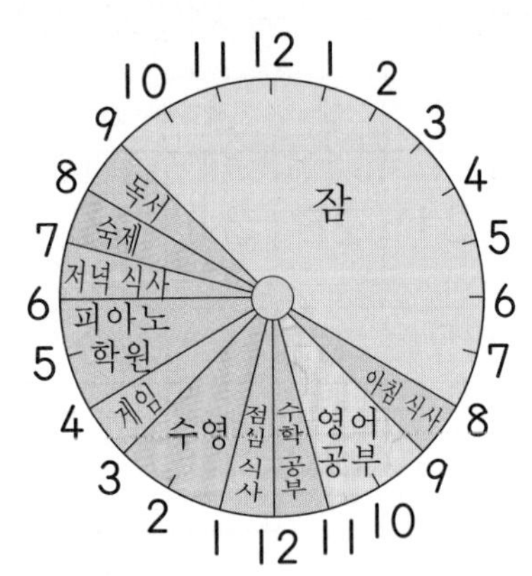

9 은지가 오후에 계획한 일이 아닌 것을 모두 고르시오. ·····················(　　　)

① 아침 식사　② 점심 식사
③ 독서　④ 영어 공부
⑤ 수영

서술형

10 아침 식사를 시작하는 시각부터 숙제를 끝내는 시각까지 걸리는 시간은 몇 시간인지 풀이 과정을 쓰고 답을 구하시오.

[풀이]

[답]

11 오른쪽 거울에 비친 시계가 나타내는 시각을 두 가지 방법으로 쓰시오.

(　　　　　　　　),
(　　　　　　　　)

❖ 다음은 수정이네 가족의 경주 여행 일정표입니다. 물음에 답하시오. (12~13)

시간	할 일
9:30~11:30	경주로 이동
11:30~12:00	첨성대 구경하기
12:00~1:30	점심 식사
1:30~3:00	불국사 구경하기

12 시계가 나타내는 시각이 오른쪽과 같을 때, 수정이네 가족은 무엇을 구경하고 있겠습니까? (　　　　　　)

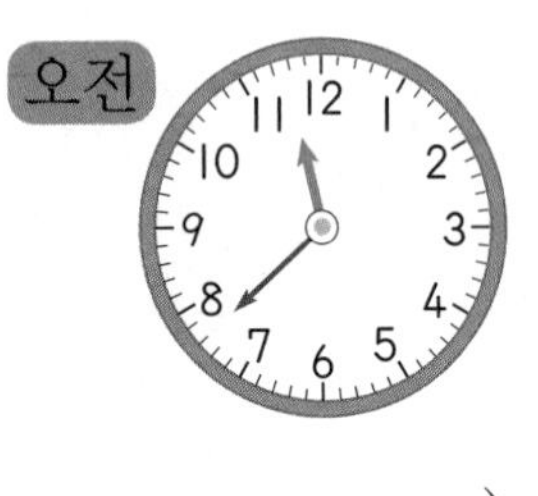

창의·융합

13 불국사를 구경하고 있을 때의 시각으로 알맞은 것을 찾아 기호를 쓰시오.

㉠ 
㉡ 

(　　　　　　)

서술형

14 시계의 짧은바늘이 2에서 6으로 움직이는 동안에 긴바늘은 몇 바퀴 도는지 풀이 과정을 쓰고 답을 구하시오.

[풀이]

[답]

서술형

15 현주는 토요일마다 방 청소를 합니다. 7월에는 방 청소를 모두 몇 번 하게 되는지 풀이 과정을 쓰고 답을 구하시오.

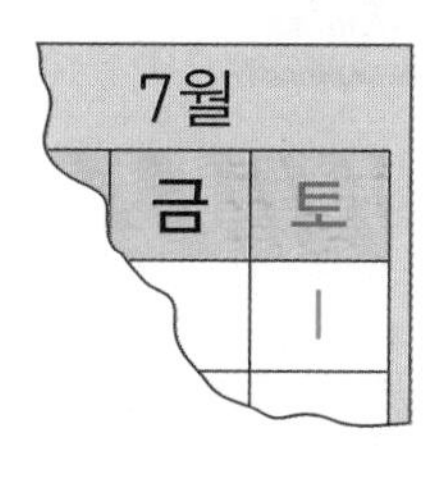

[풀이]

[답]

창의·융합

❖ **대화를 읽고 물음에 답하시오. (16~17)**

연극 시작

연극 끝

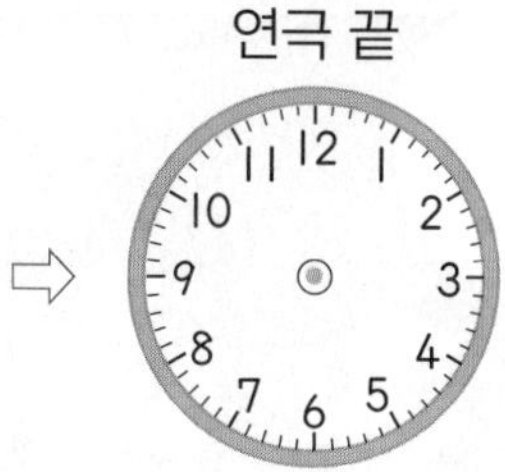

16 연극이 시작되는 시각에 맞게 위의 왼쪽 모형 시계에 시곗바늘을 그려 넣으시오.

17 연극이 끝나는 시각에 맞게 위의 오른쪽 모형 시계에 시곗바늘을 그려 넣으시오.

18 연주의 생일은 몇 월 며칠입니까?

( )

19 재호네 학교는 오전 9시에 1교시 수업을 시작하여 40분 동안 수업을 하고 10분 동안 쉽니다. 3교시 수업이 끝나는 시각을 구하시오.

( )

20 동욱이와 지효가 어느 날 오후에 독서를 시작한 시각과 끝낸 시각입니다. 독서를 더 오래 한 사람은 누구입니까?

	독서를 시작한 시각	독서를 끝낸 시각
동욱	5:30	6:55
지효		

( )

4단원이 끝났습니다. QR 코드를 찍으면 재미있는 게임을 할 수 있어요.

5 표와 그래프

QR 코드를 찍어 보세요.
재미있는 학습 게임을
할 수 있어요.

제 5 화 마리의 말할 수 없는 비밀

에디슨과 마리가 딴 과일별 수

과일	사과	배	감	합계
수(개)	4	3	2	9

이미 배운 내용	이번에 배울 내용	앞으로 배울 내용
[2-1 분류하기] • 분류하기 • 기준에 따라 분류하기 • 분류하여 세어 보기 • 분류한 결과 말하기	• 자료를 보고 표와 그래프로 나타내기 • 자료를 조사하여 표와 그래프로 나타내기 • 표와 그래프의 내용 알아보기	[4-1 막대그래프] • 막대그래프로 나타내기 [4-2 꺾은선그래프] • 꺾은선그래프로 나타내기

에디슨과 마리가 딴 과일별 수

4	○		
3	○	○	
2	○	○	○
1	○	○	○
수(개) / 과일	사과	배	감

핵심 개념 (1)

만화로 개념 쏙!

❶ 자료를 보고 표로 나타내기

학생들이 좋아하는 운동

(수영, 야구, 태권도, 줄넘기)

형주	다연	태경	승우	정원	재범
민아	아린	종현	민재	소영	가은

① 조사한 자료를 기준을 정하여 분류합니다.

학생들이 좋아하는 운동별 학생 수

운동	수영	야구	태권도	줄넘기	합계
학생 수 (명)	~~////~~	~~////~~	~~////~~	~~////~~	
	4	2	3	3	12

② 산가지(~~////~~)의 표시 방법을 이용하여 셉니다.

③ 분류한 수를 세어 수로 씁니다.

예제 ❶ 조사한 전체 학생은 □ 명입니다.

❷ 그래프로 나타내기

좋아하는 운동별 학생 수만큼 ○, ×, /를 이용하여 나타냅니다.

학생들이 좋아하는 운동별 학생 수

4	○			
3	○		○	○
2	○	○	○	○
1	○	○	○	○
학생 수(명) / 운동	수영	야구	태권도	줄넘기

아래에서 위로 한 칸에 1개씩 빈칸 없이 채웁니다.

예제 ❷ 그래프로 나타낼 때

○, ×, /는 한 칸에 (1개씩 , 2개씩) 표시합니다.

셀파 포인트

• 조사한 자료는 누가 어떤 것을 좋아하는지, 어떤 것을 좋아하는 사람은 누구누구인지 알아보기 편리합니다.

예 형주가 좋아하는 운동은 수영입니다.

예 태권도를 좋아하는 학생은 승우, 정원, 종현입니다.

• 자료를 보고 바로 표로 나타낼 때에는 산가지(~~////~~)나 바를 정(正)자 표시 방법을 이용하여 자료를 빠뜨리지 않고 셉니다.

순서: 一 丁 下 止 正

• 그래프를 가로로 나타낼 수도 있습니다.

학생들이 좋아하는 운동별 학생 수

줄넘기	○	○	○	
태권도	○	○	○	
야구	○	○		
수영	○	○	○	○
운동 / 학생 수(명)	1	2	3	4

왼쪽에서 오른쪽으로 빈칸 없이 채웁니다.

예제 정답

❶ 12

❷ 1개씩에 ○표

개념 확인 1 자료를 보고 표로 나타내기

1-1 재범이네 모둠 학생들이 좋아하는 과일을 보고 학생들의 이름을 쓰시오.

1-2 선경이네 모둠 학생들이 좋아하는 음식을 조사한 자료를 보고 표를 완성하시오.

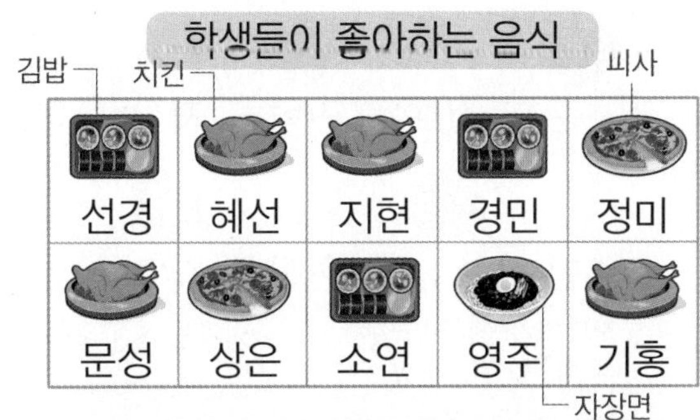

학생들이 좋아하는 음식별 학생 수

음식	김밥	치킨	피자	자장면	합계
학생 수(명)	3			1	10

개념 확인 2 그래프로 나타내기

2-1 위 1-2의 표를 보고 그래프로 나타내시오.

학생들이 좋아하는 음식별 학생 수

5				
4				
3	○			
2	○			
1	○			○
학생 수(명) / 음식	김밥	치킨	피자	자장면

2-2 위 1-2의 표를 보고 그래프로 나타내시오.

학생들이 좋아하는 음식별 학생 수

자장면					
피자	×	×			
치킨	×	×	×	×	
김밥					
음식 / 학생 수(명)	1	2	3	4	5

유형 탐구 (1)

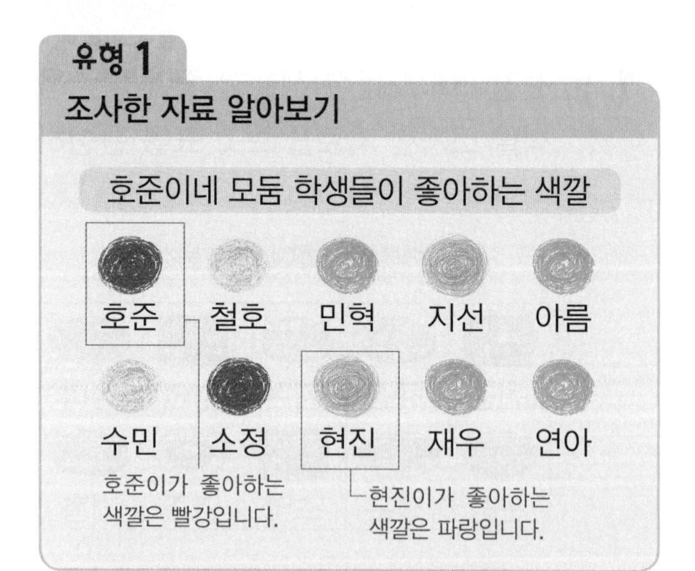

❖ 유정이네 반 학생들이 좋아하는 음식을 알아보았습니다. 물음에 답하시오. (1~2)

유정이네 반 학생들이 좋아하는 음식

(피자, 치킨, 햄버거, 떡볶이)

피자	치킨	치킨	햄버거	피자
유정	채아	소영	한별	홍주
떡볶이	떡볶이	피자	햄버거	햄버거
주아	상범	우빈	혜민	영서
치킨	피자	햄버거	떡볶이	피자
한주	효진	진우	재석	현경

1 교과서 유형

치킨을 좋아하는 학생을 모두 찾아 쓰시오.

( )

2

햄버거를 좋아하는 학생은 몇 명입니까?

( )

❖ 규형이네 반 학생들이 좋아하는 장난감을 알아보았습니다. 물음에 답하시오. (3~6)

규형이네 반 학생들이 좋아하는 장난감

(블록, 게임기, 로봇, 인형)

블록	게임기	블록	로봇	로봇	블록
규형	아선	미연	상현	유진	원준
블록	인형	게임기	인형	인형	인형
현철	소정	동윤	선우	지훈	상은
로봇	인형	로봇	게임기	인형	게임기
수철	창민	강희	지선	성호	희정

3

게임기를 좋아하는 학생을 모두 찾아 쓰시오.

( )

4 익힘책 유형

게임기를 좋아하는 학생은 몇 명입니까?

( )

5

인형을 좋아하는 학생을 모두 찾아 쓰시오.

( )

6

인형을 좋아하는 학생은 몇 명입니까?

( )

유형 2

자료를 보고 표로 나타내기

조사한 자료를 기준을 정하여 분류한 다음

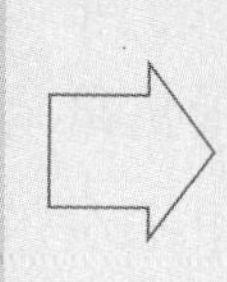

분류한 수를 세어 표에 씁니다.

❖ **윤아네 반 학생들이 좋아하는 곤충을 알아보았습니다. 물음에 답하시오. (7~10)**

윤아네 반 학생들이 좋아하는 곤충

매미 나비 잠자리 장수풍뎅이

윤아	채은	현서	진우
정혁	규민	서영	은지
동빈	소윤	민우	민지
현아	지은	태형	민경

7 교과서 유형

윤아네 반 학생들이 좋아하는 곤충을 보고 학생들의 이름을 쓰시오.

윤아네 반 학생들이 좋아하는 곤충

매미

윤아, 서영, 은지, 현아

나비

잠자리

장수풍뎅이

8

잠자리를 좋아하는 학생은 몇 명입니까?

( )

9

학생들이 좋아하는 곤충을 표로 나타내시오.

윤아네 반 학생들이 좋아하는 곤충별 학생 수

곤충	매미	나비	잠자리	장수풍뎅이	합계
학생 수(명)					

10

조사한 학생은 모두 몇 명입니까?

( )

11 익힘책 유형 창의·융합

리듬을 보고 표로 나타내시오.

음표 수

음표	♪	♩	𝅗𝅥	합계
음표 수(개)	~~////~~ ~~////~~	~~////~~ ~~////~~	~~////~~ ~~////~~	

5 표와 그래프

12
범신이네 반 학생들이 좋아하는 꽃을 표로 나타내시오.

범신이네 반 학생들이 좋아하는 꽃

범신 (장미)	경석 (국화)	하진	혜주 (백합)	주혁
상진	윤서	미화	진수 (튤립)	창희
태경	도준	호민	연지	정연

범신이네 반 학생들이 좋아하는 꽃별 학생 수

꽃	장미	국화	백합	튤립	합계
학생 수 (명)	~~////~~	~~////~~	~~////~~	~~////~~	

13 익힘책 유형 창의·융합
모양을 만드는 데 사용한 조각을 표로 나타내시오.

사용한 조각 수

조각	△	▱	⏢	⬡	합계
조각 수(개)					

14 서술형
위 **13**과 같이 표로 나타냈을 때 좋은 점을 쓰시오.

유형 3
표로 나타낼 때 주의할 점

- 분류하여 수를 셀 때 중복하여 세거나 빠뜨리고 세지 않도록 주의합니다.
- 표에서의 합계가 조사한 자료의 수의 합과 같은지 확인합니다.

❖ **동수는 가족과 함께 동전 던지기를 한 후 그림 면일 때 ○표, 숫자 면일 때 ×표 하였습니다. 물음에 답하시오. (15~16)**

가족 \ 순서	1	2	3	4	5
동수	○	○	×	×	×
어머니	×	○	○	○	×
아버지	○	○	○	○	○

15
동수는 동전 던지기 결과를 보고 그림 면의 횟수를 두 가지 방법으로 세었습니다. 바르게 센 것을 찾아 기호를 쓰시오.

㉠

가족	동수	어머니	아버지
횟수	//	///	////

㉡

가족	동수	어머니	아버지
횟수	丅	下	正

( )

16
그림 면이 나온 횟수를 세어 표로 나타내시오.

그림 면이 나온 횟수

가족	동수	어머니	아버지	합계
횟수(번)				

유형 4

자료를 조사하여 표로 나타내기

• 자료를 조사하는 방법
① 한 사람씩 말합니다.
② 종이에 적어 모읍니다.
③ 손을 들어 그 수를 셉니다. 등

❖ 상엽이네 반 학생들이 좋아하는 계절을 조사하려고 합니다. 물음에 답하시오. (17~18)

17 교과서 유형

상엽이네 반 학생들이 좋아하는 계절을 한 사람씩 말했습니다. 계절별로 좋아하는 학생 수를 세어 표로 나타내시오.

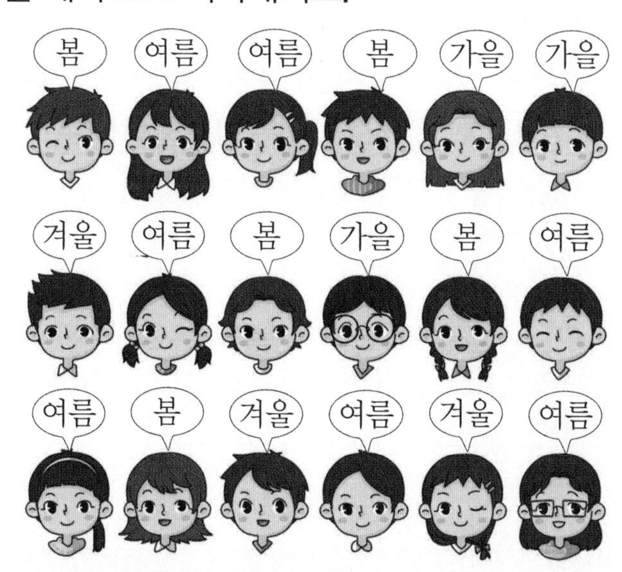

상엽이네 반 학생들이 좋아하는 계절별 학생 수

계절	봄	여름	가을	겨울	합계
학생 수(명)					

18 서술형

상엽이네 반 학생들이 좋아하는 계절별로 손을 들어 그 수를 세었습니다. 이와 같은 방법으로 조사했을 때 좋은 점을 쓰시오.

19 교과서 유형

민아네 반 학생들이 좋아하는 반려동물을 종이에 적어서 칠판에 붙였습니다. 조사한 자료를 표로 나타내시오.

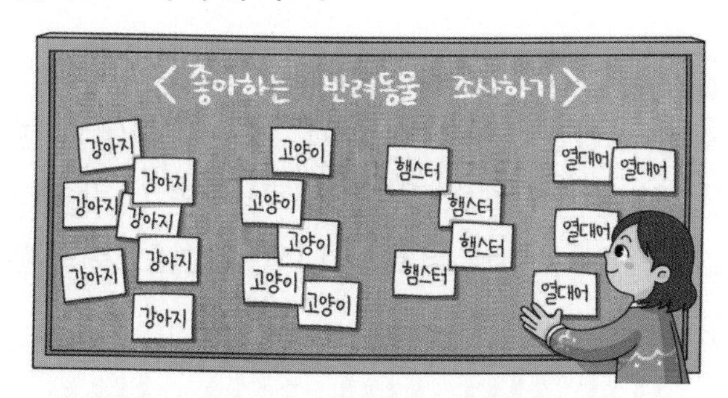

민아네 반 학생들이 좋아하는 반려동물별 학생 수

반려동물	강아지	고양이	햄스터	열대어	합계
학생 수(명)					

5 표와 그래프

20 익힘책 유형 창의·융합

자료를 조사하여 표로 나타내는 순서를 기호로 쓰시오.

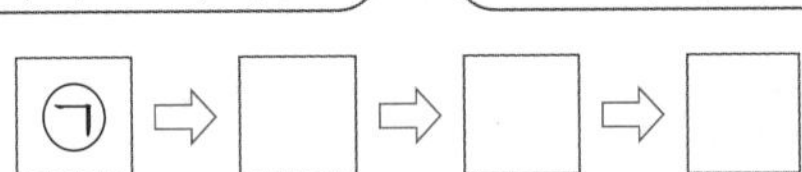

21

윷을 10번 던져서 '도'가 1번, '개'가 4번, '걸'이 2번, '윷'이 2번, '모'가 1번 나왔습니다. 윷을 10번 던져서 나온 결과의 횟수를 표로 나타내시오.

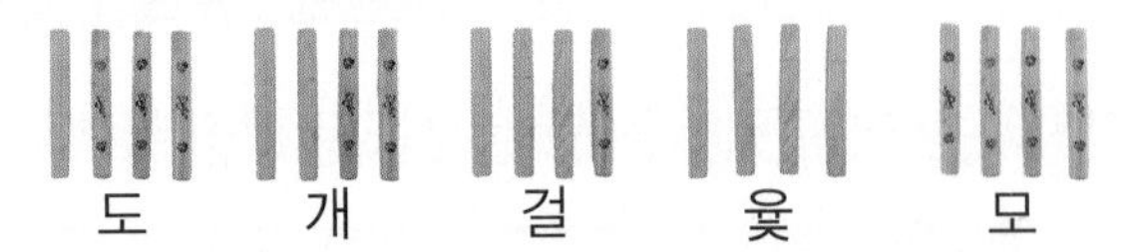

윷을 던져서 나온 결과의 횟수

결과		합계
횟수(번)		10

유형 5

그래프로 나타내기

• 그래프를 그리는 순서

가로와 세로에 무엇을 나타낼지 정합니다. ⇨ 가로와 세로를 각각 몇 칸으로 나눌지 정합니다.

⇨ ○, ×, /를 이용하여 그래프로 나타냅니다. ⇨ 그래프의 제목을 씁니다.

❖ **한솔이네 반 학생들이 겨울 방학에 가 보고 싶은 장소를 조사하여 표로 나타내었습니다. 물음에 답하시오. (22~23)**

겨울 방학에 가 보고 싶은 장소별 학생 수

장소	박물관	영화관	스키장	놀이공원	유적지	합계
학생 수(명)	3	4	7	4	2	20

22 교과서 유형

표를 보고 ○를 이용하여 그래프로 나타내시오.

겨울 방학에 가 보고 싶은 장소별 학생 수

7					
6					
5					
4					
3	○				
2	○				
1	○				
학생 수(명) / 장소	박물관	영화관	스키장	놀이공원	유적지

23

○, ×, / 중 하나를 이용하여 그래프로 나타내시오.

겨울 방학에 가 보고 싶은 장소별 학생 수

유적지 놀이공원							
스키장							
영화관							
박물관							
장소 / 학생 수(명)	1	2	3	4	5	6	7

24 교과서 유형

해설집 65쪽 문제 분석

환희네 반 학생들이 좋아하는 과일을 조사하여 표로 나타내었습니다. 표를 보고 ×를 이용하여 그래프로 나타내시오.

환희네 반 학생들이 좋아하는 과일별 학생 수

과일	배	귤	바나나	자두	감	합계
학생 수(명)	6	4	7	3	5	25

환희네 반 학생들이 좋아하는 과일별 학생 수

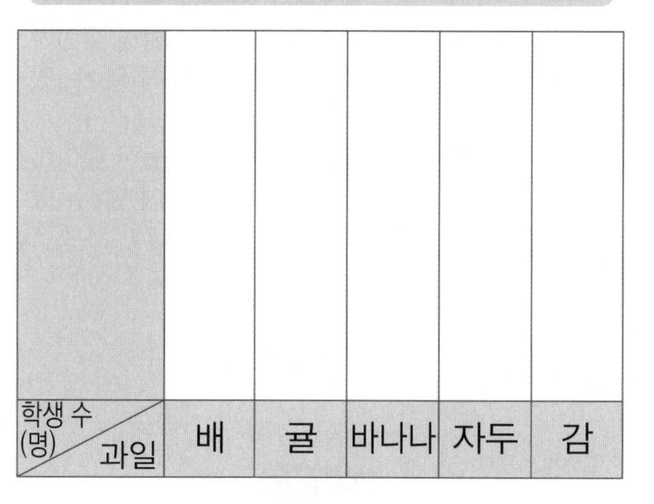

유형 6 그래프로 나타낼 때 주의할 점

- 각 항목의 수를 나타낼 수 있도록 칸 수를 정해야 합니다.
- ○, ×, /는 한 칸에 1개씩 빈칸 없이 채웁니다.

❖ 다음 표를 보고 그래프로 나타내려고 합니다. 물음에 답하시오. (25~26)

정원이네 반 학생들이 좋아하는 운동별 학생 수

운동	축구	농구	야구	합계
학생 수(명)	3	2	6	11

25 익힘책 유형 서술형

그래프를 완성할 수 없는 이유를 쓰시오.

정원이네 반 학생들이 좋아하는 운동별 학생 수

3			
2			
1	○		
학생 수(명) / 운동	축구	농구	야구

26 서술형

그래프에서 잘못된 점을 설명하시오.

정원이네 반 학생들이 좋아하는 운동별 학생 수

야구	/	/	/	/	/	/
농구		/	/			
축구	/	/	/			
운동 / 학생 수(명)	1	2	3	4	5	6

핵심 개념 (2)

만화로 개념 쏙!

❸ 표와 그래프의 내용 알아보기, 표와 그래프로 나타내기

자료

승기네 반 학생들이 좋아하는 과일

이름	과일	이름	과일	이름	과일	이름	과일
승기	사과	윤주	포도	충석	바나나	경진	포도
민정	포도	영철	사과	성연	복숭아	주성	포도
정현	복숭아	태희	복숭아	하윤	사과	상원	바나나

표

승기네 반 학생들이 좋아하는 과일별 학생 수

과일	사과	포도	복숭아	바나나	합계
학생 수(명)	3	4	3	2	12

⇨ 사과를 좋아하는 학생은 3명입니다.
조사한 전체 학생은 12명입니다.

그래프

승기네 반 학생들이 좋아하는 과일별 학생 수

4		○		
3	○	○	○	
2	○	○	○	○
1	○	○	○	○
학생 수(명) / 과일	사과	포도	복숭아	바나나

⇨ 가장 많은 학생들이 좋아하는 과일은 포도입니다.
가장 적은 학생들이 좋아하는 과일은 바나나입니다.

예제 ❶ 가장 많은 학생들이 좋아하는 과일을 한눈에 알아보기에 편리한 것은 (자료 , 표 , 그래프)입니다.

셀파 포인트

• **자료로 나타냈을 때 편리한 점**
누가 어떤 과일을 좋아하는지 알 수 있습니다.
예 승기는 사과를 좋아합니다.

• **표로 나타냈을 때 편리한 점**
① 과일별 좋아하는 학생 수를 쉽게 알 수 있습니다.
② 전체 학생 수를 쉽게 알 수 있습니다.

• **그래프로 나타냈을 때 편리한 점**
① 가장 많은 학생들이 좋아하는 과일을 한눈에 알 수 있습니다.
② 가장 적은 학생들이 좋아하는 과일을 한눈에 알 수 있습니다.

예제 정답
❶ 그래프에 ○표

개념 확인 3 표와 그래프의 내용 알아보기, 표와 그래프로 나타내기

3-1 관일이네 모둠 학생들이 좋아하는 음료수를 조사한 자료입니다. 물음에 답하시오.

학생들이 좋아하는 음료수

(주스, 콜라, 우유, 사이다)

관일 (주스)	혜민 (콜라)	형신 (우유)	지운 (사이다)	태희 (주스)
유진 (주스)	재영 (사이다)	서현 (주스)	민우 (콜라)	지윤 (콜라)

(1) 관일이네 모둠 학생들이 좋아하는 음료수를 모두 쓰시오.

( )

(2) 조사한 자료를 보고 표로 나타내시오.

학생들이 좋아하는 음료수별 학생 수

음료수	주스	콜라	우유	사이다	합계
학생 수 (명)	4		1	2	

(3) 위 (2)의 표를 보고 그래프로 나타내시오.

학생들이 좋아하는 음료수별 학생 수

4	○			
3	○			
2	○			○
1	○		○	○
학생 수 (명) / 음료수	주스	콜라	우유	사이다

3-2 윤석이네 반 학생들이 살고 있는 마을 이름을 조사한 자료입니다. 물음에 답하시오.

윤석이네 반 학생들이 살고 있는 마을

이름	마을	이름	마을	이름	마을
윤석	해	미진	별	민성	달
경미	달	충석	달	소윤	별
현주	별	아현	달	윤미	해
영애	달	윤호	꽃	호현	별

(1) 조사한 자료를 보고 표로 나타내시오.

윤석이네 반 학생들이 살고 있는 마을별 학생 수

마을	해	달	별	꽃	합계
학생 수 (명)		5	4		12

(2) 위 (1)의 표를 보고 그래프로 나타내시오.

윤석이네 반 학생들이 살고 있는 마을별 학생 수

5		○		
4		○		
3		○		
2		○		
1		○		○
학생 수 (명) / 마을	해	달	별	꽃

(3) 가장 많은 학생들이 살고 있는 마을은 어느 마을입니까?

( )

유형 탐구 (2)

유형 7
표의 내용 알아보기 비풀

가고 싶은 나라별 학생 수

나라	영국	일본	중국	미국	합계
학생 수(명)	3	2	5	2	12

① 영국에 가고 싶은 학생: 3명
② 조사한 학생: 12명
③ 가장 많은 학생들이 가고 싶은 나라: 중국

❖ **민우의 책가방에 들어 있는 학용품을 조사하여 나타낸 표입니다. 물음에 답하시오. (1~3)**

학용품의 종류별 수

학용품	공책	연필	지우개	색연필	합계
수	4	5	3	2	14

1 교과서 유형
공책은 몇 권입니까?
( )

2 익힘책 유형
학용품의 종류는 몇 가지입니까?
( )

3
가장 많은 학용품은 무엇입니까?
( )

❖ **민주네 학년 모든 반에서 독서 퀴즈 대회 예선을 통과한 학생을 조사하여 나타낸 표입니다. 물음에 답하시오. (4~5)**

반별 독서 퀴즈 대회 예선을 통과한 학생 수

반	1	2	3	4	5	6	합계
학생 수(명)	4	1	3	2	6	5	

4
민주네 학년은 반이 모두 몇 개입니까?
( )

5
민주네 학년에서 독서 퀴즈 대회 예선을 통과한 학생은 모두 몇 명입니까?
( )

6 해설집 66쪽 문제 분석
소현이네 반 학생들의 혈액형을 조사하여 나타낸 표입니다. 빈칸에 알맞은 수를 써넣으시오.

소현이네 반 학생들의 혈액형별 학생 수

혈액형	A형	B형	O형	AB형	합계
학생 수(명)		5	2	3	16

❖ 준서네 반과 은지네 반 학생들이 가 보고 싶은 체험 학습 장소를 조사하여 나타낸 표입니다. 물음에 답하시오. (7~9)

준서네 반 학생들이 가 보고 싶은 체험 학습 장소별 학생 수

장소	과학관	놀이공원	수영장	박물관	합계
학생 수(명)	8	5	6	3	22

은지네 반 학생들이 가 보고 싶은 체험 학습 장소별 학생 수

장소	고궁	놀이공원	수영장	박물관	합계
학생 수(명)	4	8	7	5	24

7 교과서 유형

준서네 반에서 가장 많은 학생들이 가 보고 싶은 장소는 어디입니까?

( )

8 교과서 유형

은지네 반에서 가장 많은 학생들이 가 보고 싶은 장소는 어디입니까?

( )

9 서술형

준서네 반과 은지네 반 학생들이 가 보고 싶은 체험 학습 장소별 학생 수를 비교해서 1가지 쓰시오.

유형 8

그래프의 내용 알아보기

어른이 되어서 하고 싶은 일별 학생 수

4		○	
3	○	○	
2	○	○	
1	○	○	○
학생 수(명) / 하고 싶은 일	화가	과학자	의사

가장 많은 학생들이 하고 싶은 일: 과학자

가장 적은 학생들이 하고 싶은 일: 의사

❖ 창현이네 반 학생들이 좋아하는 운동을 조사하여 나타낸 그래프입니다. 물음에 답하시오. (10~11)

좋아하는 운동별 학생 수

5				○
4	○			○
3	○		○	○
2	○		○	○
1	○	○	○	○
학생 수(명) / 운동	축구	야구	농구	피구

10

가장 많은 학생들이 좋아하는 운동은 무엇입니까?

( )

11

가장 적은 학생이 좋아하는 운동은 무엇입니까?

( )

5 표와 그래프

❖ **민우네 모둠 학생들이 1주일 동안 읽은 책 수를 조사하여 나타낸 그래프입니다. 물음에 답하시오. (12~16)**

민우네 모둠 학생들이 1주일 동안 읽은 책 수

6		○			
5		○		○	
4	○	○		○	
3	○	○	○	○	
2	○	○	○	○	○
1	○	○	○	○	○
책 수(권) / 이름	민우	하경	도형	희수	태희

12 교과서 유형

민우네 모둠 학생들은 모두 몇 명입니까?

( )

13

하경이는 도형이보다 책을 몇 권 더 많이 읽었습니까?

( )

14 익힘책 유형

책을 많이 읽은 사람부터 차례로 쓰시오.

( )

15

책을 4권보다 많이 읽은 학생을 모두 쓰시오.

( )

16 서술형

희수보다 책을 더 적게 읽은 학생은 몇 명인지 풀이 과정을 쓰고 답을 구하시오.

[풀이]

[답]

17 해설집 67쪽 문제 분석

민경이네 반 학생들이 좋아하는 동물을 조사하여 나타낸 그래프입니다. 민경이네 반 학생이 17명일 때 거북을 좋아하는 학생 수를 구하여 그래프를 완성하시오.

민경이네 반 학생들이 좋아하는 동물별 학생 수

햄스터	/	/	/	/	/
이구아나	/	/			
거북					
고양이	/	/	/		
강아지	/	/	/	/	
동물 / 학생 수(명)	1	2	3	4	5

유형 9 자료, 표, 그래프의 편리한 점

개념 동영상

자료	누가 어떤 것을 좋아하는지 알 수 있습니다.
표	자료별 수나 자료의 전체 수를 쉽게 알 수 있습니다.
그래프	가장 많은 것과 가장 적은 것을 한눈에 알 수 있습니다.

❖ **병주네 반 학생들이 필요한 학용품을 조사하여 표와 그래프로 나타낸 것입니다. 물음에 답하시오. (18~20)**

병주네 반 학생들이 필요한 학용품

자료 (지우개, 자, 테이프, 풀)

병주 (지우개)	민경 (자)	보라 (테이프)	상범 (지우개)
동호 (테이프)	소연 (자)	지후 (풀)	유미 (풀)
인영 (지우개)	성민 (풀)	규리 (자)	세원 (풀)

병주네 반 학생들이 필요한 학용품별 학생 수

표

학용품	지우개	자	테이프	풀	합계
학생 수 (명)	3	3	2	4	12

병주네 반 학생들이 필요한 학용품별 학생 수

그래프

4				○
3	○	○		○
2	○	○	○	○
1	○	○	○	○
학생 수 (명) / 학용품	지우개	자	테이프	풀

18
병주네 반 학생들이 필요한 학용품별 학생 수를 쉽게 알 수 있는 것은 자료와 표 중 어느 것입니까?

( )

19
가장 많은 학생들이 필요한 학용품을 한눈에 알 수 있는 것은 표와 그래프 중 어느 것입니까?

( )

20 익힘책 유형
다음을 알아보는 데 편리한 것을 찾아 선으로 이어 보시오.

병주가 필요한 학용품 • • 자료

가장 적은 학생들이 필요한 학용품 • • 표

병주네 반 전체 학생 수 • • 그래프

5 표와 그래프

❖ 동화네 반 학생들의 혈액형을 조사하여 표와 그래프로 나타내었습니다. 물음에 답하시오. (21~22)

동화네 반 학생들의 혈액형별 학생 수

혈액형	A형	B형	O형	AB형	합계
학생 수 (명)	6	4	5	3	18

동화네 반 학생들의 혈액형별 학생 수

6	○			
5	○		○	
4	○	○	○	
3	○	○	○	○
2	○	○	○	○
1	○	○	○	○
학생 수 (명) / 혈액형	A형	B형	O형	AB형

21

표를 보고 알 수 있는 내용을 모두 골라 기호를 쓰시오.

㉠ 동화의 혈액형을 알 수 있습니다.
㉡ 각 혈액형별 학생 수를 알 수 있습니다.
㉢ 동화네 반 전체 학생 수를 알 수 있습니다.

( )

22 서술형

그래프를 보고 알 수 있는 내용을 2가지 쓰시오.

______

______

유형 10

조사한 자료를 표와 그래프로 나타내기

① 표로 나타내기
항목별로 수를 세어 표에 씁니다.
② 그래프로 나타내기
항목별 수만큼 ○, ×, / 중 한 가지를 선택하여 그래프로 나타냅니다.

23 교과서 유형

진영이네 반 학생들이 좋아하는 사탕을 조사한 것입니다. 표와 그래프로 나타내시오.

진영이네 반 학생들이 좋아하는 사탕

(오렌지 맛, 딸기 맛, 사과 맛, 포도 맛)

진영	상윤	혜영	성화	선아
주원	시연	석준	보경	도현
우진	해찬	윤성	정연	하원

진영이네 반 학생들이 좋아하는 사탕별 학생 수

사탕	오렌지 맛	딸기 맛	사과 맛	포도 맛	합계
학생 수 (명)					

진영이네 반 학생들이 좋아하는 사탕별 학생 수

6				
5				
4				
3				
2				
1	○			
학생 수 (명) / 사탕	오렌지 맛	딸기 맛	사과 맛	포도 맛

❖ 은경이네 반 학생들이 즐겨 보는 TV프로그램을 조사했습니다. 물음에 답하시오. (24~25)

즐겨 보는 TV프로그램

이름	TV 프로그램	이름	TV 프로그램
은경	예능	영우	음악
수정	음악	혁수	드라마
미라	예능	예찬	예능
우진	뉴스	유빈	뉴스
규형	예능	나연	음악
성모	드라마	채은	예능
재석	드라마	준성	음악

24
자료를 보고 표로 나타내시오.

TV프로그램		합계
학생 수(명)		

25
표를 보고 ×를 이용하여 그래프로 나타내시오.

TV프로그램 / 학생 수(명)	

26 익힘책 유형
어느 해 1월의 날씨를 조사한 것입니다. 자료를 보고 표와 그래프로 나타내시오.

1월

일	월	화	수	목	금	토
				1 맑음	2 맑음	3 흐림
4 눈	5 맑음	6 맑음	7 흐림	8 흐림	9 비	10 눈
11 흐림	12 흐림	13 눈	14 맑음	15 맑음	16 흐림	17 눈
18 맑음	19 눈	20 맑음	21 비	22 눈	23 흐림	24 맑음
25 맑음	26 맑음	27 흐림	28 흐림	29 흐림	30 비	31 맑음

맑음 흐림 비 눈

		합계
날수(일)		

날수(일) /	

5 표와 그래프

창의·융합

(1~2) 우빈이네 반 학생들이 '영어 교육을 시작한 시기'와 '영어 공부를 하는 이유'에 붙임딱지를 붙였습니다. 조사한 자료를 보고 표로 나타내시오.

1

영어 교육을 시작한 시기

시작하지 않음 / 6살 전 / 6살부터 7살까지 / 7살 후

영어 교육을 시작한 시기별 학생 수

시기	시작하지 않음	6살 전	6살부터 7살까지	7살 후	합계
학생 수 (명)					

2

영어 공부를 하는 이유

외국인과 말하기 위해 / 학교 성적 때문에 / 좋은 직업을 얻으려고 / 부모님이 하라고 해서

영어 공부를 하는 이유별 학생 수

이유	외국인과 말하기 위해	학교 성적 때문에	좋은 직업을 얻으려고	부모님이 하라고 해서	합계
학생 수 (명)					

(3~4) 민아네 반 여학생과 남학생이 좋아하는 과목을 조사하여 나타낸 표입니다.

민아네 반 학생들이 좋아하는 과목별 학생 수

과목	국어	수학	바른생활	즐거운생활	합계
여학생 수 (명)	5	1	3	4	13
남학생 수 (명)	3	4	3	2	12
합계	8	5	6	6	25

국어를 좋아하는 학생 수: 5+3=8(명)

전체 학생 수 : 13+12=25(명)

다음 주어진 표의 빈칸에 알맞은 수를 써넣으시오.

3 채린이네 반 학생들이 좋아하는 음식별 학생 수

음식	피자	라면	치킨	햄버거	합계
여학생 수 (명)	4	2	2	3	11
남학생 수 (명)	2	5	4	3	14
합계					

4 영준이네 반 학생들이 좋아하는 곤충별 학생 수

곤충	나비	메뚜기	잠자리	매미	합계
남학생 수 (명)	3	4	2	3	
여학생 수 (명)	5	3	1	1	
합계					

(5~6) 재석이가 집안일을 한 번 할 때마다 붙임딱지를 1장씩 붙였습니다. 일주일 동안 집안일을 다음과 같이 했을 때, 자료를 보고 표와 그래프로 나타내시오.

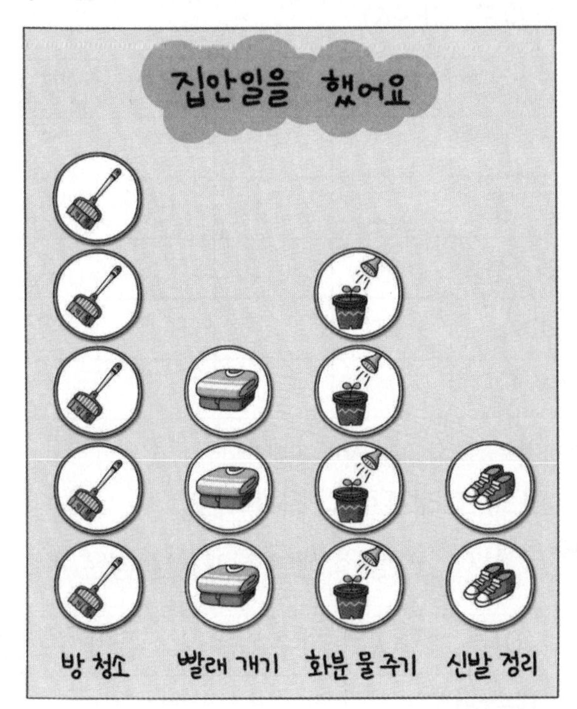

5 재석이가 일주일 동안 집안일을 한 횟수

집안일	방 청소	빨래 개기	화분 물 주기	신발 정리
횟수(번)	5			

6 재석이가 일주일 동안 집안일을 한 횟수

신발 정리					
화분 물 주기					
빨래 개기					
방 청소	○	○	○	○	○
집안일 / 횟수(번)	1	2	3	4	5

(7~8) 다음 젤리를 보고 표와 그래프로 나타내시오.

7 색깔별 젤리 수

색깔	노랑	빨강	초록	보라	합계
젤리 수(개)					

색깔별 젤리 수

5				
4				
3				
2				
1	×			
젤리 수(개) / 색깔	노랑	빨강	초록	보라

8 모양별 젤리 수

모양	문어	꽃게	거북	고래	합계
젤리 수(개)					

모양별 젤리 수

고래						
거북						
꽃게						
문어	/					
모양 / 젤리 수(개)	1	2	3	4	5	6

5 표와 그래프

표의 내용 알아보기 해설집 70쪽 문제 분석

1 연아네 반 학생들이 좋아하는 아이스크림을 조사하여 나타낸 표입니다. 딸기 아이스크림을 좋아하는 학생은 몇 명입니까?

유사 동영상

좋아하는 아이스크림별 학생 수

종류	딸기	초콜릿	녹차	바닐라	합계
학생 수(명)		8	3	4	25

(　　　　　　　)

표의 내용 알아보기

2 밑줄 친 신문 기사의 내용 중에서 잘못된 부분을 찾아 기호를 쓰시오.

유사 동영상

○○초등학교 ☆☆반 학생들이 10월 한 달 동안 읽은 책 수를 조사하여 표로 나타내었습니다.

한 달 동안 읽은 책 수별 학생 수

책 수	0권	1권	3권	4권	합계
학생 수(명)	10	8	5	7	30

㉠☆☆반 학생 30명을 조사해 보았더니 ㉡책을 읽지 않은 학생이 7명이나 되었습니다.
또한 ㉢책을 가장 많이 읽은 학생도 4권밖에 읽지 않아 독서량이 많이 부족한 것으로 나타났습니다.

(　　　　　　　)

❖ 현지네 모둠 학생들은 장애물을 5번 넘기 연습을 했습니다. 장애물을 넘으면 ○표, 넘지 못하면 ×표를 하였습니다. 물음에 답하시오. (3~4)

순서 \ 이름	현지	한수	윤아	주민
1	○	×	○	×
2	○	○	○	×
3	○	○	○	○
4	×	×	○	×
5	×	○	○	○

자료를 표와 그래프로 나타내기

3 표와 그래프로 나타내시오.

유사

현지네 모둠 학생별 장애물을 넘은 횟수

이름	현지	한수	윤아	주민	합계
횟수(번)					

현지네 모둠 학생별 장애물을 넘은 횟수

5				
4				
3				
2				
1				
횟수(번) / 이름	현지	한수	윤아	주민

표와 그래프의 내용 알아보기 해설집 71쪽 문제 분석

4 장애물을 가장 많이 넘은 학생과 가장 적게 넘은 학생의 넘은 횟수의 차는 몇 번입니까?

유사

(　　　　　　　)

❖ 윤주네 반 반장 선거의 투표 결과를 나타낸 그래프입니다. 윤주네 반 학생이 22명일 때 물음에 답하시오. (5~7)

후보별 뽑은 학생 수

미혜	○	○	○	○	○		
창용							
강현	○	○	○	○	○	○	
윤주	○	○	○	○			
후보 / 학생 수(명)	1	2	3	4	5	6	7

그래프의 내용 알아보기

5 그래프를 완성하시오.

유사 동영상

그래프의 내용 알아보기

6 뽑은 학생 수가 가장 많은 후보가 반장이 될 때 윤주네 반에서 반장이 될 사람은 누구입니까?

유사

( )

그래프의 내용 알아보기 서술형

7 뽑은 학생 수가 미혜보다 많고 창용이보다 적은 후보는 누구인지 풀이 과정을 쓰고 답을 구하시오.

유사 동영상

[풀이]

[답]

그래프의 내용 알아보기 서술형

8 퀴즈 대회에서 맞힌 문제 수를 조사하여 나타낸 그래프입니다. 문제를 1개 맞힐 때마다 3점씩 얻고 10점이 넘는 학생에게는 상을 줍니다. 상을 받는 학생은 누구누구인지 풀이 과정을 쓰고 답을 구하시오.

유사 동영상

학생별 맞힌 문제 수

5		○		
4		○	○	
3	○	○	○	
2	○	○	○	○
1	○	○	○	○
문제 수(개) / 이름	경미	상수	가은	준용

[풀이]

[답]

표의 내용 알아보기 해설집 72쪽 문제 분석

9 수학 문제를 각각 10개씩 푼 후, 틀린 문제 수를 조사하여 나타낸 표입니다. 각 문제의 점수가 10점씩이라면 70점보다 높은 점수를 받은 학생을 모두 찾아 쓰시오.

유사 동영상

학생별 틀린 문제 수

이름	수현	종신	선진	정원	합계
틀린 문제 수(개)	3	2	6	1	12

( )

5 표와 그래프

단원평가

5. 표와 그래프 1회

점수

❖ **민기네 반 학생들이 좋아하는 책의 종류를 조사한 자료입니다. 물음에 답하시오. (1~8)**

민기네 반 학생들이 좋아하는 책의 종류

이름	책의 종류	이름	책의 종류
민기	만화책	주성	과학책
유리	동화책	다영	만화책
영진	위인전	동현	동화책
민선	동화책	서현	위인전
창선	위인전	영호	동화책
다희	동화책	준호	만화책

1 유리가 좋아하는 책의 종류는 무엇입니까?

( )

2 위인전을 좋아하는 학생을 모두 찾아 쓰시오.

( )

3 조사한 자료를 보고 표로 나타내시오.

민기네 반 학생들이 좋아하는 책의 종류별 학생 수

책의 종류	만화책	동화책	위인전	과학책	합계
학생 수 (명)	~~////~~	~~////~~	~~////~~	~~////~~	

4 민기네 반 학생은 모두 몇 명입니까?

( )

5 ○를 이용하여 그래프로 나타내시오.

민기네 반 학생들이 좋아하는 책의 종류별 학생 수

5				
4				
3				
2				
1				
학생 수(명) / 책의 종류	만화책	동화책	위인전	과학책

6 위 **5**의 그래프에서 가로에 나타낸 것은 무엇입니까?

( )

7 ×를 이용하여 그래프로 나타내시오.

민기네 반 학생들이 좋아하는 책의 종류별 학생 수

과학책					
위인전					
동화책					
만화책					
책의 종류 / 학생 수(명)	1	2	3	4	5

8 위 **7**의 그래프에서 가로에 나타낸 것은 무엇입니까?

( )

❖ 채린이네 반 학생들이 보고 싶은 유적을 조사하여 그래프로 나타낸 것입니다. 물음에 답하시오. (9~11)

채린이네 반 학생들이 보고 싶은 유적별 학생 수

6		○		
5		○		○
4		○		○
3	○	○		○
2	○	○	○	○
1	○	○	○	○
학생 수 (명) / 유적	포석정	첨성대	안압지	석굴암

9 포석정을 보고 싶은 학생은 몇 명입니까?

( )

10 채린이네 반 학생들은 모두 몇 명입니까?

( )

서술형

11 가장 많은 학생들이 보고 싶은 유적과 가장 적은 학생들이 보고 싶은 유적의 학생 수의 차는 몇 명인지 풀이 과정을 쓰고 답을 구하시오.

[풀이]

[답]

창의·융합

❖ 9월부터 12월까지의 날씨 중 비가 온 날을 조사하여 나타낸 그래프입니다. 물음에 답하시오. (12~15)

월별 비 온 날수

6			×	
5	×		×	
4	×	×	×	
3	×	×	×	×
2	×	×	×	×
1	×	×	×	×
비 온 날수 (일) / 월	9월	10월	11월	12월

12 그래프를 보고 표로 나타내시오.

월별 비 온 날수

월	9월	10월	11월	12월	합계
비 온 날수 (일)					

13 비 온 날수가 적은 달부터 차례로 쓰시오.

( )

14 비 온 날수가 9월보다 많은 달은 언제입니까?

( )

서술형

15 위의 그래프를 보고 알 수 있는 내용을 2가지 쓰시오.

5 표와 그래프

▸ 정답은 72쪽에

❖ 예림이네 모둠 학생들이 고리 던지기를 하였습니다. 성공한 것은 ○표, 실패한 것은 ×표를 하였을 때, 물음에 답하시오. (16~18)

이름＼순서	1	2	3	4	5	6
예림	×	×	○	×	×	○
준혁	○	○	×	○	○	○
슬비	○	×	○	○	×	○
지훈	×	○	×	×	○	○

16 학생들은 고리를 각각 몇 번씩 던졌습니까?

( )

17 자료를 보고 고리 던지기에서 성공한 횟수를 표로 나타내시오.

학생별 성공한 횟수

이름	예림	준혁	슬비	지훈	합계
성공한 횟수(번)					

18 학생별 성공한 횟수를 /를 이용하여 그래프로 나타내시오.

학생별 성공한 횟수

5				
4				
3				
2				
1				
성공한 횟수(번)＼이름	예림	준혁	슬비	지훈

❖ 수현이네 반 학생들이 가을 운동회 때 먹고 싶은 도시락을 조사하여 나타낸 표와 그래프입니다. 물음에 답하시오. (19~20)

수현이네 반 학생들이 먹고 싶은 도시락별 학생 수

도시락	김밥	샌드위치	유부초밥	주먹밥	합계
학생 수(명)	5	4	2		15

수현이네 반 학생들이 먹고 싶은 도시락별 학생 수

주먹밥					
유부초밥					
샌드위치					
김밥	○	○	○	○	○
도시락＼학생 수(명)	1	2	3	4	5

19 위의 표와 그래프를 완성하시오.

창의·융합

20 대화를 읽고 잘못 말한 사람은 누구인지 쓰시오.

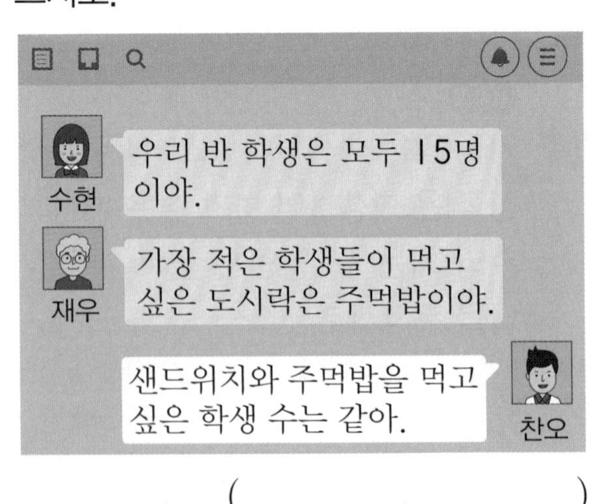

( )

점수

단원평가 5. 표와 그래프 ❷회

❖ 현욱이네 반 학생들이 좋아하는 계절을 조사했습니다. 물음에 답하시오. (1~4)

현욱이네 반 학생들이 좋아하는 계절

이름	계절	이름	계절
현욱	겨울	다정	겨울
도영	여름	은우	봄
규원	봄	재성	여름
민지	봄	나연	가을
승기	가을	은주	봄
소현	여름	경환	겨울

1 도영이가 좋아하는 계절은 무엇입니까?

( )

2 봄을 좋아하는 학생을 모두 찾아 쓰시오.

( )

3 현욱이네 반 학생들이 좋아하는 계절을 표로 나타내시오.

현욱이네 반 학생들이 좋아하는 계절별 학생 수

계절	봄	여름	가을	겨울	합계
학생 수 (명)	//////	//////	//////	//////	

서술형

4 표로 나타내면 좋은 점을 쓰시오.

❖ 소연이네 반 학생들의 혈액형을 조사하여 나타낸 표입니다. 물음에 답하시오. (5~8)

소연이네 반 학생들의 혈액형별 학생 수

혈액형	A형	B형	O형	AB형	합계
학생 수 (명)	6	3	4	5	18

5 표를 보고 그래프로 나타내시오.

소연이네 반 학생들의 혈액형별 학생 수

6				
5				
4				
3				
2				
1	○			
학생 수 (명) / 혈액형	A형	B형	O형	AB형

6 위 **5**의 그래프에서 가로와 세로에 나타낸 것은 각각 무엇입니까?

가로 ( )

세로 ( )

7 학생 수가 많은 혈액형부터 차례로 쓰시오.

( )

서술형

8 그래프로 나타내면 좋은 점을 쓰시오.

5 표와 그래프

❖ 주희네 반 학생들이 1주일 동안 읽은 책 수를 조사하여 표로 나타내었습니다. 물음에 답하시오. (9~11)

1주일 동안 읽은 책 수별 학생 수

책 수	3권	5권	8권	10권	합계
학생 수(명)		8	6	4	23

9 1주일 동안 책을 3권 읽은 학생은 몇 명입니까?

( )

서술형

10 표를 보고 그래프로 나타내려고 합니다. 그래프를 완성할 수 없는 이유를 쓰시오.

1주일 동안 읽은 책 수별 학생 수

10권						
8권						
5권						
3권	×					
책 수 / 학생 수(명)	1	2	3	4	5	6

[이유]

11 표를 보고 ×를 이용하여 그래프로 바르게 나타내시오.

1주일 동안 읽은 책 수별 학생 수

10권	
8권	
5권	
3권	
책 수 / 학생 수(명)	

❖ 예솔이네 반 학생들이 생일에 받고 싶은 선물을 조사한 자료입니다. 물음에 답하시오. (12~14)

생일에 받고 싶은 선물

이름	선물	이름	선물
예솔	신발	새롬	휴대 전화
재석	휴대 전화	유민	게임기
빛나	책	현아	휴대 전화
정균	게임기	해찬	휴대 전화
호영	신발	정화	게임기

12 조사한 자료를 표로 나타내시오.

					합계
학생 수(명)					

13 조사한 자료를 그래프로 나타내시오.

학생 수(명) /	

14 생일에 휴대 전화를 받고 싶은 학생은 신발을 받고 싶은 학생보다 몇 명 더 많습니까?

( )

창의·융합

❖ **수지네 반과 민호네 반의 요일별 지각생 수를 조사하여 표로 나타내었습니다. 물음에 답하시오. (15~18)**

수지네 반의 요일별 지각생 수

요일	월	화	수	목	금	합계
학생 수(명)	2	1	3	0	2	8

민호네 반의 요일별 지각생 수

요일	월	화	수	목	금	합계
학생 수(명)	3	1	2	4	5	15

15 수지네 반에서 수요일과 금요일의 지각생 수의 차는 몇 명입니까?

( )

16 민호네 반에서 지각생 수가 많은 요일부터 차례로 쓰시오.

( )

17 수지네 반과 민호네 반의 지각생 수가 같은 요일은 언제입니까?

( )

18 수지네 반 지각생 수가 민호네 반 지각생 수보다 많은 요일을 찾아 쓰시오.

( )

19 2학년 각 반의 안경을 쓴 학생과 쓰지 않은 학생을 조사하여 나타낸 표입니다. 2반 학생이 19명일 때, 빈칸에 알맞은 수를 써넣으시오.

반별 안경을 쓴 학생과 쓰지 않은 학생 수

반	1	2	3	4	5	합계
안경을 쓴 학생 수(명)		9	5	13	7	45
안경을 쓰지 않은 학생 수(명)	10		13	8	13	

20 예진이네 반 학생들의 줄넘기 급수를 조사하여 나타낸 표입니다. 3급이 5급보다 1명 더 많을 때, 빈칸에 알맞은 수를 써넣으시오.

줄넘기 급수별 학생 수

급수	1급	2급	3급	4급	5급	합계
학생 수(명)	3	5		9		32

5단원이 끝났습니다. QR 코드를 찍으면 재미있는 게임을 할 수 있어요.

5 표와 그래프

6 규칙 찾기

QR 코드를 찍어 보세요.
재미있는 학습 게임을
할 수 있어요.

학습 게임

제 6 화 자화상을 남긴 빈센트 반 고흐

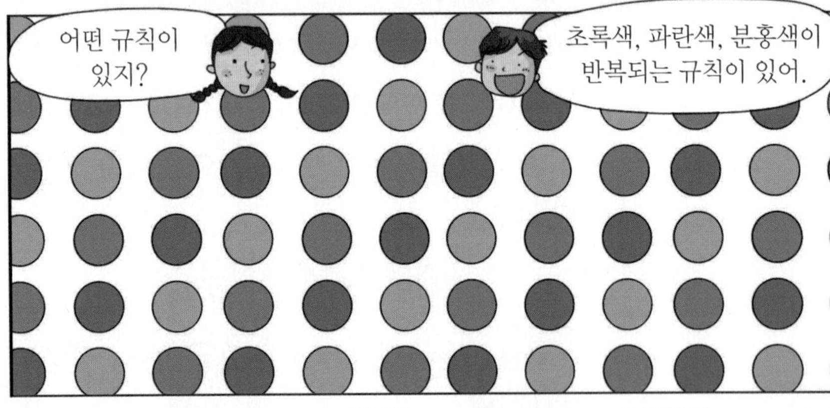

이미 배운 내용	이번에 배울 내용	앞으로 배울 내용
[1-2 시계 보기와 규칙 찾기] • 시계에서 규칙 찾기 • 규칙에 따라 무늬 꾸미기 • 수 배열표에서 규칙 찾기	• 덧셈표에서 규칙 찾기 • 곱셈표에서 규칙 찾기 • 무늬에서 규칙 찾기 • 쌓은 모양에서 규칙 찾기 • 생활에서 규칙 찾기	[4-1 규칙 찾기] • 변화 규칙 찾기 • 규칙을 수로 나타내기 • 규칙을 식으로 나타내기

핵심 개념 (1)

만화로 개념 쏙!

오른쪽으로 갈수록, 아래쪽으로 내려갈수록 1씩 커져.

+	0	1	2
0	0	1	2
1	1	2	3
2	2	3	4

❶ 덧셈표에서 규칙 찾기

+	0	1	2	3	4	5
0	0	1	2	3	4	5
1	1	2	3	4	5	6
2	2	3	4	5	6	7
3	3	4	5	6	7	8
4	4	5	6	7	8	9
5	5	6	★	8	9	10

- 파란색으로 칠해진 수의 규칙: 아래쪽으로 내려갈수록 1씩 커지는 규칙이 있습니다.
- 빨간색으로 칠해진 수의 규칙: 오른쪽으로 갈수록 1씩 커지는 규칙이 있습니다.
- 초록색 점선에 놓인 수의 규칙: ↘ 방향으로 갈수록 2씩 커지는 규칙이 있습니다.

예제 ❶ 위 덧셈표에서 ★에 알맞은 수는 ☐ 입니다.

❷ 곱셈표에서 규칙 찾기

×	1	2	3	4	5	6
1	1	2	3	4	5	6
2	2	4	6	8	10	12
3	3	6	9	♥	15	18
4	4	8	12	16	20	24
5	5	10	15	20	25	30
6	6	12	18	24	30	36

- 파란색으로 칠해진 수의 규칙: 아래쪽으로 내려갈수록 5씩 커지는 규칙이 있습니다.
- 빨간색으로 칠해진 수의 규칙: 오른쪽으로 갈수록 2씩 커지는 규칙이 있습니다.
- 초록색 점선에 놓인 수의 규칙: ↘ 방향으로 갈수록 일정한 규칙으로 수가 커집니다.

예제 ❷ 위 곱셈표에서 ♥에 알맞은 수는 ☐ 입니다.

셀파 포인트

- 파란색으로 칠해진 수에는 위쪽으로 올라갈수록 1씩 작아지는 규칙이 있다고 할 수 있습니다.
- 빨간색으로 칠해진 수에는 왼쪽으로 갈수록 1씩 작아지는 규칙이 있다고 할 수 있습니다.
- 파란색으로 칠해진 수는 5의 단 곱셈구구의 곱입니다.
- 빨간색으로 칠해진 수는 2의 단 곱셈구구의 곱입니다.

1, 4, 9, 16, 25, 36은 3, 5, 7, 9, 11이 커집니다.

예제 정답
❶ 7 ❷ 12

개념 확인 1 덧셈표에서 규칙 찾기

1-1 덧셈표를 보고 알맞은 수에 ○표 하시오.

+	1	3	5	7	9
1	2	4	6	8	10
3	4	6	8	10	12
5	6	8	10	12	14
7	8	10	12	14	16
9	10	12	14	16	18

파란색으로 칠해진 수에는 아래쪽으로 내려갈수록 (1 , 2)씩 커지는 규칙이 있습니다.

1-2 왼쪽 **1-1**의 덧셈표를 보고 □ 안에 알맞은 수를 써넣으시오.

(1) 빨간색으로 칠해진 수에는 오른쪽으로 갈수록 □씩 커지는 규칙이 있습니다.

(2) 초록색 점선에 놓인 수에는 ↘ 방향으로 갈수록 □씩 커지는 규칙이 있습니다.

개념 확인 2 곱셈표에서 규칙 찾기

2-1 곱셈표를 보고 알맞은 말에 ○표 하시오.

×	1	2	3	4	5
1	1	2	3	4	5
2	2	4	6	8	10
3	3	6	9	12	15
4	4	8	12	16	20
5	5	10	15	20	25

파란색으로 칠해진 수는 모두 (짝수 , 홀수)입니다.

2-2 왼쪽 **2-1**의 곱셈표를 보고 □ 안에 알맞은 수를 써넣으시오.

(1) 빨간색으로 칠해진 수는 일의 자리 숫자가 5와 □이 반복됩니다.

(2) 초록색 점선에 놓인 수는 1×1, 2×2, □×□, □×□, □×□의 값이므로 곱셈구구에서 같은 두 수끼리의 곱입니다.

유형 1

덧셈표에서 규칙 찾기

개념 동영상

+	0	1	2	3
0	0	1	2	3
1	1	2	3	4
2	2	3	4	5
3	3	4	5	6

+1 +1 +1 — 같은 줄에서 아래쪽으로 내려갈수록 1씩 커지는 규칙이 있습니다.

+1 +1 +1

같은 줄에서 오른쪽으로 갈수록 1씩 커지는 규칙이 있습니다.

❖ 덧셈표에서 찾은 규칙이 바르면 ○표, 틀리면 ×표 하시오. (1~2)

+	1	2	3	4	5
1	2	3	4	5	6
2	3	4	5	6	7
3	4	5	6	7	8
4	5	6	7	8	9
5	6	7	8	9	10

1

↙ 방향으로 같은 수들이 있는 규칙이 있습니다.

( )

2

어떤 줄이든 홀수, 짝수 또는 짝수, 홀수가 반복됩니다.

( )

❖ 덧셈표를 보고 물음에 답하시오. (3~5)

+	2	4	6	8	10
1	3	5	7	9	11
3	5	7	9	11	13
5	7	9	11	13	15
7	9	11	13	15	17
9	11	13	15	17	19

3 교과서 유형

파란색으로 칠해진 수는 아래쪽으로 내려갈수록 몇씩 커지는 규칙입니까?

( )

4

빨간색으로 칠해진 수는 오른쪽으로 갈수록 몇씩 커지는 규칙입니까?

( )

5 창의·융합

덧셈표를 보고 규칙을 바르게 설명한 사람은 누구입니까?

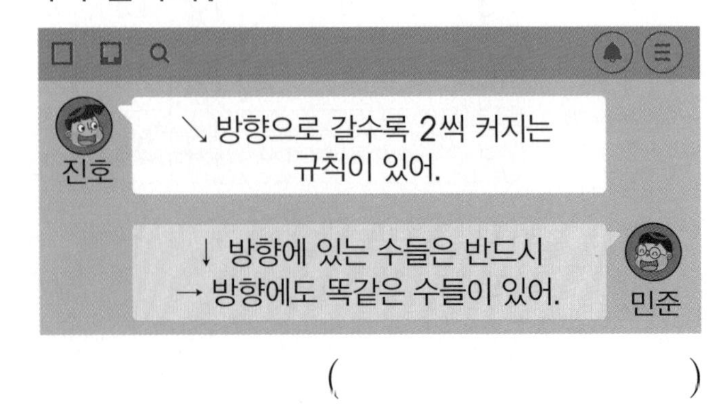

( )

❖ 덧셈표를 보고 물음에 답하시오. (6~8)

+	2	4	6	8	10	12
2	4	6	8	10	12	14
4	6	8	10	12	14	16
6	8	10	12	14	16	18
8	10	12	14	16	18	20
10	12	14	16	18	20	22
12	14	16	18	20	22	24

6 익힘책 유형 서술형

초록색 점선에 놓인 수의 규칙을 써 보시오.

[규칙] ______________________

____

7

덧셈표를 초록색 점선을 따라 접었을 때 만나는 수는 서로 같습니까, 다릅니까?

( )

8 교과서 유형 서술형

덧셈표에서 규칙을 더 찾아 써 보시오.

[규칙] ______________________

____

유형 2

규칙을 찾아 덧셈표 완성하기

+	1	2	3	4
1	2	3	4	5
2	3	4	5	6
3	4	5	6	7
4	5	6	7	8

2+1, 3+4

⇨ 1, 2, 3, 4의 합을 나타낸 덧셈표

9

덧셈표를 완성해 보시오.

+	1	3	5	7	9
1	2	4	6	8	10
3	4			10	
5	6		10		
7	8	10			
9	10				18

10

덧셈표의 ㉠, ㉡, ㉢, ㉣ 중 다른 수가 들어가는 칸을 찾아 기호를 쓰시오.

+	2	4	6	8	10
3	5	7	9	11	㉠
5	7	9	11	13	15
7	9	11	㉡	15	17
9	11	13	15	17	19
11	㉢	15	17	19	㉣

( )

6 규칙 찾기

❖ 덧셈표를 만들고 규칙을 찾아 보려고 합니다. 물음에 답하시오. (11~12)

11 창의·융합

민서가 말한대로 덧셈표를 완성하시오.

4, 8, 12를 넣어 덧셈표를 만들어 봐.

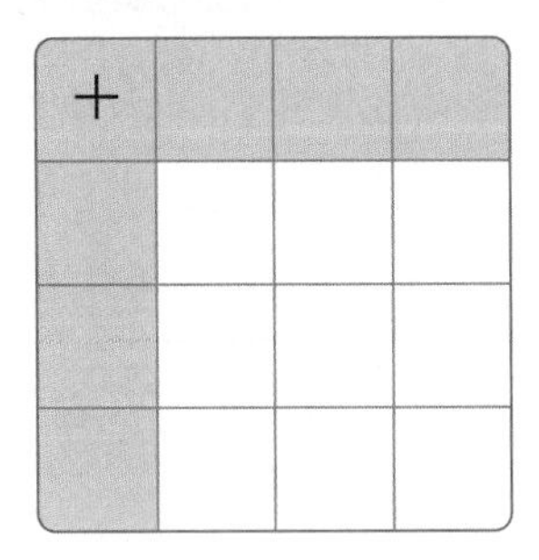

12 서술형

위 **11**에서 완성한 덧셈표에서 규칙을 찾아 써 보시오.

[규칙]

13 교과서 유형 서술형

덧셈표를 완성하고 완성한 덧셈표에서 규칙을 찾아 써 보시오.

+	3	5	7	
2	5	7	9	11
	7	9	11	13
6	9		13	15
8	11	13	15	

[규칙]

14 익힘책 유형

덧셈표에 있는 규칙에 맞게 빈칸에 알맞은 수를 써넣으시오.

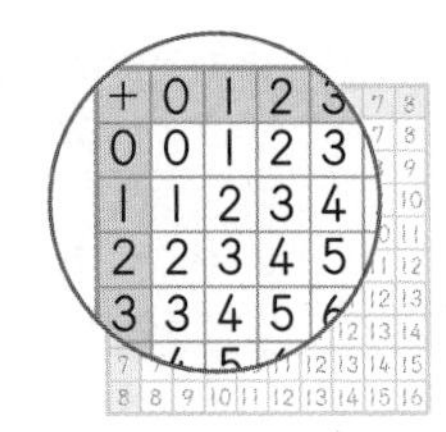

(1)

			11
9	10		12
	11	12	13

(2)

		14		
13		15	16	17
	15	16		

15

덧셈표 안의 수를 활용하여 가로줄과 세로줄에 같은 수를 써서 덧셈표를 완성하시오.

+					
	10				
		20			
			30		
				40	
					50

유형 3
곱셈표에서 규칙 찾기

×	1	2	3	4
1	1	2	3	4
2	2	4	6	8
3	3	6	9	12
4	4	8	12	16

각 단의 수는 아래쪽으로 내려갈수록 단의 수만큼 커집니다.

각 단의 수는 오른쪽으로 갈수록 단의 수만큼 커집니다.

❖ **곱셈표에서 찾은 규칙이 바르면 ○표, 틀리면 ×표 하시오. (16~17)**

×	1	2	3	4	5
1	1	2	3	4	5
2	2	4	6	8	10
3	3	6	9	12	15
4	4	8	12	16	20
5	5	10	15	20	25

16

1, 3, 5의 단 곱셈구구에 있는 수는 모두 홀수입니다.

( )

17

5의 단 곱셈구구는 일의 자리 숫자가 5와 0이 반복됩니다.

( )

❖ **곱셈표를 보고 물음에 답하시오. (18~19)**

×	5	6	7	8	9
5	25	30	35	40	45
6	30	36	42	48	54
7	35	42	49	56	63
8	40	48	56	64	72
9	45	54	63	72	81

18

빨간색으로 칠해진 수는 아래쪽으로 내려갈수록 몇씩 커지는 규칙입니까?

( )

19 익힘책 유형

빨간색으로 칠해진 곳과 규칙이 같은 곳을 찾아 색칠해 보시오.

20 해설집 77쪽 문제 분석

점선에 놓인 수의 규칙이 다른 하나를 찾아 점선의 색을 쓰시오.

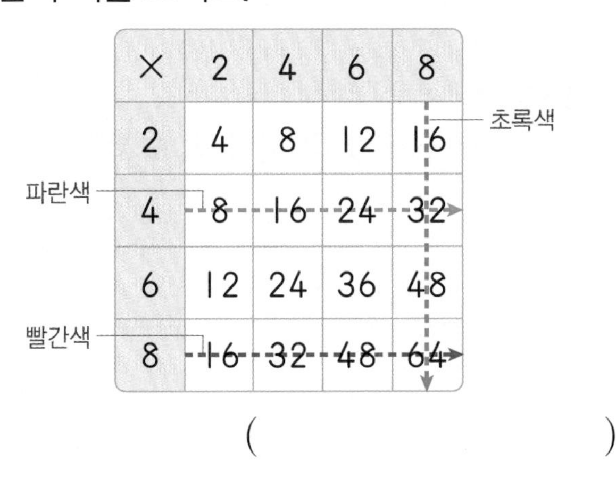

×	2	4	6	8
2	4	8	12	16
4	8	16	24	32
6	12	24	36	48
8	16	32	48	64

( )

6 규칙 찾기

❖ 곱셈표를 보고 물음에 답하시오. (21~23)

×	1	3	5	7	9
1	1	3	5	7	9
3	3	9	15	21	27
5	5	15	25	35	45
7	7	21	35	49	63
9	9	27	45	63	81

21 익힘책 유형 서술형

초록색 점선에 놓인 수의 규칙을 써 보시오.

[규칙]

22

곱셈표를 초록색 점선을 따라 접었을 때 만나는 수는 서로 같습니까, 다릅니까?

( )

23 서술형

곱셈표에서 규칙을 더 찾아 써 보시오.

[규칙]

유형 4

규칙을 찾아 곱셈표 완성하기

×	2	3	4	5
2	4	6	8	10
3	6	9	12	15
4	8	12	16	20
5	10	15	20	25

3×2 4×5

⇨ 2, 3, 4, 5의 곱을 나타낸 곱셈표

24

곱셈표를 완성해 보시오.

×	3	4	5	6	7
3	9	12	15	18	21
4	12	16		24	28
5		20	25		35
6	18		30	36	
7	21	28		42	

25

곱셈표에서 곱이 잘못된 칸을 모두 찾아 색칠하시오.

×	1	3	5	7	9
1	1	3	5	7	9
3	3	9	15	21	27
5	5	15	20	35	45
7	7	21	35	49	62
9	9	27	45	63	81

❖ 곱셈표를 만들고 규칙을 찾아 보려고 합니다. 물음에 답하시오. (26~27)

26 창의·융합

진호가 말한대로 곱셈표를 완성하시오.

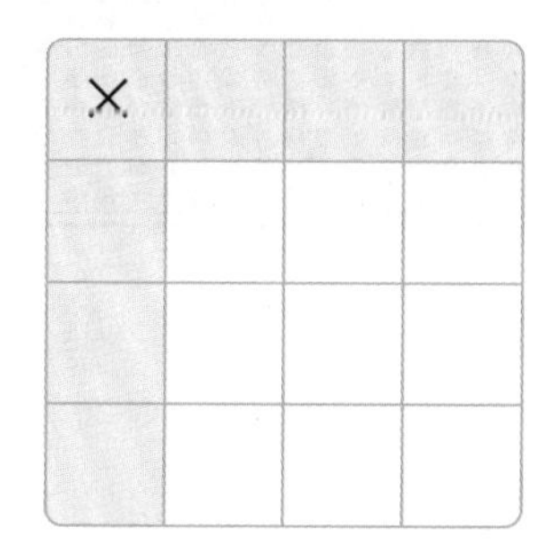

×			

27 서술형

위 **26**에서 완성한 곱셈표에서 규칙을 찾아 써 보시오.

[규칙] ____________________

____

28 교과서 유형 서술형

곱셈표를 완성하고 완성한 곱셈표에서 규칙을 찾아 써 보시오.

×	2	4		8
2	4	8	12	16
4	8	16	24	
6	12	24	36	48
	16	32	48	

[규칙] ____________________

____

29 익힘책 유형

곱셈표에 있는 규칙에 맞게 빈칸에 알맞은 수를 써넣으시오.

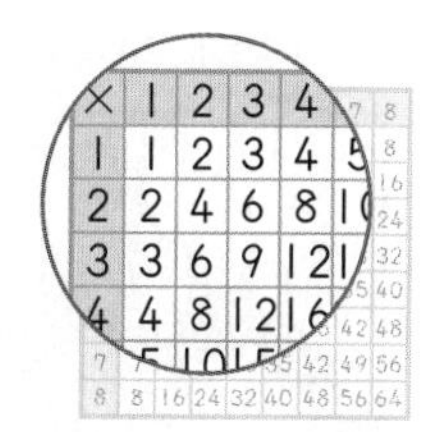

(1)

	18	21
	24	28
25	30	35
30		

(2)

	49	56	63
48	56	64	
54	63	72	

30

곱셈표 안의 수를 활용하여 가로줄과 세로줄에 같은 수를 써서 곱셈표를 완성하시오.

×					
	25				
		36			
			49		
				64	
					81

6 규칙 찾기

핵심 개념 (2)

만화로 개념 쏙!

❸ 무늬에서 규칙 찾기 (1)

• 색깔에서 규칙 찾기

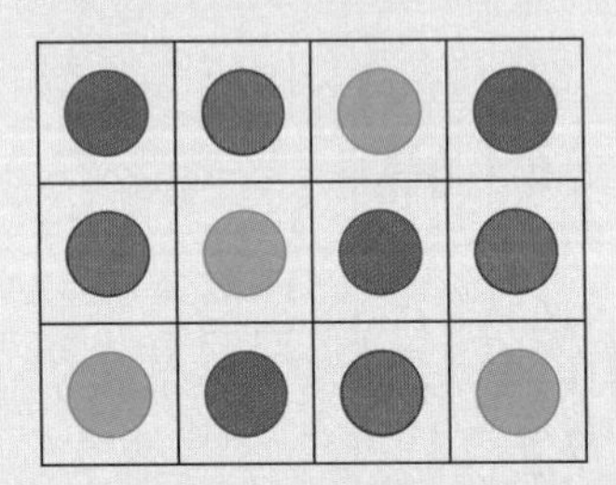

⇨ 보라색, 빨간색, 초록색이 반복됩니다.

• 모양에서 규칙 찾기

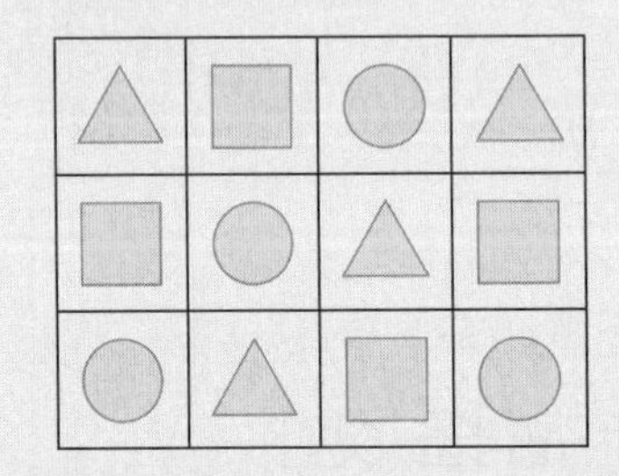

⇨ △, □, ○가 반복됩니다.

❹ 무늬에서 규칙 찾기 (2)

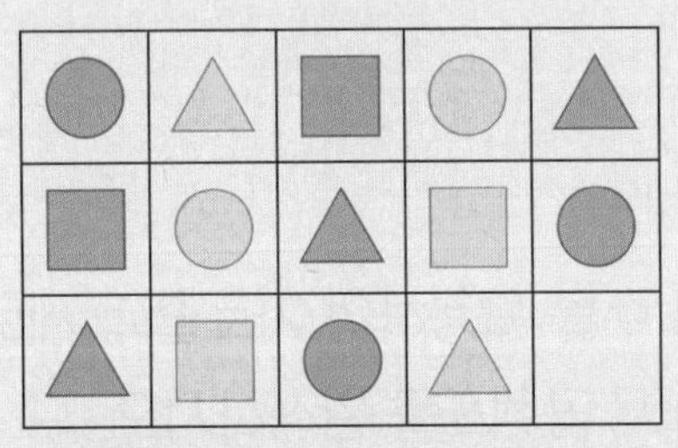

① 모양 규칙: ○, △, □가 반복됩니다.

② 색깔 규칙: 파란색, 노란색이 반복됩니다.

예제 ❶ 위 무늬에서 빈칸에 알맞은 모양은 (■, ■)입니다.

❺ 쌓은 모양에서 규칙 찾기

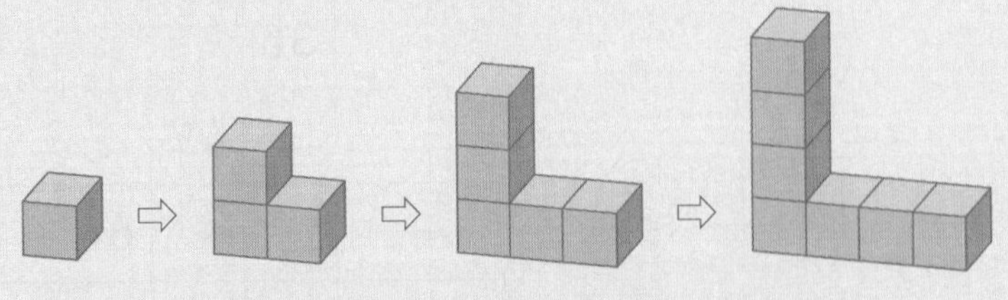

[규칙 1] ㄴ자 모양으로 쌓은 규칙입니다.

[규칙 2] 쌓기나무가 오른쪽에 1개, 위쪽에 1개씩 늘어나는 규칙입니다.

[규칙 3] 전체적으로 쌓기나무가 2개씩 늘어나는 규칙입니다.

셀파 포인트

• 규칙 찾는 방법

① 처음과 같은 색깔(모양)을 찾습니다.

② 처음 색깔(모양)과 ① 사이에 있는 색깔(모양)을 확인합니다.

③ ②가 ① 다음에 똑같이 반복되는지 확인합니다.

• 왼쪽 무늬에서 빈칸에 알맞은 모양 그리기

① 모양: △ 다음에 올 모양은 □입니다.

② 색깔: 노란색 다음에 올 색깔은 파란색입니다.

예제 정답

❶ ■에 ○표

개념 확인 3 무늬에서 규칙 찾기 (1)

3-1 알맞은 것에 ○표 하시오.

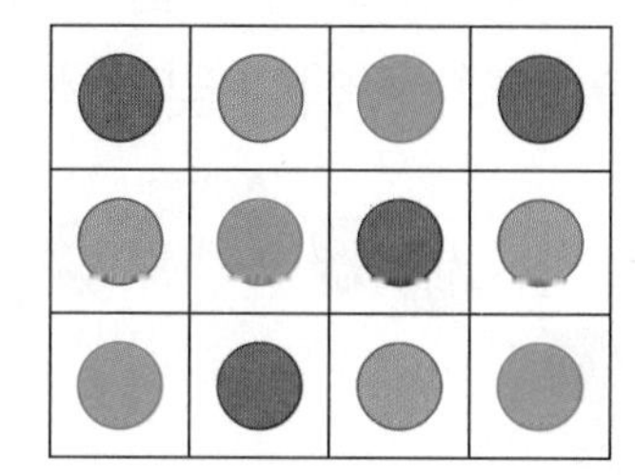

빨간색, 파란색, 초록색이 반복되는 규칙입니다.	빨간색, 초록색, 파란색이 반복되는 규칙입니다.
(　　　)	(　　　)

3-2 알맞은 것에 ○표 하시오.

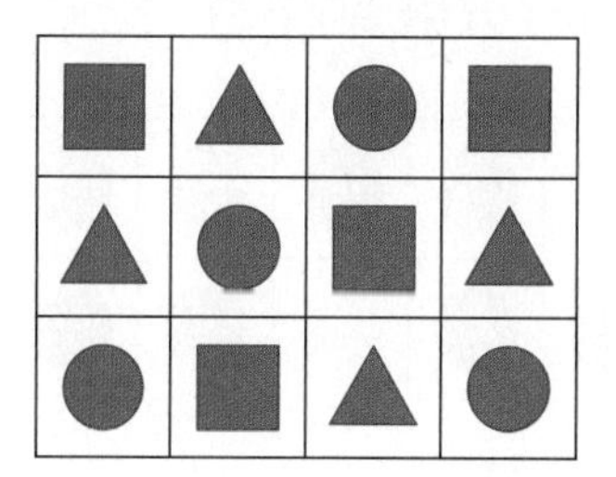

■, ●, ▲가 반복되는 규칙입니다.	■, ▲, ●가 반복되는 규칙입니다.
(　　　)	(　　　)

개념 확인 4 무늬에서 규칙 찾기 (2)

4-1 규칙에 따라 □ 안에 들어갈 모양을 찾아 ○표 하시오.

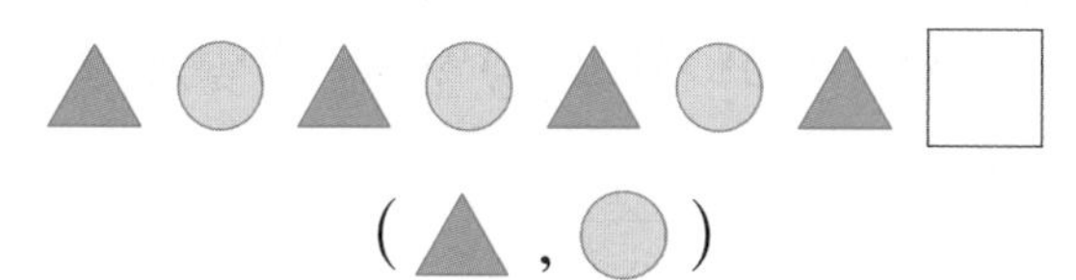

(▲ , ●)

4-2 규칙에 따라 □ 안에 들어갈 모양을 찾아 ○표 하시오.

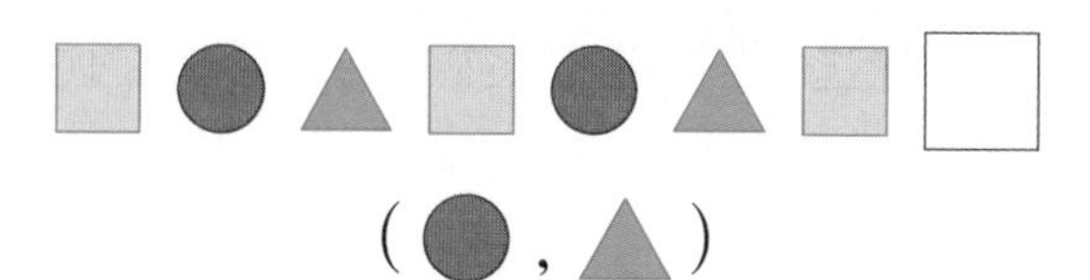

(● , ▲)

개념 확인 5 쌓은 모양에서 규칙 찾기

5-1 알맞은 기호에 ○표 하시오.

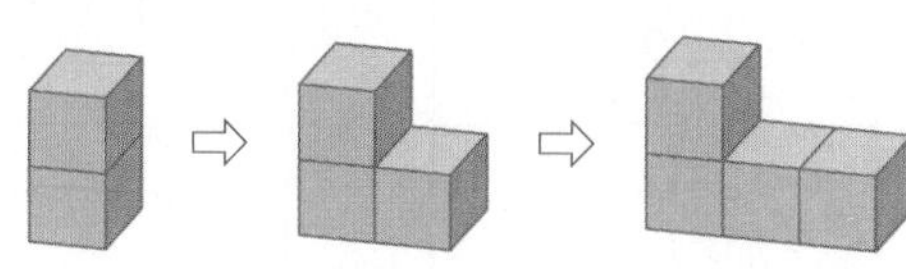

ㄷ자 모양으로 쌓은 규칙입니다.

(○ , ×)

5-2 알맞은 수에 ○표 하시오.

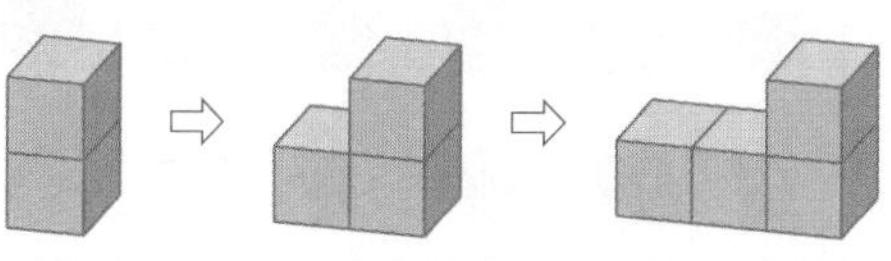

쌓기나무가 (1 , 2)개씩 늘어나는 규칙입니다.

유형 탐구 (2)

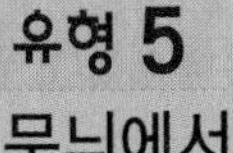

무늬에서 규칙 찾기 (1)

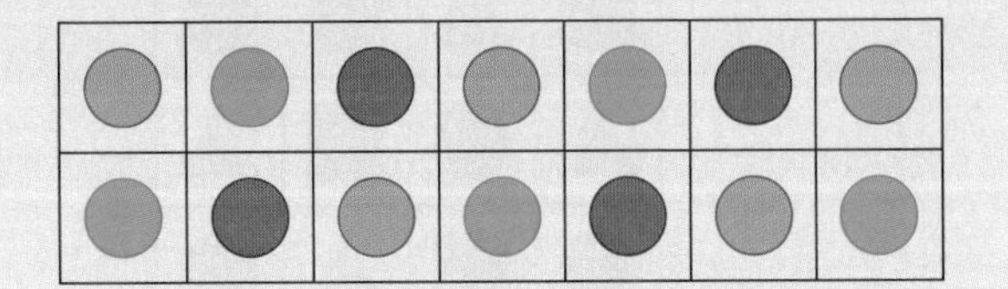

[규칙] 파란색, 초록색, 빨간색이 반복됩니다.

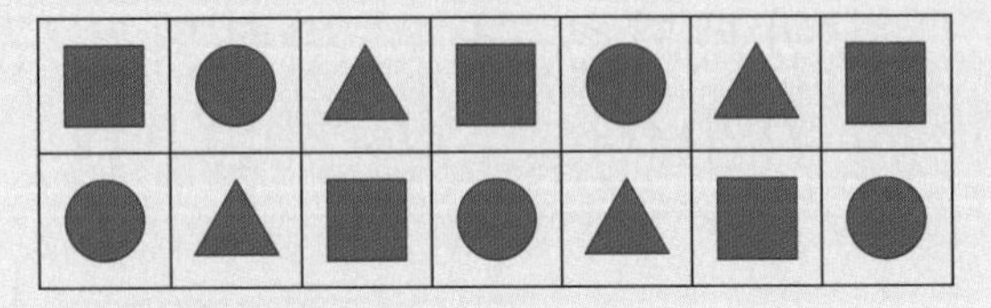

[규칙] ■, ●, ▲가 반복됩니다.

1 교과서 유형

규칙을 찾아 △ 안에 알맞게 색칠해 보시오.

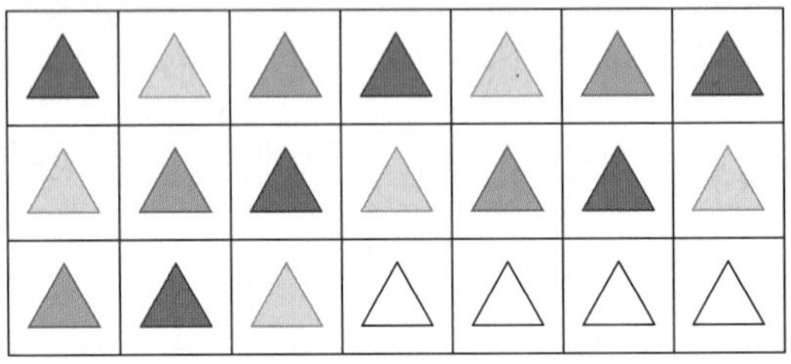

2 교과서 유형

규칙을 찾아 빈칸에 알맞은 모양을 그려 보시오.

3

진주는 규칙적으로 구슬을 꿰어 목걸이를 만들려고 합니다. 규칙에 맞게 색칠해 보시오.

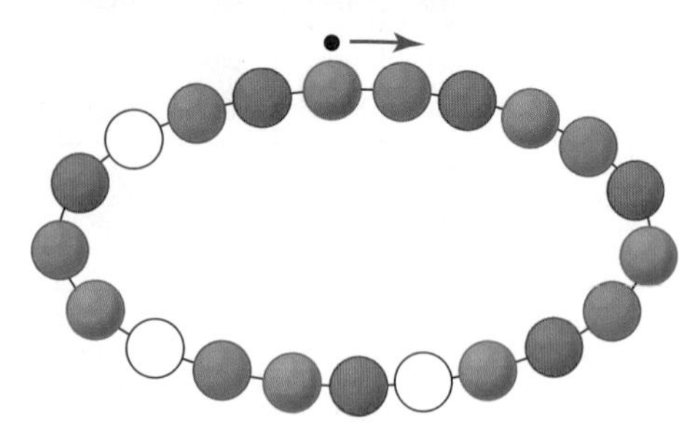

❖ 그림을 보고 물음에 답하시오. (4~5)

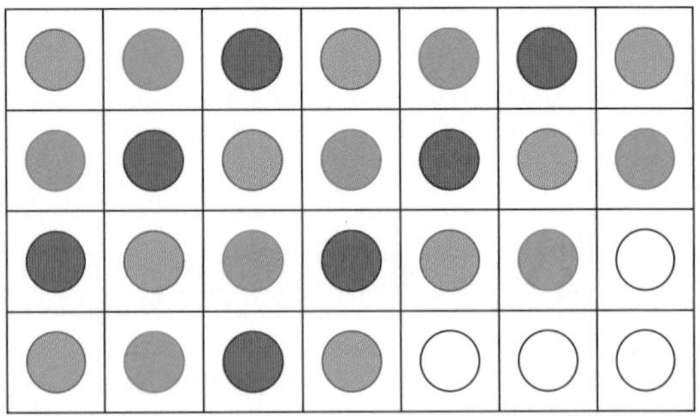

4 익힘책 유형

규칙을 찾아 위의 ○ 안에 알맞게 색칠해 보시오.

5 익힘책 유형

위의 모양을 ●는 1, ●는 2, ●는 3으로 바꾸어 나타내어 보시오.

1	2	3				

6
규칙을 찾아 □ 안에 알맞은 모양을 그려 보시오.

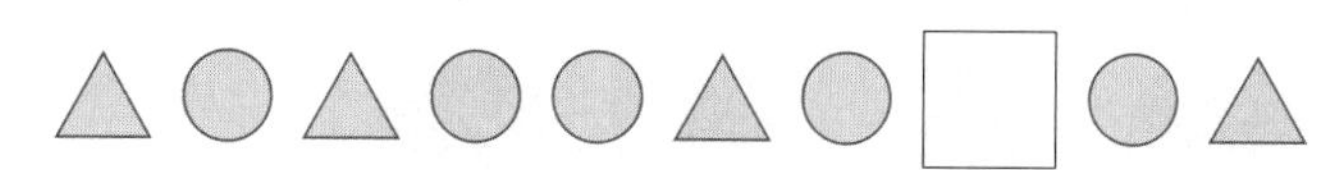

7 서술형
사각형이 다음과 같이 쌓여 있습니다. 규칙을 쓰고 □ 안에 알맞은 모양을 그려 보시오.

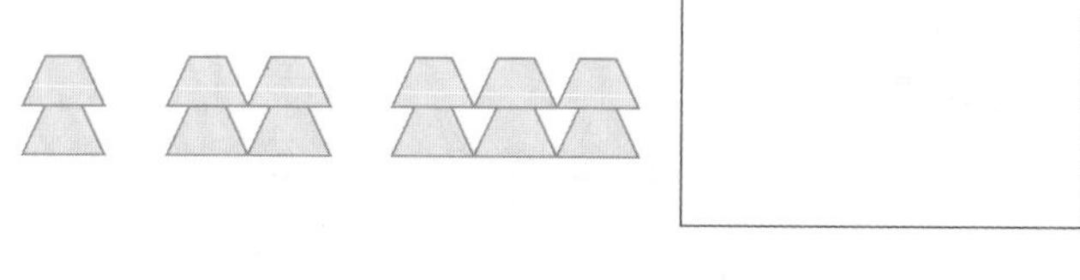

[규칙]

8 창의·융합 서술형
3가지 색으로 자신만의 규칙을 만들어 쓰고 만든 규칙에 따라 색칠해 보시오.

[규칙]

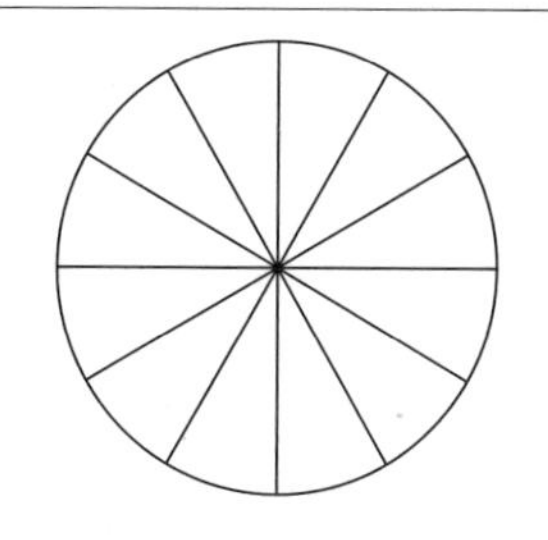

유형 6
무늬에서 규칙 찾기 (2)

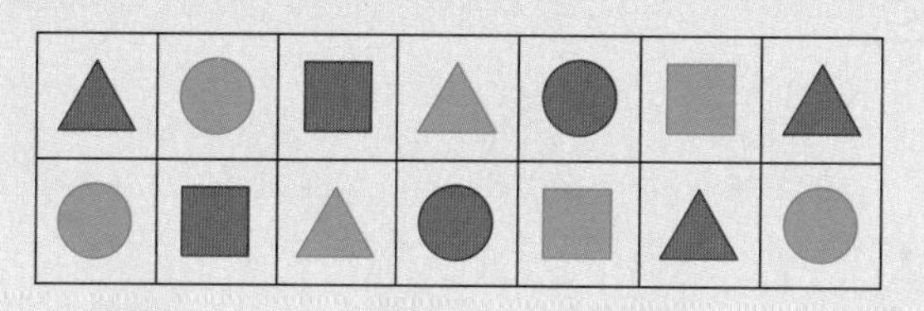

① 모양 규칙: △, ○, □가 반복됩니다.
② 색깔 규칙: 빨간색, 초록색이 반복됩니다.

❖ **규칙을 찾아 빈칸에 알맞은 모양에 ○표 하시오. (9~10)**

9

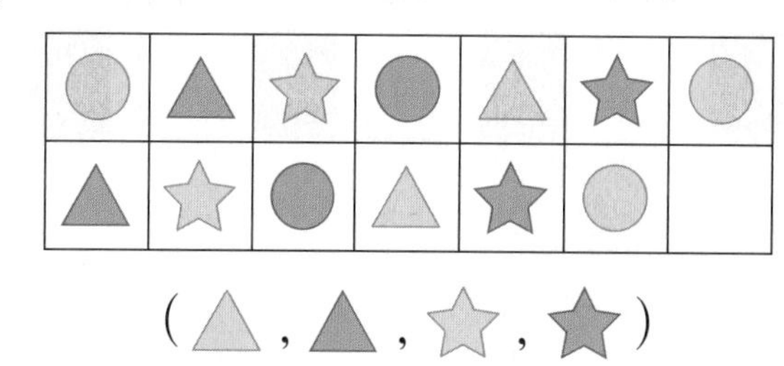

10

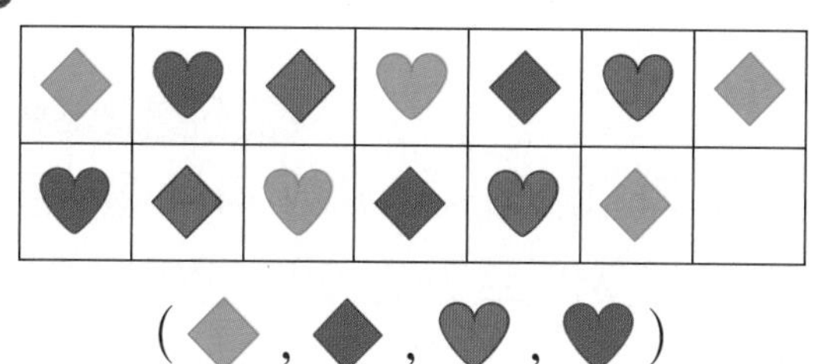

11
규칙에 따라 색칠하려고 합니다. 색을 칠해야 하는 곳의 번호를 쓰시오. .... (　　　)

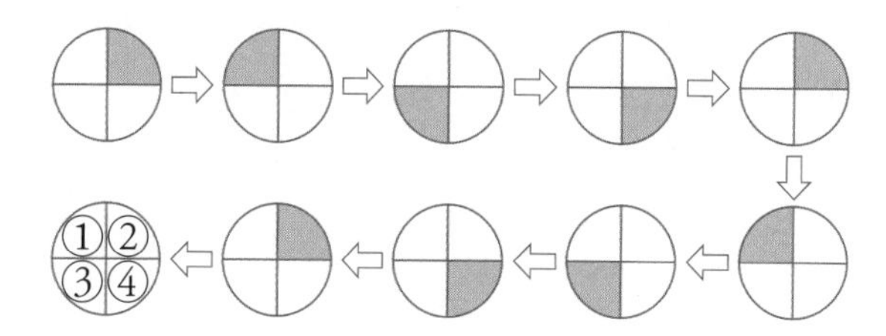

12 익힘책 유형

규칙을 찾아 세모 안에 ●을 알맞게 그려 보시오.

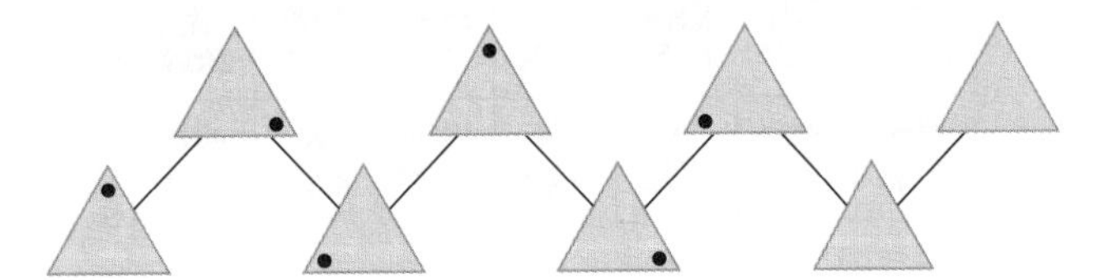

13 익힘책 유형 서술형

규칙에 따라 한글 카드를 다음과 같이 늘어놓았습니다. 규칙을 쓰고 빈칸을 완성하시오.

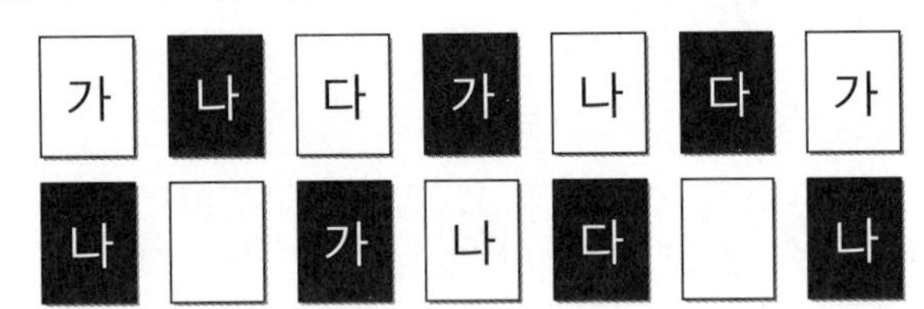

[규칙]

14 해설집 79쪽 문제 분석

규칙에 따라 ①, ②, ③, ④에 각각 들어갈 글자를 번호 순서대로 쓰면 어떤 단어가 만들어집니까?

ㄱ	ㅁ	ㅈ	ㄱ	ㅁ	①	ㄱ	ㅁ
ㅏ	ㅓ	ㅏ	ㅓ	②	ㅓ	ㅏ	ㅓ
ㄷ	ㅅ	ㅋ	ㄷ	ㅅ	ㅋ	③	ㅅ
ㅗ	ㅜ	ㅗ	ㅜ	ㅗ	④	ㅗ	ㅜ

(　　　　　　)

15

규칙을 찾아 □ 안에 알맞은 도형을 그려 보시오.

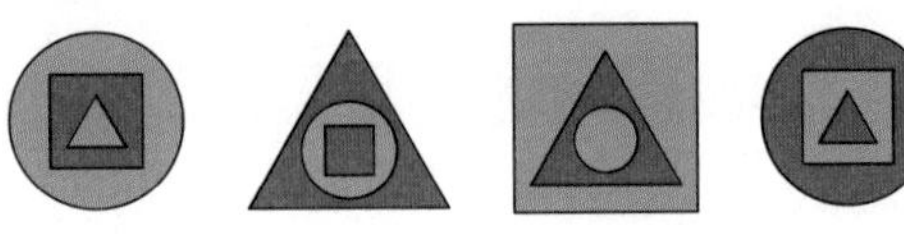

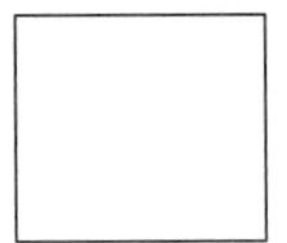

유형 7 쌓은 모양에서 규칙 찾기

[규칙] 쌓기나무가 1개, 3개가 반복됩니다.

16

쌓기나무 모양을 보고 □ 안에 알맞은 수를 써넣으시오.

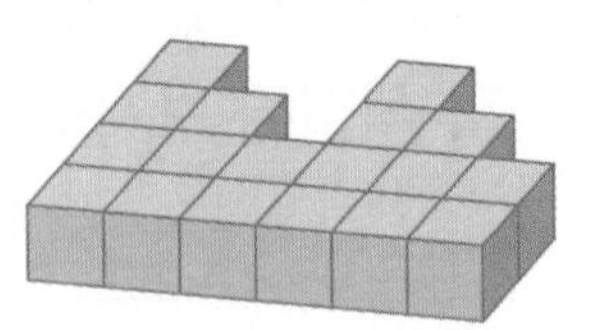

쌓기나무가 4개, □개, □개가 반복되는 규칙이 있습니다.

❖ 다음은 어떤 규칙에 따라 쌓기나무를 쌓은 것입니다. 물음에 답하시오. (17~19)

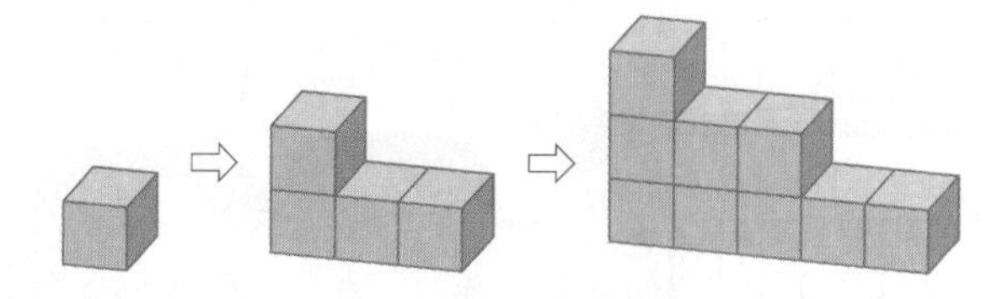

17

쌓기나무를 2층으로 쌓은 모양에서 쌓기나무는 몇 개입니까?

( )

18

쌓기나무를 3층으로 쌓은 모양에서 쌓기나무는 몇 개입니까?

( )

19

규칙에 따라 쌓기나무를 4층으로 쌓으려면 쌓기나무가 몇 개 필요합니까?

( )

20

규칙에 따라 쌓기나무를 쌓아 갈 때 빈 곳에 쌓을 쌓기나무는 몇 개입니까?

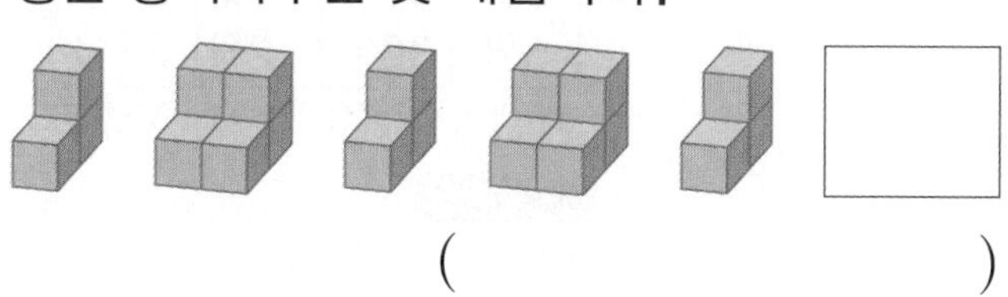

( )

❖ 다음은 어떤 규칙에 따라 쌓기나무를 쌓은 것입니다. 물음에 답하시오. (21~22)

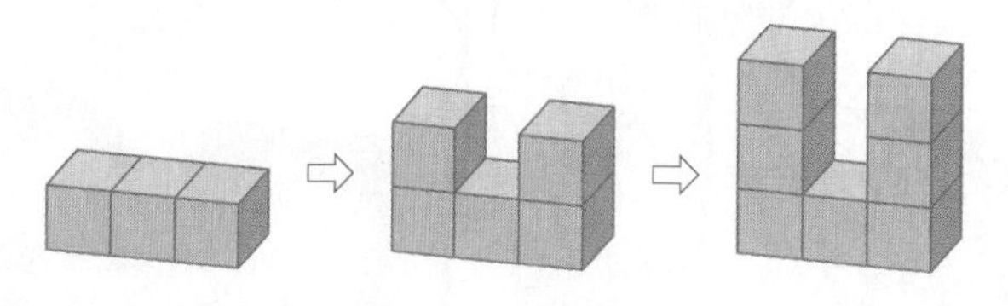

21 교과서 유형 서술형

쌓기나무를 쌓은 규칙을 써 보시오.

[규칙]

22 교과서 유형

다음에 이어질 모양에 쌓을 쌓기나무는 몇 개입니까?

( )

23 창의·융합

진호가 성벽을 보고 쌓기나무를 엇갈려서 쌓고 있습니다. 이와 같은 규칙에 따라 쌓기나무를 5층으로 쌓으려면 쌓기나무가 몇 개 필요합니까?

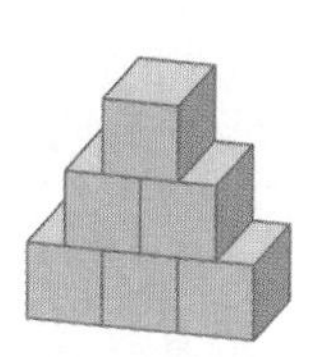

( )

핵심 개념 (3)

❻ 생활에서 규칙 찾기 (1) – 수 배열에서 규칙 찾기

무대

①↓ ②→

가1	가2	가3	가4	가5	가6	가7	가8
나1	나2	나3	나4	나5	나6	나7	나8
다1	다2	다3	다4	다5	다6	다7	다8

① 앞에서부터 가, 나, 다와 같이 한글 순서대로 적혀 있는 규칙이 있습니다.

② 왼쪽에서부터 1, 2, 3, 4……와 같이 수가 순서대로 적혀 있는 규칙이 있습니다.

❼ 생활에서 규칙 찾기 (2) – 달력에서 규칙 찾기

11월

일	월	화	수	목	금	토
					1	2
3	4	5	6	7	8	9
10	11	12	13	14	15	16
17	18	19	20	21	22	23
24	25	26	27	28	29	30

+7 +7 +7 +7

+1 +1 +1 +1 +1 +1

- 아래쪽으로 내려갈수록 7씩 커지는 규칙이 있습니다.
- 오른쪽으로 갈수록 1씩 커지는 규칙이 있습니다.

예제 ❶ 같은 요일은 □일마다 반복되는 규칙이 있습니다.

셀파 포인트

•수의 규칙이 있는 생활 속의 예

전자계산기의 숫자 버튼,
휴대 전화의 숫자 버튼,
경기장의 좌석 번호,
학교 사물함 번호 등

•날짜 계산하기

같은 요일은 7일마다 반복되는 규칙이 있으므로 왼쪽 11월 달력에서
월요일은 4일,
4+7=11(일),
11+7=18(일),
18+7=25(일)입니다.

•월별 날수

월	날수	월	날수
1월	31일	7월	31일
2월	28일	8월	31일
3월	31일	9월	30일
4월	30일	10월	31일
5월	31일	11월	30일
6월	30일	12월	31일

2월의 날수가 29일인 해도 있습니다.

예제 정답

❶ 7

개념 확인 6 생활에서 규칙 찾기 (1) – 수 배열에서 규칙 찾기

6-1 키보드 숫자 자판을 보고 □ 안에 알맞은 수를 써넣으시오.

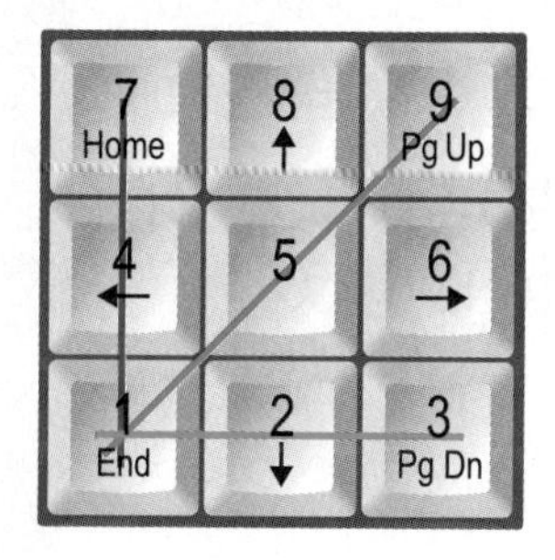

(1) 빨간색 선에 놓인 수는 아래쪽으로 내려갈수록 □씩 작아집니다.

(2) 파란색 선에 놓인 수는 오른쪽으로 갈수록 □씩 커집니다.

6-2 왼쪽 **6-1**의 키보드 숫자 자판을 보고 알맞은 것에 ○표 하시오.

(1) 초록색 선에 놓인 수는 ↗ 방향으로 갈수록 4씩 (커집니다 , 작아집니다).

(2) 초록색 선에 놓인 수는 ↙ 방향으로 갈수록 4씩 (커집니다 , 작아집니다).

개념 확인 7 생활 속에서 규칙 찾기 (2) – 달력에서 규칙 찾기

7-1 달력을 보고 □ 안에 알맞은 수를 써넣으시오.

12월

일	월	화	수	목	금	토
1	2	3	4	5	6	7
8	9	10	11	12	13	14
15	16	17	18	19	20	21
22	23	24	25	26	27	28
29	30	31				

일요일은 □일마다 반복됩니다.

7-2 왼쪽 **7-1**의 달력을 보고 알맞은 것에 ○표 하시오.

(1) 파란색 선에 놓인 수는 ↘ 방향으로 갈수록 8씩 (커집니다 , 작아집니다).

(2) 빨간색 선에 놓인 수는 ↗ 방향으로 갈수록 6씩 (커집니다 , 작아집니다).

유형 8
수 배열에서 규칙 찾기

빨간색 선에 놓인 수는 ↗ 방향으로 갈수록 4씩 커집니다.
파란색 선에 놓인 수는 오른쪽으로 갈수록 1씩 커집니다.

❖ **강현이와 규현이는 엘리베이터 층수 버튼에서 규칙을 찾아 보았습니다. 물음에 답하시오. (1~2)**

1
강현이와 규현이 중에서 규칙을 잘못 설명한 사람은 누구입니까?

( )

2 서술형
엘리베이터 층수 버튼에서 규칙을 더 찾아 써 보시오.

[규칙]

3
민아, 소진, 재호는 휴대 전화 숫자 버튼에서 규칙을 찾아 보았습니다. 규칙을 바르게 찾은 사람은 누구인지 쓰시오.

민아: 나는 3씩 커지는 규칙이 있는 수를 찾아 빨간색 선을 그었어.
소진: 파란색 선에 놓인 수는 ↗ 방향으로 갈수록 2씩 커지고 있어.
재호: 나는 초록색 선에 놓인 수의 규칙을 찾았어. 3씩 커지고 있네.

( )

4 익힘책 유형
전화기 숫자 버튼을 보고 규칙을 찾아 보았습니다. □ 안에 알맞은 수를 써넣으시오.

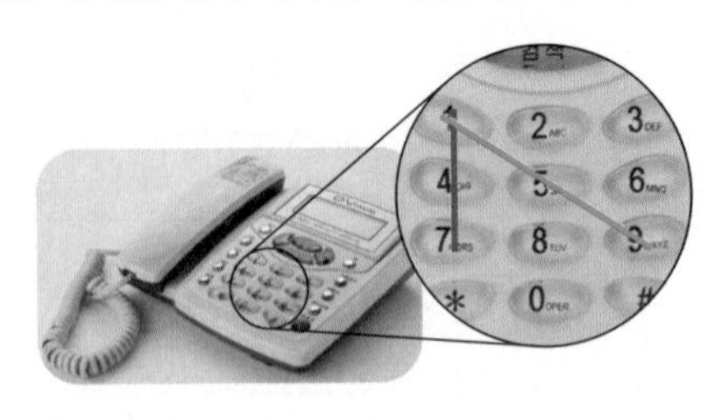

빨간색 선에 놓인 수는 아래쪽으로 내려갈수록 □씩 커지고, 파란색 선에 놓인 수는 ↖ 방향으로 갈수록 □씩 작아집니다.

5 교과서 유형

재중이네 반 학생들은 번호 순서대로 자리에 앉기로 했습니다. 재중이가 앉은 자리가 다음과 같을 때 재중이는 몇 번입니까?

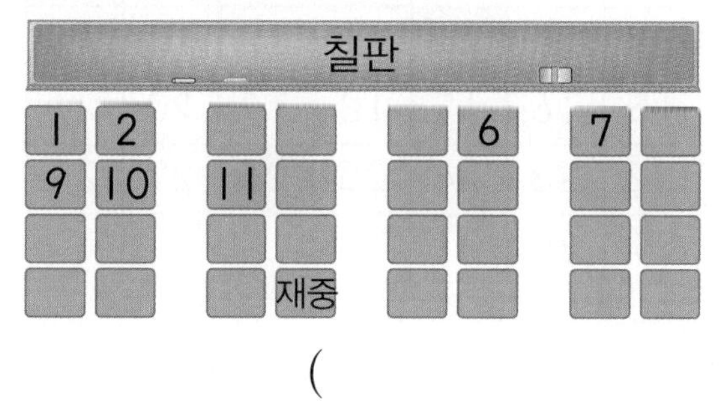

( )

6 창의·융합 서술형

다음 규칙에 따라 사물함에 번호를 써넣고 빨간색 선에 놓인 번호에서 찾을 수 있는 규칙을 써 보시오.

규칙

각 줄에서 오른쪽으로 갈수록 1씩 커지고, 아래쪽으로 내려갈수록 6씩 커집니다.

1					

[규칙] ______________________

____

유형 9 달력에서 규칙 찾기

11월

일	월	화	수	목	금	토
					1	2
3	4	5	6	7	8	9
10	11	12	13	14	15	16
17	18	19	20	21	22	23
24	25	26	27	28	29	30

① 아래쪽으로 내려갈수록 7씩 커집니다.

② 오른쪽으로 갈수록 1씩 커집니다.

❖ 달력을 보고 물음에 답하시오. (7~8)

2월

일	월	화	수	목	금	토
1	2	3	4	5	6	7
8	9	10	11	12	13	14
15	16	17	18	19	20	21
22	23	24	25	26	27	28

7 교과서 유형

달력에서 금요일을 모두 찾아 ○표 하고, 금요일은 며칠마다 반복되는지 쓰시오.

( )

8

□ 안에 알맞은 수를 써넣으시오.

- 빨간색 선에 놓인 수들은 ↖ 방향으로 갈수록 □씩 작아집니다.
- 파란색 선에 놓인 수들은 ↙ 방향으로 갈수록 □씩 커집니다.

6 규칙 찾기

❖ 달력을 보고 물음에 답하시오. (9~12)

7월

일	월	화	수	목	금	토
				1	2	3
4	5	6	7	8	9	10

9
달력에서 수요일의 빈칸에 날짜를 모두 써넣으시오.

10
이 달에 수요일은 몇 번 있습니까?
( )

11
이 달의 넷째 금요일은 며칠입니까?
( )

12 서술형
이 달의 25일은 무슨 요일인지 풀이 과정을 쓰고 답을 구하시오.

[풀이]

[답]

❖ 달력을 보고 물음에 답하시오. (13~14)

8월

일	월	화	수	목	금	토
1	2	3	4	5	6	7
8	9	10	11	12	13	14
15	16	17	18	19	20	21
22	23	24	25	26	27	28
29	30	31				

13
노란색( )으로 색칠된 두 수의 합은 얼마입니까?
( )

14
□ 안에서 노란색( )으로 색칠된 두 수의 합과 합이 같은 두 수의 쌍을 모두 찾아 각각 같은 색깔로 색칠하시오.

15 해설집 82쪽 문제 분석
달력의 일부분이 찢어져 있습니다. 이 달의 마지막 날은 무슨 요일입니까?

6월

일	월	화	수	목	금	토
		1	2	3	4	5
6	7					

( )

유형 10
생활에서 규칙 찾기

예 시계에서 규칙 찾기

[규칙] 1부터 12까지 1씩 커집니다.

❖ 기차 출발 시각을 나타낸 표에서 규칙을 찾아 보려고 합니다. □ 안에 알맞은 수를 써넣으시오. (16~18)

기차 출발 시각

부산행		광주행	
6시	8시	6시	10시
7시	9시	8시	12시

16

부산행 기차는 □시간마다 출발하는 규칙이 있습니다.

17

광주행 기차는 □시간마다 출발하는 규칙이 있습니다.

18

부산행 기차와 광주행 기차가 동시에 출발하는 시각은 □시, □시입니다.

19

♪는 큰북을 치고 ♩는 작은북을 칩니다. 지연이는 리듬을 보고 큰북을 치려고 합니다. 규칙에 따라 리듬을 완성하면 지연이는 큰북을 몇 번 쳐야 합니까?

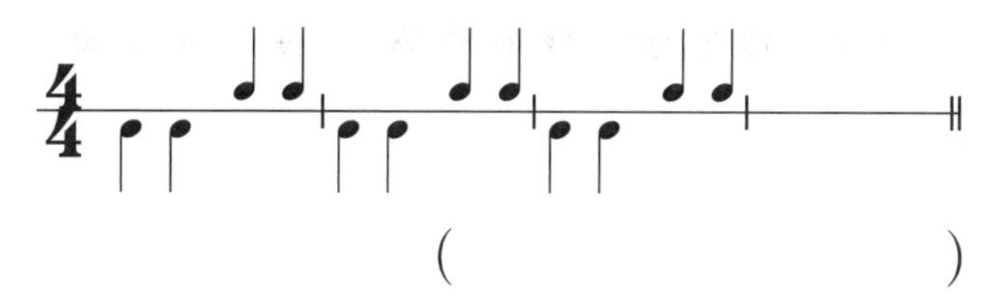

( )

❖ 규칙을 찾아 마지막 시계에 긴바늘을 알맞게 그려 넣으시오. (20~21)

20

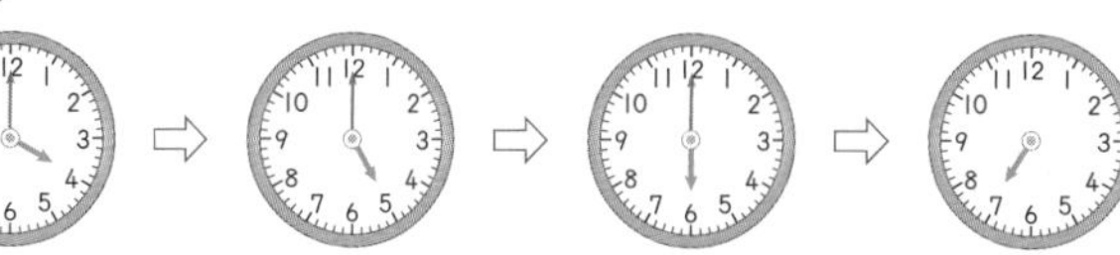

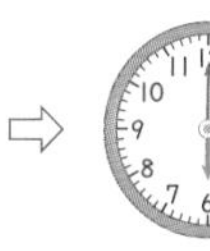

21

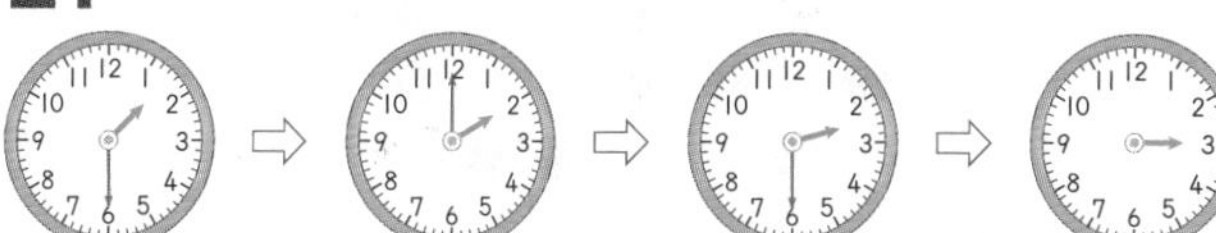

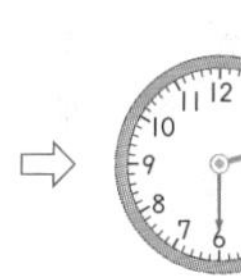

22 창의·융합 서술형

신호등에서 규칙을 찾아 써 보시오.

[규칙]

(1~3) 규칙을 찾아 □ 안의 바둑돌 중 검은색 바둑돌을 찾아 색칠하시오.

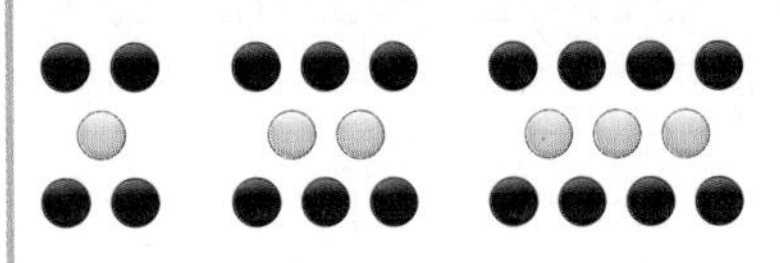
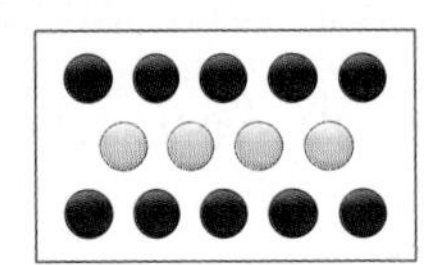

검은색 바둑돌은 위아래에서 각각 1개씩 늘어나고, 흰색 바둑돌은 가운데에서 1개 늘어납니다.

1

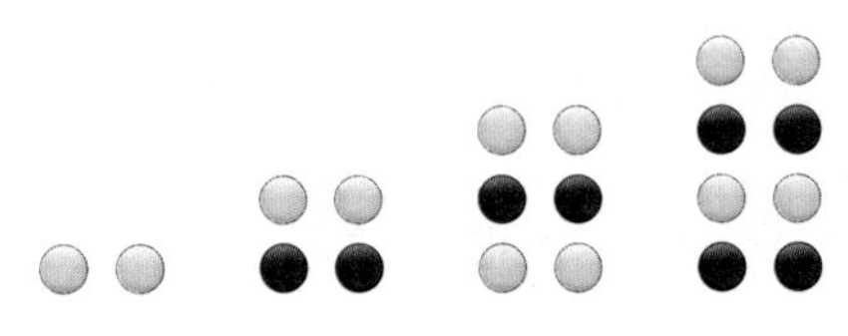

2

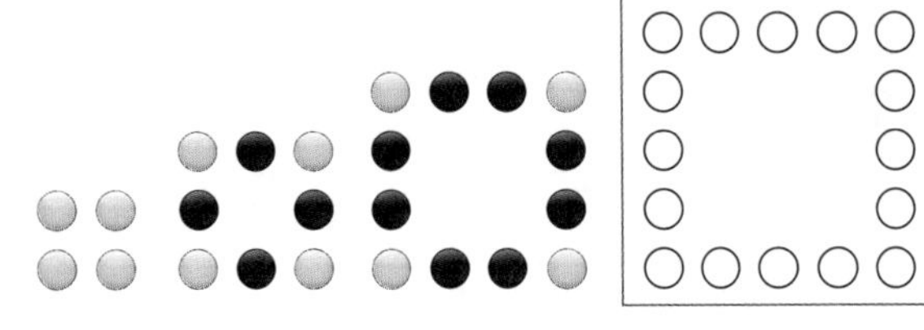

3

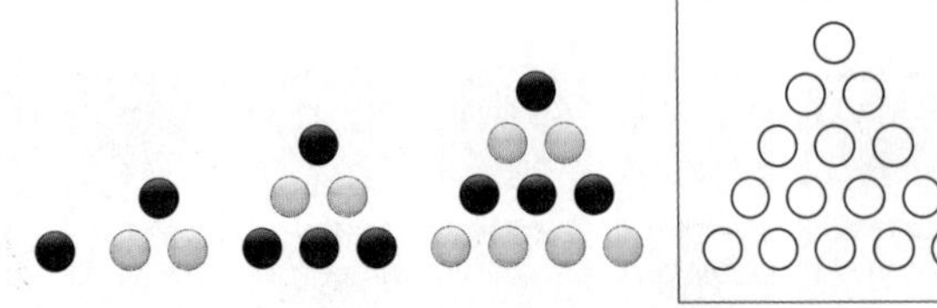

(4~5) 쌓기나무 6개로 쌓은 모양에서 테두리 선만 남기고 모두 지우면 다음과 같은 모양을 만들 수 있습니다. 물음에 답하시오.

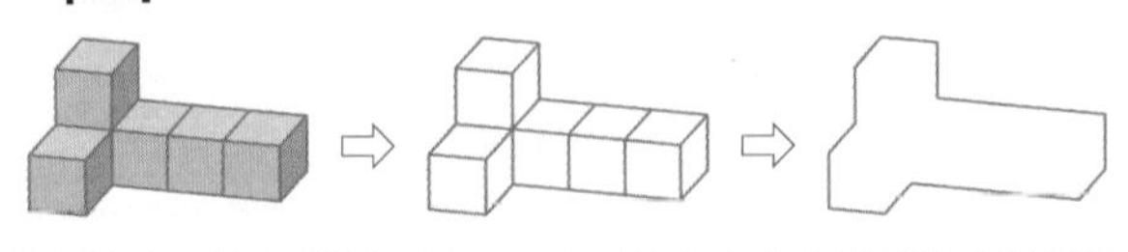

4 오른쪽 그림은 어떤 쌓기나무 모양에서 테두리 선만 남기고 모두 지운 것입니다. 이 쌓기나무 모양을 찾아 기호를 쓰시오.

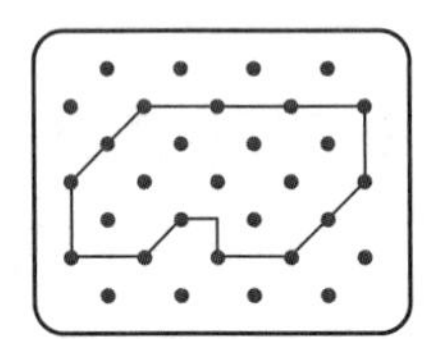

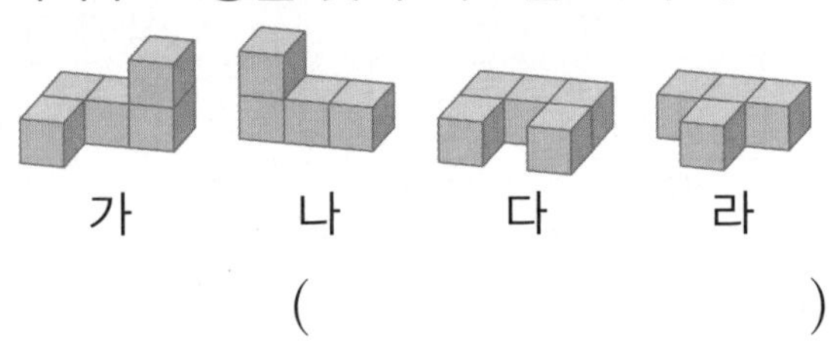

(　　　　　　　)

5 쌓기나무 몇 개로 만든 모양입니까?

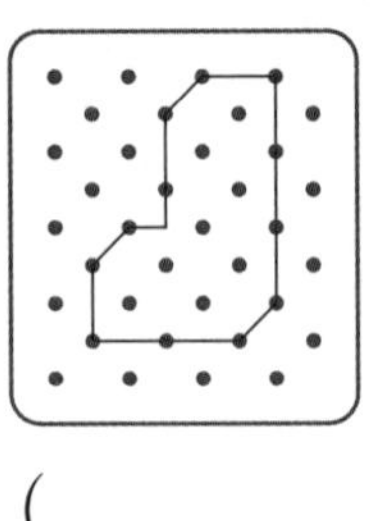

(　　　　　　　)

▸ 정답은 82쪽에 공부한 날 월 일

(6~7) 4가지 화살표 ⇨, ⇩, ⇦, ⇧는 각각 다른 규칙을 나타냅니다. 물음에 답하시오.

6 규칙에 따라 □ 안에 알맞은 수를 써넣으시오.

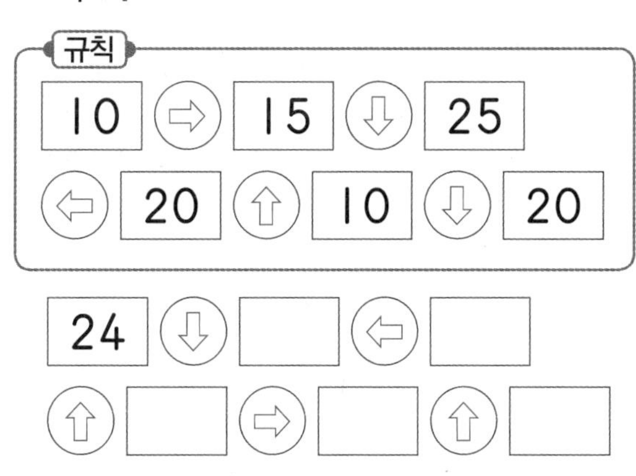

7 규칙에 따라 ○ 안에 화살표를 알맞게 모두 그려 넣으시오.

규칙

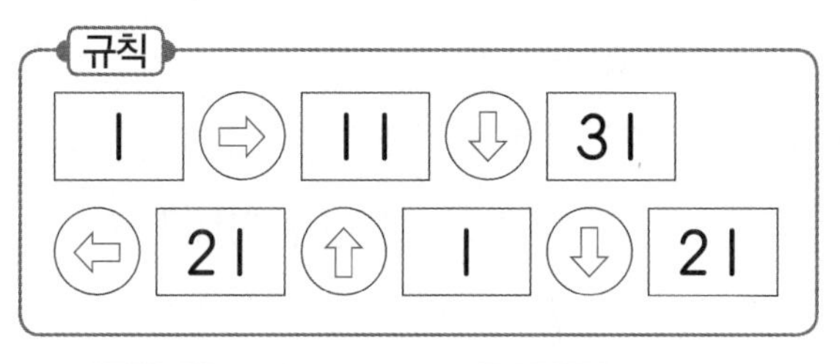

(1) 15 ○ ○ 45

(2) 70 ○ ○ 60

(8~9) 색종이를 접어서 자른 것을 펼친 모양을 알아볼 때에는 다음과 같이 접은 순서를 반대로 생각하여 그립니다. 색종이를 다음과 같이 접어서 잘라낸 후 펼친 모양을 그려 보시오.

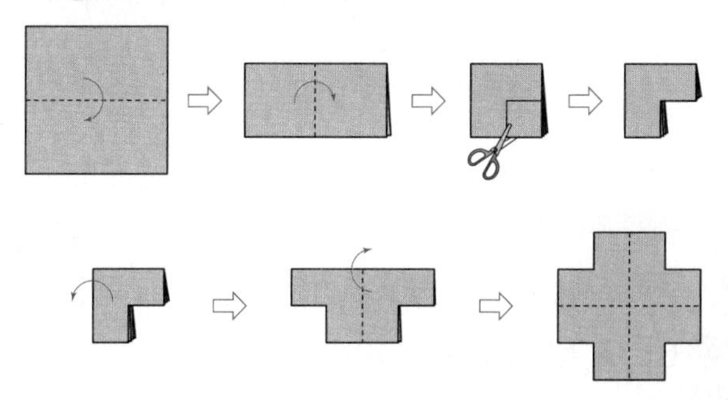

8

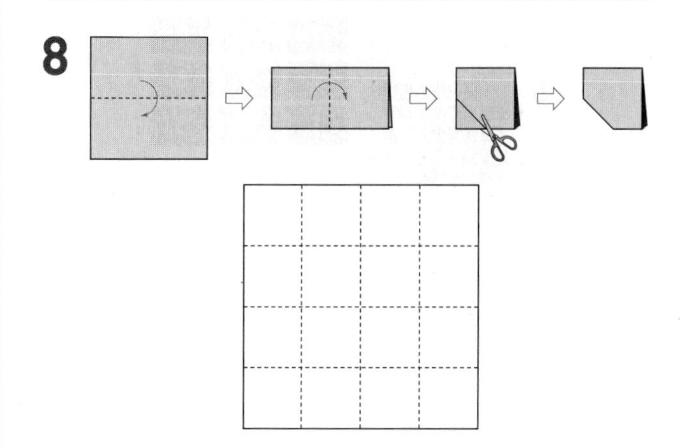

9

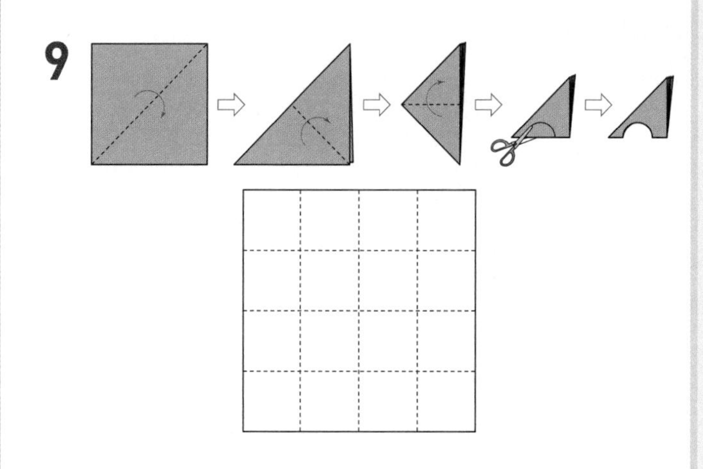

무늬에서 규칙 찾기

1 규칙을 찾아 □ 안에 알맞은 모양을 그려 보시오.

유사

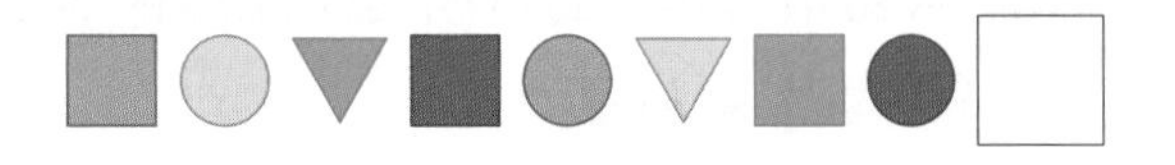

생활에서 규칙 찾기 서술형

2 전자계산기의 숫자 버튼에서 규칙을 찾아 써 보시오.

유사

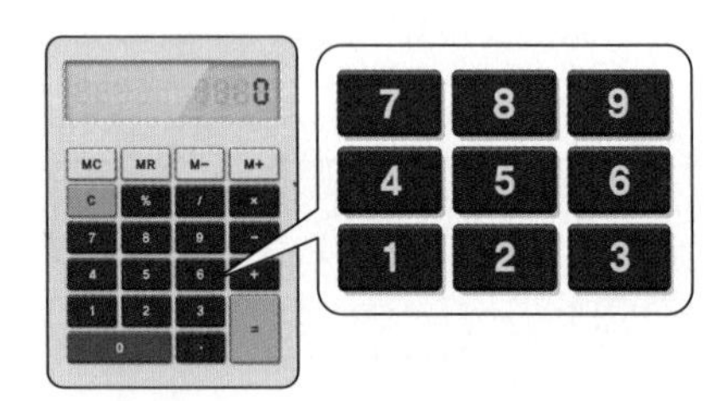

[규칙]

덧셈표에서 규칙 찾기

3 덧셈표의 ㉠과 ㉡에 알맞은 수의 합을 구하시오.

유사 동영상

+		3		7
2	3			
6	㉠			
		11		㉡

(　　　　　　　　　)

무늬에서 규칙 찾기 해설집 84쪽 문제 분석

4 규칙을 찾아 □ 안에 11번째 모양을 그려 보시오.

유사

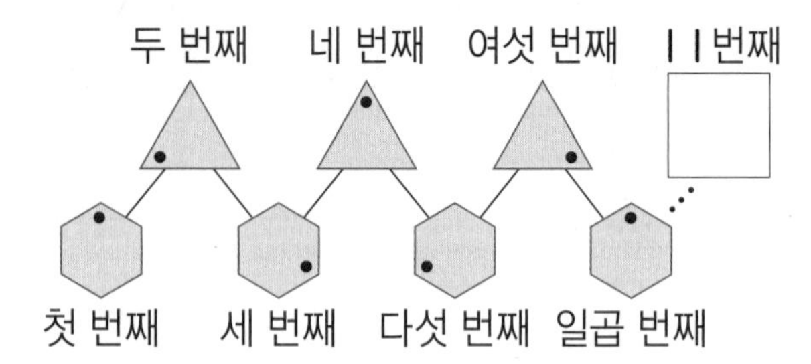

❖ **어느 공연장의 자리를 나타낸 그림입니다. 물음에 답하시오. (5~6)**

생활에서 규칙 찾기

5 진호의 자리는 28번입니다. 진호는 어느 열 몇째 자리에 앉아야 합니까?

유사

(　　　　　　　　　)

생활에서 찾기

6 지선이의 자리는 마열 셋째입니다. 지선이가 앉을 자리는 몇 번입니까?

유사

(　　　　　　　　　)

쌓은 모양에서 규칙 찾기 서술형

7 규칙에 따라 쌓기나무를 쌓고 있습니다. 다섯 번째 모양에 쌓을 쌓기나무는 몇 개인지 풀이 과정을 쓰고 답을 구하시오.

유사 동영상

[풀이]

[답]

곱셈표에서 규칙 찾기

8 다음 곱셈표의 빈칸에 들어갈 수들은 몇씩 커지는지 구하시오. 또, 이와 같은 규칙으로 수를 늘어놓을 때 ☆에 알맞은 수를 구하시오.

유사 동영상

×	1	3	5	7	9
1	1	3	5		9
3	3	9	15		27
5	5	15	25		45
7	7	21	35		63
9	9	27	45		81

8, □, □, □, ☆

(　　　　), (　　　　)

달력에서 규칙 찾기 해설집 85쪽 문제 분석

9 달력의 일부분이 찢어져 있습니다. 같은 해 2월 8일은 무슨 요일입니까?

유사 동영상

1월

일	월	화	수	목	금	토
		1	2	3	4	5
6	7	8	9	10		

(　　　　)

무늬에서 규칙 찾기 해설집 85쪽 문제 분석

10 다음과 같은 규칙으로 구슬을 실에 꿰고 있습니다. 15번째에 꿰는 구슬은 무슨 색입니까?

유사 동영상

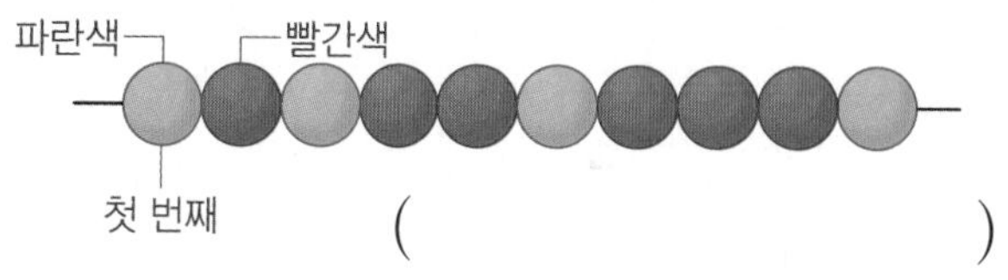

(　　　　)

쌓은 모양에서 규칙 찾기 창의·융합

11 민준이가 피라미드를 보고 쌓기나무를 엇갈려서 쌓고 있습니다. 이와 같은 규칙에 따라 쌓기나무를 5층으로 쌓으려면 쌓기나무가 몇 개 필요합니까?

유사

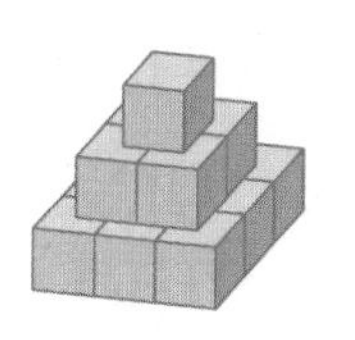

(　　　　)

단원평가 6. 규칙 찾기 ①회

점수

1 규칙을 찾아 ○ 안에 알맞게 색칠해 보시오.

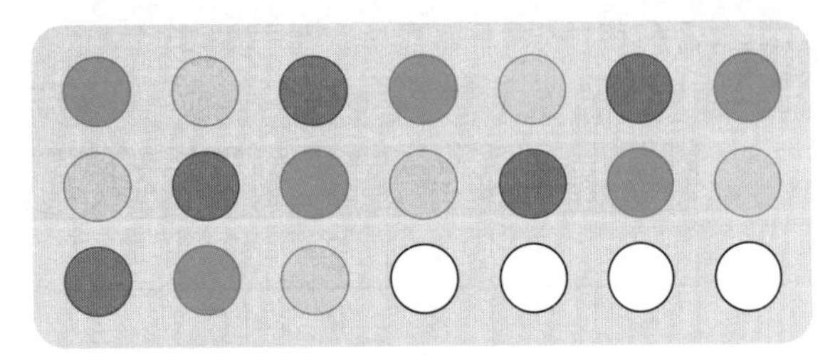

❖ 달력을 보고 물음에 답하시오. (2~4)

1월

일	월	화	수	목	금	토
1	2	3	4	5	6	7
8	9	10	11	12	13	14

2 달력에서 월요일의 빈칸에 날짜를 모두 써넣으시오.

3 이 달에 월요일은 몇 번 있습니까?

( )

4 이 달의 넷째 토요일은 며칠입니까?

( )

5 규칙을 찾아 빈 곳에 알맞게 색칠하여 보시오.

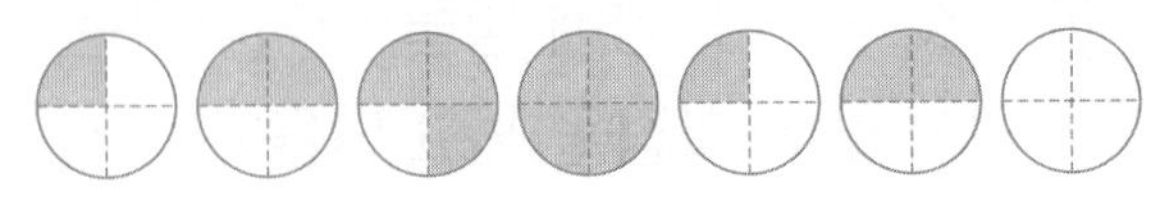

❖ 곱셈표를 보고 물음에 답하시오. (6~8)

×	1	3	5	7	9
1	1	3	5	7	9
3	3	9	15	21	27
5	5	15	25	35	
7	7	21	35		
9	9	27	45		

6 곱셈표를 완성하시오.

7 빨간색 점선에 놓인 수는 몇씩 커지는 규칙입니까?

( )

8 초록색 점선에 놓인 수와 같은 규칙이 있는 수들을 위 곱셈표에서 찾아 ○표 하시오.

❖ 덧셈표를 보고 물음에 답하시오. (9~10)

+	6	12	18	24	30
6	12	18	24		36
12		24		36	
18			36		
24		36		48	54
30	36				60

9 덧셈표를 완성하시오.

서술형

10 빨간색 점선에 놓인 수의 규칙을 써 보시오.

[규칙]

창의·융합

11 성호는 생활 속에서 수의 규칙이 있는 물건을 찾아 빨간색 선을 그었습니다. 빨간색 선에 놓인 수의 규칙이 나머지와 다른 하나는 무엇입니까?

시계

전자계산기

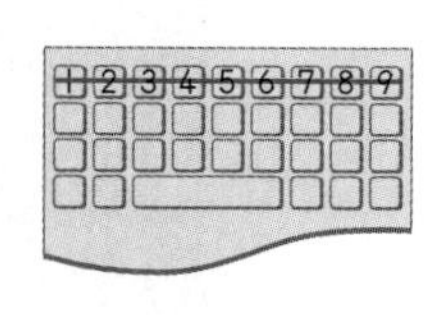
키보드

( )

12 규칙을 찾아 □ 안에 알맞은 모양을 만들려고 합니다. 필요한 쌓기나무의 개수를 쓰시오.

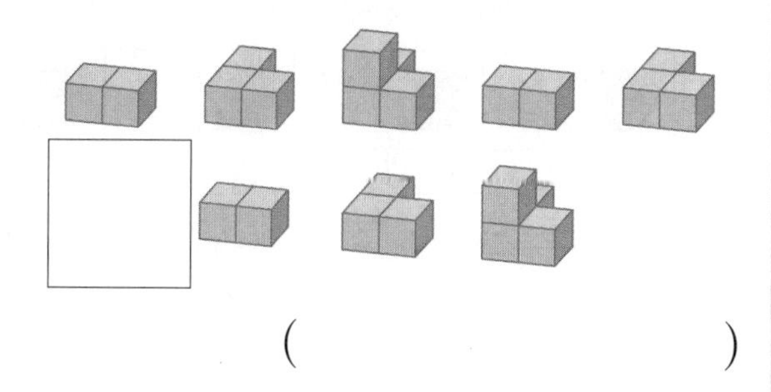

( )

서술형

13 달력의 일부분이 찢어져 있습니다. 이 달의 넷째 화요일은 며칠인지 풀이 과정을 쓰고 답을 구하시오.

1월

일	월	화	수	목	금	토
		1	2	3	4	5
6	7	8	9	10	11	12
13	14					

[풀이]

[답]

14 규칙을 찾아 △를 그려 보시오.

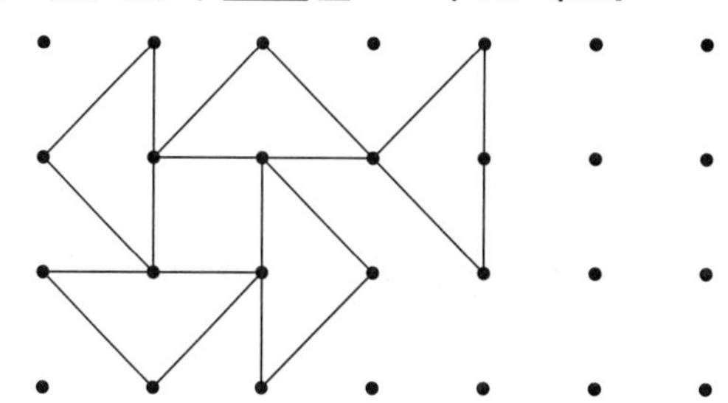

15 규칙에 따라 붙임딱지를 붙이려고 합니다. 빈칸을 모두 채우려면 곰 모양 붙임딱지는 몇 장이 더 필요합니까?

( )

❖ 다음 곱셈표를 보고 물음에 답하시오. (16~17)

×	2				
	4				12
		9		15	
			16		
		15		25	
	12				36

16 곱셈표 안의 수를 활용하여 가로줄과 세로줄에 같은 수를 써서 곱셈표를 완성하시오.

서술형

17 보라색으로 칠해진 수의 규칙을 써 보시오.

[규칙]

창의·융합

18 국화는 나라를 상징하는 꽃으로 우리나라 국화는 무궁화, 네덜란드 국화는 튤립입니다. 규칙에 따라 □ 안에 들어갈 국화를 쓰시오.

( )

19 달력의 일부분이 찢어져 있습니다. 이 달의 마지막 날은 무슨 요일입니까?

5월

일	월	화	수	목	금	토
			1	2	3	4
5	6	7				

( )

20 다음은 준희네 반 사물함의 일부입니다. 준희의 사물함은 위에서 다섯 번째이고, 왼쪽에서 네 번째라면 준희의 사물함의 번호는 몇 번입니까?

1	2	3	4	5
10	11	12		
19	20			

......

( )

단원평가 6. 규칙 찾기 ②회

점수

창의·융합

1 가을 운동회 날 볼 수 있는 만국기입니다. 규칙을 바르게 설명한 것을 찾아 기호를 쓰시오.

㉠ 한국, 미국, 일본 국기가 반복됩니다.
㉡ 한국, 일본, 미국 국기가 반복됩니다.

( )

❖ 달력의 일부분이 찢어져 있습니다. 물음에 답하시오. (2~4)

4월

일	월	화	수	목	금	토
	1	2	3	4	5	6
7	8	9				

2 이 달의 셋째 월요일은 며칠입니까?

( )

3 이 달의 셋째 금요일은 며칠입니까?

( )

4 이 달의 16일은 무슨 요일입니까?

( )

5 규칙에 따라 실에 구슬을 꿰어 팔찌를 만들려고 합니다. 다음에 꿰어야 할 구슬의 기호를 쓰시오.

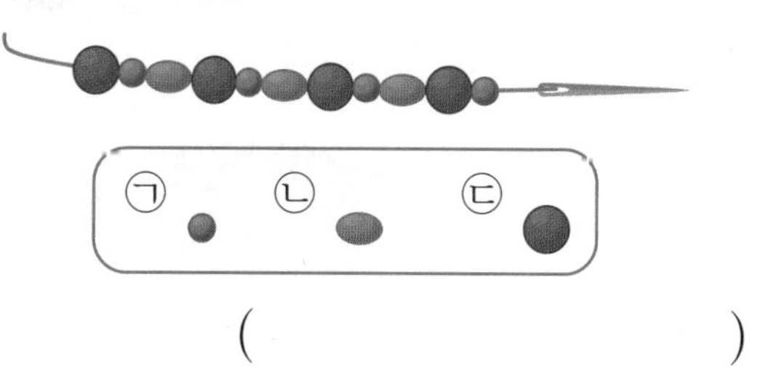

( )

❖ 덧셈표를 보고 물음에 답하시오. (6~8)

+	1	2	3	4	5
1	2	3	4	5	6
2	3		5	6	7
3	4	5	6		8
4	5		7		
5	6	7			10

6 덧셈표를 완성하시오.

서술형

7 빨간색 점선에 놓인 수의 규칙을 써 보시오.

[규칙]

서술형

8 덧셈표에서 규칙을 더 찾아 써 보시오.

[규칙]

6 규칙 찾기

창의·융합

9 빗살무늬토기는 겉에 빗살 같은 줄이 그어져 있는 옛날 그릇입니다. 다음 그릇에 빗살무늬(／, ＼)를 사용하여 무늬를 꾸며 보시오.

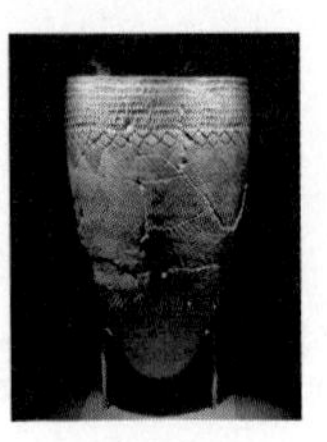

❖ **곱셈표를 보고 물음에 답하시오. (10~11)**

×	2	3	4	5	6
2	4	6	8	10	㉠
3	6		㉡	15	
4	8	㉢		20	24
5	10	㉣	20	25	
6	12	18	24	30	36

10 ●와 ▲에 알맞은 수의 합을 구하시오.

- 빨간색 점선에 놓인 수는 아래쪽으로 내려갈수록 ●씩 커집니다.
- 파란색 점선에 놓인 수는 ▲의 단 곱셈구구의 값입니다.

(　　　　　　　　)

11 위 곱셈표의 ㉠, ㉡, ㉢, ㉣ 중 다른 수가 들어가는 칸을 찾아 기호를 쓰시오.

(　　　　　　　　)

12 굵은 선 안쪽을 나만의 규칙을 정해 색칠해 보시오.

13 규칙을 찾아 13번째 모양에 색칠해 보시오.

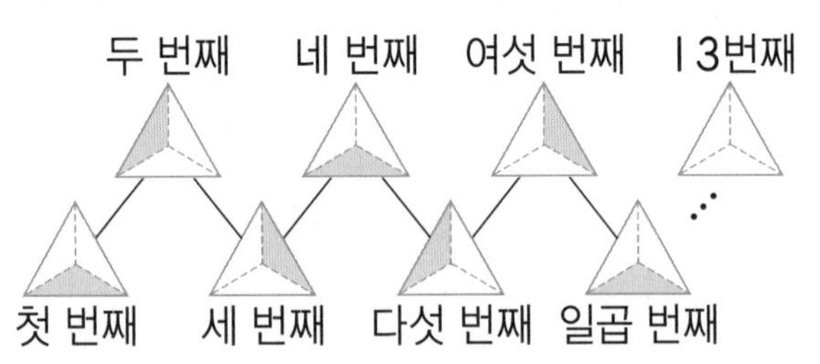

14 호중이는 규칙에 따라 쌓기나무를 쌓아 가고 있습니다. 9번째 모양까지 쌓았을 때 호중이가 사용한 쌓기나무는 몇 개입니까?

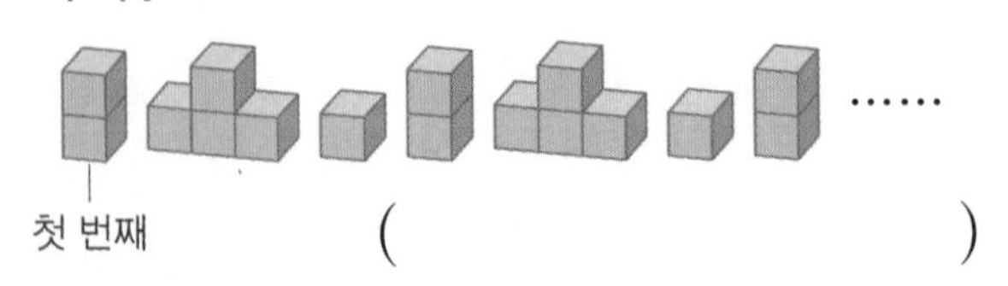

(　　　　　　　　)

서술형

15 ♥, ◇를 사용하여 규칙적인 무늬를 만들려고 합니다. 자신만의 규칙을 만들어 쓰고 만든 규칙에 따라 무늬를 만들어 보시오.

[규칙]

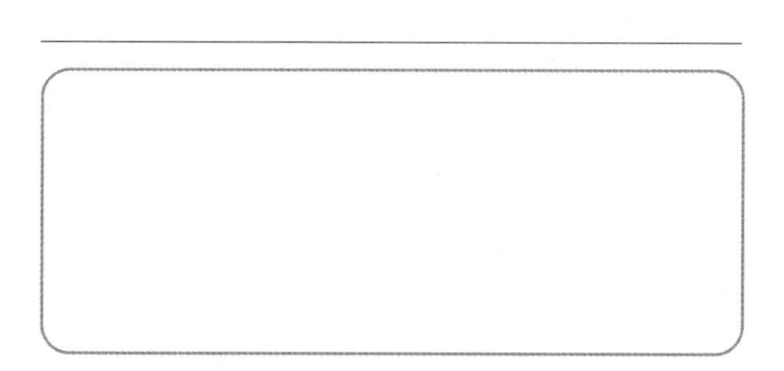

16 규칙을 찾아 빈 곳에 알맞은 수를 써넣으시오.

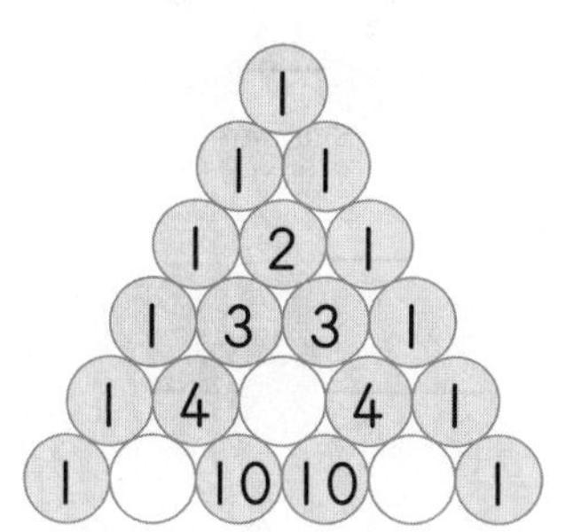

17 오늘은 4월 5일이고 오늘부터 30일 후는 소풍 가는 날입니다. 소풍 가는 날은 무슨 요일입니까?

4월

일	월	화	수	목	금	토
						1
2	3	4	5	6	7	8

( )

18 색칠한 수의 규칙을 찾아 알맞은 곳에 색칠하시오.

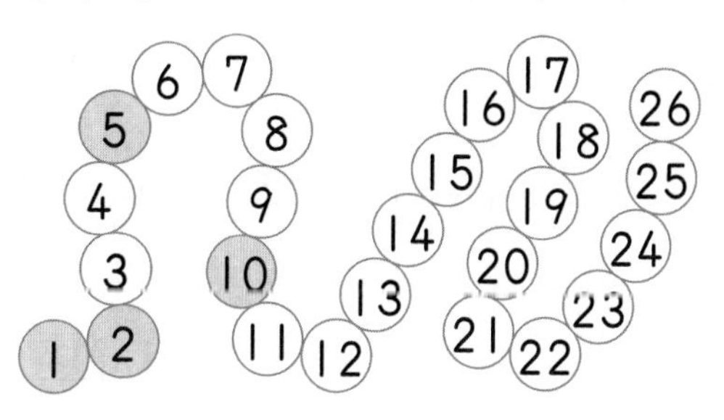

19 어느 해의 5월 8일은 수요일입니다. 이 해의 5월에 일요일인 날짜를 모두 쓰시오.

( )

20 신기의 의자의 번호는 27번입니다. 신기는 어느 열의 왼쪽에서 몇째 자리에 앉아야 합니까?

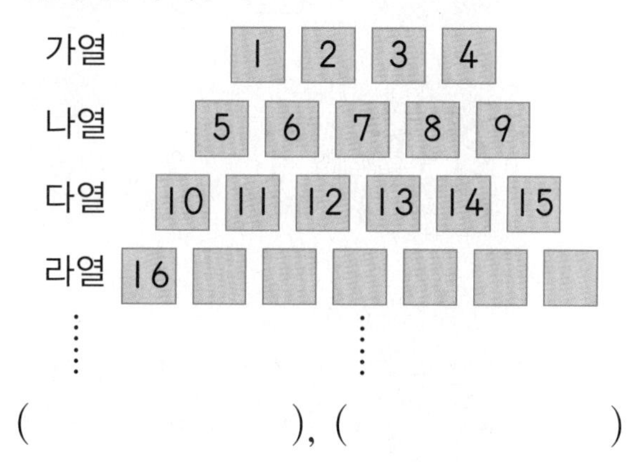

( ), ( )

6 규칙 찾기

6단원이 끝났습니다. QR 코드를 찍으면 재미있는 게임을 할 수 있어요.

파리를 잡아먹을 수 있는 개구리를 찾아라!

개구리들이 다음과 같은 방법으로 징검다리를 지나가서 파리를 잡아먹으려고 합니다. 개구리가 지나간 징검다리에 ∨ 표시를 하고 파리를 잡을 수 있으면 ○, 잡을 수 없으면 ×표 하세요.

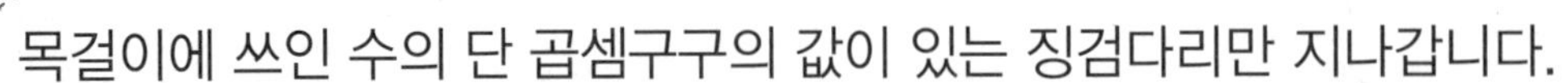

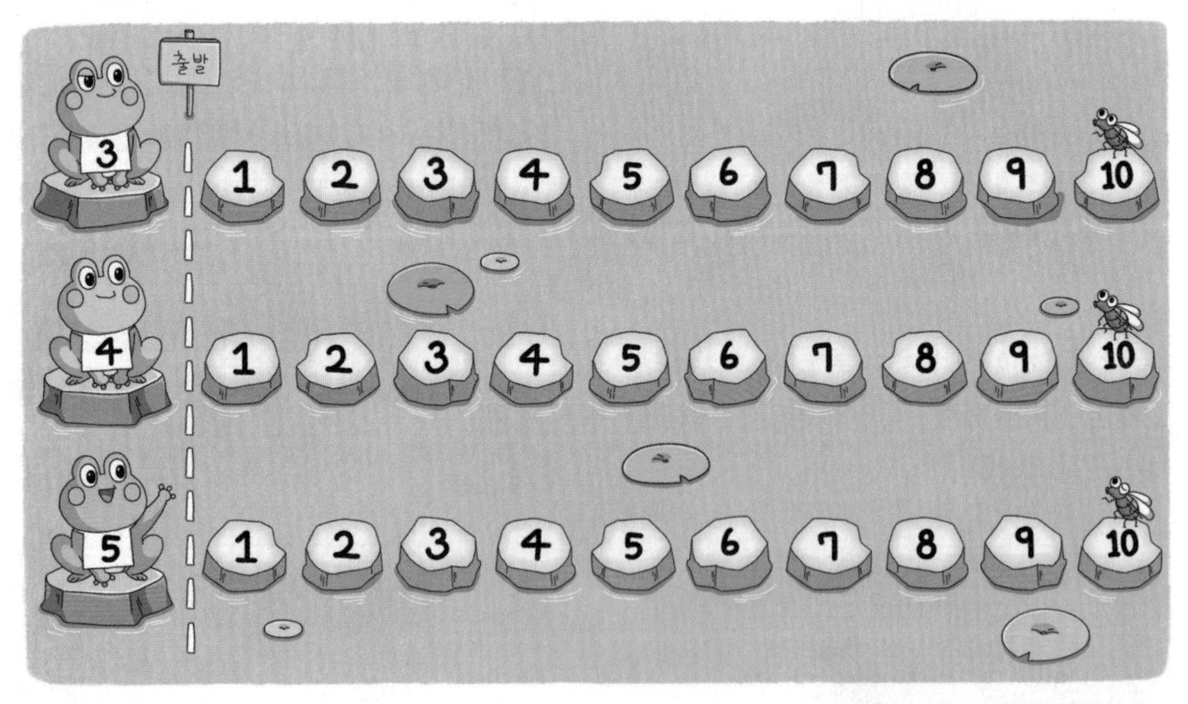

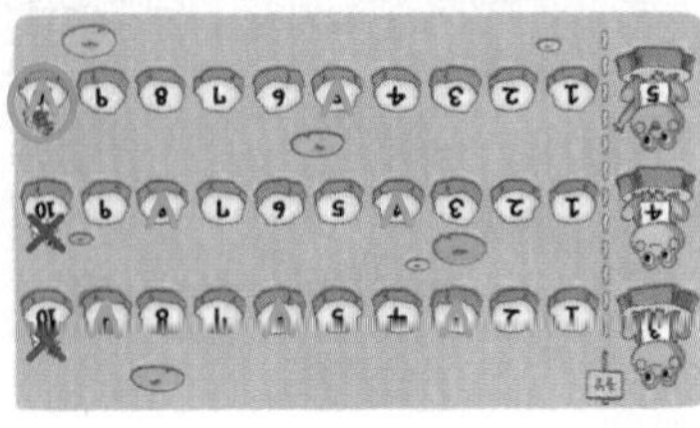

정답

book.chunjae.co.kr

교재 내용 문의 ·························· 교재 홈페이지 ▸ 초등 ▸ 교재상담
교재 내용 외 문의 ·························· 교재 홈페이지 ▸ 고객센터 ▸ 1:1문의
발간 후 발견되는 오류 ························ 교재 홈페이지 ▸ 초등 ▸ 학습지원 ▸ 학습자료실

My name~

초등학교
학년 반 번
이름

특별부록 단원평가 문제집

모든 유형을 다 담은 해결의 법칙

정답과 풀이

해설집

수학

2·2

천재교육

차례 2-2

정답과 풀이 포인트 3가지

- 혼자서도 이해할 수 있는 친절한 문제 풀이
- 문제 해결에 필요한 생각열기, 해법순서 또는 틀리기 쉬운 내용을 담은 참고, 주의 BOX
- 문제 분석으로 어려운 문항 완벽 대비

유형 해결의 법칙

해설집

자세한 풀이는 물론 문제 분석까지!

자세하고 꼼꼼한 해설 제공!

1 문제 분석

• 철저한 문제 분석을 통해 해당 문제를 단계별로 자세하게 분석함으로써 문제 해결력을 높일 수 있습니다.

2 생각열기, 해법순서

• 문제를 쉽게 이해하고, 풀 수 있도록 문제에 대한 해법 열쇠를 제시하고 있습니다.

3 참고, 주의, 다른풀이

• 학생 혼자서도 쉽게 문제를 해결할 수 있고, 다양한 방법으로 문제를 바라볼 수 있는 시각을 기를 수 있습니다.

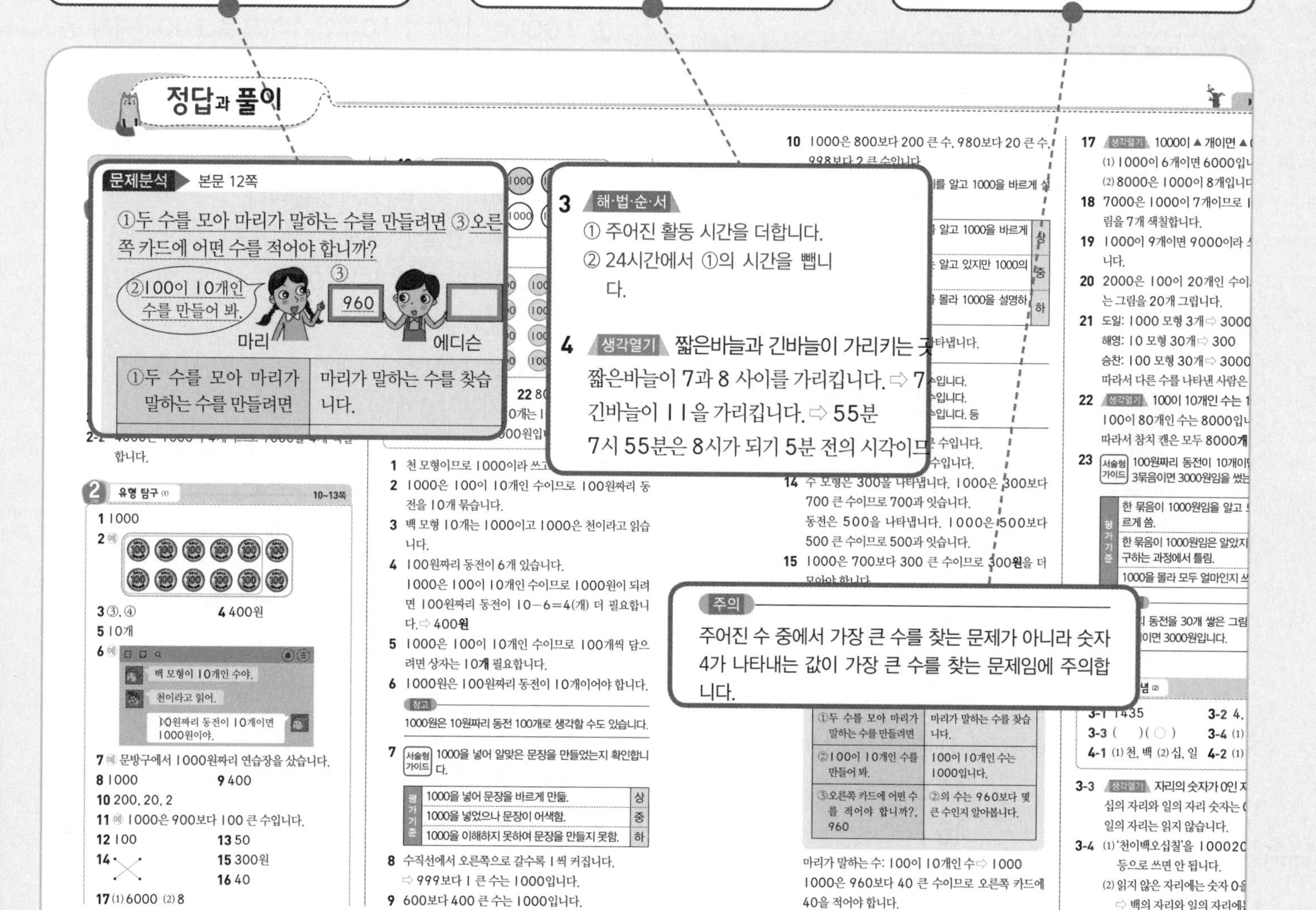

1. 네 자리 수

1 STEP 핵심 개념 (1) 9쪽

1-1 1000 **1-2** 1000

2-1 5000

2-2 예

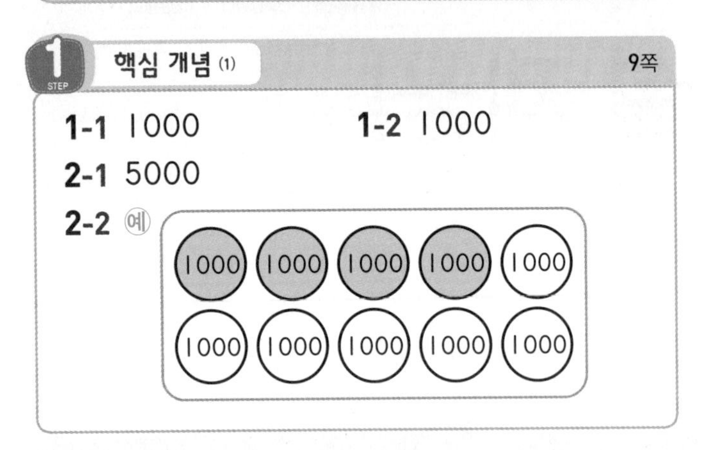

1-1 900보다 100 큰 수는 1000입니다.

1-2 990보다 10 큰 수는 1000입니다.

2-1 1000이 5개이면 5000입니다.

2-2 4000은 1000이 4개이므로 1000을 4개 색칠합니다.

2 STEP 유형 탐구 (1) 10~13쪽

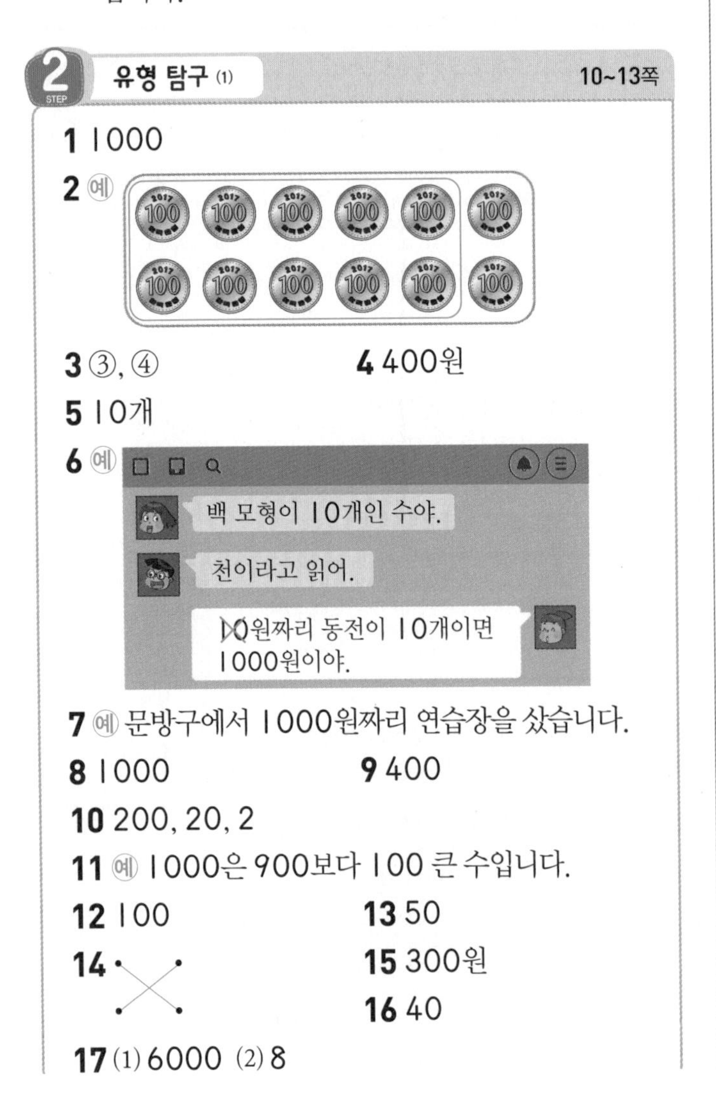

1 1000

2 예

3 ③, ④ **4** 400원

5 10개

6 예

7 예 문방구에서 1000원짜리 연습장을 샀습니다.

8 1000 **9** 400

10 200, 20, 2

11 예 1000은 900보다 100 큰 수입니다.

12 100 **13** 50

14 (선 잇기) **15** 300원

16 40

17 (1) 6000 (2) 8

18 예

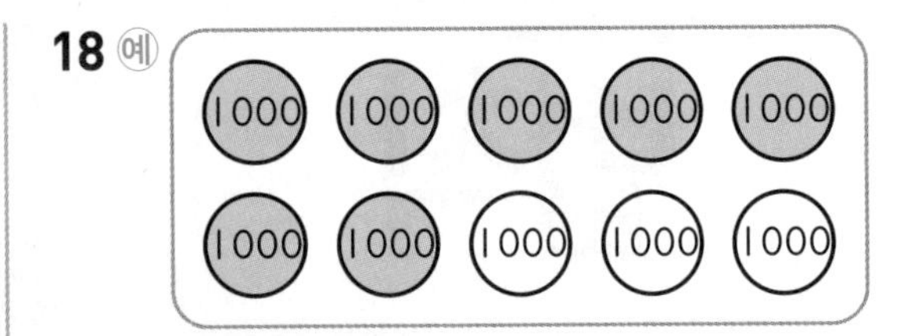

19 9000, 구천

20

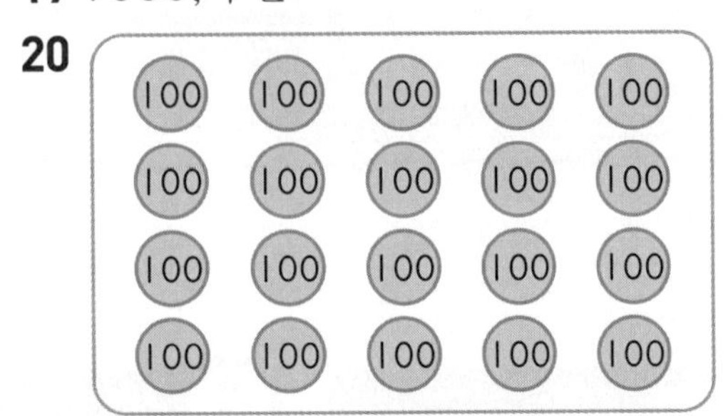

21 해영 **22** 8000개

23 예 100원짜리 동전 10개는 1000원이고 1000원씩 3묶음이므로 3000원입니다. ; 3000원

1 천 모형이므로 1000이라 쓰고 천이라고 읽습니다.

2 1000은 100이 10개인 수이므로 100원짜리 동전을 10개 묶습니다.

3 백 모형 10개는 1000이고 1000은 천이라고 읽습니다.

4 100원짜리 동전이 6개 있습니다.
1000은 100이 10개인 수이므로 1000원이 되려면 100원짜리 동전이 $10-6=4$(개) 더 필요합니다. ⇨ 400원

5 1000은 100이 10개인 수이므로 100개씩 담으려면 상자는 10개 필요합니다.

6 1000원은 100원짜리 동전이 10개이어야 합니다.

참고
1000원은 10원짜리 동전 100개로 생각할 수도 있습니다.

7 서술형 가이드 1000을 넣어 알맞은 문장을 만들었는지 확인합니다.

평가기준		
	1000을 넣어 문장을 바르게 만듦.	상
	1000을 넣었으나 문장이 어색함.	중
	1000을 이해하지 못하여 문장을 만들지 못함.	하

8 수직선에서 오른쪽으로 갈수록 1씩 커집니다.
⇨ 999보다 1 큰 수는 1000입니다

9 600보다 400 큰 수는 1000입니다.

10 1000은 800보다 200 큰 수, 980보다 20 큰 수, 998보다 2 큰 수입니다.

11 서술형 가이드 수직선의 한 칸의 크기를 알고 1000을 바르게 설명했는지 확인합니다.

평가기준		
	수직선의 한 칸의 크기를 알고 1000을 바르게 설명함.	상
	수직선의 한 칸의 크기는 알고 있지만 1000의 설명이 틀림.	중
	수직선의 한 칸의 크기를 몰라 1000을 설명하지 못함.	하

수직선의 한 칸은 100을 나타냅니다.

다른 풀이

예 1000은 800보다 200 큰 수입니다.
1000은 700보다 300 큰 수입니다.
1000은 600보다 400 큰 수입니다. 등

12 1000은 900보다 100 큰 수입니다.

13 1000은 950보다 50 큰 수입니다.

14 수 모형은 300을 나타냅니다. 1000은 300보다 700 큰 수이므로 700과 잇습니다.
동전은 500을 나타냅니다. 1000은 500보다 500 큰 수이므로 500과 잇습니다.

15 1000은 700보다 300 큰 수이므로 300원을 더 모아야 합니다.

16 문제분석 ▶ 본문 12쪽

①두 수를 모아 마리가 말하는 수를 만들려면	마리가 말하는 수를 찾습니다.
②100이 10개인 수를 만들어 봐.	100이 10개인 수는 1000입니다.
③오른쪽 카드에 어떤 수를 적어야 합니까?, 960	②의 수는 960보다 몇 큰 수인지 알아봅니다.

마리가 말하는 수: 100이 10개인 수 ⇨ 1000
1000은 960보다 40 큰 수이므로 오른쪽 카드에 40을 적어야 합니다.

17 생각열기 1000이 ▲개이면 ▲000입니다.
(1) 1000이 6개이면 6000입니다.
(2) 8000은 1000이 8개입니다.

18 7000은 1000이 7개이므로 1000을 나타내는 그림을 7개 색칠합니다.

19 1000이 9개이면 9000이라 쓰고 **구천**이라고 읽습니다.

20 2000은 100이 20개인 수이므로 100을 나타내는 그림을 20개 그립니다.

21 도일: 1000 모형 3개 ⇨ 3000
해영: 10 모형 30개 ⇨ 300
승찬: 100 모형 30개 ⇨ 3000
따라서 다른 수를 나타낸 사람은 **해영**입니다.

22 생각열기 100이 10개인 수는 1000입니다.
100이 80개인 수는 8000입니다.
따라서 참치 캔은 모두 8000**개** 들어 있습니다.

23 서술형 가이드 100원짜리 동전이 10개이면 1000원, 1000원이 3묶음이면 3000원임을 썼는지 확인합니다.

평가기준		
	한 묶음이 1000원임을 알고 모두 얼마인지 바르게 씀.	상
	한 묶음이 1000원임은 알았지만 모두 얼마인지 구하는 과정에서 틀림.	중
	1000을 몰라 모두 얼마인지 쓰지 못함.	하

다른 풀이

100원짜리 동전을 30개 쌓은 그림입니다. 100원짜리 동전이 30개이면 3000원입니다.

1 STEP 핵심 개념 (2) 15쪽

3-1 1435　　**3-2** 4, 5, 9, 3
3-3 (　)(○)　　**3-4** (1) 1257 (2) 3040
4-1 (1) 천, 백 (2) 십, 일　　**4-2** (1) 5000 (2) 600

3-3 생각열기 자리의 숫자가 0인 자리는 읽지 않습니다.
십의 자리와 일의 자리 숫자는 0이므로 십의 자리와 일의 자리는 읽지 않습니다.

3-4 (1) '천이백오십칠'을 1000200507, 120057 등으로 쓰면 안 됩니다.
(2) 읽지 않은 자리에는 숫자 0을 씁니다.
⇨ 백의 자리와 일의 자리에는 숫자 0을 씁니다.

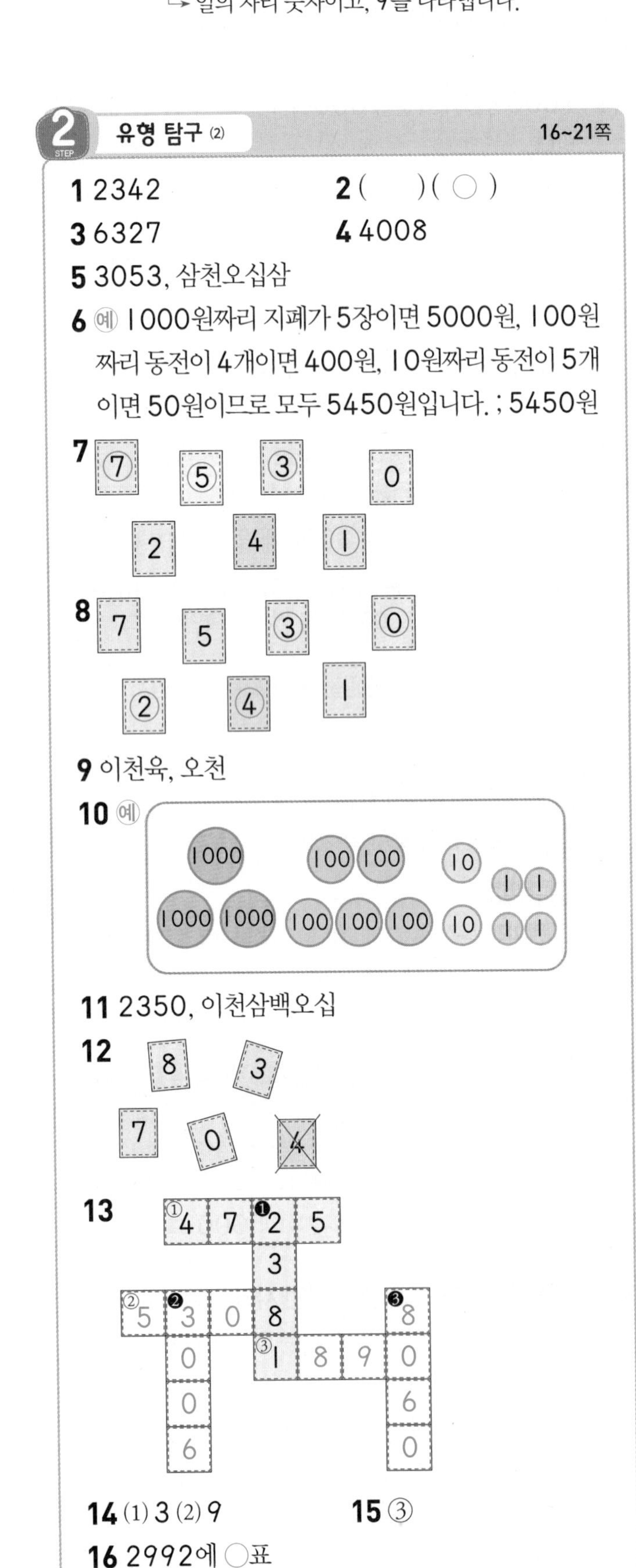

4-2 5629
- 천의 자리 숫자이고, 5000을 나타냅니다.
- 백의 자리 숫자이고, 600을 나타냅니다.
- 십의 자리 숫자이고, 20을 나타냅니다.
- 일의 자리 숫자이고, 9를 나타냅니다.

STEP 2 유형 탐구 (2) 16~21쪽

1 2342 **2** ( )(○)
3 6327 **4** 4008
5 3053, 삼천오십삼
6 예 1000원짜리 지폐가 5장이면 5000원, 100원짜리 동전이 4개이면 400원, 10원짜리 동전이 5개이면 50원이므로 모두 5450원입니다. ; 5450원
7 (7, 5, 3, 0, 2, 4, 1 중 7, 5, 3, 1에 ○표)
8 (7, 5, 3, 0, 2, 4, 1 중 3, 0, 2, 4에 ○표)
9 이천육, 오천
10 예 1000, 1000, 1000, 100, 100, 100, 100, 100, 10, 10, 1, 1, 1, 1
11 2350, 이천삼백오십
12 8, 3, 7, 0, 4 (4에 ×표)
13 ① 4725 ❶ 2538 ② 5308 ❷ 3006 ③ 1890 ❸ 8060
14 (1) 3 (2) 9 **15** ③
16 2992에 ○표

17 예 1904 ⇨ $1<4$, 4702 ⇨ $4>2$, 5934 ⇨ $5>4$, 6758 ⇨ $6<8$, 9934 ⇨ $9>4$, 3283 ⇨ $3=3$
천의 자리 숫자가 일의 자리 숫자보다 작은 수는 1904, 6758로 모두 2개입니다. ; 2개
18 8000 **19** 7, 700
20 5, 50 **21** (1) 600 (2) 6000
22 1000, 700, 50, 4 **23** 8000, 200, 60, 3
24 4502에 ○표 **25** 1735
26 예진
27 예 숫자 4가 나타내는 값을 알아보면 5347 ⇨ 40, 4107 ⇨ 4000, 2418 ⇨ 400입니다. $4000>400>40$이므로 숫자 4가 나타내는 값이 가장 큰 수는 4107입니다. ; 4107
28 윤소 **29** 2356
30 이천구백사 **31** 7905
32 8540 **33** 1758, 1785
34 7518, 1578 **35** 8932

1 천 모형이 2개, 백 모형이 3개, 십 모형이 4개, 일 모형이 2개이므로 2342입니다.

2 숫자가 1인 자리는 자릿값만 읽습니다.

주의
'칠천오백일십사'라고 읽지 않도록 주의합니다.

3 육천삼백이십칠 ⇨ 6327

4 1000이 4개, 100이 0개, 10이 0개, 1이 8개인 수는 4008입니다.

5 백의 자리에는 0을 쓰고 이 자리는 읽지 않습니다.

6 서술형 가이드 1000원짜리, 100원짜리, 10원짜리가 몇 개인지 세어 보고 모두 얼마인지 알아보는 과정이 있어야 합니다.

평가기준	
1000, 100, 10원짜리를 각각 세어 모두 얼마인지 바르게 구함.	상
1000, 100, 10원짜리는 각각 세었으나 모두 얼마인지 바르게 나타내지 못함.	중
1000, 100, 10원짜리를 세지 못함.	하

7 '오천칠백십삼'을 수로 나타내면 5713이므로 수 카드 5, 7, 1, 3이 필요합니다.

8 '사천삼십이'를 수로 나타내면 4032이므로 수 카드 4, 0, 3, 2가 필요합니다.

9 네 자리 수는 2006과 5000이 있습니다.
2006 ⇨ **이천육**, 5000 ⇨ **오천**

10 (1000)을 3개, (100)을 5개, (10)을 2개, (1)을 4개 그립니다.

11 천 모형이 2개, 백 모형이 3개, 십 모형이 5개이므로 2350입니다. 2350은 **이천삼백오십**이라고 읽습니다.

12 생각열기 삼천칠백팔십을 수로 써 봅니다.
'삼천칠백팔십'을 수로 나타내면 3780이므로 수 카드 3, 7, 8, 0이 필요합니다. 따라서 필요없는 수 카드는 4입니다.

13 가로 힌트
① 사천칠백이십오 ⇨ 4725
② 오천삼백팔 ⇨ 5308
③ 천팔백구십 ⇨ 1890
세로 힌트
❶ 이천삼백팔십일 ⇨ 2381
❷ 삼천육 ⇨ 3006
❸ 팔천육십 ⇨ 8060

14 3967
3 → 천의 자리 숫자
9 → 백의 자리 숫자
6 → 십의 자리 숫자
7 → 일의 자리 숫자

15 천의 자리 숫자를 각각 알아봅니다.
① 2 ② 1 ③ 8 ④ 1 ⑤ 5

16 1100 3131 2992 4844
다름 다름 같음 다름

17 서술형 가이드 천의 자리 숫자와 일의 자리 숫자를 비교하는 과정이 들어 있어야 합니다.

평가기준		
	천의 자리 숫자와 일의 자리 숫자를 비교하여 답을 바르게 구함.	상
	천의 자리 숫자와 일의 자리 숫자를 비교하는 과정에서 실수가 있어서 답이 틀림.	중
	천의 자리 숫자와 일의 자리 숫자를 비교하지 못함.	하

18 숫자 8은 천의 자리 숫자이므로 8000을 나타냅니다.

19 백의 자리 숫자는 7이고, 백의 자리 숫자 7은 700을 나타냅니다.

20 십의 자리 숫자는 5이고, 십의 자리 숫자 5는 50을 나타냅니다.

21 (1) 1659
→ 백의 자리 숫자이므로 600을 나타냅니다.
(2) 6491
→ 천의 자리 숫자이므로 6000을 나타냅니다.

22 각 자리의 숫자가 나타내는 값을 덧셈식으로 나타냅니다.
1754
→ 나타내는 값: 1000
→ 나타내는 값: 700
→ 나타내는 값: 50
→ 나타내는 값: 4
⇨ 1754=1000+700+50+4

23 8263
→ 나타내는 값: 8000
→ 나타내는 값: 200
→ 나타내는 값: 60
→ 나타내는 값: 3
⇨ 8263=8000+200+60+3

24 숫자 5가 얼마를 나타내는지 알아봅니다.

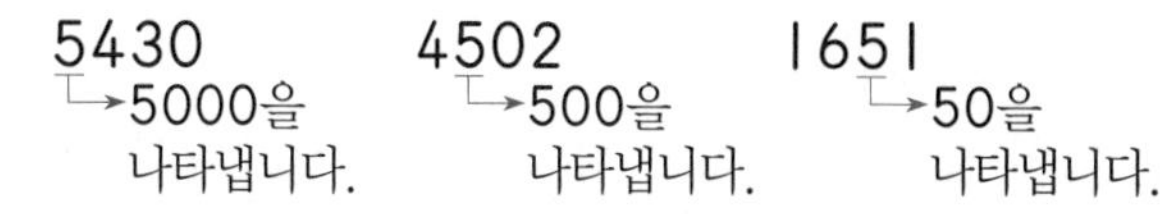

25 천의 자리 숫자는 1, 백의 자리 숫자는 7, 십의 자리 숫자는 3, 일의 자리 숫자는 5이므로 네 자리 수는 1735입니다.

26 숫자 9가 나타내는 값을 알아봅니다.
1592 ⇨ 90, 4937 ⇨ 900, 3896 ⇨ 90
따라서 숫자 9가 나타내는 값이 다른 수를 들고 있는 사람은 **예진**입니다.

27 서술형 가이드 각각의 수에서 숫자 4가 나타내는 값을 알아보는 풀이 과정이 들어 있어야 합니다.

평가기준		
	숫자 4가 나타내는 값을 알아보고 숫자 4가 나타내는 값이 가장 큰 수를 찾음.	상
	숫자 4가 나타내는 값은 알고 있으나 숫자 4가 나타내는 값이 가장 큰 수를 찾지 못함.	중
	숫자 4가 나타내는 값을 모름.	하

주의
주어진 수 중에서 가장 큰 수를 찾는 문제가 아니라 숫자 4가 나타내는 값이 가장 큰 수를 찾는 문제임에 주의합니다.

28 두 사람이 만든 수에서 백의 자리 숫자를 알아보면 지욱이는 8, 윤소는 7입니다.
따라서 백의 자리 숫자가 7인 네 자리 수를 만든 사람은 **윤소**입니다.

29 네 자리 수를 쓸 때에는 앞에서부터 천, 백, 십, 일의 자리 숫자를 차례로 씁니다.
2 3 5 6
천백십일

30 천의 자리 숫자가 2, 백의 자리 숫자가 9, 십의 자리 숫자가 0, 일의 자리 숫자가 4인 네 자리 수는 2904입니다.
2904 ⇨ **이천구백사**

31 네 자리 수의 각 자리 숫자를 알아봅니다.
(천의 자리 숫자)=7
(백의 자리 숫자)=(천의 자리 숫자)+2=7+2=9
(십의 자리 숫자)=0
(일의 자리 숫자)=(십의 자리 숫자)+5=0+5=5
⇨ 천의 자리 숫자가 7, 백의 자리 숫자가 9, 십의 자리 숫자가 0, 일의 자리 숫자가 5인 네 자리 수는 7905입니다.

32 백의 자리 숫자가 5, 십의 자리 숫자가 4인 네 자리 수: □54□
(천의 자리 숫자)=(십의 자리 숫자)×2=4×2=8
(일의 자리 숫자)=(십의 자리 숫자)−4=4−4=0
따라서 설명하는 네 자리 수는 8540입니다.

33 천의 자리 숫자가 1, 백의 자리 숫자가 7인 네 자리 수를 17□□라고 합니다.
남은 수 카드 5와 8을 십의 자리와 일의 자리에 놓으면 만들 수 있는 네 자리 수는 1758, 1785입니다.

34 백의 자리 숫자가 5, 일의 자리 숫자가 8인 네 자리 수를 □5□8이라고 합니다.
남은 수 카드 7과 1을 천의 자리와 십의 자리에 놓으면 만들 수 있는 네 자리 수는 7518, 1578입니다.

35 문제분석 ▶ 본문 21쪽

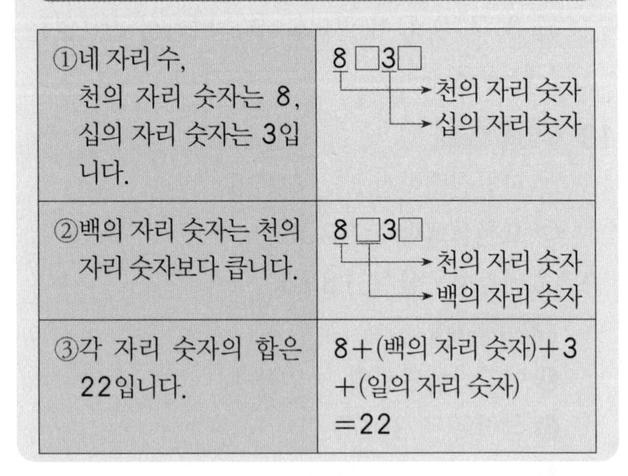
다음에서 설명하는 ①네 자리 수를 구하시오.

- ①천의 자리 숫자는 8, 십의 자리 숫자는 3입니다.
- ②백의 자리 숫자는 천의 자리 숫자보다 큽니다.
- ③각 자리 숫자의 합은 22입니다.

①네 자리 수, 천의 자리 숫자는 8, 십의 자리 숫자는 3입니다.	8□3□ → 천의 자리 숫자, 십의 자리 숫자
②백의 자리 숫자는 천의 자리 숫자보다 큽니다.	8□3□ → 천의 자리 숫자, 백의 자리 숫자
③각 자리 숫자의 합은 22입니다.	8+(백의 자리 숫자)+3+(일의 자리 숫자)=22

천의 자리 숫자가 8, 십의 자리 숫자가 3인 네 자리 수를 8□3□라고 합니다.
백의 자리 숫자는 8보다 크므로 9입니다.
따라서 893□에서 8+9+3+□=22, □=2이므로 네 자리 수는 8932입니다.

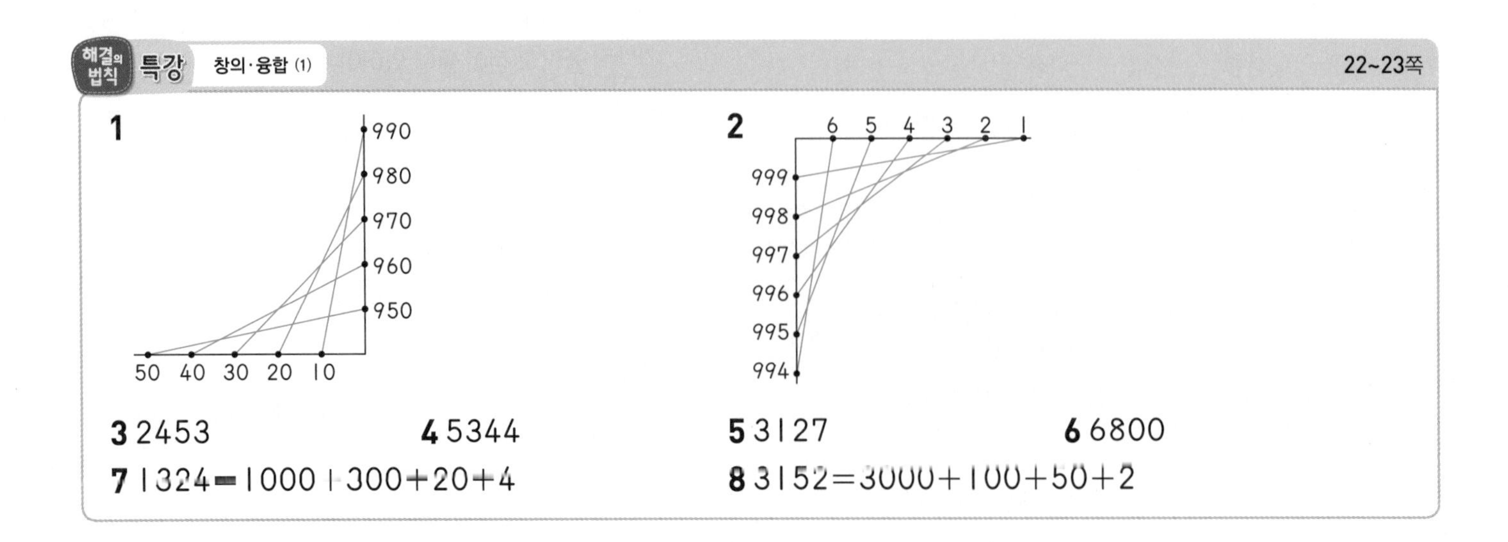
해결의 법칙 특강 창의·융합 (1) 22~23쪽

1

2

3 2453 **4** 5344 **5** 3127 **6** 6800
7 1324=1000+300+20+4
8 3152=3000+100+50+2

1 **2**

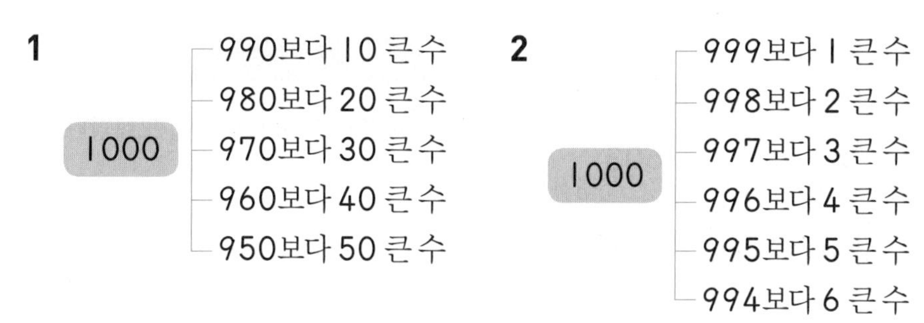

3 이 2개, 이 4개, 이 5개, 이 3개이므로 2453입니다.

4 이 5개, 이 3개, 이 4개, 이 4개이므로 5344입니다.

5

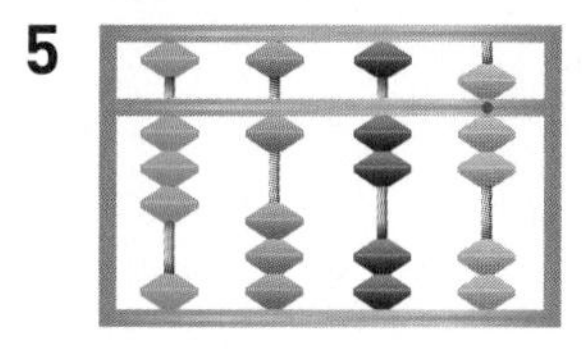

⇨ $3000+100+20+7=3127$

6

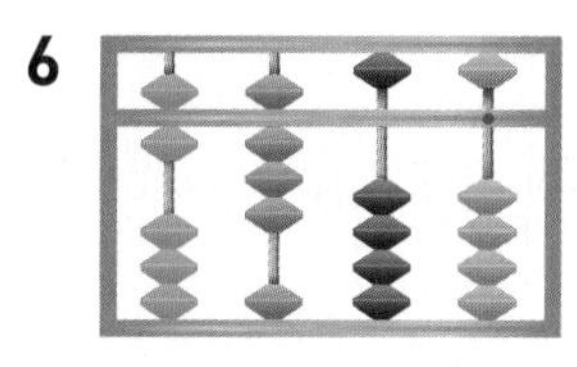

⇨ $6000+800+0+0=6800$

7
← 천의 자리이므로 1000을 나타냅니다.
← 백의 자리이므로 300을 나타냅니다.
← 십의 자리이므로 20을 나타냅니다.
← 일의 자리이므로 4를 나타냅니다.

⇨ $1324=1000+300+20+4$

8
← 천의 자리이므로 3000을 나타냅니다.
← 백의 자리이므로 100을 나타냅니다.
← 십의 자리이므로 50을 나타냅니다.
← 일의 자리이므로 2를 나타냅니다.

⇨ $3152=3000+100+50+2$

셀파 가·이·드

▶

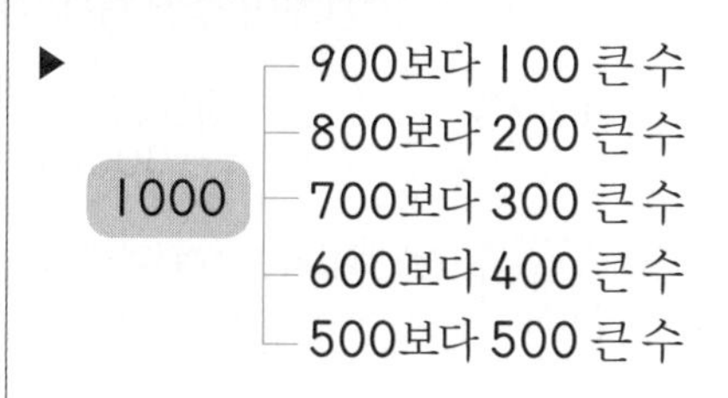

▶ 1000, 100, 10, 1을 나타내는 그림이 각각 몇 개인지 세어 봅니다.

▶ 주판의 위쪽 구슬이 아래로 내려가면 왼쪽부터 차례대로 5000, 500, 50, 5를 나타냅니다.

▶ 천, 백, 십, 일의 자리를 나타내는 매듭 수를 세어 봅니다.

레벨 UP (1)

24~25쪽

1 3000, 삼천 **2** 3046에 ○표, 7603에 △표

3 예 1000원짜리 지폐가 4장이면 4000원, 100원짜리 동전이 16개이면 1600원, 10원짜리 동전이 10개이면 100원이므로 모두 5700원입니다. ; 5700원

4 8장 **5** 7000원 **6** 예 컵볶이와 닭강정, 김밥과 순대

7
800 100 900 600
400 200 500 700 300

8 예 네 자리 수 89□2에서 □ 안에는 0부터 9까지 10개의 수가 들어갈 수 있으므로 모두 10개입니다. ; 10개

9 1011에 ×표 **10** 2355명 **11** 천육백육십육

1 십 모형이 300개 있으므로 10이 300인 수입니다.
⇨ 10이 300개인 수는 3000이라 쓰고 **삼천**이라고 읽습니다.

> 셀파 가·이·드
> ▶ 주어진 수 모형은 십 모형입니다.

2 1835 → 30을 나타냄. 3046 → 3000을 나타냄. 2392 → 300을 나타냄. 7603 → 3을 나타냄.

3 서술형 가이드: 1000원짜리, 100원짜리, 10원짜리가 몇인지 세어 보고 모두 얼마인지 알아보는 과정이 들어 있어야 합니다.

평가기준		
	1000, 100, 10원짜리를 각각 세어 모두 얼마인지 바르게 구함.	상
	1000, 100, 10원짜리는 각각 세었으나 모두 얼마인지 바르게 나타내지 못함.	중
	1000, 100, 10원짜리를 세지 못함.	하

4 컵볶이: 1000원 (1000이 1개) 스파게티: 7000원 (1000이 7개)
⇨ 1000이 모두 1+7=8(개)이므로 1000원짜리 지폐로 **8장**을 내야 합니다.

> ▶ 각 음식값은 1000이 몇인지 알아봅니다.

5 순대: 3000원 (1000이 3개) 닭강정: 4000원 (1000이 4개)
⇨ 1000이 모두 3+4=7(개)이므로 음식값은 **7000원**입니다.

6 컵볶이: 1000원 (1000이 1개) 닭강정: 4000원 (1000이 4개)
⇨ 1000이 모두 1+4=5(개)이므로 음식값은 5000원입니다.
김밥: 2000원 (1000이 2개) 순대: 3000원 (1000이 3개)
⇨ 1000이 모두 2+3=5(개)이므로 음식값은 5000원입니다.

> ▶ 5000은 1000이 5개인 수입니다.

7 문제분석 ▶ 본문 25쪽

민수와 윤후는 ①모으기 하여 1000이 되는 두 수 카드를 골라서 가져 가는 놀이를 하고 있습니다. ③마지막에 남는 수 카드를 찾아 ×표 하시오.

②

①모으기 하여 1000이 되는 두 수 카드를 골라서 가져 가는 놀이를 하고 있습니다.	모으기 하여 1000이 되는 두 수를 알아봅니다.
② 800, 100, 900, 600, 700, 400, 200, 500, 300	1000은 900보다 100 큰 수, 800보다 200 큰 수, 700보다 300 큰 수……입니다.
③마지막에 남는 수 카드를 찾아 ×표 하시오.	남는 수 카드를 알아봅니다.

모으기 하여 1000이 되는 두 수 카드는 800과 200, 100과 900, 400과 600, 700과 300이므로 500이 남습니다. ⇨ 500에 ×표 합니다.

> ▶ 두 수를 모으기 하여 1000 만들기
> ⇨ 900과 100, 800과 200, 700과 300, 600과 400, 500과 500

8 서술형 가이드 주어진 조건에 맞는 네 자리 수를 만들어 보고 모두 몇 개인지 구하는 과정이 들어 있어야 합니다.

평가기준		
	조건에 맞는 네 자리 수 89□2가 모두 몇 개인지 바르게 구함.	상
	조건에 맞는 네 자리 수를 89□2로 나타내었지만 모두 몇 개인지 구하지 못함.	중
	조건에 맞는 네 자리 수를 89□2로 나타내지 못하여 모두 몇 개인지 구하지 못함.	하

9 문제분석 본문 25쪽

①수 모형 5개 중 ②4개를 사용하여 나타낼 수 없는 네 자리 수를 찾아 ×표 하시오.

①수 모형 5개 중	천 모형 1개, 백 모형 1개, 십 모형 2개, 일 모형 1개
②4개를 사용하여 나타낼 수 없는 네 자리 수를 찾아 ×표 하시오.	수 모형 4개를 사용하여 나타낼 수 있는 네 자리 수를 알아봅니다.

- 1111=1000+100+10+1 ⇨ 수 모형 4개를 사용했습니다.
- 1120=1000+100+10+10 ⇨ 수 모형 4개를 사용했습니다.
- 1011=1000+10+1 ⇨ 수 모형 3개를 사용했습니다.
- 1021=1000+10+10+1 ⇨ 수 모형 4개를 사용했습니다.

따라서 수 모형 4개를 사용하여 나타낼 수 없는 네 자리 수는 1011입니다.

10 문제분석 본문 25쪽

다음을 보고 마리네 학교 학생은 몇 명인지 구하시오.

- ①우리 학교 학생 수는 천의 자리 숫자가 2인 네 자리 수야.
- ②백의 자리 숫자가 나타내는 값은 300이고, ③십의 자리 숫자와 일의 자리 숫자는 같아.
- ④일의 자리 숫자는 백의 자리 숫자보다 2 큰 수야.

①우리 학교 학생 수는 천의 자리 숫자가 2인 네 자리 수야.	천의 자리 숫자가 2인 네 자리 수 : 2□□□
②백의 자리 숫자가 나타내는 값은 300이고	2□□□ → 백의 자리
③십의 자리 숫자와 일의 자리 숫자는 같아.	2□□□ → 십의 자리, → 일의 자리
④일의 자리 숫자는 백의 자리 숫자보다 2 큰 수야.	2□□□ → 백의 자리, → 일의 자리

천의 자리 숫자가 2인 네 자리 수: 2□□□

백의 자리 숫자가 300을 나타내므로 백의 자리 숫자는 3입니다. ⇨ 23□□

(십의 자리 숫자)=(일의 자리 숫자)=(백의 자리 숫자)+2=3+2=5

따라서 마리네 학교 학생은 **2355명**입니다.

셀파 가·이·드

▶ 주의

네 자리 수에서 각 자리에는 0부터 9까지의 수를 놓을 수 있습니다. 숫자 0을 생각하지 못해 틀리는 일이 없도록 주의합니다. (단, 0은 맨 앞에는 올 수 없습니다.)

▶ 주의

수 모형 5개 중 4개를 사용해야 합니다.

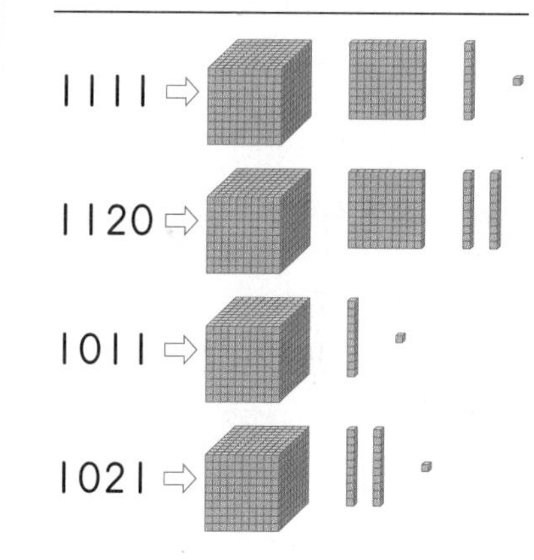

▶ 백의 자리 숫자가 나타내는 값이 ■00일 때 백의 자리 숫자는 ■입니다.

11 M=1000, D=500, C=100, L=50, X=10, V=5, I=1이므로
MDCLXVI가 나타내는 수는
1000+500+100+50+10+5+1=1666입니다.
⇨ 1666은 **천육백육십육**이라고 읽습니다.

셀파 가·이·드
▶ 각 로마 숫자가 나타내는 수를 모두 더합니다.

1 STEP 핵심 개념 (3) 27쪽

5-1 7000, 8000, 9000
5-2 9600, 9700, 9800, 9900
5-3 9940, 9950, 9960, 9970
5-4 9990원

5-1 1000씩 뛰어 셉니다. ⇨ 천의 자리 숫자만 1씩 커집니다.
5-2 100씩 뛰어 셉니다. ⇨ 백의 자리 숫자만 1씩 커집니다.
5-3 10씩 뛰어 셉니다. ⇨ 십의 자리 숫자만 1씩 커집니다.

2 STEP 유형 탐구 (3) 28~33쪽

1 1000씩 **2** 6320, 8320, 9320
3 5394, 3394, 2394
4
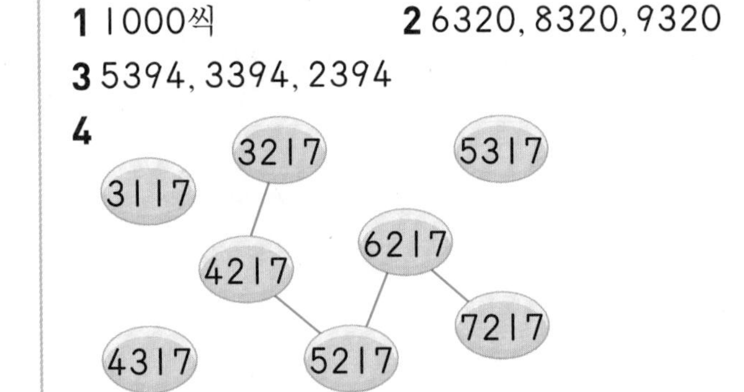

5 5200 **6** 5000원
7 100씩 **8** 5580, 5680
9 3406, 3806 **10** 4360
11 1489, 1389, 1289
12 예 사천이백오십팔은 4258이고
4258부터 100씩 5번 뛰어 셉니다.
4258−4358−4458−4558−4658−4758
(1번, 2번, 3번, 4번, 5번)
따라서 사천이백오십팔부터 100씩 5번 뛰어 센 수는 4758입니다. ; 4758

13 10씩 **14** 2855, 2875
15 4752, 4782, 4792
16 8423, 8413
17 2060, 2040, 2030
18 9478 **19** 8729
20 1씩 **21** 1596, 1598
22 4063, 4061, 4060
23
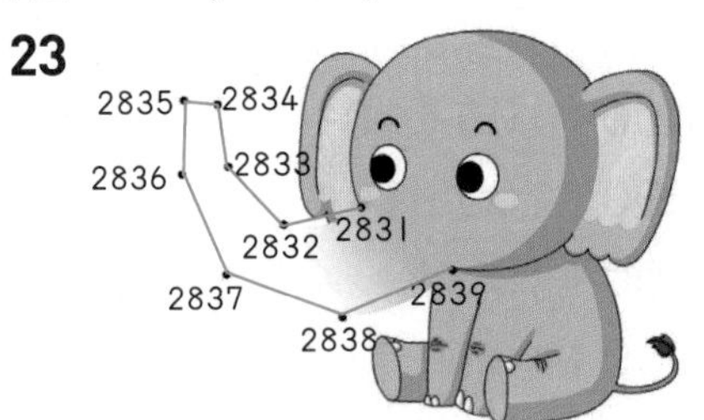

24 4번
25 예 7381에서 7382로 1 커졌으므로 눈금 한 칸은 1을 나타냅니다. 따라서 1씩 뛰어 세면 7381−7382−7383−7384이므로 ☆은 7384입니다. ; 7384
26 영인 **27** 지선
28 호민
29 6008, 6108
30 7246, 7247, 7248
31 7286 **32** 100씩, 1000씩
33 3400, 4200 **34** 100씩
35 10씩
36 예 2253에서 6253으로 4번 뛰어 세어 천의 자리 숫자만 4 커졌으므로 1000씩 뛰어 센 것입니다. ; 1000씩

1 천의 자리 숫자만 1씩 커지고 있고 백, 십, 일의 자리 숫자는 변하지 않았습니다.
⇨ 1000씩 뛰어 세었습니다.
2 백, 십, 일의 자리 숫자는 그대로 있고 천의 자리 숫자만 1씩 커집니다.

3 1000씩 거꾸로 뛰어 세면 천의 자리 숫자만 1씩 작아집니다.

7394−6394−5394−4394−3394−2394
(−1, −1, −1, −1, −1)

4 3217부터 1000씩 뛰어 셉니다.

3217−4217−5217−6217−7217

5 1200−2200−3200−4200−5200
(1번, 2번, 3번, 4번)

1200부터 1000씩 4번 뛰어 세면 5200입니다.

6 1000−2000−3000−4000−5000

⇨ 찬열이가 심부름을 5번 해서 받는 용돈은 5000원입니다.

7 백의 자리 숫자만 1씩 커지고 있고 천, 십, 일의 자리 숫자는 변하지 않았습니다.

⇨ **100씩** 뛰어 세었습니다.

8 천, 십, 일의 자리 숫자는 그대로 있고 백의 자리 숫자만 1씩 커집니다.

9 백의 자리 숫자만 1씩 커집니다.

10 백의 자리 숫자만 1씩 커집니다.

4060−4160−4260−4360
(㉠)

11 보기는 백의 자리 숫자만 1씩 작아지고 있으므로 100씩 거꾸로 뛰어 센 것입니다.

1589부터 100씩 거꾸로 뛰어 셉니다.

1589−1489−1389−1289
(−1, −1, −1)

12 서술형 가이드 '사천이백오십팔'을 수로 써 보고 뛰어 센 수를 구하는 풀이 과정이 들어 있어야 합니다.

평가기준		
	수로 써 보고 뛰어 센 수를 구함.	상
	'사천이백오십팔'은 수로 썼지만 뛰어 센 수를 구하는 과정에서 틀림.	중
	'사천이백오십팔'을 수로 쓰지 못함.	하

13 십의 자리 숫자만 1씩 커지고 있고 천, 백, 일의 자리 숫자는 변하지 않았습니다.

⇨ **10씩** 뛰어 세었습니다.

14 천, 백, 일의 자리 숫자는 그대로 있고 십의 자리 숫자만 1씩 커집니다.

2835−2845−2855−2865−2875−2885
(+1, +1, +1, +1, +1)

15 십의 자리 숫자만 1씩 커집니다.

16 10씩 거꾸로 뛰어 세면 천, 백, 일의 자리 숫자는 그대로 있고 십의 자리 숫자만 1씩 작아집니다.

17 10씩 거꾸로 뛰어 세면 십의 자리 숫자만 1씩 작아집니다.

2080−2070−2060−2050−2040−2030
(−1, −1, −1, −1, −1)

18 9428−9438−9448−9458−9468−9478
(1번, 2번, 3번, 4번, 5번)

9428부터 10씩 5번 뛰어 세면 9478입니다.

19 10씩 4번 뛰어 세어 8769가 되었으므로 처음 수는 8769부터 10씩 거꾸로 4번 뛰어 셉니다.

8769−8759−8749−8739−8729
(1번, 2번, 3번, 4번)

20 일의 자리 숫자만 1씩 커지고 있고 천, 백, 십의 자리 숫자는 변하지 않았습니다.

⇨ **1씩** 뛰어 세었습니다.

21 천, 백, 십의 자리 숫자는 그대로 있고 일의 자리 숫자만 1씩 커집니다.

22 1씩 거꾸로 뛰어 세면 일의 자리 숫자만 1씩 작아집니다.

4065−4064−4063−4062−4061−4060
(−1, −1, −1, −1, −1)

23 1씩 뛰어 세면 일의 자리 숫자만 1씩 커집니다.

24 5423−5424−5425−5426−5427
(1번, 2번, 3번, 4번)

⇨ 5427은 5423부터 1씩 **4번** 뛰어 센 수입니다.

25 서술형 가이드 얼마씩 뛰어 센 것인지 알아보고 바르게 뛰어 세었는지 확인합니다.

평가기준		
	1씩 뛰어 센 것임을 알고 ☆을 바르게 구함.	상
	1씩 뛰어 센 것임은 알지만 뛰어 세는 과정에서 틀림.	중
	1씩 뛰어 센 것임을 몰라서 ☆을 구하지 못함.	하

26 천의 자리 숫자만 1씩 커졌습니다.

⇨ 1000씩 뛰어 센 **영인**이가 쓴 것입니다.

27 백의 자리 숫자만 1씩 커졌습니다.

⇨ 100씩 뛰어 센 **지선**이가 쓴 것입니다.

28 십의 자리 숫자만 1씩 커졌습니다.

⇨ 10씩 뛰어 센 **호민**이가 쓴 것입니다.

29 6208−6308−6408로 백의 자리 숫자만 1씩 커졌으므로 100씩 뛰어 셉니다.

30 7243−7244−7245로 일의 자리 숫자만 1씩 커졌으므로 1씩 뛰어 셉니다.

31 문제분석 ▶ 본문 32쪽

①천의 자리 숫자가 3, 백의 자리 숫자가 2, 십의 자리 숫자가 8, 일의 자리 숫자가 6인 네 자리 수가 있습니다.
②이 수부터 1000씩 4번 뛰어 센 수를 구하시오.

①천의 자리 숫자가 3, 백의 자리 숫자가 2, 십의 자리 숫자가 8, 일의 자리 숫자가 6인 네 자리 수가 있습니다.	천의 자리 숫자가 ■, 백의 자리 숫자가 ▲, 십의 자리 숫자가 ●, 일의 자리 숫자가 ★인 네 자리 수 ⇨ ■▲●★
②이 수부터 1000씩 4번 뛰어 센 수를 구하시오.	1000씩 뛰어 세면 천의 자리 숫자만 1씩 커집니다.

천의 자리 숫자가 3, 백의 자리 숫자가 2, 십의 자리 숫자가 8, 일의 자리 숫자가 6인 네 자리 수 ⇨ 3286

3286−4286−5286−6286−7286
(1번, 2번, 3번, 4번)

32 1100−1200−1300−1400−1500
⇨ 백의 자리 숫자만 1씩 커졌으므로 100씩 뛰어 세었습니다.
1100−2100−3100−4100
⇨ 천의 자리 숫자만 1씩 커졌으므로 1000씩 뛰어 세었습니다.

33 3100−3200−3300−3400−3500이므로 ★=3400입니다.
1200−2200−3200−4200이므로 ♥=4200입니다.

34 4650에서 4950으로 3번 뛰어 세어 백의 자리 숫자만 3 커졌습니다. ⇨ 100씩 뛰어 센 것입니다.

35 9270에서 9320으로 5번 뛰어 세어 50이 커졌습니다. ⇨ 10씩 뛰어 센 것입니다.

36 서술형 가이드 커진 수를 알아보고 얼마씩 뛰어 센 것인지 구하는 풀이 과정이 들어 있어야 합니다.

평가기준		
	뛰어 세어 커진 수를 알아보고 얼마씩 뛰어 센 것인지 구함.	상
	뛰어 세어 커진 수는 알지만 얼마씩 뛰어 센 것인지 구하는 과정에서 틀림.	중
	뛰어 세어 커진 수를 몰라 얼마씩 뛰어 센 것인지 구하지 못함.	하

STEP 1 핵심 개념 (4) 35쪽

6-1 >
6-2 5300, 3240
6-3 <
6-4 (1) > (2) >
6-5 (1) > (2) <
6-6 (1) < (2) >

6-1 천 모형이 2335는 2개, 1352는 1개이므로 2335의 천 모형이 더 많습니다.
⇨ 2335>1352

6-2 천 모형이 3240은 3개, 5300은 5개이므로 5300의 천 모형이 더 많습니다.
3240<5300 ⇨ 3240은 5300보다 작습니다.
5300>3240 ⇨ 5300은 3240보다 큽니다.

6-3 천의 자리 숫자를 비교하면 4<6이므로 6204는 4780보다 큽니다.

6-4 (1) 천의 자리 숫자가 같으므로 백의 자리 숫자를 비교합니다.
(2) 천, 백의 자리 숫자가 각각 같으므로 십의 자리 숫자를 비교합니다.

6-5 (1) 9047 > 8159 (9>8)　(2) 5392 < 5513 (3<5)

6-6 (1) 1673 < 1690 (7<9)　(2) 4085 > 4084 (5>4)

STEP 2 유형 탐구 (4) 36~41쪽

1 천 모형
2 >
3 1250, 1246 / 1246, 1250
4 예 천 모형, 백 모형, 십 모형의 수가 각각 같으므로 일 모형의 수를 비교합니다. 일 모형이 4165는 5개, 4168은 8개이므로 4168의 일 모형이 더 많습니다. 따라서 4165와 4168 중 4168이 더 큽니다. ; 4168
5 2731
6 (1) > (2) >
7 ③
8 윤하
9 예은
10 개미
11 재현
12 살 수 없습니다.

13 예 1000이 7개, 100이 3개, 10이 4개, 1이 8개인 수는 7348이고 1000이 7개, 10이 43개인 수는 7430입니다. 7348과 7430 중 더 큰 수는 7430이므로 ㉡입니다. ; ㉡
14 튜브
15 8526
16 8811에 ○표
17 7109에 ○표, 6904에 △표
18 3919, 3207, 2452
19 행복 마을
20 사슴벌레, 장수풍뎅이, 매미
21 ②
22 6894, 7010
23 9652
24 2569
25 2596
26 7831
27 3178
28 1014
29 커야에 ○표 / 8, 9
30 7, 8, 9에 ○표
31 0, 1, 2, 3에 ○표
32 0, 1, 2, 3, 4
33 8개
34 아름

1 높은 자리의 수 모형부터 비교합니다.
⇨ 천 모형의 수가 다르므로 **천 모형**의 수를 비교합니다.

2 천 모형이 4123은 4개, 2360은 2개입니다.
4123의 천 모형의 수가 더 많으므로 4123>2360입니다.

3 천 모형, 백 모형의 수가 각각 같으므로 십 모형의 수를 비교합니다.
십 모형이 1250은 5개, 1246은 4개이므로 1250의 십 모형이 더 많습니다.
⇨ 1250은 1246보다 큽니다.
1246은 1250보다 작습니다.

4 서술형 가이드 천, 백, 십 모형의 수가 각각 같으므로 일 모형의 수로 크기를 비교하는 과정이 들어 있어야 합니다.

평가기준		
	일 모형의 수를 비교하여 크기 비교를 바르게 함.	상
	일 모형의 수를 잘못 비교하여 답이 틀림.	중
	크기 비교하는 방법을 모름.	하

5 천의 자리 숫자가 같으므로 백의 자리 숫자를 비교합니다.
⇨ 5<7이므로 2731이 더 큽니다.

6 (1) 3456>2948 (3>2)　(2) 9605>9207 (6>2)

7 천의 자리 숫자를 비교하면 4<5이므로 5082가 더 큽니다. ⇨ 4376<5082 또는 5082>4376
③

8 9208>9207 (8>7) ⇨ 9208은 9207보다 큽니다.

9 지용: 3600<3900 (6<9)　예은: 5087<6100 (5<6)
종석: 8249>8244 (9>4)
⇨ **예은**이가 잘못 비교했습니다.

10 2934>1042 (2>1)
⇨ **개미**가 식량을 더 많이 모았습니다.

11 육천팔백삼십사: 6834
육천이백오십: 6250
6834>6250 (8>2)
따라서 더 큰 수를 말한 사람은 **재현**입니다.

12 7650<7800으로 가진 돈이 책값보다 더 적으므로 책을 **살 수 없습니다.**

13 서술형 가이드 ㉠과 ㉡이 나타내는 수를 알아보고 더 큰 수를 구하는 과정이 들어 있어야 합니다.

평가기준		
	㉠과 ㉡이 나타내는 수를 알아보고 더 큰 수를 바르게 구함.	상
	㉠과 ㉡이 나타내는 수는 알고 있으나 수의 크기를 잘못 비교함.	중
	㉠과 ㉡이 나타내는 수를 모름.	하

14 튜브: 1000원짜리 지폐 4장(4000원), 500원짜리 동전 2개(1000원), 100원짜리 동전 3개(300원), 10원짜리 동전 2개(20원)
⇨ 4000+1000+300+20=5320(원)
비치볼: 1000원짜리 지폐 5장(5000원), 100원짜리 동전 3개(300원)
⇨ 5000+300=5300(원)
5320>5300이므로 **튜브**가 더 비쌉니다.

15 천의 자리 숫자 4, 8, 3 중 8이 가장 크므로 세 수 중 가장 큰 수는 8526입니다.

16 생각열기 높은 자리 숫자가 작을수록 작은 수입니다.

	천의 자리	백의 자리	십의 자리	일의 자리
8901 ⇨	8	9	0	1
9018 ⇨	9	0	1	8
8811 ⇨	8	8	1	1

8<9이므로 8901과 8811의 백의 자리 숫자를 비교합니다.
9>8이므로 가장 작은 수는 8811입니다.

17 천의 자리 숫자를 비교하면 6<7이므로 6904가 가장 작습니다.
7109>7012이므로 7109가 가장 큽니다.
1>0

18 천의 자리 숫자를 비교하면 2<3이므로 2452가 가장 작습니다.
3919>3207이므로 3919가 가장 큽니다.
9>2
따라서 큰 수부터 차례로 쓰면 3919, 3207, 2452입니다.

19 3719<3723<4012<5760이므로 사람 수가 가장 적은 마을은 **행복 마을**입니다.

20 천의 자리 숫자를 비교하면 1<2이므로 사슴벌레가 가장 많습니다.
1980>1647이므로 매미가 가장 적습니다.
9>6
따라서 많은 곤충부터 차례로 쓰면 **사슴벌레, 장수풍뎅이, 매미**입니다.

21 3806<3860<3880<4010<4517
② ③ ④ ⑤ ①
따라서 가장 작은 수는 ② 3806입니다.

22 6670<6700<6894<7010<7100
⇨ 6700보다 크고 7100보다 작은 수는 6894, 7010입니다.

주의
6700보다 크고 7100보다 작은 수에는 6700과 7100이 포함되지 않습니다.

23 천의 자리부터 큰 수를 차례로 놓습니다.
9>6>5>2이므로 가장 큰 네 자리 수는 9652입니다.

24 천의 자리부터 작은 수를 차례로 놓습니다.
2<5<6<9이므로 가장 작은 네 자리 수는 2569입니다.

25 둘째로 작은 네 자리 수는 가장 작은 네 자리 수의 십의 자리 숫자와 일의 자리 숫자를 바꿉니다.
가장 작은 네 자리 수 2569의 십의 자리 숫자와 일의 자리 숫자를 바꾸면 2596입니다.

26 천의 자리 숫자가 7인 네 자리 수: 7□□□
남은 수 8, 3, 1을 높은 자리부터 큰 수를 차례로 놓습니다. ⇨ 7 8 3 1
8>3>1

27 백의 자리 숫자가 1인 네 자리 수: □1□□
남은 수 8, 3, 7을 높은 자리부터 작은 수를 차례로 놓습니다. ⇨ 3 1 7 8
3<7<8

28 문제분석 ▶ 본문 40쪽

①5장의 수 카드 중에서 ②4장을 뽑아 한 번씩만 사용하여 ③가장 작은 네 자리 수를 만들어 보시오.

1 0 5 4 1

①5장의 수 카드 중에서	1 0 5 4 1
②4장을 뽑아 한 번씩만 사용하여	네 자리 수를 만들 수 있습니다.
③가장 작은 네 자리 수를 만들어 보시오.	높은 자리부터 작은 수를 차례로 놓습니다.

0은 가장 작은 수이지만 천의 자리에 놓을 수 없으므로 그 다음 작은 수인 1을 천의 자리에 놓고 0을 백의 자리에 놓습니다. ⇨ 10□□
1, 0을 뺀 수 중 작은 두 수 1, 4를 십의 자리와 일의 자리에 차례로 놓으면 가장 작은 수는 1014입니다.

주의
네 자리 수를 만들어야 하므로 천의 자리에는 0을 놓을 수 없습니다.

29 6117<611□ ⇨ 7<□이므로 □=8, 9입니다.
같음

30 천, 백의 자리 숫자가 각각 같으므로 □0>62입니다. ⇨ □=7, 8, 9

31 천, 백, 십의 자리 숫자가 각각 같으므로 □<4입니다. ⇨ □=0, 1, 2, 3

32 천의 자리 숫자가 같으므로 453>□29입니다.
⇨ □=0, 1, 2, 3, 4

33 천의 자리 숫자가 같으므로 □84<795입니다. 따라서 □ 안에 들어갈 수 있는 수는 0, 1, 2, 3, 4, 5, 6, 7로 모두 8개입니다.

34 천, 백의 자리 숫자가 각각 같으므로 □7<40입니다. □ 안에 들어갈 수 있는 수는 0, 1, 2, 3으로 모두 4개입니다. 따라서 **아름**이의 설명에서 □ 안에 들어갈 수 있는 가장 큰 수는 4가 아니라 3입니다.

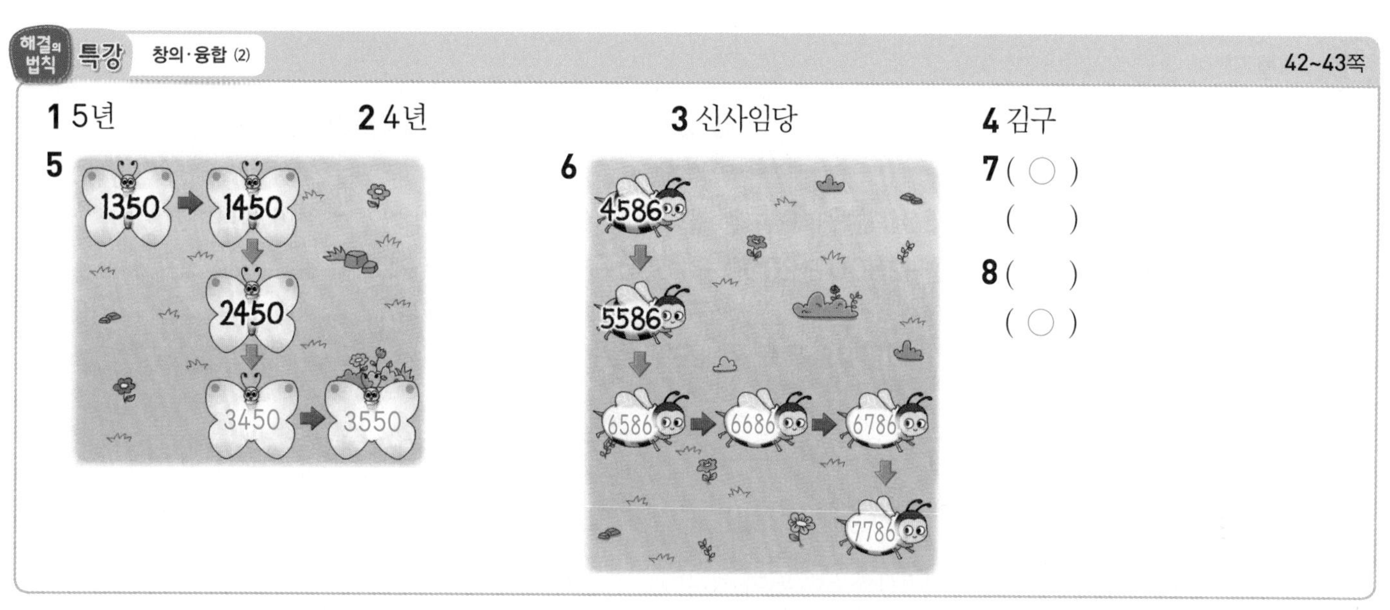

1 1987년 ─ 1992년 ─ 1997년 ─ 2002년 ─ 2007년 ─ 2012년

⇨ 5씩 뛰어 세고 있습니다.

2 1994년 ─ 1998년 ─ 2002년 ─ 2006년 ─ 2010년 ─ 2014년

⇨ 4씩 뛰어 세고 있습니다.

3 1504<1545 ⇨ **신사임당**이 더 먼저 태어났습니다.
(0<4)

4 1878>1876 ⇨ **김구**가 더 먼저 태어났습니다.
(8>6)

5 오른쪽으로 한 칸 갈 때마다 100씩 뛰어 세고 아래로 한 칸 갈 때마다 1000씩 뛰어 셉니다.
2450에서 1000 뛰어 센 수: 3450
3450에서 100 뛰어 센 수: 3550

6 5586에서 1000 뛰어 센 수: 6586
6586에서 100 뛰어 센 수: 6686
6686에서 100 뛰어 센 수: 6786
6786에서 1000 뛰어 센 수: 7786

7 생각열기 점선에 거울을 대고 비추었을 때 만들어지는 수를 알아봅니다.

1300>1100
(3>1)

셀파 가·이·드

▶ 얼마씩 뛰어 세었는지 알아봅니다.

▶ 연도가 작을수록 더 먼저 태어난 것입니다.

▶ ➡ 100씩 뛰어 세기: 백의 자리 숫자만 1씩 커집니다.
⬇ 1000씩 뛰어 세기: 천의 자리 숫자만 1씩 커집니다.

8 

3018<3180
0<1

셀파 가·이·드

3 STEP 레벨 UP (2) 44~45쪽

1 4개 **2** 10월 **3** 샛별 과수원 **4** 4000원

5 > **6** ㉡, ㉠, ㉢

7 예 저금통에 들어 있는 돈은 모두 4500원이고 0이 될 때까지 4500부터 500씩 거꾸로 뛰어 셉니다.

4500−4000−3500−3000−2500−2000−1500−1000−500−0
(1번, 2번, 3번, 4번, 5번, 6번, 7번, 8번, 9번)

4500부터 500씩 거꾸로 9번 뛰어 세면 0이므로 모두 9일 동안 쓸 수 있습니다. ; 9일

8 세현

9 예 어떤 수부터 500씩 4번 뛰어 센 수가 7708이므로 어떤 수는 7708부터 500씩 거꾸로 4번 뛰어 셉니다.

7708−7208−6708−6208−5708
(1번, 2번, 3번, 4번)

어떤 수는 5708이므로 5708부터 50씩 4번 뛰어 셉니다.

5708−5758−5808−5858−5908
(1번, 2번, 3번, 4번)

; 5908

1 500씩 4번 뛰어 세면 2000이므로 아이스크림을 **4개**까지 살 수 있습니다.

셀파 가·이·드

▶ 아이스크림은 500원이므로 500씩 뛰어 셉니다.
500−1000−1500−2000
(1개) (2개) (3개) (4개)

2 문제분석 ▶ 본문 44쪽

①지원이의 저금통에 2510원이 들어 있습니다. ②다음 달인 4월부터 매달 1000원씩 저금한다면 ③9510원이 되는 달은 몇 월입니까?

①지원이의 저금통에 2510원이 들어 있습니다.	2510부터 뛰어 셉니다.
②다음 달인 4월부터 매달 1000원씩 저금한다면	1000씩 뛰어 세면 천의 자리 숫자만 1씩 커집니다.
③9510원이 되는 달은 몇 월입니까?	9510까지 뛰어 셉니다.

2510	3510	4510	5510	6510	7510	8510	9510
	4월	5월	6월	7월	8월	9월	10월

따라서 저금한 돈이 9510원이 되는 달은 **10월**입니다.

▶ 1000씩 뛰어 세면 천의 자리 숫자만 1씩 커집니다.

3 1614보다 큰 수는 2744, 1915, 2708이고 2708보다 작은 수는 1614, 1915, 1430입니다.

⇨ 1614보다 크고 2708보다 작은 수는 1915입니다.

따라서 사과 수가 싱싱 과수원에서 딴 사과 수보다 많고 사랑 과수원에서 딴 사과 수보다 적은 과수원은 1915개를 딴 **샛별 과수원**입니다.

▶ 싱싱 과수원에서 딴 사과 수는 1614개이고 사랑 과수원에서 딴 사과 수는 2708개입니다.

4 방 청소를 4번 했으므로 500원－1000원－1500원－2000원으로 2000원을 받습니다.
또, 분리 배출을 2번 했으므로 2000원부터 1000원씩 2번 뛰어 세면
2000원 － 3000원 － 4000원으로 현영이가 받을 용돈은 **4000원**입니다.
(1번, 2번)

5 ① ▲에 0부터 8까지의 수가 들어가면 69■8이 항상 큽니다.
② ▲에 9가 들어갈 때 69■8과 6903의 크기 비교
■에 0이 들어가면 6908＞6903이므로 69■8이 더 큽니다. (8＞3)
■에 1부터 9까지의 수가 들어가면 69■8이 항상 큽니다.
따라서 ▲에 어떤 수가 들어가더라도 69■8이 항상 큽니다.

6 문제분석 ▶ 본문 45쪽

④큰 수부터 차례로 기호를 쓰시오.

㉠ ①수 카드 1, 2, 6, 4를 한 번씩만 사용하여 만들 수 있는 네 자리 수 중에서 둘째로 큰 수
㉡ ②1000이 6개, 100이 1개, 10이 38개인 수
㉢ ③4327부터 1000씩 2번 뛰어 센 수

①수 카드 1, 2, 6, 4를 한 번씩만 사용하여 만들 수 있는 네 자리 수 중에서 둘째로 큰 수	가장 큰 네 자리 수는 6421입니다.
②1000이 6개, 100이 1개, 10이 38개인 수	1000이 6개이면 6000, 100이 1개이면 100, 10이 38개이면 380입니다.
③4327부터 1000씩 2번 뛰어 센 수	1000씩 뛰어 세면 천의 자리 숫자가 1씩 커집니다.
④큰 수부터 차례로 기호를 쓰시오.	①, ②, ③의 크기를 비교합니다.

㉠ 가장 큰 수는 높은 자리부터 큰 수를 차례로 놓습니다. ⇨ 6421
둘째로 큰 수는 가장 큰 수의 십의 자리 숫자와 일의 자리 숫자를 바꾸면 되므로 6412입니다.
㉡ 6000＋100＋380＝6480
㉢ 4327－5327－6327 (1번, 2번)
6412, 6480, 6327의 크기를 비교합니다.
⇨ 6480＞6412＞6327
(㉡, ㉠, ㉢)

셀파 가·이·드

참고
69■8의 가장 작은 수인 6908이 6▲03의 가장 큰 수인 6903보다 큽니다.
따라서 항상 69■8＞6▲03입니다.

▶ 둘째로 큰 수는 가장 큰 수의 십의 자리 숫자와 일의 자리 숫자를 바꿉니다.

7 서술형 가이드 저금통에 들어 있는 돈을 알아보고 뛰어 세기를 하여 며칠 동안 쓸 수 있는지 구하는 과정이 들어 있어야 합니다.

평가기준		
	모두 얼마인지 알아보고 며칠 동안 쓸 수 있는지 바르게 구함.	상
	모두 얼마인지는 알고 있으나 며칠 동안 쓸 수 있는지 구하는 과정에서 실수가 있어서 답이 틀림.	중
	모두 얼마인지를 몰라서 문제를 풀지 못함.	하

셀파 가·이·드

▶ 1000원짜리 지폐 3장: 3000원
500원짜리 동전 2개: 1000원
100원짜리 동전 5개: 500원
⇨ 3000+1000+500
=4500(원)

8 문제분석 본문 45쪽

종원, 희애, 세현이가 ①주어진 4장의 수 카드를 한 번씩만 사용하여 네 자리 수를 만들었습니다. ⑤가장 큰 수를 만든 사람은 누구입니까?

[4] [0] [3] [9]

종원: ②일의 자리 숫자가 9인 가장 큰 수
희애: ③천의 자리 숫자가 9인 가장 작은 수
세현: ④백의 자리 숫자가 0인 가장 큰 수

①주어진 4장의 수 카드를 한 번씩만 사용하여 네 자리 수를 만들었습니다.	네 자리 수: □□□□
②일의 자리 숫자가 9인 가장 큰 수	□□□9 (→일의 자리 숫자)
③천의 자리 숫자가 9인 가장 작은 수	9□□□ (→천의 자리 숫자)
④백의 자리 숫자가 0인 가장 큰 수	□0□□ (→백의 자리 숫자)
⑤가장 큰 수를 만든 사람은 누구입니까?	②, ③, ④에서 구한 수를 비교합니다.

종원: □□□9에서 남은 수 4, 0, 3을 높은 자리부터 큰 수를 차례로 놓습니다. ⇨ [4][3][0]9
4>3>0

희애: 9□□□에서 남은 수 4, 0, 3을 높은 자리부터 작은 수를 차례로 놓습니다. ⇨ 9[0][3][4]
0<3<4

세현: □0□□에서 남은 수 4, 3, 9를 높은 자리부터 큰 수를 차례로 놓습니다. ⇨ [9]0[4][3]
9>4>3

⇨ 9043>9034>4309
따라서 가장 큰 수를 만든 사람은 **세현**입니다.

▶ 가장 큰 수는 높은 자리부터 큰 수를 차례로 놓습니다.
가장 작은 수는 높은 자리부터 작은 수를 차례로 놓습니다.

9 서술형 가이드 어떤 수를 구한 다음 바르게 뛰어 센 수를 구하는 과정이 들어 있어야 합니다.

평가기준		
	어떤 수를 구한 다음 바르게 뛰어 셈.	상
	어떤 수는 구했으나 뛰어 세는 과정에서 실수가 있어서 답이 틀림.	중
	어떤 수를 구하지 못해 문제를 풀지 못함.	하

1회 단원 평가 46~48쪽

1 사천팔백삼십오
2 (풀이 참조)
3 (1) < (2) >
4 2040, 1200
5 ③
6 예 1000씩 뛰어 세었습니다.
7 연수
8 2976에 ○표, 9802에 △표
9 4908
10 ㉢
11 8250원
12 3500, 3487
13 9873
14 예 1000원씩 저금하면 천의 자리 숫자만 1씩 커집니다.
2800−3800−4800−5800−6800
(현재) (9월) (10월) (11월) (12월)
따라서 12월까지 저금한다면 모두 6800원이 됩니다. ; 6800원
15 6, 7, 8, 9
16 재호
17 예 천의 자리 숫자가 7, 백의 자리 숫자가 9, 십의 자리 숫자가 5, 일의 자리 숫자가 3인 네 자리 수는 7953입니다. 7953부터 10씩 3번 뛰어 세면 7953−7963−7973−7983입니다.
; 7983
18 ㉡
19 2020년
20 3800

1 4835 ⇨ **사천팔백삼십오**

2 1000이 ■개이면 ■000입니다.

3 (1) 4565<5321 (4<5)
(2) 4920>4608 (9>6)

4 이천사십 ⇨ 2040, 천이백 ⇨ 1200

5 백의 자리 숫자를 각각 알아보면 다음과 같습니다.
① 6 ② 0 ③ 4 ④ 9 ⑤ 9
따라서 백의 자리 숫자가 4인 수는 ③ 1425입니다.

6 서술형 가이드 1000씩 뛰어 센 것임을 나타내는 말이 들어 있는지 확인합니다.

평가 기준		
	뛰어 센 규칙을 바르게 씀.	상
	규칙 설명이 부족함.	중
	규칙을 몰라 답을 쓰지 못함.	하

천의 자리 숫자만 1씩 커졌습니다.

7 3719는 삼천칠백십구라고 읽습니다.

주의
숫자가 1인 자리는 숫자는 읽지 않고 자릿값만 읽습니다.
3719 ⇨ 삼천칠백일십구(×)
3719 ⇨ 삼천칠백십구(○)

8 2976 → 천의 자리 숫자이므로 2000을 나타냅니다.
1245 → 백의 자리 숫자이므로 200을 나타냅니다.
9802 → 일의 자리 숫자이므로 2를 나타냅니다.
6423 → 십의 자리 숫자이므로 20을 나타냅니다.

9 생각열기 100씩 뛰어 세면 백의 자리 숫자가 1씩 커집니다.
4508−4608−4708−4808−4908
(1번) (2번) (3번) (4번)

10 ㉠ 1000 ㉡ 1000 ㉢ 991
⇨ 나타내는 수가 나머지와 다른 것은 ㉢입니다.

11 1000원짜리 지폐 8장: 8000원
100원짜리 동전 2개: 200원
10원짜리 동전 5개: 50원
8250원

12 3487<3500<3505<3506<3510
3505보다 작은 수

13 천의 자리부터 큰 수를 차례로 놓습니다.
9>8>7>3이므로 가장 큰 네 자리 수는 9873입니다.

14 서술형 가이드 2800부터 1000씩 뛰어 세는 과정이 들어 있는지 확인합니다.

평가 기준		
	뛰어 세기를 하여 모두 얼마가 되는지 바르게 구함.	상
	뛰어 세기를 하는 과정에서 실수가 있어서 답이 틀림.	중
	뛰어 세기를 하지 못해 문제를 풀지 못함.	하

15 천의 자리 숫자가 같으므로 □56 > 573입니다.
따라서 □ 안에 들어갈 수 있는 수는 6, 7, 8, 9입니다.

16 윤영이는 5200원을, 재호는 5500원을 저금했습니다.
5200 < 5500이므로 **재호**가 더 많이 저금했습니다.

17 서술형 가이드 네 자리 수를 구한 다음 뛰어 세기를 하는 과정이 들어 있는지 확인합니다.

평가 기준		
	네 자리 수를 구한 다음 뛰어 세기를 바르게 함.	상
	네 자리 수는 구했으나 뛰어 세는 과정에서 실수가 있어서 답이 틀림.	중
	네 자리 수를 모름.	하

18 ㉠ 7090－7100－7110－7120 (1번, 2번, 3번)
㉡ 1000이 6개이면 6000, 100이 16개이면 1600, 10이 5개이면 50, 1이 9개이면 9입니다. 6000+1600+50+9=7659
⇨ 7120 < 7659이므로 ㉡이 더 큽니다.

19 2000년－2004년－2008년－2012년－2016년
4년마다 열리므로 제 32회 하계 올림픽은 2016년에서 4년 후인 **2020년**에 열립니다.

20 생각열기 2800부터 200씩 5칸 움직입니다.
2800－3000－3200－3400－3600－3800 (1칸, 2칸, 3칸, 4칸, 5칸)

2회 단원 평가 49~51쪽

1 예
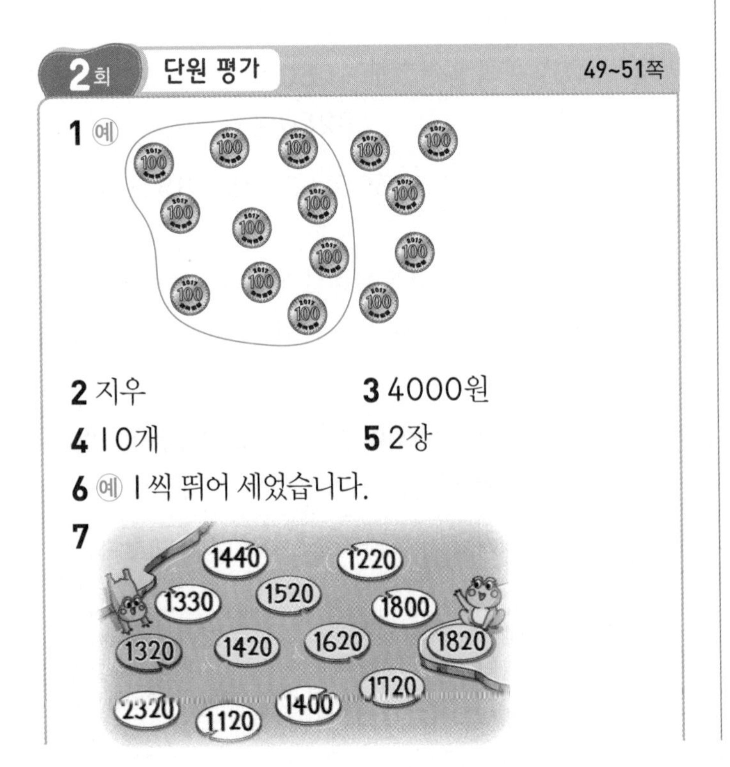

2 지우　　3 4000원
4 10개　　5 2장
6 예 1씩 뛰어 세었습니다.
7

8 100씩　　9 1000씩
10 예 세로로 1000씩 뛰어 세었으므로 7400에서 1000을 뛰어 세면 8400입니다. ; 8400
11 3330원　　12 4972
13 2749　　14 진료비
15

16 예 어떤 수는 6648부터 100씩 거꾸로 3번 뛰어 세어 봅니다.
6648－6548－6448－6348 (1번, 2번, 3번)
따라서 어떤 수는 6348입니다.
; 6348
17 | 1 | 4 | / | 3 | 2 |　　18 1500킬로칼로리
19 6개
20 2400

1 1000은 100이 10개인 수이므로 100원짜리 동전을 10개 묶습니다.

2 각 자리의 숫자에 자릿값을 붙여 읽으면 4074는 사천칠십사라고 읽습니다.

주의
자리의 숫자가 0인 자리는 읽지 않고 일의 자리의 자릿값도 읽지 않습니다.
4074 ⇨ 사천영백칠십사(×)
4074 ⇨ 사천칠십사일(×)

3 1000이 4개이면 4000입니다. ⇨ 4000원

4 생각열기 음료수 1개는 1000원입니다.
1000은 100이 10개인 수이므로 음료수 1개를 사려면 100원짜리 동전 **10개**가 필요합니다.

5 생각열기 과자 1봉지는 2000원입니다.
2000은 1000이 2개인 수이므로 과자 1봉지를 사려면 1000원짜리 지폐 **2장**이 필요합니다.

6 서술형 가이드 1씩 뛰어 세었다는 내용이 들어 있는지 확인합니다.

평가 기준		
	1씩 뛰어 세었다고 씀.	상
	뛰어 센 규칙은 알고 있으나 문장이 어색함.	중
	뛰어 센 규칙을 쓰지 못함.	하

7 100씩 뛰어 세면 백의 자리 숫자만 1씩 커집니다.

1320−1420−1520−1620−1720−1820
(+1 +1 +1 +1 +1)

8 4100−4200−4300−4400−4500−4600
(+1 +1 +1 +1 +1)

⇨ 백의 자리 숫자만 1씩 커졌으므로 **100씩** 뛰어 세었습니다.

9 4100−5100−6100−7100−8100−9100
(+1 +1 +1 +1 +1)

⇨ 천의 자리 숫자만 1씩 커졌으므로 **1000씩** 뛰어 세었습니다.

10 서술형 가이드 뛰어 센 규칙을 찾아 ♥에 들어갈 수를 구하는 과정이 들어 있는지 확인합니다.

평가 기준		
	뛰어 센 규칙을 찾아 ♥에 들어갈 수를 바르게 구함.	상
	뛰어 센 규칙은 찾았으나 ♥에 들어갈 수는 구하지 못함.	중
	뛰어 센 규칙을 찾지 못함.	하

11 1000원짜리 지폐 2장: 2000원
500원짜리 동전 2개: 1000원
100원짜리 동전 3개: 300원
10원짜리 동전 3개: 30원
3330원

12 천의 자리 숫자가 4인 네 자리 수: 4□□□
남은 수 9, 2, 7을 높은 자리부터 큰 수를 차례로 놓습니다. ⇨ 4[9][7][2]
(9>7>2)

13 백의 자리 숫자가 7인 네 자리 수: □7□□
남은 수 4, 9, 2를 높은 자리부터 작은 수를 차례로 놓습니다. ⇨ [2]7[4][9]
(2<4<9)

14 2900>2500이므로 **진료비**를 더 많이 냈습니다.
(9>5)

15 500이 2개이면 1000입니다.
500이 6개이면 1000이 3개인 수와 같으므로 3000이고, 500이 8개이면 1000이 4개인 수와 같으므로 4000입니다.

16 서술형 가이드 100씩 거꾸로 뛰어 세어 어떤 수를 구하는 과정이 들어 있는지 확인합니다.

평가 기준		
	100씩 거꾸로 뛰어 세어 어떤 수를 바르게 구함.	상
	100씩 거꾸로 뛰어 세는 과정에서 실수가 있어서 답이 틀림.	중
	어떤 수를 구하는 방법을 모름.	하

17 연도가 작을수록 먼저 일어난 일입니다.
1976<2005<2009<2016

18 라면 2개: 500씩 2번 뛰어 셉니다.
500−1000
초콜릿 3개: 1000부터 100씩 3번 뛰어 셉니다.
1000−1100−1200−1300
사탕 4개: 1300부터 50씩 4번 뛰어 셉니다.
1300−1350−1400−1450−1500
따라서 정아가 먹은 음식은 모두 **1500킬로칼로리**입니다.

19 생각열기 5000보다 큰 수의 천의 자리 숫자는 5입니다.
5□□□인 네 자리 수는 5014, 5041, 5104, 5140, 5401, 5410으로 모두 **6개**입니다.

참고
다음과 같이 나뭇가지 그림으로 그려서 알아보면 편리합니다.

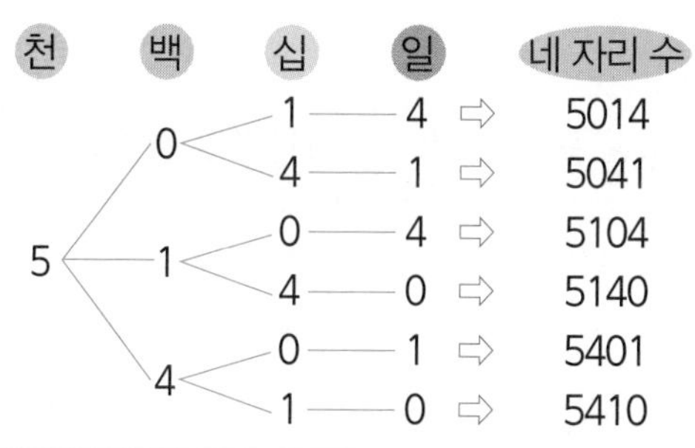

20 생각열기 1500에서 2100으로 600이 커졌습니다.
지환이는 2번 뛰어 세어 600이 커졌으므로 300씩 뛰어 센 것입니다.
따라서 ★은 3000부터 300씩 거꾸로 2번 뛰어 셉니다.
3000−2700−2400
(1번 2번)

2. 곱셈구구

1 STEP 핵심 개념 (1) 55쪽

1-1 8 ; 8
1-2 25 ; 25
1-3 (1) 6 (2) 16
1-4 (1) 10 (2) 30
2-1 12 ; 12
2-2 12 ; 12
2-3 (1) 15 (2) 21
2-4 (1) 24 (2) 54

1-1 2개씩 4묶음 있습니다.
⇨ $2+2+2+2=8$, $2\times4=8$

1-2 5씩 5번 뛰어 세었습니다.
⇨ $5+5+5+5+5=25$, $5\times5=25$

1-3 2의 단 곱셈구구를 외워 봅니다.

1-4 5의 단 곱셈구구를 외워 봅니다.

2-1 3개씩 4묶음 있습니다.
⇨ $3+3+3+3=12$, $3\times4=12$

2-2 6칸씩 2줄 있습니다.
⇨ $6+6=12$, $6\times2=12$

2-3 3의 단 곱셈구구를 외워 봅니다.

2-4 6의 단 곱셈구구를 외워 봅니다.

2 STEP 유형 탐구 (1) 56~61쪽

1 (1) 4 (2) 14
2 (1) ◯ ◯ (2) 2
3 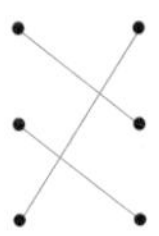
4 (1) 6 (2) 8
5 예 2×8에 2를 더하면 돼.
6 (1) 15 (2) 25
7 35, 40, 45 (+5, +5)
8 예 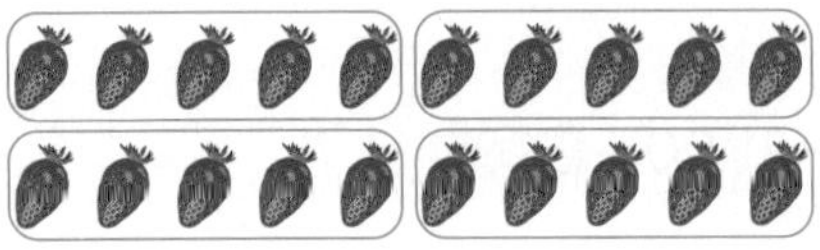 ; 4, 20
9 35
10 예 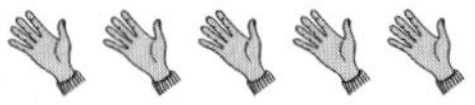
11 빨간색 주머니
12 ◯
13 ×
14 8, 16
15 20년
16 18장
17 37쪽
18 (1) 12 (2) 24
19 21
20 3, 6, 9, 12, 15, 18, 21, 24, 27에 ◯표
21 15 ; 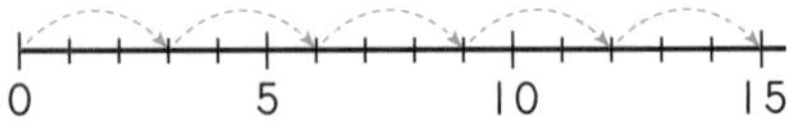

22 예 [방법 1] 3에 3씩 5번 더합니다.
[방법 2] 3×5에 3을 더합니다.
23 26
24 (1) 30 (2) 48
25 18
26 3, 6에 ◯표
27 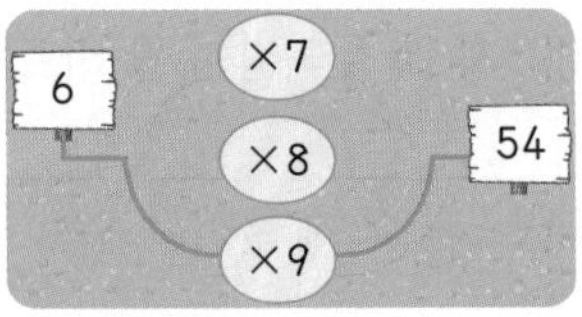

28 초아
29 24
30 5, 15
31 4, 24
32 6, 18 ; 3, 18
33 54개
34 $6\times5=30$, 30명
35 9개

1 2의 단 곱셈구구를 외워 봅니다.
(1) $2\times2=4$
(2) $2\times7=14$

2 (1) 2×4는 2개씩 4묶음이므로 ◯를 2개 더 그립니다.
(2) 2×4는 2×3보다 2개씩 1묶음 더 많으므로 2만큼 더 큽니다.

3 $2\times5=10$, $2\times6=12$, $2\times9=18$

4 생각열기 2의 단 곱셈구구를 이용합니다.
(1) $2\times\boxed{6}=12$이므로 □=6입니다.
(2) $2\times\boxed{8}=16$이므로 □=8입니다.

5 서술형 가이드 2×9를 계산하는 방법을 바르게 고쳤는지 확인합니다.

평가 기준		
	2×9를 계산하는 방법을 바르게 고침.	상
	2×9를 계산하는 방법을 고쳤으나 미흡함.	중
	2×9를 계산하는 방법을 고치지 못함.	하

예 2에 2씩 8번 더하면 돼.

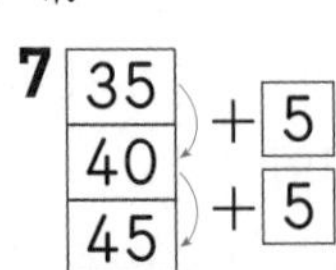

6 5의 단 곱셈구구를 외워 봅니다.
(1) $5\times3=15$ (2) $5\times5=25$

7 $5\times7=35$, $5\times8=40$, $5\times9=45$

8 5개씩 4묶음으로 묶을 수 있습니다.
⇨ $5\times4=20$

9 $5\times6=30$이므로 5×6보다 5 큰 수는 $30+5=35$입니다.

다른 풀이
5×6보다 5 큰 수는 5×7과 같습니다.
⇨ $5\times7=35$

10 서술형 가이드 5를 나타내는 그림을 5개 그렸는지 확인합니다.

평가기준		
	그림을 그려 5×5를 바르게 나타냄.	상
	그림을 그렸으나 5×5를 나타내는 데 미흡함.	중
	그림을 그리지 못함.	하

11 $5\times7=35$이고 35는 30보다 크므로 **빨간색 주머니**에 넣었습니다.

12 2개씩 6묶음이므로 $2\times6=12$입니다.

13 5권씩 5칸이므로 $5\times5=25$입니다.

14 봉지 1개에 2개씩 봉지 8개이므로 $2\times8=16$(개)입니다.

15 5알씩 4번 꺾으면 $5\times4=20$(년)입니다.

16 도화지 1장으로 생일 카드를 2장 만들 수 있으므로 도화지 9장으로는 생일 카드를 $2\times9=18$(장) 만들 수 있습니다.

17 문제분석 본문 58쪽

희진이는 전체가 72쪽인 동화책을 ①하루에 5쪽씩 7일 동안 읽었습니다. ②동화책을 모두 읽으려면 몇 쪽을 더 읽어야 합니까?

①하루에 5쪽씩 7일 동안 읽었습니다.	(7일 동안 읽은 쪽수) =(하루에 읽은 쪽수) ×(읽은 날수)
②동화책을 모두 읽으려면 몇 쪽을 더 읽어야 합니까?	(읽어야 할 쪽수) =(전체 쪽수) −(7일 동안 읽은 쪽수)

(7일 동안 읽은 쪽수)$=5\times7=35$(쪽)
따라서 동화책을 모두 읽으려면 $72-35=37$(쪽)을 더 읽어야 합니다.

18 3의 단 곱셈구구를 외워 봅니다.
(1) $3\times4=12$
(2) $3\times8=24$

19 $3\times7=21$

20 $3\times1=3$, $3\times2=6$, $3\times3=9$, $3\times4=12$, $3\times5=15$, $3\times6=18$, $3\times7=21$, $3\times8=24$, $3\times9=27$

21 3칸씩 5번 뛰어 셉니다.
⇨ $3\times5=15$

22 서술형 가이드 3×6을 계산하는 방법을 바르게 썼는지 확인합니다.

평가기준		
	3×6을 계산하는 방법을 두 가지 모두 바르게 씀.	상
	3×6을 계산하는 방법을 한 가지 바르게 씀.	중
	3×6을 계산하는 방법을 한 가지도 쓰지 못함.	하

참고
3×6을 계산하는 방법
• 3에 3씩 5번 더합니다.
• 3×5에 3을 더하면 3×6이 되므로 $3\times5=15$에 3을 더합니다.
• 3×6에는 3×2가 3번 들어 있고 $3\times2=6$이므로 6을 3번 더합니다.
• 3×6에는 3×3이 2번 들어 있고 $3\times3=9$이므로 9를 2번 더합니다.
• 3×7에서 3을 빼면 3×6이 되므로 $3\times7=21$에서 3을 뺍니다.

23 생각열기 3×9를 먼저 계산합니다.
$3\times9=27$이므로 $27>\square$입니다.
따라서 □ 안에 들어갈 수 있는 가장 큰 두 자리 수는 26입니다.

24 6의 단 곱셈구구를 외워 봅니다.
(1) $6\times5=30$ (2) $6\times8=48$

25 $6\times3=18$

26 $6\times6=36$이므로 3, 6에 ○표 합니다.

27 $6\times9=54$

28 미라: 6에 6씩 3번 더하면 돼. ⇨ 6×4
윤호: 6×3에 6을 더하면 돼. ⇨ 6×4
초아: 6에 6을 3번 곱하면 돼. ⇨ $6\times6\times6\times6$
따라서 6×4를 계산하는 방법을 잘못 설명한 사람은 초아입니다.

29 6의 단 곱셈구구의 값은 6, 12, 18, 24, 30, 36, 42, 48, 54이고 이 중에서 일의 자리 숫자가 4인 수는 24와 54입니다.
따라서 $24<40$, $54>40$이므로 조건을 모두 만족하는 수는 24입니다.

30 3개씩 5묶음이므로 $3\times5=15$입니다.

31 6개씩 상자 4개이므로 $6\times4=24$입니다.

32 • $3\times6=18$이므로 18개입니다.
• $6\times3=18$이므로 18개입니다.

33 6개씩 9마리이므로 $6\times9=54$(개)입니다.

34 (민준이네 반 학생 수)
=(한 모둠의 학생 수)×(모둠 수)
$=6\times5=30$(명)

35 생각열기 남은 것을 구할 때는 뺄셈식을 이용합니다.
(준비한 콩 주머니의 수)
=(한 명이 준비한 콩 주머니의 수)×(준비한 학생 수)
$=3\times8=24$(개)
(남은 콩 주머니의 수)
=(준비한 콩 주머니의 수)−(사용한 콩 주머니의 수)
$=24-15=9$(개)

1 핵심 개념 (2) 63쪽

3-1 16 ; 16 **3-2** 24 ; 24
3-3 (1) 12 (2) 24 **3-4** (1) 16 (2) 56
4-1 21 ; 21 **4-2** 45 ; 45
4-3 (1) 7 (2) 28 **4-4** (1) 54 (2) 72

3-1 4개씩 4묶음 있습니다.
⇨ $4+4+4+4=16$
$4\times4=16$

3-2 8개씩 3묶음 있습니다.
⇨ $8+8+8=24$
$8\times3=24$

3-3 4의 단 곱셈구구를 외워 봅니다.

3-4 8의 단 곱셈구구를 외워 봅니다.

4-1 7칸씩 3줄 있습니다.
⇨ $7+7+7=21$
$7\times3=21$

4-2 9씩 5번 뛰어 세었습니다.
⇨ $9+9+9+9+9=45$
$9\times5=45$

4-3 7의 단 곱셈구구를 외워 봅니다.

4-4 9의 단 곱셈구구를 외워 봅니다.

1 (1) 8 (2) 20 **2** 36

3

12	25	8	35
36	9	32	10
28	20	16	4
7	42	24	27
14	5	36	18

4 

5 예 4에 4씩 6번 더하면 돼.

6 ㉠ **7** (1) 40 (2) 72

8 6, 48 **9** 

10 예 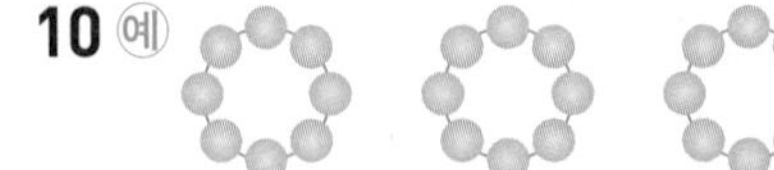

11 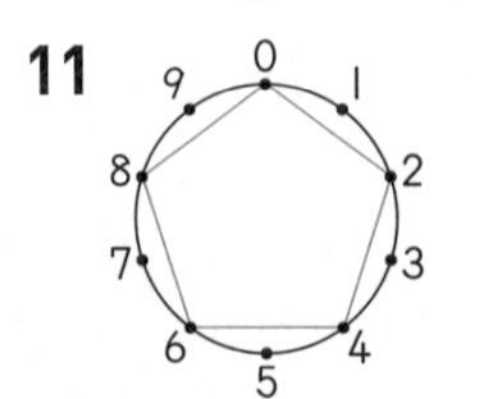

12 65

13 4, 16 **14** 6, 48
15 6, 24 ; 3, 24 **16** 28개
17 $8\times9=72$, 72명 **18** 24장
19 (1) 28 (2) 49 **20** (위부터) 35, 63

21 예 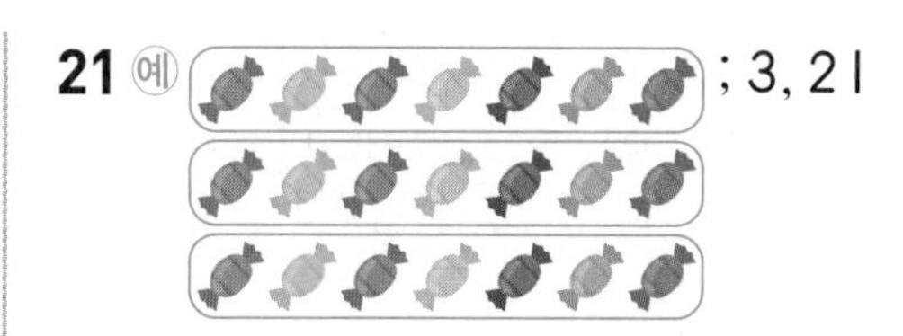 ; 3, 21

22 63

23 예 [방법 1] 7에 7씩 5번 더합니다.
[방법 2] 7×5에 7을 더합니다.

24 ㉡

25 (1) 54 (2) 72

26 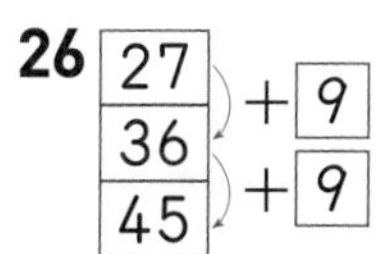

27 64에 ×표 ; 63

28 

29 7, 6, 3

30 44

31 ○

32 ×

33 4, 28

34 18명

35 81개

36 정희, 6장

1 4의 단 곱셈구구를 외워 봅니다.
(1) $4\times2=8$
(2) $4\times5=20$

2 $4\times9=36$

3 4의 단 곱셈구구의 값은 4, 8, 12, 16, 20, 24, 28, 32, 36입니다.

4 빈 상자에 ○를 4개 그립니다.

5 서술형 가이드 4×7을 계산하는 방법을 바르게 고쳤는지 확인합니다.

평가 기준		
	4×7을 계산하는 방법을 바르게 고침.	상
	4×7을 계산하는 방법을 고쳤으나 미흡함.	중
	4×7을 계산하는 방법을 고치지 못함.	하

예 4×6에 4를 더하면 돼.

6 해·법·순·서
① ㉠과 ㉡의 □ 안에 알맞은 수를 각각 구합니다.
② ①에서 구한 두 수의 크기를 비교합니다.
㉠ 4×[6]=24이므로 □=6입니다.
㉡ [4]×8=32이므로 □=4입니다.
⇨ 6>4이므로 ㉠>㉡입니다.

7 8의 단 곱셈구구를 외워 봅니다.
(1) $8\times5=40$
(2) $8\times9=72$

8 8씩 6번 뛰어 세었습니다.
⇨ $8\times6=48$

9 $8\times2=16$, $8\times4=32$, $8\times7=56$

10 서술형 가이드 8을 나타내는 그림을 3개 그렸는지 확인합니다.

평가 기준		
	그림을 그려 8×3을 바르게 나타냄.	상
	그림을 그렸으나 8×3을 나타내는 데 미흡함.	중
	그림을 그리지 못함.	하

11 8의 단 곱셈구구의 값은 8, 16, 24, 32, 40, 48, 56, 64, 72이므로 8, 6, 4, 2, 0을 차례로 이어 봅니다.

12 생각열기 8×8을 먼저 계산합니다.
8×8=64이므로 64<□입니다.
따라서 □ 안에 들어갈 수 있는 가장 작은 두 자리 수는 65입니다.

13 4송이씩 4묶음이므로 4×4=16입니다.

14 8개씩 6묶음이므로 8×6=48입니다.

15 • 4×6=24이므로 24개입니다.
• 8×3=24이므로 24개입니다.

16 4×7=28(개)

17 (버스 9대에 타고 있는 어린이의 수)
=(버스 1대에 타고 있는 어린이의 수)×(버스의 수)
=8×9=72(명)

18 (사용한 색종이의 수)
=(한 송이를 만드는 데 필요한 색종이의 수)
×(만든 카네이션의 수)
=8×7=56(장)
(남는 색종이의 수)
=(처음 색종이의 수)−(사용한 색종이의 수)
=80−56=24(장)

19 7의 단 곱셈구구를 외워 봅니다.
(1) $7\times4=28$ (2) $7\times7=49$

20 $7\times5=35$, $7\times9=63$

21 7개씩 3묶음으로 묶을 수 있습니다.
⇨ $7\times3=21$

22 $7\times8=56$이므로 7×8보다 7 큰 수는 $56+7=63$입니다.

23 서술형 가이드 7×6을 계산하는 방법을 바르게 썼는지 확인합니다.

평가 기준		
	7×6을 계산하는 방법을 두 가지 모두 바르게 씀.	상
	7×6을 계산하는 방법을 한 가지 바르게 씀.	중
	7×6을 계산하는 방법을 한 가지도 쓰지 못함.	하

참고

7×6을 계산하는 방법
- 7에 7씩 5번 더합니다.
- 7×5에 7을 더하면 7×6이 되므로 $7\times5=35$에 7을 더합니다.
- 7×6에는 7×2가 3번 들어 있고 $7\times2=14$이므로 14를 3번 더합니다.
- 7×6에는 7×3이 2번 들어 있고 $7\times3=21$이므로 21을 2번 더합니다.
- 7×7에서 7을 빼면 7×6이 되므로 $7\times7=49$에서 7을 뺍니다.

24 ㉡ 7의 단 곱셈구구에서 곱은 7씩 커집니다.

25 9의 단 곱셈구구를 외워 봅니다.

26 $9\times3=27$, $9\times4=36$, $9\times5=45$

27 $9\times9=81$, $9\times8=72$, $9\times7=63$, $9\times6=54$, $9\times5=45$이므로 64가 아니라 63을 써야 합니다.

28 9, 18, 27, 36, 45, 54, 63, 72, 81의 순서대로 이어 봅니다.

29 해·법·순·서

① 9와 수 카드 한 장의 곱을 구합니다.

② ①에서 구한 곱을 남은 수 카드 2장으로 만들 수 있는지 확인합니다.

$9\times3=27$

⇨ 남은 수 카드 6, 7로 27을 만들 수 없습니다.

$9\times6=54$

⇨ 남은 수 카드 3, 7로 54를 만들 수 없습니다.

$9\times7=63$

⇨ 남은 수 카드 3, 6으로 63을 만들 수 있습니다.

30 $9\times4=36$, $9\times5=45$이므로 36과 45 사이에 있는 수입니다. 이 중에서 십의 자리 숫자와 일의 자리 숫자가 같은 수는 44입니다.

31 7개씩 7묶음이므로 $7\times7=49$입니다.

32 9개씩 5묶음이므로 $9\times5=45$입니다.

33 상자 1개에 7개씩 상자 4개이므로 $7\times4=28$(자루)입니다.

34 9명씩 2모둠이므로 $9\times2=18$(명)입니다.

35 상자 1개에 담은 초콜릿과 사탕은 모두 $5+4=9$(개)입니다.

상자 9개를 만드는 데 초콜릿과 사탕은 모두 $9\times9=81$(개) 필요합니다.

36 문제분석 본문 69쪽

색종이를 ①정희는 7장씩 6묶음을 가지고 있고, ②준수는 9장씩 4묶음을 가지고 있습니다. ③색종이를 누가 몇 장 더 많이 가지고 있습니까?

①정희는 7장씩 6묶음을 가지고 있고	7장씩 6묶음 ⇨ 7×6
②준수는 9장씩 4묶음을 가지고 있습니다.	9장씩 4묶음 ⇨ 9×4
③색종이를 누가 몇 장 더 많이 가지고 있습니까?	두 사람이 가지고 있는 색종이의 수의 차를 구합니다.

정희: 7장씩 6묶음 ⇨ $7\times6=42$(장)

준수: 9장씩 4묶음 ⇨ $9\times4=36$(장)

따라서 **정희**가 $42-36=6$(장) 더 많이 가지고 있습니다.

1 STEP 핵심 개념 (3) 71쪽

5-1 3, 4　　**5-2** (1) 6 (2) 9

6-1 (　)(○)　　**6-2** (1) 0 (2) 0

7-1 (위부터) 8, 21, 12, 25, 48, 42, 16, 81

5-1 $1\times3=3$, $1\times4=4$

5-2 1과 어떤 수의 곱은 항상 어떤 수입니다.

6-1 $0\times3=0$, $2\times0=0$

6-2 (1) 0과 어떤 수의 곱은 항상 0입니다.

(2) 어떤 수와 0의 곱은 항상 0입니다.

7-1 $2\times4=8$, $3\times7=21$, $4\times3=12$, $5\times5=25$, $6\times8=48$, $7\times6=42$, $8\times2=16$, $9\times9=81$

2 STEP 유형 탐구 (3) 72~77쪽

1 (1) 3 (2) 5

2

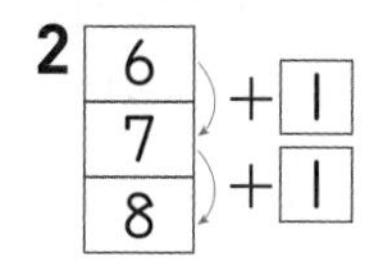

3 (1) 4 (2) 9

4

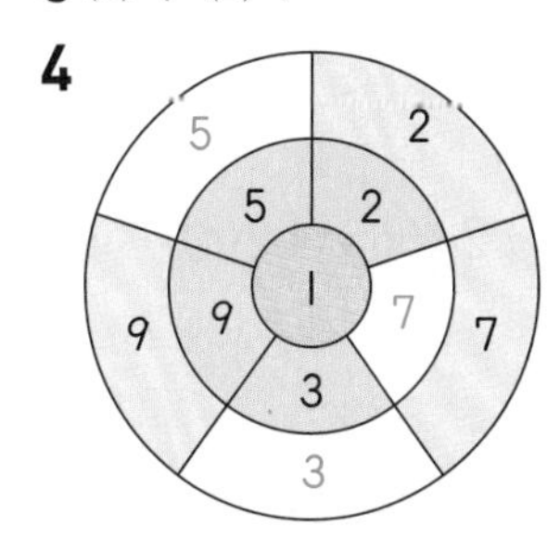

5 1, 2, 3, 4, 5, 6, 7, 8, 9
; 예 1과 어떤 수의 곱은 항상 어떤 수가 됩니다.

6 6

7 (1) 0 (2) 0

8 (위부터) 0, 0, 0

9 (1) 0 (2) 0

10 ②

11 0

12 0

13 ○

14 0, 0

15 $1\times9=9$, 9개

16 $0\times2=0$; 5점

17 26점

18

×	2	3
4	8	12
5	10	15

19

×	4	6	9
3	12	18	27
7	28	42	63
8	32	48	72

20

×	6	7	8	9
6	36	42	48	54
7	42	49	56	63
8	48	56	64	72
9	54	63	72	81

21 예 $2\times4=8$이므로 ㉠$=8$입니다.
$8\times5=40$이므로 ㉡$=40$입니다.
따라서 ㉠+㉡$=8+40=48$입니다.
; 48

22

×	5	6	7	8	9
3	15	18	21	24	27
4	20	24	28	32	36
5	25	30	35	40	45

23 4, 9

24 24 ; 8, 24

25

26 7, 28

27 2×9, 6×3, 9×2

28 예 $3\times6=18$이므로 곱셈표에서 곱이 18인 곱셈구구를 하나씩 찾았습니다.

29 ㉠

30 (1) 2, 18 (2) 3, 18

31 예 [방법 1] $2\times2+2\times2+2\times2+2\times2$
$=4+4+4+4=16$(개)
[방법 2] $4\times2+4\times2=8+8=16$(개)

32 (1) 2, 11 (2) 3, 11 (3) 1, 11

33 예 [방법 1] $7\times2+5\times2=14+10=24$(개)
[방법 2] $4\times5+2\times2=20+4=24$(개)

1 생각열기 1×(어떤 수)=(어떤 수)
(1) $1\times3=3$
(2) $1\times5=5$

2 $1\times6=6$, $1\times7=7$, $1\times8=8$

3 (1) $1\times\boxed{4}=4$이므로 □$=4$입니다.
(2) $1\times\boxed{9}=9$이므로 □$=9$입니다.

4

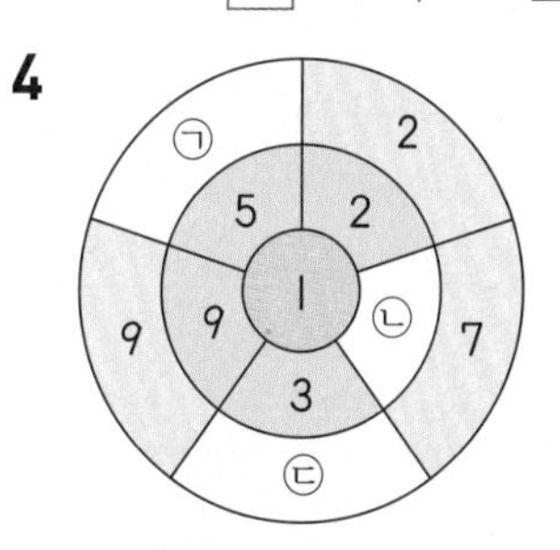

$1\times2=2$이므로 한가운데 있는 수인 1과 둘레에 있는 수의 곱을 구합니다.
$1\times5=\boxed{5}$ ⇨ ㉠$=5$, $1\times\boxed{7}=7$ ⇨ ㉡$=7$,
$1\times3=\boxed{3}$ ⇨ ㉢$=3$

5 서술형 가이드 1의 단 곱셈표에서 알 수 있는 점을 썼는지 확인합니다.

평가 기준		
	곱셈표를 완성하고 알 수 있는 점을 바르게 씀.	상
	곱셈표를 완성했지만 알 수 있는 점을 쓰지 못함.	중
	곱셈표를 완성하지 못하고 알 수 있는 점도 쓰지 못함.	하

예 1의 단 곱셈구구에서 곱은 1씩 커집니다.

6 $2\times3=6$에서 ●$=6$이고 ●와 ▲는 같은 수이므로 ▲$=6$입니다.
따라서 $1\times$★$=6$에서 $1\times6=6$이므로 ★$=6$입니다.

7 생각열기 $0\times$(어떤 수)$=0$
(1) $0\times5=0$
(2) $0\times9=0$

8 생각열기 (어떤 수)$\times0=0$
$2\times0=0$, $5\times0=0$, $8\times0=0$

9 (1) (어떤 수)$\times0=0$ ⇨ $7\times0=0$
(2) $0\times$(어떤 수)$=0$ ⇨ $0\times8=0$

10 ① 0 ② 7 ③ 0 ④ 0 ⑤ 0

11 생각열기 민준이의 곱셈을 먼저 계산합니다.
민준이의 곱셈의 결과는 $5\times0=0$입니다.
$\boxed{0}\times9=0$이므로 지선이의 곱셈에서 □ 안에 알맞은 수는 0입니다.

12 문제분석 본문 73쪽

수 카드 4장 중에서 ①2장을 뽑아 두 수의 곱을 구했을 때 ②가장 큰 곱이 42이고, ③가장 작은 곱이 0이었습니다. ④뒤집힌 수 카드에 적힌 수는 무엇입니까?

4 7 (뒤집힌 카드) 6

①2장을 뽑아 두 수의 곱을 구했을 때	□×□
②가장 큰 곱이 42이고	□×□ ↑ ↑ 가장 큰 수 둘째로 큰 수
③가장 작은 곱이 0이었습니다.	곱하는 두 수 중 한 수는 0입니다.
④뒤집힌 수 카드에 적힌 수는 무엇입니까?	뒤집힌 수 카드의 수를 구합니다.

곱이 0이 되려면 곱하는 두 수 중 한 수가 0이어야 하므로 수 카드에 0이 있어야 합니다.
따라서 뒤집힌 수 카드에 적힌 수는 0입니다.

13 접시 1개에 케이크가 1조각씩 담겨 있습니다.
(접시 6개에 담겨 있는 케이크의 수)$=1\times6=6$

14 꽃병 1개에 꽃이 0송이입니다.
(꽃병 7개에 꽂혀 있는 꽃의 수)$=0\times7$
$=0$(송이)

15 (민주가 친구 9명에게 준 초콜릿의 수)
=(민주가 친구 1명에게 준 초콜릿의 수)
×(초콜릿을 준 친구의 수)
$=1\times9=9$(개)

16 1을 5번 꺼냈으므로 $1\times5=5$, 0을 2번 꺼냈으므로 $0\times2=0$입니다.
⇨ $5+0=5$(점)

17 1등: $3\times4=12$(점), 2등: $2\times6=12$(점),
3등: $1\times2=2$(점)
⇨ $12+12+2=26$(점)

18 $4\times3=12$, $5\times2=10$, $5\times3=15$

참고
곱셈표는 세로줄에 있는 수를 곱해지는 수, 가로줄에 있는 수를 곱하는 수로 하여 두 줄이 만나는 칸에 두 수의 곱을 써넣은 표입니다.

19 $3\times4=12$, $3\times9=27$, $7\times4=28$,
$7\times6=42$, $8\times6=48$, $8\times9=72$

20 7씩 커지는 칸은 7의 단 곱셈구구입니다.

21 서술형 가이드 주어진 곱셈표를 이용하여 구했는지 확인합니다.

평가기준		
	㉠과 ㉡에 알맞은 수를 각각 구한 다음 두 수의 합을 구함.	상
	㉠과 ㉡에 알맞은 수를 구했지만 두 수의 합을 구하지 못함.	중
	㉠과 ㉡에 알맞은 수를 구하지 못하여 두 수의 합도 구하지 못함.	하

22 $3\times6=18$, $3\times8=24$, $4\times5=20$, $4\times7=28$,
$4\times9=36$, $5\times6=30$, $5\times8=40$

23 $7\times$가$=28$이고 $7\times\boxed{4}=28$이므로 가$=4$입니다.
나$\times5=45$이고 $\boxed{9}\times5=45$이므로 나$=9$입니다.

24 • 8개씩 3줄 ⇨ $8\times3=24$
• 3개씩 8줄 ⇨ $3\times8=24$

25 곱셈에서 곱하는 두 수의 순서를 서로 바꾸어도 곱은 같습니다.
⇨ $2\times8=8\times2$, $4\times6=6\times4$, $5\times9=9\times5$

26 $7\times4=28$, $4\times7=28$ ⇨ $7\times4=4\times7=28$

27 $3\times6=18$이므로 곱셈표에서 곱이 18인 칸을 찾으면 2×9, 6×3, 9×2입니다.

28 서술형 가이드 곱이 같은 곱셈구구를 알아보는 방법을 바르게 설명했는지 확인합니다.

평가 기준		
	곱이 같은 곱셈구구를 찾는 방법을 바르게 설명함.	상
	곱이 같은 곱셈구구를 찾는 방법을 설명했지만 미흡함.	중
	곱이 같은 곱셈구구를 찾는 방법을 설명하지 못함.	하

29 곱셈에서 곱하는 두 수의 순서를 서로 바꾸어도 곱은 같습니다.
㉠ $4\times5=\boxed{5}\times4$, ㉡ $3\times8=8\times\boxed{3}$
⇨ 5>3이므로 ㉠>㉡입니다.

30 (1)

$3\times2+3\times2+3\times2=6+6+6=18$(개)

(2)

$3\times3+3\times3=9+9=18$(개)

31 서술형 가이드 사탕을 2가지 방법으로 묶어 사탕의 수를 구했는지 확인합니다.

평가 기준		
	사탕이 몇 개인지 2가지 방법으로 바르게 구함.	상
	사탕이 몇 개인지 1가지 방법으로 바르게 구함.	중
	사탕이 몇 개인지 구하지 못함.	하

예 $2\times7+2\times1=14+2=16$(개)

32
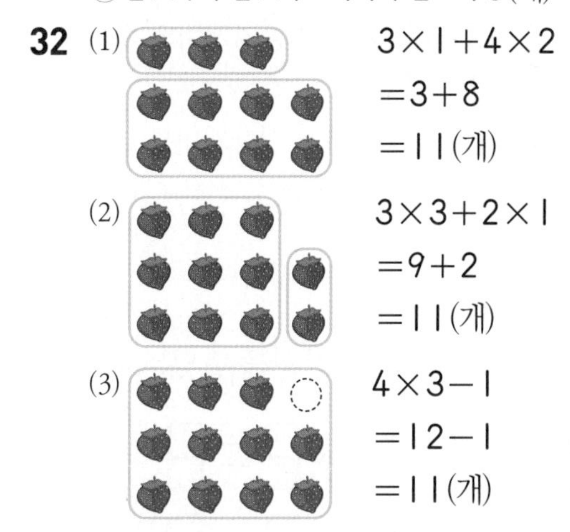
(1) $3\times1+4\times2$
$=3+8$
$=11$(개)

(2) $3\times3+2\times1$
$=9+2$
$=11$(개)

(3) $4\times3-1$
$=12-1$
$=11$(개)

33 서술형 가이드 귤을 2가지 방법으로 묶어 귤의 수를 구했는지 확인합니다.

평가 기준		
	귤은 몇 개인지 2가지 방법으로 바르게 구함.	상
	귤은 몇 개인지 1가지 방법으로 바르게 구함.	중
	귤은 몇 개인지 구하지 못함.	하

예 $7\times4-2\times2=28-4=24$(개)

해결의 법칙 특강 창의·융합 78~79쪽

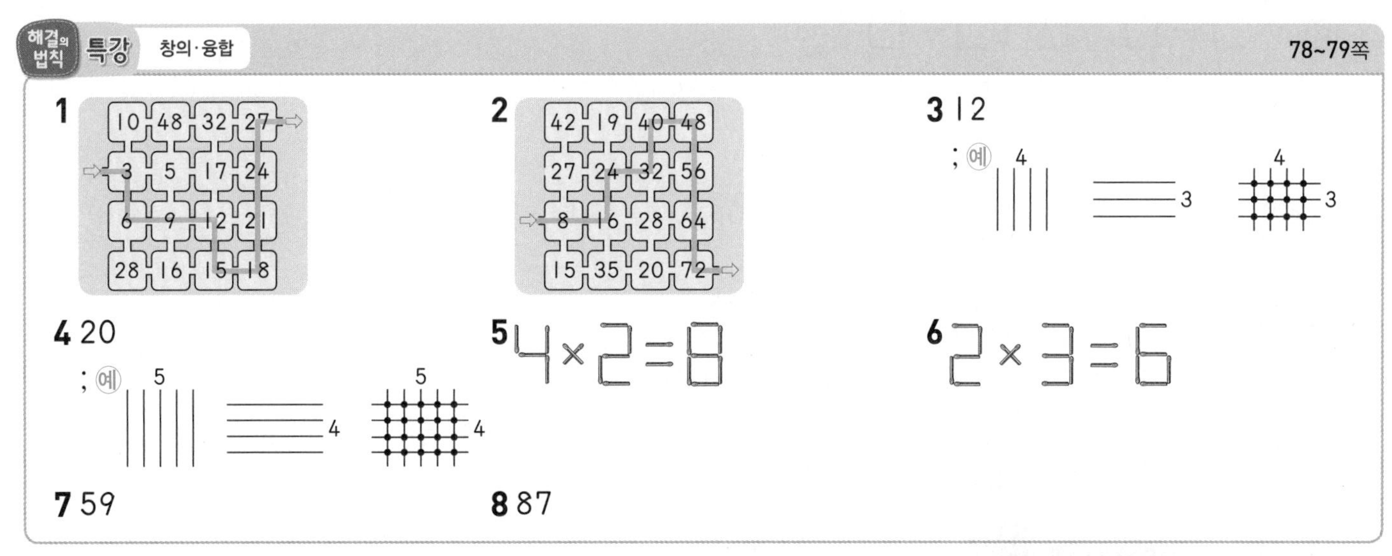

1 3의 단 곱셈구구의 값은 3, 6, 9, 12, 15, 18, 21, 24, 27입니다.
2 8의 단 곱셈구구의 값은 8, 16, 24, 32, 40, 48, 56, 64, 72입니다.

셀파 가·이·드

3 4×3에서 세로로 4줄을 긋고 포개어지도록 가로로 3줄을 긋습니다. 세로 4줄과 가로 3줄이 서로 만나는 점을 세면 12개가 나옵니다.
⇨ $4\times3=12$

4 5×4에서 세로로 5줄을 긋고 포개어지도록 가로로 4줄을 긋습니다. 세로 5줄과 가로 4줄이 서로 만나는 점을 세면 20개가 나옵니다.
⇨ $5\times4=20$

5 생각열기 수를 만들 때 사용한 성냥개비의 수가 다른 것끼리는 성냥개비를 한 개 옮겨서 만들 수 없습니다.
주어진 곱셈식의 각각의 수에서 성냥개비를 한 개 옮겨서 만들 수 있는 수를 알아보면 다음과 같습니다.

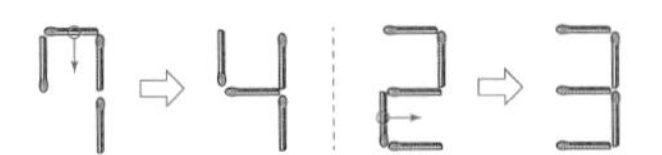

8은 성냥개비를 한 개 옮겨서 만들 수 있는 다른 수가 없습니다.

$7\times2=8$ ⇨ $4\times2=8$ (○)
$7\times2=8$ ⇨ $7\times3=8$ (×)

6 주어진 곱셈식의 각각의 수에서 성냥개비를 한 개 옮겨서 만들 수 있는 수를 알아보면 다음과 같습니다.

2 ⇨ 3 | 5 ⇨ 3 | 6 ⇨ 0 | 6 ⇨ 9

$2\times5=6$ ⇨ $3\times5=6$ (×)
$2\times5=6$ ⇨ $2\times3=6$ (○)
$2\times5=6$ ⇨ $2\times5=0$ (×)
$2\times5=6$ ⇨ $2\times5=9$ (×)

7 (1) : 2번 ⇨ $1\times2=2$, (2) : 5번 ⇨ $2\times5=10$,
(4) : 3번 ⇨ $4\times3=12$, (5) : 7번 ⇨ $5\times7=35$
주사위 눈의 수의 전체 합은 $2+10+12+35=59$입니다.

8 (2) : 8번 ⇨ $2\times8=16$, (3) : 4번 ⇨ $3\times4=12$,
(5) : 1번 ⇨ $5\times1=5$, (6) : 9번 ⇨ $6\times9=54$
주사위 눈의 수의 전체 합은 $16+12+5+54=87$입니다.

셀파 가·이·드

▶ 곱셈에서 곱하는 두 수의 순서를 서로 바꾸어도 곱은 같으므로 다음과 같이 구해도 됩니다.

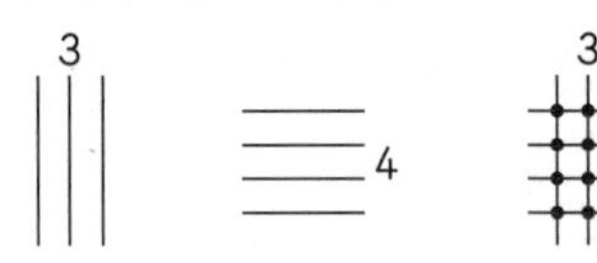

▶ 0부터 9까지의 수를 만들 때 사용한 성냥개비의 수는 각각 다음과 같습니다.

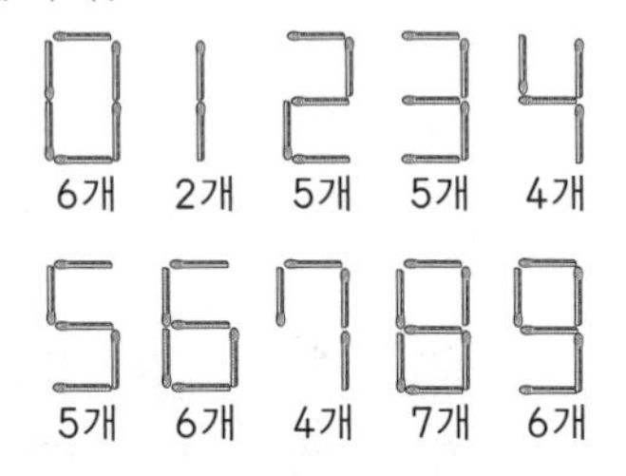

▶ 2는 성냥개비를 한 개 옮겨서 5를 만들 수 없습니다.

▶ 5는 성냥개비를 한 개 옮겨서 2를 만들 수 없습니다.

3 STEP 레벨 UP

80~81쪽

1 20회 **2** 3 **3** 12 **4** ㉡, ㉢, ㉠

5 예 닭 8마리의 다리는 $2\times8=16$(개), 염소 3마리의 다리는 $4\times3=12$(개), 토끼 6마리의 다리는 $4\times6=24$(개)입니다. 따라서 동물의 다리는 모두 $16+12+24=52$(개)입니다. ; 52개

6 9, 8, 72 **7** 21개 **8** 20

9 예 $7\times7=49$이므로 □>49이고 $9\times6=54$이므로 54>□입니다. 따라서 □는 49보다 크고 54보다 작은 수이므로 50, 51, 52, 53으로 모두 4개입니다. ; 4개

10 19개 **11**

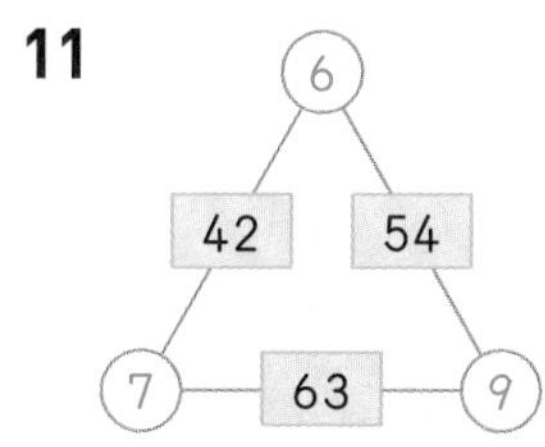

12 12

1 (붓으로 써야 하는 획수)=('수'를 한 번 쓸 때 쓰는 획수)×('수'를 쓰는 횟수)
$=4\times5=20$(획)

2 $2\times9=18$이므로 □×6=18입니다.
[3]×6=18이므로 □=3입니다.

3 7×□=21에서 7×[3]=21이므로 □=3입니다.
따라서 4를 넣으면 $4\times3=12$가 나옵니다.

4 문제분석 ▶ 본문 80쪽

④구슬이 많은 것부터 차례로 기호를 쓰시오.

㉠ ①봉지 1개에 8개씩 봉지 4개
㉡ ②봉지 1개에 6개씩 봉지 6개
㉢ ③봉지 1개에 7개씩 봉지 5개

①봉지 1개에 8개씩 봉지 4개	8개씩 봉지 4개 ⇨ 8×4
②봉지 1개에 6개씩 봉지 6개	6개씩 봉지 6개 ⇨ 6×6
③봉지 1개에 7개씩 봉지 5개	7개씩 봉지 5개 ⇨ 7×5
④구슬이 많은 것부터 차례로 기호를 쓰시오.	㉠, ㉡, ㉢의 구슬 수를 비교합니다.

㉠ $8\times4=32$(개), ㉡ $6\times6=36$(개), ㉢ $7\times5=35$(개)
⇨ 36>35>32이므로 ㉡>㉢>㉠입니다.

5 서술형 가이드 닭 8마리, 염소 3마리, 토끼 6마리의 다리 수를 각각 구한 다음 전체 다리 수를 구하는 풀이 과정이 들어 있는지 확인합니다.

평가 기준		
	각 동물의 다리 수를 각각 구한 다음 전체 다리 수를 바르게 구함.	상
	각 동물의 다리 수는 구했지만 전체 다리 수를 구하지 못함.	중
	각 동물의 다리 수를 구하지 못하여 전체 다리 수도 구하지 못함.	하

셀파 가·이·드

▶ 7×□=21에서 □ 안에 알맞은 수를 먼저 구합니다.

▶ ■개씩 ▲봉지
⇨ ■×▲

▶ ■개씩 ▲마리
⇨ ■×▲

6 6×㉠=54이고 6×[9]=54이므로 ㉠=9입니다.
㉡×4=32이고 [8]×4=32이므로 ㉡=8입니다.
㉡×㉠=㉢이고 8×9=[72]이므로 ㉢=72입니다.

7 문제분석 ▶ 본문 81쪽

민준이는 사탕을 80개 가지고 있었습니다. ①어제는 한 명에게 4개씩 8명에게 나누어 주었고 ②오늘은 한 명에게 3개씩 9명에게 나누어 주었습니다. ③민준이에게 남아 있는 사탕은 몇 개입니까?

①어제는 한 명에게 4개씩 8명에게 나누어 주었고	어제 나누어 준 사탕의 수: 4×8
②오늘은 한 명에게 3개씩 9명에게 나누어 주었습니다.	오늘 나누어 준 사탕의 수: 3×9
③민준이에게 남아 있는 사탕은 몇 개입니까?	전체 80개에서 ①과 ②를 뺍니다.

어제 나누어 준 사탕의 수: 4×8=32(개)
오늘 나누어 준 사탕의 수: 3×9=27(개)
따라서 남아 있는 사탕은 80−32−27=21(개)입니다.

8 4의 단 곱셈구구의 값은 4, 8, 12, 16, 20, 24, 28, 32, 36이고 이 중에서 3×8=24보다 작은 수는 4, 8, 12, 16, 20입니다.
따라서 4, 8, 12, 16, 20 중 5의 단 곱셈구구의 값에도 있는 수는 20이므로 조건을 모두 만족하는 수는 20입니다.

9 서술형 가이드 주어진 조건을 정리하여 □ 안에 공통으로 들어갈 수 있는 수가 모두 몇 개인지 구하는 풀이 과정이 들어 있는지 확인합니다.

평가기준		
	각 조건의 □ 안에 알맞은 수를 각각 구한 다음 공통으로 들어갈 수 있는 수의 개수를 바르게 구함.	상
	각 조건의 □ 안에 알맞은 수는 구했지만 공통으로 들어갈 수 있는 수의 개수를 구하지 못함.	중
	각 조건의 □ 안에 알맞은 수를 구하지 못하여 공통으로 들어갈 수 있는 수의 개수도 구하지 못함.	하

10 가위를 낸 미라와 윤호 2명이 이겼으므로 나머지 5−2=3(명)은 보를 낸 것입니다. 펼친 손가락은 가위 2명이 2×2=4(개), 보 3명이 5×3=15(개)입니다.
따라서 모두 4+15=19(개)입니다.

11

㉠(6), ㉡(7), ㉢(9)
42: 6×7=42, 7×6=42
54: 6×9=54, 9×6=54
63: 7×9=63, 9×7=63

㉠에는 6과 7 또는 6과 9가 올 수 있습니다. ⇨ ㉠=6
㉡에는 6과 7 또는 7과 9가 올 수 있습니다. ⇨ ㉡=7
㉢에는 7과 9 또는 6과 9가 올 수 있습니다. ⇨ ㉢=9

셀파 가·이·드

▶ 곱셈표는 세로줄에 있는 수를 곱해지는 수, 가로줄에 있는 수를 곱하는 수로 하여 두 줄이 만나는 칸에 두 수의 곱을 써넣은 표입니다.

해·법·순·서
① 어제 나누어 준 사탕의 수를 구합니다.
② 오늘 나누어 준 사탕의 수를 구합니다.
③ 남아 있는 사탕의 수를 구합니다.

▶ 7×7과 9×6을 먼저 계산합니다.

▶ 펼친 손가락의 수

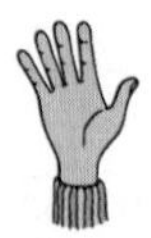

가위 2개 바위 0개 보 5개

12 문제분석 본문 81쪽

다음 ①수 카드 6장 중에서 합이 9가 되는 두 수를 ②곱했을 때 ③가장 큰 곱과 가장 작은 곱의 차는 얼마입니까?

5 8 4 3 6 1

①수 카드 6장 중에서 합이 9가 되는 두 수를	수 카드 6장 중에서 2장을 골라 합이 9가 되는 경우를 알아봅니다.
②곱했을 때	①에서 알아본 경우의 곱을 각각 구합니다.
③가장 큰 곱과 가장 작은 곱의 차는 얼마입니까?	②에서 구한 곱 중 가장 큰 곱과 가장 작은 곱의 차를 구합니다.

합이 9인 두 수: 5+4=9, 8+1=9, 3+6=9

⇨ 두 수의 곱: 5×4=20, 8×1=8, 3×6=18

가장 큰 곱은 20, 가장 작은 곱은 8이므로 차는 20−8=12입니다.

셀파 가·이·드

▶ 곱셈에서 곱하는 두 수의 순서를 서로 바꾸어도 곱은 같습니다.
5×4=4×5=20,
8×1=1×8=8,
3×6=6×3=18

1회 단원 평가 82~84쪽

1 12 ; (수직선 0, 5, 10, 15)

2 7에 ○표 **3** (1) 36 (2) 56

4 20, 30, 35, 40 **5** >

6 38에 ×표 **7** ( )( )(○)

8 2×4=8, 8개

9 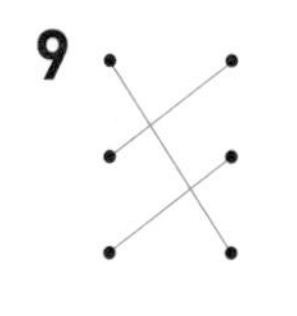

10 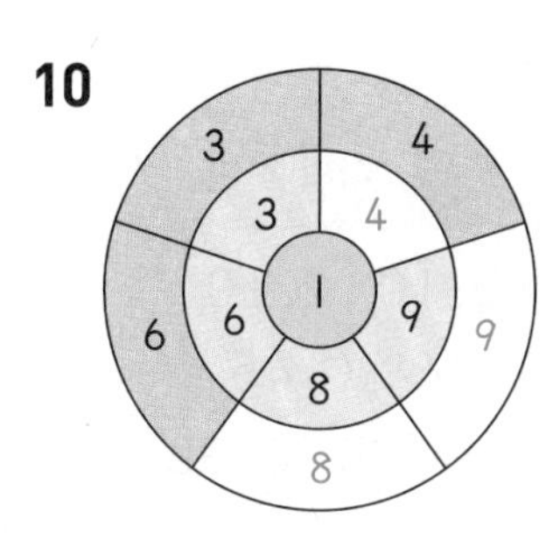

11 예 [방법 1] 6에 6씩 7번 더합니다.
[방법 2] 6×7에 6을 더합니다.

12 ㉡, ㉠, ㉢ **13** 9, 72

14 미 **15** ㉢

16 예 3×9=27이므로 27>□입니다.
따라서 □ 안에 들어갈 수 있는 가장 큰 두 자리 수는 26입니다. ; 26

17 53 **18** 10점

19 25 **20** 9개

1 4칸씩 3번 뛰어 셉니다. ⇨ 4×3=12

2 7의 단 곱셈구구에서는 곱이 7씩 커집니다.

3 (1) 9의 단 곱셈구구를 외워 봅니다.
(2) 7의 단 곱셈구구를 외워 봅니다.

4 5×4=20, 5×6=30, 5×7=35, 5×8=40

5 1×8=8, 0×9=0 ⇨ 8>0

6 4×2=8, 4×9=36, 4×4=16
⇨ 4의 단 곱셈구구의 값이 아닌 것은 38입니다.

7 • 곱셈에서 곱하는 두 수의 순서를 서로 바꾸어도 곱은 같으므로 8×3=3×8입니다.
• 8×3=24, 6×4=24이므로 곱이 같습니다.
• 8×3=24, 7×3=21이므로 곱이 다릅니다.

8 (나비 4마리의 더듬이 수)
=(나미 1마리의 더듬이 수)×(나비의 수)
=2×4=8(개)

9 0×5=0 • • 4×4=16
2×8=16 • • 5×2=10
2×5=10 • • 7×0=0

10 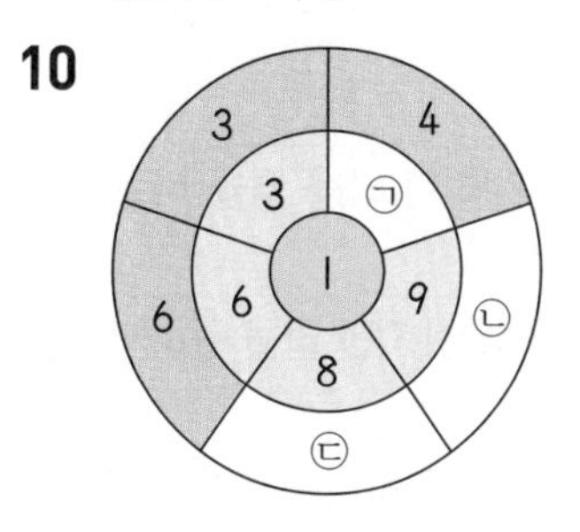

1×3=3이므로 한가운데 있는 수인 1과 둘레에 있는 수의 곱을 구합니다.
1×4=4 ⇨ ㉠=4,
1×9=9 ⇨ ㉡=9,
1×8=8 ⇨ ㉢=8

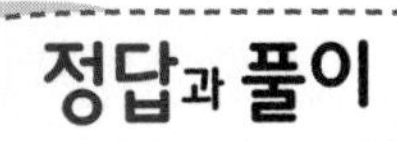

11 서술형 가이드 6×8을 계산하는 방법을 바르게 썼는지 확인합니다.

평가 기준		
	6×8을 계산하는 방법을 두 가지 모두 바르게 씀.	상
	6×8을 계산하는 방법을 한 가지 바르게 씀.	중
	6×8을 계산하는 방법을 한 가지도 쓰지 못함.	하

참고

6×8을 계산하는 방법
- 6에 6씩 7번 더합니다.
- 6×7에 6을 더하면 6×8이므로 6×7=42에 6을 더합니다.
- 6×8에는 6×2가 4번 들어 있고 6×2=12이므로 12를 4번 더합니다.
- 6×8에는 6×4가 2번 들어 있고 6×4=24이므로 24를 2번 더합니다.
- 6×9에서 6을 빼면 6×8이 되므로 6×9=54에서 6을 뺍니다.

12 ㉠ 4×7=28, ㉡ 8×3=24, ㉢ 6×5=30
⇨ 24<28<30이므로 ㉡<㉠<㉢입니다.

13 3×3=9, 9×8=72

14 3의 단 곱셈구구의 값은 다음과 같습니다.

×	1	2	3	4	5	6	7	8	9
3	3	6	9	12	15	18	21	24	27

4	2	16	23	26	38
1	17	5	19	25	6
16	21	27	9	22	18
14	12	29	24	28	15
2	3	4	18	23	27
11	15	24	12	10	3
8	20	13	26	7	9
5	31	14	25	28	1

15 ㉠ 5×[3]=15, ㉡ [3]×9=27, ㉢ 8×[4]=32

16 생각열기 3×9의 곱을 먼저 구해 봅니다.

서술형 가이드 주어진 조건을 정리하여 □ 안에 들어갈 수 있는 가장 큰 두 자리 수를 구하는 풀이 과정이 들어 있는지 확인합니다.

평가 기준		
	3×9를 구하여 조건을 정리한 다음 답을 바르게 구함.	상
	3×9를 구하여 조건은 정리했지만 답을 구하지 못함.	중
	3×9를 구하지 못하여 답도 구하지 못함.	하

17 가장 큰 곱: 가장 큰 수와 둘째로 큰 수의 곱
⇨ 9×5=45
가장 작은 곱: 가장 작은 수와 둘째로 작은 수의 곱
⇨ 2×4=8
따라서 가장 큰 곱과 가장 작은 곱의 합은
45+8=53입니다.

18 (2가 나온 횟수)=10−3−4=3(번)
(0이 나와서 얻은 점수)=0×3=0(점)
(1이 나와서 얻은 점수)=1×4=4(점)
(2가 나와서 얻은 점수)=2×3=6(점)
(3이 나와서 얻은 점수)=3×0=0(점)
⇨ 0+4+6+0=10(점)

19 1×1=1, 2×2=4, 3×3=9, 4×4=16, 5×5=25, 6×6=36……
같은 두 수의 곱 1, 4, 9, 16, 25, 36…… 중에서 20보다 크고 30보다 작은 수는 25입니다.

20 (영희가 사용한 성냥개비 수)=3×7=21(개),
(인수가 사용한 성냥개비 수)=4×6=24(개),
(두 사람이 사용한 성냥개비 수)=21+24=45(개)
따라서 5×9=45이므로 오각형을 9개 만들 수 있습니다.

2회 단원 평가 85~87쪽

1 5, 10 ; 2, 10
2 (1) 6 (2) 5
3 (1) 48 (2) 45
4 =
5 (위부터) 20, 32, 21, 42, 63
6 9
7 7×9=63, 63년
8 ㉡
9 5
10 ㉢
11 25명
12 14
13 예 1등: 5×3=15(점), 2등: 3×4=12(점), 3등: 1×5=5(점)이므로 재민이네 반의 달리기 점수는 모두 15+12+5=32(점)입니다.
; 32점
14 5마리
15 4, 3, 8
16 10
17 17점
18 63
19 5, 6

20 예 (남학생이 앉은 의자 수)$=5\times9=45$(개),
(여학생이 앉은 의자 수)$=6\times8=48$(개)
⇨ (학생들이 앉은 의자 수)$=45+48=93$(개)
따라서 빈 의자는 $99-93=6$(개)입니다.
; 6개

1 • 도넛을 2개씩 묶으면 5묶음이므로 $2\times5=10$입니다.
• 도넛을 5개씩 묶으면 2묶음이므로 $5\times2=10$입니다.

2 (1) $3\times7=21$은 $3\times6=18$에 3을 더한 것과 같습니다.
(2) $4\times6=24$는 $4\times5=20$에 4를 더한 것과 같습니다.

3 (1) 6의 단 곱셈구구를 외워 봅니다.
(2) 9의 단 곱셈구구를 외워 봅니다.

4 $6\times3=18$, $2\times9=18$

5 $4\times5=20$, $4\times8=32$,
$7\times3=21$, $7\times6=42$, $7\times9=63$

6 $3\times\square=27$ ⇨ $3\times\boxed{9}=27$이므로 $\square=9$입니다.

7 (더 사실 수 있는 기간)
=(한 번 넘어졌을 때 사실 수 있는 기간)
×(넘어진 횟수)
$=7\times9=63$(년)

8 ㉠ $8\times6=48$, ㉡ $7\times8=56$, ㉢ $9\times5=45$
⇨ $56>50$이므로 50보다 큰 것은 ㉡입니다.

9 $9\times3=27$, $8\times4=32$ ⇨ $32-27=5$

10 ㉠ 0, ㉡ 0, ㉢ 6, ㉣ 0

11 $5\times5=25$(명)

12 $2\times6=12$, $5\times3=15$이므로 13이거나 14인데 숫자 중 하나가 4이므로 '나'는 14입니다.

13 서술형 가이드 재민이네 반의 1등, 2등, 3등의 점수를 각각 구한 다음 모두 더하는 풀이 과정이 있는지 확인합니다.

평가기준		
	재민이네 반의 등수별 점수를 각각 구한 다음 답을 바르게 구함.	상
	재민이네 반의 등수별 점수는 구했지만 답을 구하지 못함.	중
	재민이네 반의 등수별 점수를 구하지 못하여 답도 구하지 못함.	하

14 바꿀 수 있는 물고기 수를 □마리라 하면 $8\times\square=40$입니다.
⇨ $8\times5=40$이므로 $\square=5$입니다.

15 $4+4=8$이므로 ●$=4$입니다.
$4\times$▲$=12$에서 $4\times3=12$이므로 ▲$=3$입니다.
■$\times3=24$에서 $8\times3=24$이므로 ■$=8$입니다.

16 ♥$\times7=56$에서 $8\times7=56$이므로 ♥$=8$입니다.
★$\times4=8$에서 $2\times4=8$이므로 ★$=2$입니다.
⇨ ★+♥$=2+8=10$

17 0점짜리 공 2개 ⇨ $0\times2=0$(점),
1점짜리 공 3개 ⇨ $1\times3=3$(점),
2점짜리 공 1개 ⇨ $2\times1=2$(점),
3점짜리 공 4개 ⇨ $3\times4=12$(점)
⇨ $0+3+2+12=17$(점)

18 가장 작은 곱이 7이고 $1\times7=7$, $7\times1=7$이므로 나머지 두 수 카드의 수는 1과 7입니다.
따라서 가장 큰 곱은 $9\times8=72$이고 둘째로 큰 곱은 $9\times7=63$입니다.

19 해·법·순·서
① $7\times\square<45$의 □ 안에 들어갈 수 있는 수를 구합니다.
② $40<9\times\square$의 □ 안에 들어갈 수 있는 수를 구합니다.
③ ①과 ②에서 구한 수 중에서 공통으로 있는 수를 알아봅니다.

$7\times7=49$, $7\times6=42$, $7\times5=35$……이므로 $7\times\square<45$에서 □ 안에 들어갈 수 있는 수는 6, 5, 4, 3, 2, 1, 0입니다.
$9\times4=36$, $9\times5=45$, $9\times6=54$……이므로 $40<9\times\square$에서 □ 안에 들어갈 수 있는 수는 5, 6, 7……입니다.
따라서 □ 안에 공통으로 들어갈 수 있는 수는 5, 6입니다.

20 서술형 가이드 학생들이 앉은 의자 수를 구한 다음 전체 의자 수에서 학생들이 앉은 의자 수를 빼는 풀이 과정이 있는지 확인합니다.

평가기준		
	남학생과 여학생이 앉은 의자 수를 각각 구한 다음 답을 바르게 구함.	상
	남학생과 여학생이 앉은 의자 수는 구했지만 답을 구하지 못함.	중
	남학생과 여학생이 앉은 의자 수를 구하지 못하여 답도 구하지 못함.	하

3. 길이 재기

1 핵심 개념 (1) 91쪽

1-1 m, 미터
1-2 (1) 1 m (2) 2 m
1-3 1, 1, 3
1-4 100, 200
1-5 100, 1, 1, 25
1-6 1, 100, 138
2-1 102
2-2 108

2-1 자의 눈금이 102를 가리키고 있습니다. ⇨ 102 cm
2-2 자의 눈금이 108을 가리키고 있습니다. ⇨ 108 cm

2 유형 탐구 (1) 92~95쪽

1 (1) 5 (2) 900
2 (1) 4 미터 (2) 7 미터
3 1 m
4

5 (1) cm (2) m
6 (1) 100 (2) 10
7 (1) 1, 73 (2) 268
8 (1) 3 미터 19 센티미터 (2) 4 미터 25 센티미터
9 507 cm=500 cm+7 cm
=5 m+7 cm=5 m 7 cm
10 4 m 28 cm
11 예 317 cm=3 m 17 cm이므로 ㉠=3, 942 cm=9 m 42 cm이므로 ㉡=42입니다.
⇨ ㉠+㉡=3+42=45입니다. ; 45
12

○
×
○
×

13 (1) > (2) <
14 ( )
( )
(○)
15 예 리본의 길이는 4 m 56 cm=456 cm입니다. 456<461이므로 길이가 더 짧은 것은 리본입니다. ; 리본
16 ㉣
17 (1) 1, 72 (2) 2, 46
18 130 ; 1, 30
19 예 자의 눈금이 1부터 시작해서 1 m 41 cm가 아닙니다.
20 예

물건	□cm	□m □cm
냉장고의 높이	165 cm	1 m 65 cm
옷장의 높이	210 cm	2 m 10 cm
자동차의 길이	478 cm	4 m 78 cm

1 (1) ■00 cm=■ m ⇨ 500 cm=5 m
(2) ■ m=■00 cm ⇨ 9 m=900 cm
2 ■ m는 ■ 미터라고 읽습니다.
3 100 cm는 1 m와 같습니다.
4 ■00 cm=■ m임을 이용합니다.
600 cm=6 m, 300 cm=3 m, 800 cm=8 m
5 (1) 연필의 길이는 cm 단위로 나타내는 것이 알맞습니다.
(2) 축구장 긴 쪽의 길이는 m 단위로 나타내는 것이 알맞습니다.
6 (1) 1 cm를 100번 이으면 100 cm입니다. ⇨ 1 m
(2) 10 cm를 10번 이으면 100 cm입니다. ⇨ 1 m
7 (1) 173 cm=100 cm+73 cm
=1 m+73 cm=1 m 73 cm
(2) 2 m 68 cm=2 m+68 cm
=200 cm+68 cm=268 cm
8 ■ m ▲● cm는 ■ 미터 ▲● 센티미터라고 읽습니다.
9 500 cm=5 m
10 428 cm=400 cm+28 cm
=4 m+28 cm=4 m 28 cm
11 서술형 가이드 몇 cm를 몇 m 몇 cm로 나타낸 다음 ㉠과 ㉡에 알맞은 수를 각각 구하여 두 수의 합을 구하는 풀이 과정이 들어 있는지 확인합니다.

평가 기준		
	㉠과 ㉡에 알맞은 수를 각각 구한 다음 답을 바르게 구함.	상
	㉠과 ㉡에 알맞은 수는 구했지만 답을 구하지 못함.	중
	㉠과 ㉡에 알맞은 수를 구하지 못하여 답도 구하지 못함.	하

12 $536\text{ cm}=500\text{ cm}+36\text{ cm}=5\text{ m}+36\text{ cm}$
$=5\text{ m }36\text{ cm}$
$409\text{ cm}=400\text{ cm}+9\text{ cm}=4\text{ m}+9\text{ cm}$
$=4\text{ m }9\text{ cm}$
$8\text{ m }12\text{ cm}=8\text{ m}+12\text{ cm}=800\text{ cm}+12\text{ cm}$
$=812\text{ cm}$
$7\text{ m }3\text{ cm}=7\text{ m}+3\text{ cm}=700\text{ cm}+3\text{ cm}$
$=703\text{ cm}$

13 해·법·순·서
① 같은 형태로 나타냅니다.
② 길이를 비교합니다.
(1) $2\text{ m }38\text{ cm} > 217\text{ cm}=2\text{ m }17\text{ cm}$
$38>17$
(2) $405\text{ cm} < 4\text{ m }50\text{ cm}=450\text{ cm}$
$405<450$

14 • $327\text{ cm} < 3\text{ m }48\text{ cm}=348\text{ cm}$
$327<348$
• $5\text{ m }61\text{ cm} > 509\text{ cm}=5\text{ m }9\text{ cm}$
$61>9$
• $780\text{ cm} > 7\text{ m }25\text{ cm}=725\text{ cm}$
$780>725$

15 서술형 가이드 주어진 두 길이를 같은 단위 형태로 나타낸 다음 길이를 비교하는 풀이 과정이 들어 있는지 확인합니다.

평가 기준		
	두 길이를 같은 단위 형태로 나타낸 다음 답을 바르게 구함.	상
	두 길이를 같은 단위 형태로 나타냈지만 답을 구하지 못함.	중
	두 길이를 같은 단위 형태로 나타내지 못하여 답도 구하지 못함.	하

16 ㉡ $8\text{ m }40\text{ cm}=840\text{ cm}$,
㉣ $8\text{ m }57\text{ cm}=857\text{ cm}$
⇨ $857>840>838>809$이므로
㉣ ㉡ ㉠ ㉢
가장 긴 길이는 ㉣입니다.

17 (1) 자의 눈금이 172를 가리키고 있으므로 172 cm입니다.
⇨ $172\text{ cm}=100\text{ cm}+72\text{ cm}=1\text{ m}+72\text{ cm}$
$=1\text{ m }72\text{ cm}$
(2) 자의 눈금이 246을 가리키고 있으므로 246 cm입니다.
⇨ $246\text{ cm}=200\text{ cm}+46\text{ cm}=2\text{ m}+46\text{ cm}$
$=2\text{ m }46\text{ cm}$

18 자의 눈금이 130을 가리키고 있으므로 130 cm입니다.
⇨ $130\text{ cm}=100\text{ cm}+30\text{ cm}=1\text{ m}+30\text{ cm}$
$=1\text{ m }30\text{ cm}$

19 서술형 가이드 자의 눈금이 1부터 시작해서 1 m 41 cm가 아니라는 말이 들어 있는지 확인합니다.

평가 기준		
	길이를 잘못 잰 이유를 바르게 씀.	상
	길이를 잘못 잰 이유를 썼지만 미흡함.	중
	길이를 잘못 잰 이유를 쓰지 못함.	하

참고
탁자의 한끝을 자의 눈금 1에 맞추었으므로 탁자의 다른 쪽 끝에 있는 자의 눈금 141보다 1 작은 수인 140이 탁자의 길이입니다.
⇨ $140\text{ cm}=1\text{ m }40\text{ cm}$

20 서술형 가이드 주변에서 알맞은 물건을 찾아 길이를 재고, 잰 길이를 두 가지 방법으로 나타냈는지 확인합니다.

평가 기준		
	물건을 3가지 찾고 잰 길이를 바르게 나타냄.	상
	물건을 1~2가지 찾고 잰 길이를 바르게 나타냄.	중
	물건을 찾지 못하여 길이를 나타내지 못함.	하

1 STEP 핵심 개념 (2) 97쪽

3-1 2, 70 ; 2, 70 **3-2** 2, 60 ; 2, 60
3-3 40, 3, 70, 3, 70
3-4 90, 170, 70, 3, 70
3-5 8, 70 **3-6** (위부터) 1, 6, 40

3-2 $70\text{ cm}+90\text{ cm}=160\text{ cm}$,
$160\text{ cm}=1\text{ m }60\text{ cm}$, $1\text{ m}+1\text{ m}=2\text{ m}$
⇨ $1\text{ m }70\text{ cm}+90\text{ cm}=2\text{ m }60\text{ cm}$

3-4 $170\text{ cm}=100\text{ cm}+70\text{ cm}=1\text{ m}+70\text{ cm}$
$=1\text{ m }70\text{ cm}$

3-6 $60\text{ cm}+80\text{ cm}=140\text{ cm}$이므로 100 cm를 1 m로 받아올림합니다.
⇨ m끼리의 계산: $1+3+2=6\text{ (m)}$

2 유형 탐구 (2) 98~101쪽

1 5, 39 **2** 9 m 58 cm
3 4 m 71 cm
4 (위부터) 3 m 22 cm, 6 m 79 cm
5 2 m 40 cm **6** 1 m 40 cm
7 <
8 예 파란색 끈의 길이는 419 cm=4 m 19 cm입니다. 따라서 두 끈의 길이의 합은 5 m 34 cm+4 m 19 cm=9 m 53 cm입니다. ; 9 m 53 cm
9 8, 56 **10** 150, 50, 3, 50
11 (1) 7 m 30 cm (2) 7 m 35 cm
12 9 m 27 cm
13 예 m끼리의 계산에서 받아올림을 계산하지 않았습니다. ;

	1	
	3 m	50 cm
+	4 m	80 cm
	8 m	30 cm

14 ㉡ **15** 5 m 7 cm
16 3 m 20 cm **17** 9 m 5 cm
18 38 m 80 cm **19** 2 m 70 cm
20 7 m 90 cm
21 25 m 40 cm+55 m 47 cm=80 m 87 cm ; 80 m 87 cm
22 6 m 40 cm **23** 3 m 39 cm

1 m는 m끼리, cm는 cm끼리 계산합니다.
2 m 14 cm+3 m 25 cm
2+3=5, 14+25=39
=5 m 39 cm

2

	3 m	41 cm
+	6 m	71 cm
	9 m	58 cm

3

	3 m	45 cm
+	1 m	26 cm
	4 m	71 cm

4

	1 m	8 cm
+	2 m	14 cm
	3 m	22 cm

→

	3 m	22 cm
+	3 m	57 cm
	6 m	79 cm

5 생각열기 색 테이프의 전체 길이를 구할 때에는 주어진 두 색 테이프의 길이를 더합니다.
1 m 4 cm+1 m 36 cm=2 m 40 cm

6 (저고리와 치마의 길이의 합)
=(저고리의 길이)+(치마의 길이)
=30 cm+1 m 10 cm
=1 m 40 cm

7

	2 m	10 cm
+	3 m	60 cm
	5 m	70 cm

<

	1 m	20 cm
+	4 m	70 cm
	5 m	90 cm

8 서술형 가이드 주어진 두 길이를 같은 단위 형태로 나타낸 다음 길이의 합을 구하는 풀이 과정이 들어 있는지 확인합니다.

평가 기준		
	두 길이를 같은 단위 형태로 나타낸 다음 답을 바르게 구함.	상
	두 길이를 같은 단위 형태로 나타냈지만 답을 구하지 못함.	중
	두 길이를 같은 단위 형태로 나타내지 못하여 답도 구하지 못함.	하

419 cm=400 cm+19 cm=4 m+19 cm
=4 m 19 cm

9 생각열기 덧셈과 뺄셈의 관계를 이용합니다.
■−▲=● ⇨ ■=●+▲이므로
㉠ m ㉡ cm=3 m 14 cm+5 m 42 cm
=(3 m+5 m)+(14 cm+42 cm)
=8 m+56 cm
=8 m 56 cm입니다.
⇨ ㉠=8, ㉡=56

10 150 cm=100 cm+50 cm=1 m+50 cm
=1 m 50 cm

11 (1) 60 cm+70 cm=130 cm이므로 100 cm를 1 m로 받아올림합니다.
⇨ m끼리의 계산: 1+2+4=7 (m)
(2) 85 cm+50 cm=135 cm이므로 100 cm를 1 m로 받아올림합니다.
⇨ m끼리의 계산: 1+1+5=7 (m)

12 6 m 80 cm+2 m 47 cm
=(6 m+2 m)+(80 cm+47 cm)
=8 m+127 cm
=(8 m+1 m)+27 cm
=9 m+27 cm
=9 m 27 cm

13 서술형 가이드 m끼리의 계산에서 받아올림을 계산하지 않았다는 말이 들어 있는지 확인합니다.

평가기준		
	이유를 쓰고 바르게 고쳐 계산함.	상
	이유는 쓰지 못했지만 바르게 고쳐 계산함.	중
	이유를 쓰지 못하고 바르게 고쳐 계산하지도 못함.	하

50 cm+80 cm=130 cm이므로 100 cm를 1 m로 받아올림합니다.

⇨ m끼리의 계산: 1+3+4=8 (m)

14 ㉠ 4 m 38 cm + 2 m 84 cm = 7 m 22 cm　㉡ 3 m 72 cm + 3 m 59 cm = 7 m 31 cm

7 m 22 cm<7 m 31 cm ⇨ ㉠<㉡

15 ▲=277 cm=2 m 77 cm

▲+●+●

=2 m 77 cm+1 m 15 cm+1 m 15 cm

=3 m 92 cm+1 m 15 cm=**5 m 7 cm**

16 1 m 20 cm+40 cm+1 m 20 cm+40 cm

=1 m 60 cm+1 m 20 cm+40 cm

=2 m 80 cm+40 cm

=**3 m 20 cm**

17 425 cm=4 m 25 cm

⇨ 4 m 96 cm>4 m 25 cm>4 m 9 cm

⇨ 4 m 96 cm+4 m 9 cm=**9 m 5 cm**

18 18 m 30 cm+20 m 50 cm=**38 m 80 cm**

19 (지선이와 민준이가 쌓은 상자의 높이의 합)

=(지선이가 쌓은 상자의 높이)

+(민준이가 쌓은 상자의 높이)

=1 m 20 cm+1 m 50 cm

=**2 m 70 cm**

20 생각열기 색 테이프를 겹치지 않게 길게 이어 붙였으므로 두 색 테이프의 길이의 합을 구합니다.

3 m 20 cm+4 m 70 cm=**7 m 90 cm**

21 (긴 쪽의 길이)

=(짧은 쪽의 길이)+55 m 47 cm

=25 m 40 cm+55 m 47 cm=**80 m 87 cm**

22 2 m 80 cm+1 m 50 cm+2 m 10 cm

=4 m 30 cm+2 m 10 cm

=**6 m 40 cm**

23 문제분석 ▶ 본문 101쪽

어머니의 키는 1 m 63 cm이고, ①아버지의 키는 어머니의 키보다 13 cm 더 큽니다. ②어머니와 아버지의 키의 합은 몇 m 몇 cm입니까?

①아버지의 키는 어머니의 키보다 13 cm 더 큽니다.	(아버지의 키) =(어머니의 키)+13 cm
②어머니와 아버지의 키의 합은 몇 m 몇 cm입니까?	어머니의 키와 ①의 합을 구합니다.

(아버지의 키)=1 m 63 cm+13 cm

=1 m+(63 cm+13 cm)

=1 m+76 cm=1 m 76 cm

⇨ (어머니의 키)+(아버지의 키)

=1 m 63 cm+1 m 76 cm

=(1 m+1 m)+(63 cm+76 cm)

=2 m+139 cm=(2 m+1 m)+39 cm

=3 m+39 cm=**3 m 39 cm**

1 STEP 핵심 개념 (3) 103쪽

4-1 1, 10　**4-2** 30, 2, 20, 2, 20

4-3 2, 30

4-4 (위부터) 5, 100, 1, 90

5-1 2 m　**5-2** 3 m

4-4 cm끼리 뺄 수 없으므로 1 m를 100 cm로 받아내림합니다.

⇨ m끼리의 계산: 6−1−4=1 (m)

5-1 기린의 키는 성수의 키의 약 2배입니다.

⇨ 기린의 키는 1 m의 약 2배이므로 약 2 m입니다.

5-2 가로등의 높이는 아라의 키의 약 3배입니다.

⇨ 가로등의 높이는 1 m의 약 3배이므로 약 3 m입니다.

2 STEP 유형 탐구 (3) 104~109쪽

1 3, 33　**2** 3 m 21 cm

3 5 m 17 cm　**4** ㉠

5 2 m 13 cm　**6** 1 m 20 cm

7 ㉢, ㉡, ㉠

8 예 사자의 몸길이는 225 cm=2 m 25 cm입니다. 따라서 두 동물의 몸길이의 차는 5 m 80 cm−2 m 25 cm=3 m 55 cm입니다. ; 3 m 55 cm

9 미라

10 (1) 4 m 90 cm (2) 1 m 82 cm

11 (1) 1 m 70 cm (2) 4 m 42 cm

12 예 m끼리의 계산에서 받아내림을 계산하지 않았습니다. ;

```
   6    100
   7 m  63 cm
 − 2 m  74 cm
 ────────────
   4 m  89 cm
```

13 >

14 5 m 80 cm

15 49 cm

16 2 m 44 cm

17 28 cm

18 1 m 18 cm

19 3 m 37 cm

20 2 m 17 cm

21 예 정원이의 키는 1 m 30 cm입니다. 이 놀이기구를 타려면 정원이는 몇 cm 더 커야 합니까? ; 20 cm

22 14 m 34 cm

23 2 m

24 [내 키보다 짧은 물건] 예 의자
[내 키만한 물건] 예 진열장
[내 키보다 긴 물건] 예 냉장고

25 ㉢, ㉠, ㉡

26 ㉣

27 4 m

28 8 m

29 (1) 50 m (2) 10 m (3) 170 cm

30 ②, ④, ⑤

31 10 m

32 6 m

1 m는 m끼리, cm는 cm끼리 계산합니다.

5 m 68 cm−2 m 35 cm
5−2=3, 68−35=33
=3 m 33 cm

2
```
   9 m  52 cm
 − 6 m  31 cm
 ────────────
   3 m  21 cm
```

3
```
   8 m  79 cm
 − 3 m  62 cm
 ────────────
   5 m  17 cm
```

4 ㉠ 8 m 93 cm−6 m 23 cm=2 m 70 cm
㉡ 3 m 17 cm−2 m 12 cm=1 m 5 cm

5 (사용한 색 테이프의 길이)
=(처음 길이)−(남은 길이)
=5 m 41 cm−3 m 28 cm=2 m 13 cm

6 2 m 60 cm−1 m 40 cm=1 m 20 cm

7 ㉠ 2 m 12 cm ㉡ 2 m 14 cm ㉢ 2 m 74 cm
⇨ 2 m 74 cm>2 m 14 cm>2 m 12 cm이므로 ㉢>㉡>㉠입니다.

8 서술형 가이드 주어진 두 길이를 같은 단위 형태로 나타낸 다음 길이의 차를 구하는 풀이 과정이 들어 있는지 확인합니다.

평가 기준	
두 길이를 같은 단위 형태로 나타낸 다음 답을 바르게 구함.	상
두 길이를 같은 단위 형태로 나타냈지만 답을 구하지 못함.	중
두 길이를 같은 단위 형태로 나타내지 못하여 답도 구하지 못함.	하

225 cm=200 cm+55 cm=2 m+55 cm
=2 m 55 cm

9 가지고 있는 끈의 길이와 4 m 50 cm의 차가 가장 작은 사람을 찾습니다.
동원: 4 m 75 cm−4 m 50 cm=25 cm
미라: 4 m 50 cm−4 m 30 cm=20 cm ← 가장 작음
윤주: 4 m 80 cm−4 m 50 cm=30 cm
따라서 가장 가까운 사람은 **미라**입니다.

10 생각열기 cm끼리 뺄 수 없을 때에는 1 m를 100 cm로 받아내림합니다.

(1)
```
   7    100
   8 m  40 cm
 − 3 m  50 cm
 ────────────
   4 m  90 cm
```
(2)
```
   8    100
   9 m  63 cm
 − 7 m  81 cm
 ────────────
   1 m  82 cm
```

11 (1)
```
   3    100
   4 m  30 cm
 − 2 m  60 cm
 ────────────
   1 m  70 cm
```
(2)
```
   5    100
   6 m  15 cm
 − 1 m  73 cm
 ────────────
   4 m  42 cm
```

12 서술형 가이드 m끼리의 계산에서 받아내림을 계산하지 않았다는 말이 들어 있는지 확인합니다.

평가 기준	
이유를 쓰고 바르게 고쳐 계산함.	상
이유는 쓰지 못했지만 바르게 고쳐 계산함.	중
이유를 쓰지 못하고 바르게 계산하지도 못함.	하

cm끼리 뺄 수 없으므로 1 m를 100 cm로 받아내림합니다.
⇨ m끼리의 계산: 7−1−2=4 (m)

13

$$\begin{array}{r} \overset{4}{\cancel{5}}\text{ m } \overset{100}{27}\text{ cm} \\ -\ 1\text{ m } 48\text{ cm} \\ \hline 3\text{ m } 79\text{ cm} \end{array},\quad \begin{array}{r} \overset{5}{\cancel{6}}\text{ m } \overset{100}{38}\text{ cm} \\ -\ 2\text{ m } 87\text{ cm} \\ \hline 3\text{ m } 51\text{ cm} \end{array}$$

⇨ 3 m 79 cm ⊘ 3 m 51 cm (>)

79>51

14 파란색 리본의 길이: 640 cm=6 m 40 cm

⇨ 두 리본의 길이의 차:

12 m 20 cm−6 m 40 cm=**5 m 80 cm**

15

$$\begin{array}{r} \overset{1}{\cancel{2}}\text{ m } \overset{100}{24}\text{ cm} \\ -\ 1\text{ m } 75\text{ cm} \\ \hline 49\text{ cm} \end{array}$$

16 해·법·순·서

① 세 변의 길이를 비교합니다.

② 가장 긴 변과 가장 짧은 변의 길이를 차를 구합니다.

4 m 38 cm>3 m 66 cm>1 m 94 cm

⇨ 4 m 38 cm−1 m 94 cm=**2 m 44 cm**

17 문제분석 ▶ 본문 106쪽

①길이가 4 m인 막대를 두 도막으로 잘랐더니 한 도막의 길이가 1 m 86 cm였습니다. ②자른 두 도막의 길이의 차는 몇 cm입니까?

①길이가 4 m인 막대를 두 도막으로 잘랐더니 한 도막의 길이가 1 m 86 cm였습니다.	(다른 한 도막의 길이) =(전체 길이) −(자른 도막의 길이)
②자른 두 도막의 길이의 차는 몇 cm입니까?	자른 도막의 길이와 ①의 차를 구합니다.

다른 한 도막의 길이:

4 m−1 m 86 cm=2 m 14 cm

⇨ 두 도막의 길이의 차:

2 m 14 cm−1 m 86 cm=**28 cm**

18 3 m 54 cm−2 m 36 cm=**1 m 18 cm**

19 (남은 리본의 길이)

=(처음 리본의 길이)

−(선물을 포장하는 데 사용한 길이)

=4 m 75 cm−1 m 38 cm

=**3 m 37 cm**

20 (늘어난 길이)

=(잡아당기기 전 길이)−(잡아당긴 후 길이)

=3 m 62 cm−1 m 45 cm=**2 m 17 cm**

21 서술형 가이드 주어진 두 길이의 차를 구하는 문제를 만들고 답을 바르게 구했는지 확인합니다.

평가기준		
	문제를 만들고 답을 바르게 구함.	상
	문제는 만들었지만 답을 구하지 못함.	중
	문제를 만들지 못하여 답도 구하지 못함.	하

1 m 50 cm−1 m 30 cm=20 cm

22 (파란색 깃발~빨간색 깃발~초록색 깃발)

=(파란색 깃발~빨간색 깃발)

+(빨간색 깃발~초록색 깃발)

=40 m 13 cm+32 m 50 cm=72 m 63 cm

⇨ 72 m 63 cm−58 m 29 cm=**14 m 34 cm**

23 나무의 높이는 지수의 키의 약 2배입니다.

⇨ 나무의 높이는 1 m의 약 2배이므로 약 **2 m**입니다.

24 서술형 가이드 자신의 키를 이용하여 3가지 항목에 각각 알맞은 것을 1가지씩 찾아 썼는지 확인합니다.

평가기준		
	3가지 항목에 각각 알맞은 것을 1가지씩 씀.	상
	3가지 항목에 알맞은 것을 일부만 씀.	중
	3가지 항목에 알맞은 것을 쓰지 못함.	하

25 몸의 일부의 길이가 짧을수록 여러 번 재어야 합니다.

26 1 m가 어느 정도인지 알아봅니다.

27 2+2+2+2=8이므로 8걸음은 두 걸음씩 4번입니다.

⇨ 자동차의 길이는 1 m씩 4번입니다. ⇨ 약 **4 m**

28 1 m가 8번 정도 있습니다. ⇨ 약 **8 m**

29 (1) 운동장 긴 쪽의 길이로 알맞은 것은 약 **50 m**입니다.

(2) 버스의 길이로 알맞은 것은 약 **10 m**입니다.

(3) 아빠의 키로 알맞은 것은 약 **170 cm**입니다.

30 5 m가 어느 정도인지 알아봅니다.

31 50 cm가 20번이면 1000 cm입니다.

⇨ 1000 cm=**10 m**

32 두 깃발 사이의 거리는 진호가 양팔을 벌린 길이로 5번 정도입니다.

⇨ 1 m 20 cm+1 m 20 cm+1 m 20 cm

+1 m 20 cm+1 m 20 cm

=**6 m**

해결의 법칙 특강 창의·융합 110~111쪽

1 1 m 35 cm	**2** 1 m 48 cm	**3** 2 m
4 2가지	**5** 50 cm, 75 cm	**6** 70 cm, 85 cm
7 3 m 50 cm	**8** 6 m 75 cm	

1 줄자가 1 m부터 시작하므로 용태의 실제 키는 줄자로 잰 길이에서 1 m를 빼 주어야 합니다.
235 cm=2 m 35 cm이므로 2 m 35 cm−1 m=**1 m 35 cm**입니다.

2 줄자가 1 m부터 시작하므로 탁자 긴 쪽의 실제 길이는 줄자로 잰 길이에서 1 m를 빼 주어야 합니다.
248 cm=2 m 48 cm이므로 2 m 48 cm−1 m=**1 m 48 cm**입니다.

3
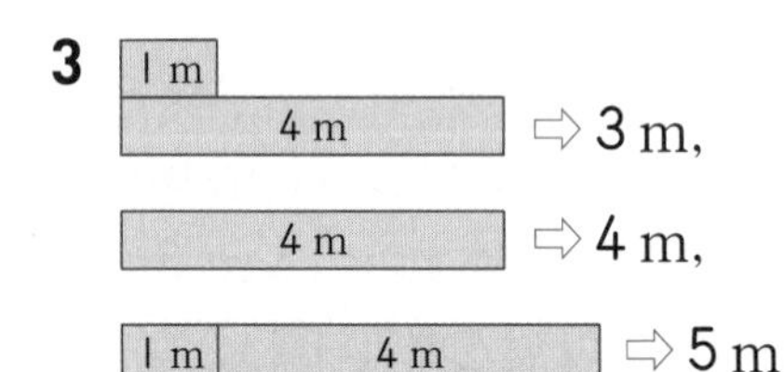

길이가 각각 1 m, 4 m인 두 막대를 이용하여 한 번에 잴 수 없는 길이는 **2 m**입니다.

4
1 m / 5 m / 8 m ⇨ 12 m,
1 m / 5 m / 8 m ⇨ 14 m

길이가 각각 1 m, 5 m, 8 m인 세 막대를 이용하여 한 번에 잴 수 있는 길이는 12 m, 14 m이므로 모두 **2가지**입니다.

5 가+가=1 m 25 cm−25 cm=1 m=100 cm이고,
50+50=100이므로 가=**50 cm**, 나=50 cm+25 cm=**75 cm**입니다.

6
1 m 55 cm
가 / 나
가 / 가 / 나, 15 cm

가+가=1 m 55 cm−15 cm=1 m 40 cm=140 cm이고,
70+70=140이므로 가=**70 cm**, 나=70 cm+15 cm=**85 cm**입니다.

7 (이어 붙인 색 테이프의 전체 길이)
=(색 테이프 두 개의 길이의 합)−(겹쳐진 부분의 길이)
=2 m 10 cm+2 m 10 cm−70 cm
=4 m 20 cm−70 cm=**3 m 50 cm**

8 (이어 붙인 색 테이프의 전체 길이)
=(색 테이프 두 개의 길이의 합)−(겹쳐진 부분의 길이)
=4 m 50 cm+3 m 75 cm−1 m 50 cm
=8 m 25 cm−1 m 50 cm=**6 m 75 cm**

셀파 가·이·드

▶ 248 cm
=200 cm+48cm
=2 m+48 cm=2 m 48 cm

▶ 길이가 각각 1 m, 4 m인 두 막대로 한 번에 잴 수 있는 길이는 1 m, 3 m, 4 m, 5 m입니다.

▶ 길이가 각각 1 m, 5 m, 8 m인 세 막대를 이용하여 한 번에 잴 수 있는 길이는 1 m, 2 m, 3 m, 4 m, 5 m, 6 m, 7 m, 8 m, 9 m, 12 m, 13 m, 14 m입니다.

▶ 막대 가와 막대 나의 길이의 합과 차를 이용하여 그림을 그려 봅니다.

3 STEP 레벨 UP

112~113쪽

1 ㉢, ㉠, ㉣, ㉡ **2** 4, 27

3 예 짧은 막대의 길이: 2 m 18 cm−84 cm=1 m 34 cm
두 막대의 길이의 합: 2 m 18 cm+1 m 34 cm=3 m 52 cm ; 3 m 52 cm

4 168 m 50 cm **5** 6 m 50 cm **6** 3 m 64 cm **7** 9 cm

8 예 320 cm=3 m 20 cm이므로 처음에 가지고 있던 테이프의 길이를 □라 하면
□−2 m 45 cm=3 m 20 cm입니다.
⇨ □=3 m 20 cm+2 m 45 cm=5 m 65 cm ; 5 m 65 cm

9 1 m 10 cm **10**

	9	m	8	6	cm
−	1	m	3	4	cm
	8	m	5	2	cm

11 승준, 36 m 32 cm

1 ㉠ 7 m 56 cm=756 cm ㉢ 7 m 87 cm=787 cm
⇨ 787>756>742>709이므로 ㉢>㉠>㉣>㉡입니다.

2 생각열기 덧셈과 뺄셈의 관계를 이용합니다.
248 cm=2 m 48 cm입니다.
2 m 48 cm+□m □cm=6 m 75 cm에서
□m □cm=6 m 75 cm−2 m 48 cm입니다.
⇨ □m □cm=6 m 75 cm−2 m 48 cm=4 m 27 cm

3 서술형 가이드 두 막대의 길이의 차를 이용하여 짧은 막대의 길이를 구한 다음 긴 막대의 길이와 짧은 막대의 길이의 합을 구하는 풀이 과정이 들어 있는지 확인합니다.

평가기준		
	짧은 막대의 길이를 구한 다음 두 막대의 길이의 합을 바르게 구함.	상
	짧은 막대의 길이를 구했지만 두 막대의 길이의 합을 잘못 구함.	중
	짧은 막대의 길이를 구하지 못하여 두 막대의 길이의 합도 구하지 구함.	하

4 6990 cm=6900 cm+90 cm=69 m+90 cm=69 m 90 cm
서도의 높이: 98 m 60 cm+69 m 90 cm=**168 m 50 cm**

5 문제분석 ▶ 본문 112쪽

①파란색 리본의 길이는 248 cm이고, ②초록색 리본의 길이는 파란색 리본의 길이보다 1 m 54 cm 더 깁니다. ③두 리본의 길이의 합은 몇 m 몇 cm입니까?

①파란색 리본의 길이는 248 cm이고	248 cm=2 m 48 cm
②초록색 리본의 길이는 파란색 리본의 길이보다 1 m 54 cm 더 깁니다.	(초록색 리본의 길이) =(파란색 리본의 길이)+1 m 54 cm
③두 리본의 길이의 합은 몇 m 몇 cm입니까?	①과 ②의 합을 구합니다.

(파란색 리본의 길이)=248 cm=2 m 48 cm
(초록색 리본의 길이)=2 m 48 cm+1 m 54 cm=4 m 2 cm
⇨ (두 리본의 길이의 합)=2 m 48 cm+4 m 2 cm=**6 m 50 cm**

셀파 가·이·드

▶ 덧셈과 뺄셈의 관계
■+▲=●
⇨ ▲=●−■

▶ cm끼리의 합이 100이거나 100보다 크면 100 cm를 1 m로 받아올림하여 계산합니다.

▶ 248 cm
=200 cm+48 cm
=2 m+48 cm=2 m 48 cm

6 생각열기 종이 테이프가 지나간 자리를 알아봅니다.

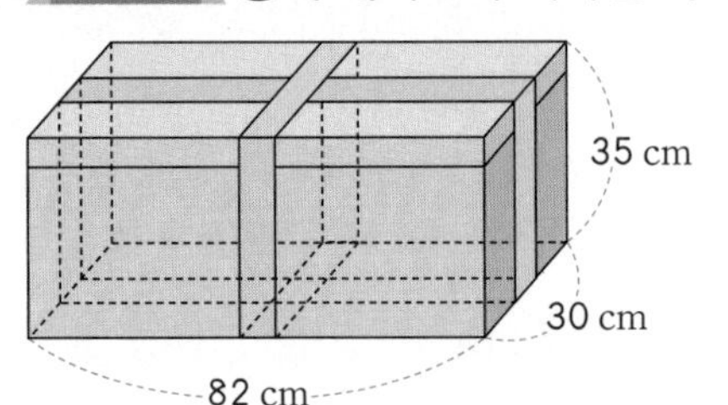

왼쪽 그림을 보면 필요한 종이 테이프는 82 cm짜리 2개, 30 cm짜리 2개, 35 cm짜리 4개입니다.

82 cm+82 cm+30 cm+30 cm+35 cm+35 cm+35 cm+35 cm
=364 cm ⇨ 3 m 64 cm

셀파 가·이·드

▶ 364 cm
=300 cm+64 cm
=3 m+64 cm
=3 m 64 cm

7 문제분석 본문 113쪽

①각각의 길이가 3 m 24 cm인 리본 4개를 ②똑같은 길이만큼 2개씩 겹쳐서 길게 이어 붙였습니다. ③이어 붙인 리본의 전체 길이가 12 m 69 cm라면 ④리본을 몇 cm씩 겹쳐서 이어 붙인 것입니까?

①각각의 길이가 3 m 24 cm인 리본 4개를	리본 4개의 길이의 합을 구합니다.
②똑같은 길이만큼 2개씩 겹쳐서 길게 이어 붙였습니다.	(겹쳐진 부분의 수) =(이어 붙인 리본의 수)−1
③이어 붙인 리본의 전체 길이가 12 m 69 cm라면	(겹쳐진 부분의 길이의 합) =(리본 4개의 길이의 합) −(이어 붙인 리본의 전체 길이)
④리본을 몇 cm씩 겹쳐서 이어 붙인 것입니까?	어떤 길이를 ②에서 구한 수만큼 더 해야 ③에서 구한 길이가 되는지 알아봅니다.

(리본 4개의 길이의 합)
=3 m 24 cm+3 m 24 cm+3 m 24 cm+3 m 24 cm
=12 m 96 cm
리본 4개를 이어 붙였으므로 겹쳐진 부분은 3군데입니다.
(겹쳐진 부분의 길이의 합)
=(리본 4개의 길이의 합)−(이어 붙인 리본의 전체 길이)
=12 m 96 cm−12 m 69 cm
=27 cm
⇨ 27=9+9+9이므로 리본을 9 cm씩 겹쳐서 이어 붙인 것입니다.

▶ (이어 붙인 리본의 전체 길이)
=(리본 4개의 길이의 합)
−(겹쳐진 부분의 길이의 합)
이므로
(겹쳐진 부분의 길이의 합)
=(리본 4개의 길이의 합)
−(이어 붙인 리본의 전체 길이)
입니다.

8 서술형 가이드 처음에 지원이가 가지고 있던 테이프의 길이를 남은 테이프와 쓴 테이프의 길이의 합으로 구하는 풀이 과정이 들어 있는지 확인합니다.

평가 기준		
	320 cm를 3 m 20 cm로 고친 후 남은 테이프 3 m 20 cm와 쓴 테이프 2 m 45 cm의 합으로 처음에 가지고 있던 테이프의 길이를 구함.	상
	320 cm=3 m 20 cm임을 알고 남은 테이프와 쓴 테이프의 합을 구했으나 계산 과정에서 실수하여 답이 틀림.	중
	처음에 가지고 있던 테이프의 길이를 구하는 방법을 몰라 풀이 과정과 답을 쓰지 못함.	하

▶ 320 cm
=300 cm+20 cm
=3 m+20 cm
=3 m 20 cm

9 해·법·순·서

① 겹쳐진 부분의 길이의 합을 구합니다.
② 색 테이프 3개의 길이의 합을 구합니다.
③ 색 테이프 1개의 길이를 구합니다.

색 테이프 3개를 이어 붙였으므로 겹쳐진 부분은 2군데입니다.

(겹쳐진 부분의 길이의 합)=10 cm+10 cm=20 cm

(색 테이프 3개의 길이의 합)

=(이어 붙인 색 테이프의 전체 길이)+(겹쳐진 부분의 길이의 합)

=3 m 10 cm+20 cm

=3 m 30 cm

⇨ 3 m 30 cm=1 m 10 cm+1 m 10 cm+1 m 10 cm이므로 색 테이프 한 개의 길이는 **1 m 10 cm**입니다.

셀파 가·이·드

▶ 색 테이프 ■개를 똑같은 길이만큼 2개씩 겹쳐서 길게 이어 붙였을 때 겹쳐진 부분은 (■−1)군데입니다.

10 문제분석 ▶ 본문 113쪽

수 카드 6장을 한 번씩만 사용하여 ①가장 긴 길이와 ②가장 짧은 길이를 만들고 ③그 차를 구하시오.

1 3 4 6 8 9

①가장 긴 길이	m 단위부터 큰 수를 넣습니다.
②가장 짧은 길이	m 단위부터 작은 수를 넣습니다.
③그 차를 구하시오.	①과 ②의 차를 구합니다.

• 가장 긴 길이: m 단위부터 큰 수를 차례로 넣으면 9 m 86 cm입니다.
• 가장 짧은 길이: m 단위부터 작은 수를 차례로 넣으면 1 m 34 cm입니다.

⇨ 9 m 86 cm−1 m 34 cm=**8 m 52 cm**

11 해·법·순·서

① 승협이가 왕복으로 달린 거리를 구합니다.
② 승준이가 왕복으로 달린 거리를 구합니다.
③ 누가 몇 m 몇 cm 더 많이 달렸는지 알아봅니다.

승협이가 A에서 나를 거쳐 가까지 달린 거리:

42 m 26 cm+34 m=76 m 26 cm

⇨ 왕복으로 달린 거리: 76 m 26 cm+76 m 26 cm=152 m 52 cm

승준이가 A에서 다를 거쳐 라까지 달린 거리:

56 m 24 cm+38 m 18 cm=94 m 42 cm

⇨ 왕복으로 달린 거리: 94 m 42 cm+94 m 42 cm=188 m 84 cm

따라서 **승준**이가 188 m 84 cm−152 m 52 cm=**36 m 32 cm** 더 많이 달렸습니다.

▶ 왕복: 갔다가 돌아왔다는 뜻입니다.

	188 m	84 cm
−	152 m	52 cm
	36 m	32 cm

1회 단원 평가 114~116쪽

1 3 m

2 3 미터 27 센티미터

3 200, 2, 2, 60

4 6, 600, 635

5 9 m 20 cm

6 2 m 60 cm

7 <

8 예 신호등의 높이, 침대의 긴 쪽의 길이

9 (선 잇기)

10 ㉢

11 ㉠, ㉡, ㉢

12 2 m

13 1 m 10 cm

14 예 짧은 쪽의 길이는 3 m 75 cm−2 m 60 cm=1 m 15 cm입니다. 긴 쪽과 짧은 쪽의 길이를 더하면 3 m 75 cm+1 m 15 cm=4 m 90 cm입니다. ; 4 m 90 cm

15 964 cm, 928 cm, 9 m 9 cm

16 ㉠

17 예 트랙을 2바퀴까지 돈 길이는 16 m 24 cm+16 m 24 cm=32 m 48 cm입니다. 트랙을 3바퀴까지 돈 길이는 32 m 48 cm+16 m 24 cm=48 m 72 cm입니다. 따라서 돈 길이는 모두 48 m 72 cm입니다. ; 48 m 72 cm

18 6 m 63 cm

19 2 m 80 cm

20 8 m 24 cm

2 ■ m ▲● cm는 ■ 미터 ▲● 센티미터라고 읽습니다.

3 100 cm=1 m이므로 200 cm=2 m입니다.

4 1 m=100 cm이므로 6 m=600 cm입니다.

5 80 cm+40 cm=120 cm이므로 100 cm를 1 m로 받아올림합니다.
⇨ m끼리의 계산: 1+6+2=9 (m)

6
```
  7     100
  8̸ m  30 cm
− 5 m  70 cm
─────────────
  2 m  60 cm
```

7 2 m 45 cm ⓧ< 250 cm=2 m 50 cm
45<50

8 서술형 가이드 길이를 어림하여 내 키보다 긴 물건을 2가지 썼는지 확인합니다.

평가 기준		
	길이를 어림하여 알맞은 길이의 물건을 2가지 썼음.	상
	길이를 어림하여 알맞은 길이의 물건을 1가지 썼음.	중
	쓴 물건의 길이가 알맞지 않거나 물건을 쓰지 못함.	하

예 줄넘기의 길이, 방문의 높이

9 9 m=900 cm, 836 cm=8 m 36 cm, 4 m 52 cm=452 cm

10 긴 길이를 나타낼 때에는 m, 짧은 길이를 나타낼 때에는 cm가 알맞습니다.

11 몸의 일부의 길이가 짧을수록 여러 번 재어야 합니다.

12 관복의 ㉠의 길이는 1 m의 약 2배이므로 약 2 m입니다.

13 (현진이의 철사 길이)−(문수의 철사 길이)
=5 m 80 cm−4 m 70 cm
=1 m 10 cm

14 서술형 가이드 긴 쪽의 길이를 이용하여 짧은 쪽의 길이를 구한 다음, 두 길이의 합을 구하는 풀이 과정이 들어 있어야 합니다.

평가 기준		
	짧은 쪽의 길이를 구한 다음 답을 바르게 구함.	상
	짧은 쪽의 길이는 구했지만 답을 구하지 못함.	중
	짧은 쪽의 길이를 구하지 못하여 답도 구하지 못함.	하

15 9 m 9 cm=9 m+9 cm=900 cm+9 cm
=909 cm
⇨ 964 cm>928 cm>9 m 9 cm

16 ㉠ 1 m 15 cm+3 m 90 cm=5 m 5 cm
㉡ 5 m 60 cm−1 m 26 cm=4 m 34 cm
⇨ 5 m 5 cm>4 m 34 cm이므로 ㉠>㉡입니다.

17 서술형 가이드 트랙 1바퀴의 길이를 이용하여 트랙 3바퀴의 길이를 구하는 풀이 과정이 들어 있어야 합니다.

평가 기준		
	트랙 1바퀴의 길이를 이용하여 답을 바르게 구함.	상
	트랙 1바퀴의 길이를 이용했지만 답이 틀림.	중
	트랙 1바퀴의 길이를 이용하지 못하여 답을 구하지 못함.	하

18 (이어 붙인 색 테이프의 전체 길이)
=(색 테이프 두 개의 길이의 합)
−(겹쳐진 부분의 길이)
=4 m 55 cm+3 m 10 cm−1 m 2 cm
=7 m 65 cm−1 m 2 cm
=**6 m 63 cm**

19 (㉮~㉯~㉰)
=(㉮~㉯)+(㉯~㉰)
=29 m 22 cm +43 m 36 cm
=72 m 58 cm
⇨ 72 m 58 cm−69 m 78 cm=**2 m 80 cm**

20 생각열기 줄을 잇는 데 양쪽에서 4 cm씩 모두 8개 필요합니다.
줄 4개의 길이의 합: 2 m 14 cm+2 m 14 cm
+2 m 14 cm+2 m 14 cm
=8 m 56 cm
줄을 잇는 부분은 4군데이고 줄을 이으려면 양쪽 줄에서 각각 4 cm씩 필요하므로 모두 4×8=32 (cm)의 줄이 필요합니다.
따라서 이은 줄의 전체 길이는
8 m 56 cm−32 cm=**8 m 24 cm**입니다.

2회 단원 평가 117~119쪽

1 (1) 465 (2) 8, 28
2 10 m 20 cm
3 3 m 45 cm
4 1 m 25 cm
5 예 가로등의 높이, 버스의 길이
6 >
7 9 m 17 cm
8 5 m 90 cm, 1 m 30 cm
9 다현
10 첼로
11 90 m 97 cm
12 1 m 13 cm
13 7 m 24 cm
14 예 빨간색 노끈: 270 cm=2 m 70 cm
노란색 노끈: 2 m 70 cm−62 cm=2 m 8 cm
⇨ 2 m 70 cm+2 m 8 cm=4 m 78 cm
; 4 m 78 cm
15 1 m 62 cm
16 예 4 m 11 cm>3 m 65 cm>2 m 14 cm
⇨ 4 m 11 cm−2 m 14 cm=1 m 97 cm
; 1 m 97 cm
17 5 m 38 cm
18 ㉰
19 민송
20 1 m 20 cm

1 (1) 4 m 65 cm=4 m+65 cm=400 cm+65 cm
=465 cm
(2) 828 cm=800 cm+28 cm=8 m+28 cm
=8 m 28 cm

2 63 cm+57 cm=120 cm이므로 100 cm를 1 m로 받아올림합니다.
⇨ m끼리의 계산: 1+3+6=10 (m)

3
```
 7    100
 8̸ m  24 cm
− 4 m  79 cm
 3 m  45 cm
```

4 텔레비전의 긴 쪽의 길이는 120 cm와 130 cm의 중간이므로 125 cm입니다.
125 cm=100 cm+25 cm=1 m+25 cm
=1 m 25 cm

5 서술형 가이드 주변에 있는 여러 물건 중에서 길이가 1 m보다 긴 물건을 2가지 썼는지 확인합니다.

평가 기준	
주변에 있는 물건의 길이를 어림하여 1 m보다 긴 물건을 2가지 썼음.	상
주변에 있는 물건의 길이를 어림하여 1 m보다 긴 물건을 1가지 썼음.	중
1 m보다 긴 물건을 하나도 쓰지 못함.	하

6 생각열기 같은 단위로 고친 후 길이를 비교합니다.
920 cm=900 cm+20 cm=9 m+20 cm
=9 m 20 cm
⇨ 9 m 20 cm>9 m 12 cm

7 917 cm=900 cm+17 cm=9 m+17 cm
=**9 m 17 cm**

8 360 cm=3 m 60 cm
합:
```
  2 m  30 cm
+ 3 m  60 cm
  5 m  90 cm
```
차:
```
  3 m  60 cm
− 2 m  30 cm
  1 m  30 cm
```

9 생각열기 길이를 '몇 m 몇 cm'로 나타내거나 '몇 cm'로 나타내어 비교합니다.

138 cm=1 m 38 cm

⇨ 1 m 47 cm>1 m 38 cm이므로 **다현**이가 더 멀리 뛰었습니다.

다른 풀이

1 m 47 cm=147 cm

⇨ 147 cm>138 cm이므로 다현이가 더 멀리 뛰었습니다.

10 1 m 48 cm=148 cm

⇨ 168>148>85이므로 **첼로**가 가장 깁니다.

11 (학교 정문~체육관 입구~국기 게양대)

=(학교 정문~체육관 입구)

+(체육관 입구~국기 게양대)

=54 m 70 cm+36 m 27 cm

=**90 m 97 cm**

12 185 cm=100 cm+85 cm=1 m+85 cm

=1 m 85 cm

⇨ 2 m 98 cm−1 m 85 cm=**1 m 13 cm**

13 (남은 리본의 길이)

=(처음 리본의 길이)−(한 번 잘라 사용한 길이)

−(한 번 잘라 사용한 길이)

=9 m 68 cm−1 m 22 cm−1 m 22 cm

=8 m 46 cm−1 m 22 cm

=7 m 24 cm

다른 풀이

(2번 잘라 사용한 길이)

=1 m 22 cm+1 m 22 cm=2 m 44 cm

⇨ 9 m 68 cm−2 m 44 cm=7 m 24 cm

14 서술형 가이드 두 노끈의 길이의 차를 이용하여 노란색 노끈의 길이를 구한 다음 두 노끈의 길이를 더하는 풀이 과정이 들어 있는지 확인합니다.

평가 기준		
	노란색 노끈의 길이를 구한 다음 두 노끈의 길이의 합을 바르게 구함.	상
	노란색 노끈의 길이를 구했지만 두 노끈의 길이의 합을 잘못 구함.	중
	노란색 노끈의 길이를 구하지 못하여 두 노끈의 길이의 합도 구하지 구함.	하

15 나의 길이: 1 m 30 cm+12 cm=1 m 42 cm

다의 길이: 1 m 42 cm+20 cm=1 m 62 cm

16 서술형 가이드 세 변의 길이를 비교한 다음 가장 긴 변의 길이에서 가장 짧은 변의 길이를 빼는 풀이 과정이 들어 있는지 확인합니다.

평가 기준		
	가장 긴 변과 가장 짧은 변을 찾은 다음 두 변의 길이의 차를 바르게 구함.	상
	가장 긴 변과 가장 짧은 변을 찾았지만 두 변의 길이의 차를 구하지 못함.	중
	가장 긴 변과 가장 짧은 변을 찾지 못하여 두 변의 길이의 차도 구하지 못함.	하

17 노끈 5개의 길이의 합:

1 m 14 cm+1 m 14 cm+1 m 14 cm

+1 m 14 cm+1 m 14 cm=5 m 70 cm

겹쳐진 부분의 길이의 합: 8×4=32 (cm)

⇨ 전체 길이:

5 m 70 cm−32 cm=**5 m 38 cm**

18 (㉮~㉯~㉱)

=(㉮~㉯)+(㉯~㉱)

=24 m 15 cm+35 m 73 cm=59 m 88 cm

(㉮~㉰~㉱)

=(㉮~㉰)+(㉰~㉱)

=30 m 20 cm+27 m 45 cm=57 m 65 cm

⇨ 59 m 88 cm>57 m 65 cm이므로 ㉰를 거쳐서 가는 길이 더 가깝습니다.

19 3 m와 던진 거리의 차가 가장 작은 사람이 가장 가깝게 던진 것입니다.

진아: 3 m 55 cm−3 m=55 cm

민송: 3 m 10 cm−3 m=10 cm

보람: 3 m−2 m 70 cm=30 cm

성호: 3 m−2 m 85 cm=15 cm

⇨ 10 cm<15 cm<30 cm<55 cm이므로 가장 가깝게 던진 사람은 **민송**입니다.

20 짧은 막대의 길이를 □cm라 하면 긴 막대의 길이는 (□+40) cm입니다. 자르기 전 막대의 길이는 2 m=200 cm입니다.

□+□+40=200, □+□=160이고

80+80=160이므로

짧은 막대의 길이는 80 cm,

긴 막대의 길이는

80 cm+40 cm=120 cm=1 m 20 cm입니다.

4. 시각과 시간

1 STEP 핵심 개념 (1) 123쪽

1-1

1-2 25

2-1 12 **2-2** 39

3-1 10 **3-2** 5

1-1 시계의 긴바늘이 가리키는 숫자가 5이면 25분, 7이면 35분, 8이면 40분, 10이면 50분, 11이면 55분을 나타냅니다.

1-2 짧은바늘: 1과 2 사이 ⇨ 1시
긴바늘: 5 ⇨ 25분
⇨ 1시 25분

2-1 짧은바늘: 8과 9 사이 ⇨ 8시
긴바늘: 2에서 작은 눈금으로 2칸 더 감. ⇨ 12분
따라서 시계가 나타내는 시각은 8시 12분입니다.

2-2 짧은바늘: 5와 6 사이 ⇨ 5시
긴바늘: 8에서 작은 눈금으로 1칸 덜 감. ⇨ 39분
따라서 시계가 나타내는 시각은 5시 39분입니다.

3-1 4시가 되기 10분 전입니다.
⇨ 4시 10분 전

3-2 5분이 지나면 8시이므로 8시가 되기 5분 전입니다. ⇨ 8시 5분 전

2 STEP 유형 탐구 (1) 124~129쪽

1 (1) 2, 3 (2) 7 (3) 2, 35

2 12, 20 **3** 10, 45

4 8시 25분 **5** 1시 40분

6 예 시계의 긴바늘이 가리키는 10을 50분이 아니라 10분이라고 읽었기 때문입니다. ; 4시 50분

7 

8 

9

10 3, 4, 7

11

12 예 짧은바늘은 그대로 두고 긴바늘이 4를 가리키게 합니다.

13 (1) 9, 10 (2) 1 (3) 9, 14

14 6, 17 **15** 4, 43

16 (○)( ) **17** 3시 32분

18 예 연아와 민정이는 4시 17분에 시계탑 앞에서 만났습니다.

19 

20 

21

22 10, 11, 1

23 서영

24  

25 3, 20 **26** 12, 55

27

28

29

30

31 5, 5

32 1, 50 ; 2, 10

33 5, 45 ; 6, 15

34 (1) 3, 5 (2) 8, 10

35 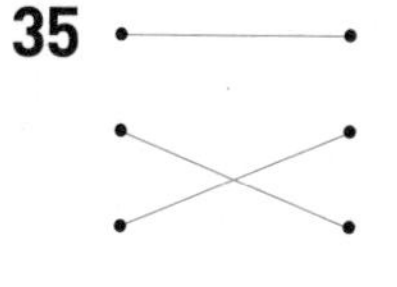

36  

1 짧은바늘이 2와 3 사이를 가리키고, 긴바늘이 7을 가리키므로 2시 35분입니다.

2 짧은바늘이 12와 1 사이를 가리키고, 긴바늘이 4를 가리키므로 12시 20분입니다.

3 짧은바늘이 10과 11 사이를 가리키고, 긴바늘이 9를 가리키므로 10시 45분입니다.

4 짧은바늘이 8과 9 사이를 가리키고, 긴바늘이 5를 가리키므로 8시 25분입니다.

5 짧은바늘이 1과 2 사이를 가리킵니다. ⇨ 1시
긴바늘이 8을 가리킵니다. ⇨ 40분
따라서 설명하는 시각은 1시 40분입니다.

6 서술형 가이드 시각을 잘못 읽은 이유를 쓰고 올바른 시각을 썼는지 확인합니다.

평가 기준		
	시각을 잘못 읽은 이유를 쓰고 시각을 바르게 씀.	상
	시각을 잘못 읽은 이유와 올바른 시각 중 하나만 바르게 씀.	중
	시각을 잘못 읽은 이유도 쓰지 못하고 올바른 시각도 쓰지 못함.	하

7 4시 ⇨ 짧은바늘이 4와 5 사이를 가리킵니다.
40분 ⇨ 긴바늘이 8을 가리키게 그립니다.

8 9시 ⇨ 짧은바늘이 9와 10 사이를 가리킵니다.
25분 ⇨ 긴바늘이 5를 가리키게 그립니다.

9 15분 ⇨ 긴바늘이 3을 가리키게 그립니다.

10 3시 35분
⇨ 짧은바늘: 3과 4 사이를 가리킵니다.
긴바늘: 7을 가리킵니다.

⇨ 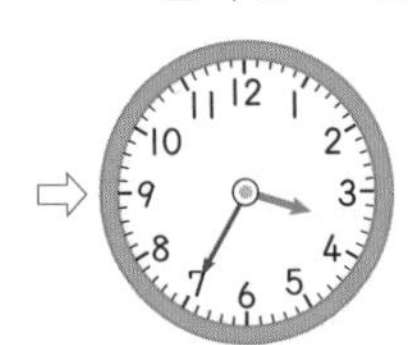

11 2시 ⇨ 짧은바늘이 2와 3 사이를 가리키게 그립니다.
10분 ⇨ 긴바늘이 2를 가리키게 그립니다.

12 서술형 가이드 모형 시계에 나타낸 시각을 주어진 시각으로 고칠 방법을 바르게 설명했는지 확인합니다.

평가 기준		
	주어진 시각으로 고칠 방법을 바르게 씀.	상
	주어진 시각으로 고칠 방법을 썼으나 어색함.	중
	주어진 시각으로 고칠 방법을 쓰지 못함.	하

13 짧은바늘이 9와 10 사이를 가리키고, 긴바늘이 3에서 작은 눈금으로 1칸 덜 간 곳을 가리키므로 9시 14분입니다.

14 짧은바늘이 6과 7 사이를 가리키고, 긴바늘이 3에서 작은 눈금으로 2칸 더 간 곳을 가리키므로 6시 17분입니다.

15 짧은바늘이 4와 5 사이를 가리키고, 긴바늘이 9에서 작은 눈금으로 2칸 덜 간 곳을 가리키므로 4시 43분입니다.

16 가 나 

가: 짧은바늘이 12와 1 사이를 가리키고, 긴바늘이 6에서 작은 눈금으로 2칸 덜 간 곳을 가리키므로 12시 28분입니다.
나: 짧은바늘이 12와 1 사이를 가리키고, 긴바늘이 8을 가리키므로 12시 40분입니다.
따라서 12시 28분을 나타내는 시계는 가입니다.

17 짧은바늘이 3과 4 사이를 가리키고 있습니다. ⇨ 3시
긴바늘이 6에서 작은 눈금으로 2칸 더 간 곳을 가리키고 있습니다. ⇨ 32분
따라서 설명하는 시각은 3시 32분입니다.

18 서술형 가이드 시각을 바르게 읽고 두 사람이 한 일을 바르게 썼는지 확인합니다.

평가 기준		
	시각을 바르게 읽고 두 사람이 한 일을 바르게 씀.	상
	시각은 바르게 읽었으나 문장이 어색함.	중
	시각을 바르게 읽지 못함.	하

19 3시 ⇨ 짧은바늘이 3과 4 사이를 가리킵니다.
52분 ⇨ 긴바늘이 10에서 작은 눈금으로 2칸 더 간 곳을 가리키게 그립니다.

20 6시 ⇨ 짧은바늘이 6과 7 사이를 가리킵니다.
28분 ⇨ 긴바늘이 6에서 작은 눈금으로 2칸 덜 간 곳을 가리키게 그립니다.

21 8시 ⇨ 짧은바늘이 8과 9 사이를 가리킵니다.
37분 ⇨ 긴바늘이 7에서 작은 눈금으로 2칸 더 간 곳을 가리키게 그립니다.

22 10시 29분 ⇨ 짧은바늘이 10과 11 사이를 가리키고, 긴바늘이 6에서 작은 눈금으로 1칸 덜 간 곳을 가리킵니다.

23 2시 ⇨ 짧은바늘이 2와 3 사이를 가리켜야 합니다.
33분 ⇨ 긴바늘이 6에서 작은 눈금으로 3칸 더 간 곳을 가리켜야 합니다.
따라서 2시 33분을 바르게 나타낸 사람은 **서영**입니다.

〈규원이가 나타낸 시각〉
짧은바늘이 6과 7 사이를 가리키고 긴바늘이 2에서 작은 눈금으로 2칸 더 간 곳을 가리키므로 6시 12분입니다.

24 문제분석 ▶ 본문 127쪽

형인이의 하루 생활을 나타낸 것입니다. ①시각에 맞게 ②시곗바늘을 그려 넣으시오.

4시 11분에 집에 도착했습니다.

5시 54분에 숙제를 하고 있습니다.

①시각에 맞게	집 도착: 4시 11분 숙제: 5시 54분
②시곗바늘을 그려 넣으시오.	각각의 시각일 때 시곗바늘의 위치를 바르게 나타냅니다.

• 4시 11분
짧은바늘이 4와 5 사이를 가리킵니다.
긴바늘이 2에서 작은 눈금으로 1칸 더 간 곳을 가리키게 그립니다.

• 5시 54분
짧은바늘이 5와 6 사이를 가리키게 그립니다.
긴바늘이 11에서 작은 눈금으로 1칸 덜 간 곳을 가리키게 그립니다.

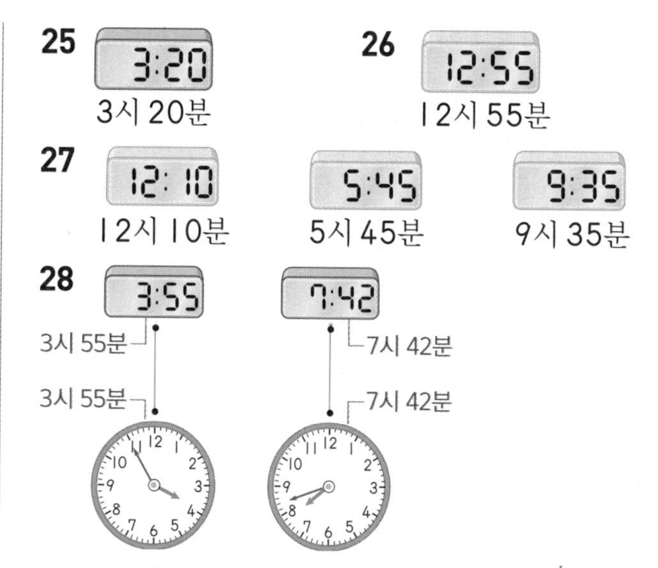

29 생각열기 전자시계가 나타내는 시각은 1시 40분입니다.
1시 ⇨ 짧은바늘이 1과 2 사이를 가리킵니다.
40분 ⇨ 긴바늘이 8을 가리키게 그립니다.

30 생각열기 전자시계가 나타내는 시각은 11시 17분입니다.
11시 ⇨ 짧은바늘이 11과 12 사이를 가리키게 그립니다.
17분 ⇨ 긴바늘이 3에서 작은 눈금으로 2칸 더 간 곳을 가리키게 그립니다.

31 5분이 지나면 9시이므로 9시가 되기 5분 전의 시각과 같습니다. ⇨ 9시 5분 전

32 1시 50분은 2시가 되기 10분 전의 시각과 같으므로 2시 10분 전이라고도 합니다.

33 5시 45분은 6시가 되기 15분 전의 시각과 같으므로 6시 15분 전이라고도 합니다.

34 (1) 2시 55분은 3시가 되기 5분 전의 시각과 같습니다. ⇨ 3시 5분 전
(2) 7시 50분은 8시가 되기 10분 전의 시각과 같습니다. ⇨ 8시 10분 전

35 생각열기 ■시가 되기 ▲분 전의 시각은 ■시 ▲분 전입니다.
• 3시 50분: 4시가 되기 10분 전의 시각과 같으므로 4시 10분 전입니다.
• 4시 55분: 5시가 되기 5분 전의 시각과 같으므로 5시 5분 전입니다.
• 2시 45분: 3시가 되기 15분 전의 시각과 같으므로 3시 15분 전입니다.

36 • 10시 15분 전은 9시 45분입니다. ⇨ 짧은바늘이 9와 10 사이를 가리키고, 긴바늘이 9를 가리키게 그립니다.

• 12시 5분 전은 11시 55분입니다. ⇨ 짧은바늘이 11과 12 사이를 가리키고, 긴바늘이 11을 가리키게 그립니다.

1 STEP 핵심 개념 (2) 131쪽

4-1 120 **4-2** 3
5-1 오전, 오후 **5-2** 오전, 오후
6-1 8월 **6-2** 30일

4-1 1시간=60분
4-2 60분=1시간
5-1 오전: 전날 밤 12시부터 낮 12시까지
오후: 낮 12시부터 밤 12시까지
5-2 낮 12시까지는 오전이고, 낮 12시부터는 오후입니다.

6-1

8월 — 8월 달력입니다.

일	월	화	수	목	금	토
	1	2	3	4	5	6
7	8	9	10	11	12	13
14	15	16	17	18	19	20
21	22	23	24	25	26	27
28	29	30	31			

6-2

11월

일	월	화	수	목	금	토
			1	2	3	4
5	6	7	8	9	10	11
12	13	14	15	16	17	18
19	20	21	22	23	24	25
26	27	28	29	30		

30일까지 있습니다.

2 STEP 유형 탐구 (2) 132~137쪽

1 시각 **2** 시간
3 홍기
4 예 그 다음에 쉬는 시간이 10분 있어.
5 (1) 80 (2) 3, 20 **6** 105분
7 거북
8 1시 10분 20분 30분 40분 50분 2시

; 30분

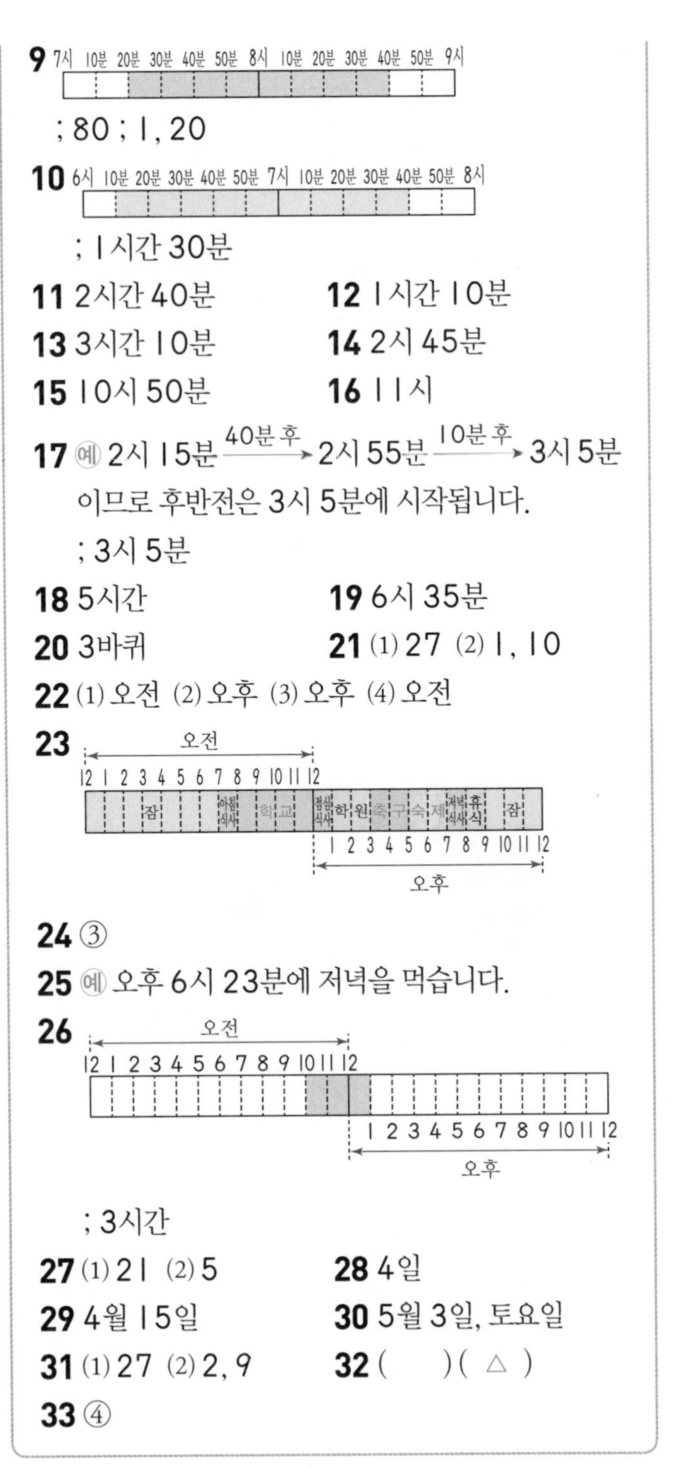

9 7시 10분 20분 30분 40분 50분 8시 10분 20분 30분 40분 50분 9시

; 80 ; 1, 20

10 6시 10분 20분 30분 40분 50분 7시 10분 20분 30분 40분 50분 8시

; 1시간 30분

11 2시간 40분 **12** 1시간 10분
13 3시간 10분 **14** 2시 45분
15 10시 50분 **16** 11시
17 예 2시 15분 —40분 후→ 2시 55분 —10분 후→ 3시 5분이므로 후반전은 3시 5분에 시작됩니다.
; 3시 5분
18 5시간 **19** 6시 35분
20 3바퀴 **21** (1) 27 (2) 1, 10
22 (1) 오전 (2) 오후 (3) 오후 (4) 오전
23

24 ③
25 예 오후 6시 23분에 저녁을 먹습니다.
26

; 3시간

27 (1) 21 (2) 5 **28** 4일
29 4월 15일 **30** 5월 3일, 토요일
31 (1) 27 (2) 2, 9 **32** ( )(△)
33 ④

1 6시 37분은 시간의 어떤 한 지점이므로 **시각**입니다.
2 1시간 30분은 어떤 시각부터 어떤 시각까지의 사이이므로 **시간**입니다.
3 쉬는 시간이 10분이라고 해야 합니다.
4 서술형 가이드 시각을 시간으로 고쳤는지 확인합니다.

평가 기준		
	시각을 시간으로 고쳐서 바르게 나타냄.	상
	시각을 시간으로 고쳤으나 문장이 어색함.	중
	시각을 시간으로 고치지 못함.	하

5 생각열기 1시간은 60분임을 이용합니다.

(1) 1시간 20분=60분+20분=80분

(2) 200분=60분+60분+60분+20분
=3시간 20분

6 1시간 45분=60분+45분=105분

7 생각열기 걸린 시간을 같은 단위로 나타냅니다.

토끼: 1시간 15분=60분+15분=75분

⇨ 75<85이므로 거북이 더 오래 걸렸습니다.

참고

시간의 단위가 같을 때, 시간을 나타내는 수가 클수록 더 오래 걸린 것입니다.

다른 풀이

토끼: 1시간 15분

거북: 85분=60분+25분=1시간 25분

1시간 15분보다 1시간 25분이 더 오랜 시간이므로 거북이 더 오래 걸렸습니다.

8 1시 10분 20분 30분 40분 50분 2시

시간 띠 1칸은 10분을 나타냅니다.

⇨ 시간 띠 3칸만큼이므로 30분이 흘렀습니다.

9 숙제를 시작한 시각: 7시 20분

숙제를 끝낸 시각: 8시 40분

7시 10분 20분 30분 40분 50분 8시 10분 20분 30분 40분 50분 9시

시간 띠 8칸만큼이므로 80분이 걸렸습니다.

⇨ 80분=60분+20분=1시간 20분

10 6시 10분 20분 30분 40분 50분 7시 10분 20분 30분 40분 50분 8시

6시 10분부터 7시 40분까지는 시간 띠 9칸만큼이므로 90분입니다.

⇨ 90분=60분+30분=1시간 30분

11 2시 40분 —2시간 후→ 4시 40분 —40분 후→ 5시 20분

⇨ 2시간 40분이 걸렸습니다.

12 시작한 시각 끝낸 시각

9:10 (9시 10분) 10:20 (10시 20분)

9시 10분 —1시간 후→ 10시 10분 —10분 후→ 10시 20분

⇨ 축구를 1시간 10분 동안 했습니다.

13

6시 5분 —3시간 후→ 9시 5분 —10분 후→ 9시 15분

⇨ 3시간 10분 동안 돌아다녔습니다.

14 생각열기 30분은 긴바늘이 작은 눈금으로 30칸만큼 움직인 시간입니다.

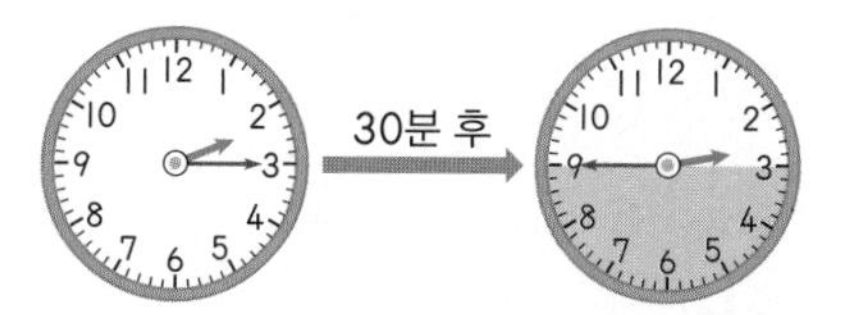

2시 15분 2시 45분

⇨ 2시 15분에서 긴바늘이 작은 눈금으로 30칸만큼 움직이면 2시 45분입니다.

15 10시 10분에서 40분 후이므로 10시 50분입니다.

16 2교시 후 쉬는 시간: 10시 50분부터 11시까지

따라서 3교시 수업을 시작하는 시각은 11시입니다.

17 서술형 가이드 전반전 경기 시간과 휴식 시간이 지난 후 후반전이 시작되는 시각을 바르게 구했는지 확인합니다.

평가기준		
	전반전 경기 시간과 휴식 시간이 지난 후 후반전 시작 시각을 바르게 구함.	상
	몇 분 후의 시각을 구하는 과정에서 실수가 있어서 답이 틀림.	중
	몇 분 후의 시각을 구하는 방법을 모름.	하

다른 풀이

전반전 경기 시간은 40분이고 휴식 시간이 10분이므로 후반전이 시작되는 시각은 2시 15분에서 40+10=50(분) 후입니다. ⇨ 2시 15분에서 50분 후의 시각은 3시 5분입니다.

따라서 후반전은 3시 5분에 시작됩니다.

18 생각열기 긴바늘이 한 바퀴 돌면 60분(=1시간)이 지납니다.

긴바늘이 5바퀴 도는 데 5시간이 걸립니다.

19 영화가 시작한 시각: 4시 35분

시계의 긴바늘이 2바퀴 돌았으므로 2시간이 지났습니다.

따라서 영화가 끝난 시각은 4시 35분에서 2시간 후인 6시 35분입니다.

20 문제분석 ▶ 본문 135쪽

다음은 ①효진이가 미술관 관람을 시작한 시각과 ②끝낸 시각입니다. ③효진이가 미술관을 관람하는 동안 ④시계의 긴바늘은 몇 바퀴 돌았습니까?

관람 시작 ① 3:20 ⇨ ② 관람 끝 6:20

①효진이가 미술관 관람을 시작한 시각과 3:20	3:20 ⇨ 3시 20분
②끝낸 시각입니다. 6:20	6:20 ⇨ 6시 20분
③효진이가 미술관을 관람하는 동안	①에서 구한 시각부터 ②에서 구한 시각까지의 시간을 구합니다.
④시계의 긴바늘은 몇 바퀴 돌았습니까?	긴바늘이 한 바퀴 돌면 1시간이 지납니다.

관람을 시작한 시각: 3시 20분
관람을 끝낸 시각: 6시 20분
3시 20분부터 6시 20분까지는 3시간입니다.
3시간 동안 시계의 긴바늘은 **3바퀴** 돕니다.

21 생각열기 1일=24시간
(1) 1일 3시간=24시간+3시간=27시간
(2) 34시간=24시간+10시간=1일 10시간

22 오전: 전날 밤 12시부터 낮 12시까지
오후: 낮 12시부터 밤 12시까지

23 오전 8시부터 낮 12시까지: 학교
오후 3시부터 오후 5시까지: 축구
오후 5시부터 오후 7시까지: 숙제

24 생각열기 영욱이가 낮 12시부터 밤 12시까지 계획한 일을 알아봅니다.
영욱이가 오후에 계획한 일: 점심 식사, 학원, 축구, 숙제, 저녁 식사, 잠
따라서 영욱이가 오후에 계획한 일이 아닌 것은 ③ 학교입니다.

25 서술형 가이드 오후 6시 23분임을 알고 시각에 어울리는 문장을 만들었는지 확인합니다.

평가기준		
	오후 6시 23분임을 알고 문장을 바르게 씀.	상
	오후 6시 23분임은 알고 있으나 만든 문장이 어색함.	중
	오후 6시 23분임을 모르고 문장도 만들지 못함.	하

26 공부를 시작한 시각: 오전 10시
공부를 마친 시각: 오후 1시

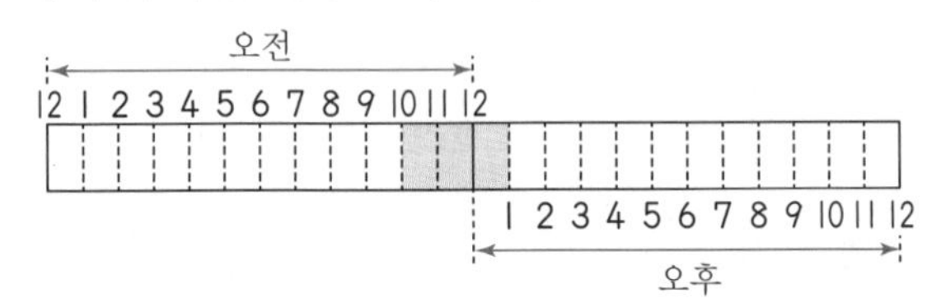

⇨ 시간 띠 1칸은 1시간을 나타내므로 공부한 시간은 **3시간**입니다.

27 생각열기 1주일=7일임을 이용합니다.
(1) 3주일=7일+7일+7일=21일
(2) 35일=7일+7일+7일+7일+7일=5주일

28

4월

일	월	화	수	목	금	토
		1	2	3	④	5
6	7	8	9	10	⑪	12
13	14	15	16	17	⑱	19
20	21	22	23	24	㉕	26
27	28	29	30			

금요일을 찾아 보면 4일, 11일, 18일, 25일로 모두 **4일**입니다.

29

4월

일	월	화	수	목	금	토
		①	2	3	4	5
6	7	⑧	9	10	11	12
13	14	⑮	16	17	18	19
20	21	22	23	24	25	26
27	28	29	30			

첫째 화요일, 둘째 화요일, 셋째 화요일

⇨ 4월 셋째 화요일은 **4월 15일**입니다.

30 2주일은 14일이므로 4월 19일로부터 2주일 후는 19일+14일=33일입니다.
⇨ 4월은 30일까지 있으므로 **5월 3일**입니다.
또, 1주일은 같은 요일이 돌아오는 데 걸리는 기간이므로 2주일 후도 4월 19일과 같은 **토요일**입니다.

다른 풀이

달력에서 어떤 날로부터 1주일 후는 바로 아래에 있고 요일은 같습니다.

4월

일	월	화	수	목	금	토
		1	2	3	4	5
6	7	8	9	10	11	12
13	14	15	16	17	18	19
20	21	22	23	24	25	26
27	28	29	30	1	2	3

1주일 후
1주일 후
5월입니다.

⇨ 4월 19일로부터 2주일 후는 5월 3일이고 토요일입니다.

31 생각열기 1년=12개월임을 이용합니다.

(1) 2년 3개월=12개월+12개월+3개월=27개월

(2) 33개월=12개월+12개월+9개월=2년 9개월

32 2년 5개월=12개월+12개월+5개월=29개월

⇨ 29>25이므로 25개월이 더 짧습니다.

다른 풀이

25개월=12개월+12개월+1개월=2년 1개월

⇨ 2년 5개월보다 25개월이 더 짧습니다.

33

월	1	2	3	4	5	6	7	8	9	10	11	12
날수(일)	31	28(29)	31	30	31	30	31	31	30	31	30	31

- 날수가 31일인 달: 1월, 3월, 5월, 7월, 8월, 10월, 12월
- 날수가 30일인 달: 4월, 6월, 9월, 11월
- 2월의 날수는 28일 또는 29일입니다.

해결의 법칙 특강 창의·융합 138~139쪽

1 3시 40분 **2** 7시 15분 **3** 11시 48분

4 9시 35분 **5** 2시 50분 **6** 6시 27분

7

베이징

8 

서울

9 4시 42분

10 6시 16분

1 생각열기 짧은바늘과 긴바늘이 어디를 가리키는지 보고 시각을 읽습니다.

짧은바늘이 3과 4 사이를 가리킵니다. ⇨ 3시

긴바늘이 8을 가리킵니다. ⇨ 40분

따라서 시계가 나타내는 시각은 3시 40분입니다.

참고

실제 시계 모습은 오른쪽과 같습니다.

2 짧은바늘이 7과 8 사이를 가리킵니다. ⇨ 7시

긴바늘이 3을 가리킵니다. ⇨ 15분

따라서 시계가 나타내는 시각은 7시 15분입니다.

참고

실제 시계 모습은 오른쪽과 같습니다.

셀파 가·이·드

▶ 거울에 비친 시곗바늘이 도는 방향은 다음과 같습니다.

3 짧은바늘이 11과 12 사이를 가리킵니다. ⇨ 11시
긴바늘이 9에서 작은 눈금으로 3칸 더 간 곳을 가리킵니다. ⇨ 48분
따라서 시계가 나타내는 시각은 11시 48분입니다.

참고

실제 시계 모습은 오른쪽과 같습니다.

4 생각열기 시계에 빠진 수를 써넣어 봅니다.

짧은바늘이 9와 10 사이를 가리킵니다. ⇨ 9시
긴바늘이 7을 가리킵니다. ⇨ 35분
따라서 시계가 나타내는 시각은 9시 35분입니다.

5 짧은바늘이 2와 3 사이를 가리킵니다. ⇨ 2시
긴바늘이 10을 가리킵니다. ⇨ 50분
따라서 시계가 나타내는 시각은 2시 50분입니다.

6 짧은바늘이 6과 7 사이를 가리킵니다.
긴바늘이 5에서 작은 눈금으로 2칸 더 간 곳을 가리킵니다.
⇨ 27분
따라서 시계가 나타내는 시각은 6시 27분입니다.

7 서울의 시각: 오후 11시 38분
베이징의 시각: 서울의 시각보다 1시간 느리므로 오후 10시 38분입니다.
⇨ 짧은바늘이 10과 11 사이를 가리키고 긴바늘이 8에서 작은 눈금으로 2칸 덜 간 곳을 가리키게 그립니다.

8 베이징의 시각: 오전 4시 10분
서울의 시각: 베이징의 시각보다 1시간 빠르므로 오전 5시 10분입니다.
⇨ 짧은바늘이 5와 6 사이를 가리키고 긴바늘이 2를 가리키게 그립니다.

9 16:42 ⇨ 16시 42분
16시는 오후 4시이므로 기차가 대전역에 도착하는 시각은 오후 4시 42분입니다.

10 18:16 ⇨ 18시 16분
18시는 오후 6시이므로 기차가 부산역에 도착하는 시각은 오후 6시 16분입니다.

셀파 가·이·드

▶ 시계에는 1부터 12까지의 수가 시계 방향으로 순서대로 써 있습니다.

▶ 서울의 시각이 오전 10시일 때 베이징의 시각은 오전 9시입니다.

베이징 서울

① 베이징의 시각은 서울의 시각보다 1시간 느립니다.
② 서울의 시각은 베이징의 시각보다 1시간 빠릅니다.

▶ 13시부터 24시까지 나타낸 시각을 '오후'를 사용하여 나타낼 때에는 시를 나타내는 수에서 12를 뺍니다.
예 16시 ⇨ 오후 4시 ($16-12=4$)
18시 ⇨ 오후 6시 ($18-12=6$)

3 레벨 UP

140~141쪽

1 

2 

3 예 하루 활동 시간은 6+2+2+6=16(시간)입니다. 하루는 24시간이므로 잠자는 시간은 24−16=8(시간)입니다. ; 8시간

4 8시 5분 전 **5** 9시간 **6** 목요일 **7** 37일

8 예 오늘 오전 8시부터 내일 오전 8시까지는 1일이므로 24시간입니다. 시계가 1시간에 1분씩 빨라지므로 24시간 동안 24분 빨라집니다. 따라서 내일 오전 8시에 이 시계가 가리키는 시각은 8시 24분입니다. ; 8시 24분

9 주희, 10분 **10** 11시 50분 **11** 오전에 ○표 ; 10, 35

1 짧은바늘: 5와 6 사이를 가리키게 그립니다.
긴바늘: 3에서 작은 눈금으로 1칸 덜 간 곳을 가리키게 그립니다.

2 9시 8분 전은 8시 52분입니다.
짧은바늘: 8과 9 사이를 가리키게 그립니다.
긴바늘: 10에서 작은 눈금으로 2칸 더 간 곳을 가리키게 그립니다.

3 서술형 가이드 하루의 시간에서 유라가 활동한 시간을 빼어 잠자는 시간을 구했는지 확인합니다.

평가기준		
	24시간에서 유라가 활동한 시간을 빼어 답을 바르게 구함.	상
	24시간에서 유라가 활동한 시간을 빼어 잠자는 시간을 구하는 과정에서 실수하여 답이 틀림.	중
	하루의 시간을 몰라 답을 구하지 못함.	하

4 생각열기 짧은바늘과 긴바늘이 가리키는 곳을 알아봅니다.
짧은바늘이 7과 8 사이를 가리킵니다. ⇨ 7시
긴바늘이 11을 가리킵니다. ⇨ 55분
⇨ 7시 55분
7시 55분은 8시가 되기 5분 전의 시각이므로 8시 5분 전입니다.

5 문제분석 ▶ 본문 140쪽

11월 어느 날 ①영국 런던과 ②대한민국 서울의 현재 시각을 나타낸 것입니다. ③서울의 시각은 런던의 시각보다 몇 시간 빠릅니까?

오전 ① 런던 오전 ② 서울

①영국 런던과	짧은바늘은 2와 3 사이를 가리키고 긴바늘은 6에서 작은 눈금으로 2칸 덜 간 곳을 가리키고 있습니다.
②대한민국 서울의 현재 시각을 나타낸 것입니다.	짧은바늘은 11과 12 사이를 가리키고 긴바늘은 6에서 작은 눈금으로 2칸 덜 간 곳을 가리키고 있습니다.
③서울의 시각은 런던의 시각보다 몇 시간 빠릅니까?	두 시각 사이의 시간을 구합니다.

셀파 가·이·드

▶ 9시 8분 전은 9시가 되기 8분 전의 시각입니다.

▶ 1일은 24시간입니다.

해·법·순·서
① 주어진 활동 시간을 더합니다.
② 24시간에서 ①의 시간을 뺍니다.

▶ 거울에 비친 시계를 다시 거울로 비춰 보면 원래 시계의 모양이 됩니다.

오전 (런던)

런던 서울

⇨ 오전 2시 28분 ⇨ 오전 11시 28분

오전 2시 28분과 오전 11시 28분은 9시간 차이가 납니다.
따라서 서울의 시각은 런던의 시각보다 **9시간** 빠릅니다.

셀파 가·이·드

6 문제분석 ▶ 본문 140쪽

다음은 ①어느 해 8월 달력의 ②일부분입니다. ③같은 해 9월 5일은 무슨 요일입니까?

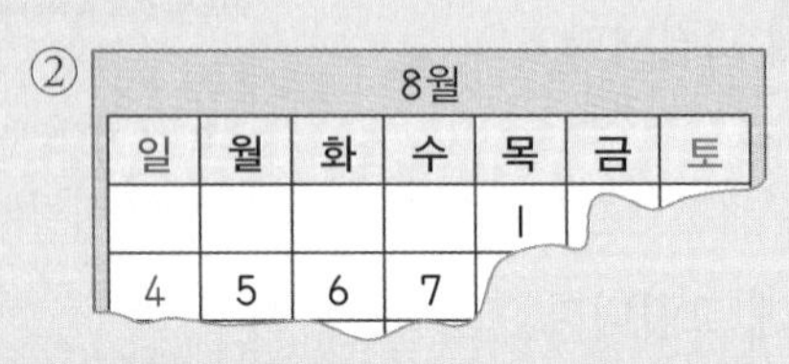

①어느 해 8월 달력의	8월은 31일까지 있습니다.
②일부분입니다. 8월 일 월 화 수 목 금 토 1 4 5 6 7	8월의 마지막 날의 요일을 알아봅니다.
③같은 해 9월 5일은 무슨 요일입니까?	9월 5일은 8월 31일로부터 5일 후입니다.

8월 7일이 수요일이므로 $7+7=14$(일), $14+7=21$(일), $21+7=28$(일)도 수요일입니다.
8월 28일이 수요일이므로 8월의 마지막 날인 31일은 토요일입니다.
따라서 8월 31일로부터 5일 후인 9월 5일은 **목요일**입니다.

▶ 7일마다 같은 요일입니다.

7 생각열기 여름 방학 기간을 7월과 8월로 구분하여 알아봅니다. 7월 15일부터 7월 31일까지와 8월 1일부터 8월 20일까지로 나누어 생각합니다.
7월 15일부터 7월 31일까지는 17일이고 8월 1일부터 8월 20일까지는 20일입니다. 따라서 여름 방학 기간은 $17+20=37$(일)입니다.

주의
- ■부터 ▲까지 수가 몇 개인지 알아보기
  ⇨ ▲－■＋1
  예 15부터 31까지 수의 개수
  ⇨ $31-15+1=17$(개)

8 서술형 가이드 24시간 동안 24분이 빨라짐을 알고 시계가 가리키는 시각을 구하는 풀이 과정이 들어 있어야 합니다.

평가기준		
	시계가 빨라지는 시간을 알고 시계가 가리키는 시각을 바르게 구함.	상
	시계가 빨라지는 시간은 알고 있으나 시각을 구하지 못함.	중
	시계가 빨라지는 시간을 모름.	하

9 문제분석 본문 141쪽

①도일이와 ②주희가 어느 날 오후에 물놀이를 시작한 시각과 끝낸 시각입니다. ③누가 물놀이를 몇 분 더 오래 했습니까?

	시작한 시각	끝낸 시각
도일	① 2:30	① 3:55
주희	② 2:15	② 3:50

①도일, 어느 날 오후에 물놀이를 시작한 시각과 끝낸 시각입니다. 2:30 3:55	물놀이 시작: 2시 30분 물놀이 끝: 3시 55분
②주희, 어느 날 오후에 물놀이를 시작한 시각과 끝낸 시각입니다. 2:15 3:50	물놀이 시작: 2시 15분 물놀이 끝: 3시 50분
③누가 물놀이를 몇 분 더 오래 했습니까?	①과 ②에서 구한 걸린 시간을 비교해 봅니다.

도일: 2시 30분 $\xrightarrow{\text{1시간 후}}$ 3시 30분 $\xrightarrow{\text{25분 후}}$ 3시 55분

⇨ 도일이는 물놀이를 1시간 25분 동안 했습니다.

주희: 2시 15분 $\xrightarrow{\text{1시간 후}}$ 3시 15분 $\xrightarrow{\text{35분 후}}$ 3시 50분

⇨ 주희는 물놀이를 1시간 35분 동안 했습니다.

1시간 25분=60분+25분=85분

1시간 35분=60분+35분=95분

따라서 **주희**가 물놀이를 95분−85분=10분 더 오래 했습니다.

▶ 전자시계 알아보기

2:30 ⇨ 2시 30분 (시, 분)

10 생각열기 1교시 수업 시작 시각을 기준으로 1교시, 2교시, 3교시, 4교시 수업 시간을 알아봅니다.

1교시: 8시 40분부터 9시 20분까지

2교시: 9시 30분부터 10시 10분까지

3교시: 10시 20분부터 11시까지

4교시: 11시 10분부터 11시 50분까지

⇨ 점심 시간은 11시 50분에 시작되므로 영준이가 어머니와 만나기로 한 시각은 **11시 50분**입니다.

다른 풀이

수업 시간이 40분, 쉬는 시간이 10분이므로 다음 수업 시간이 시작되는 시각은 50분 후입니다.

1교시 시작: 8시 40분 $\xrightarrow{\text{50분 후}}$ 2교시 시작: 9시 30분 $\xrightarrow{\text{50분 후}}$ 3교시 시작: 10시 20분 $\xrightarrow{\text{50분 후}}$ 4교시 시작: 11시 10분 $\xrightarrow{\text{40분 후}}$ 점심 시간 시작: 11시 50분

▶ 점심 시간 시작 시각은 4교시가 끝나는 시각과 같습니다.

11 생각열기 집에서 출발한 시각은 동물원에 도착한 시각에서 2시간 30분 전입니다.
동물원에 도착한 시각: 오후 1시 5분
정우네 가족이 집에서 출발한 시각은 오후 1시 5분에서 2시간 30분 전입니다.
오후 1시 5분 —2시간 전→ 오전 11시 5분 —30분 전→ 오전 10시 35분
⇨ 정우네 가족이 집에서 출발한 시각은 오전 10시 35분입니다.

셀파 가·이·드

주의
몇 시간 몇 분 전의 시각을 구하다가 낮 12시 이전이 되면 '오전'이 되는 것에 주의합니다.

1회 단원 평가 142~144쪽

1 (위부터) 20, 25, 30, 35, 40, 45, 50, 55
2 11시 5분
3 11시 10분 전
4

5 오전, 오후
6
7

8 6시간
9 주아
10 60분
11 오전에 ○표 ; 8, 18
12 오후에 ○표 ; 7, 18
13 예 8월, 9월, 10월의 날수를 더합니다. 8월은 31일, 9월은 30일, 10월은 31일이므로 31+30+31=92(일) 동안 병원에 입원했습니다. ; 92일
14 8시 15분
15 예 해명이가 피아노를 배운 기간은
3년 2개월=12개월+12개월+12개월+2개월 =38개월입니다.
38<40이므로 피아노를 더 오래 배운 사람은 현태입니다.
; 현태
16 5번
17 수요일
18 월요일
19 예 8시 15분 전은 7시 45분입니다. 7시 50분과 7시 45분 중 더 빠른 시각은 7시 45분이므로 준수가 더 일찍 일어났습니다.
; 준수
20 화요일

1

2 짧은바늘이 11과 12 사이를 가리키고, 긴바늘이 1을 가리키므로 **11시 5분**입니다.
3 10시 50분은 11시가 되기 10분 전의 시각과 같으므로 **11시 10분 전**이라고 합니다.
4 12시 ⇨ 짧은바늘이 12와 1 사이를 가리킵니다.
29분 ⇨ 긴바늘이 6에서 작은 눈금으로 1칸 덜 간 곳을 가리키게 그립니다.
5 **오전**: 전날 밤 12시부터 낮 12시까지
오후: 낮 12시부터 밤 12시까지
6 • 5시 15분: 짧은바늘이 5와 6 사이를 가리키고 긴바늘이 3을 가리킵니다.
• 5시 15분 전(=4시 45분): 짧은바늘이 4와 5 사이를 가리키고 긴바늘이 9를 가리킵니다.
7 2시 5분 전은 1시 55분입니다.
⇨ 짧은바늘이 1과 2 사이를 가리키고 긴바늘이 11을 가리키게 그립니다.
8 오후 1시부터 오후 7시까지이므로 **6시간**입니다.
9 다은: 3시 5분
주아: 3시 5분 전=2시 55분
수정: 3시 5분
10 생각열기 짧은바늘이 5에서 6으로 움직이는 데 걸린 시간은 1시간입니다.
5시부터 6시까지는 1시간입니다. ⇨ 1시간=60분
11 시계가 나타내는 시각은 오전 7시 18분입니다. 시계의 긴바늘이 한 바퀴 돌면 1시간이 지납니다.
⇨ 오전 7시 18분에서 1시간 후는 오전 8시 18분입니다.

12 시계의 짧은바늘이 한 바퀴 돌면 12시간이 지납니다.
⇨ 오전 7시 18분에서 12시간 후는 오후 7시 18분입니다.

13 서술형 가이드 8월, 9월, 10월의 날수를 알고 더하는 과정이 들어 있어야 합니다.

평가 기준		
	각 달의 날수를 더해 답을 바르게 구함.	상
	각 달의 날수는 알고 있으나 계산 과정에서 실수가 있어서 답이 틀림.	중
	각 달의 날수를 모름.	하

14 짧은바늘: 8과 9 사이 ⇨ 8시
긴바늘: 3 ⇨ 15분
⇨ 8시 15분

15 서술형 가이드 1년은 12개월임을 이용하여 피아노를 더 오래 배운 사람을 바르게 구했는지 확인합니다.

평가 기준		
	피아노를 배운 기간을 바르게 비교함.	상
	1년이 12개월임은 알고 있으나 피아노를 배운 기간을 비교하는 과정에서 실수가 있어서 답이 틀림.	중
	1년이 12개월임을 모름.	하

16 생각열기 7일마다 같은 요일이 돌아옵니다.
7월은 31일까지 있습니다. 그중 월요일은 1일, 8일, 15일, 15+7=22(일), 22+7=29(일)로 모두 5번 있습니다.

주의
29+7=36(일)은 없으므로 29일까지만 셉니다.

17 7월의 마지막 날은 31일입니다.
31일과 같은 요일은 31−7=24(일), 24−7=17(일)입니다.
17일이 수요일이므로 31일도 **수요일**입니다.

18 7월의 마지막 날인 31일이 수요일이므로 7월 31일로부터 5일 후인 8월 5일은 **월요일**입니다.

19 서술형 가이드 두 사람이 일어난 시각을 알아보고 더 일찍 일어난 사람을 구하는 과정이 들어 있어야 합니다.

평가 기준		
	두 사람이 일어난 시각을 알고 더 일찍 일어난 사람을 바르게 구함.	상
	두 사람이 일어난 시각은 알고 있으나 더 일찍 일어난 사람을 잘못 찾음.	중
	두 사람이 일어난 시각을 모름.	하

20 4월 8일이 목요일이므로 15일, 22일, 29일도 목요일입니다. 또, 4월의 마지막 날인 30일은 금요일이므로 4월 30일로부터 4일 후인 5월 4일은 **화요일**입니다.

2회 단원 평가 145~147쪽

1 2, 55 ; 3, 5 **2** 6, 50 ; 7, 10
3 오전, 오후 **4** 9, 2
5 (위부터) 30, 31, 30, 31, 30, 31, 30, 31
6 10월 20일 **7** 10월 17일, 수요일
8 ㉢ **9** ①, ④
10 예 아침 식사를 시작하는 시각은 오전 8시이고, 숙제를 끝내는 시각은 오후 8시입니다.
오전 8시부터 오후 8시까지는 12시간입니다.
; 12시간
11 11시 45분, 12시 15분 전
12 첨성대 **13** ㉠
14 예 시계의 짧은바늘이 2에서 6으로 움직이는 데 걸린 시간은 4시간입니다. 긴바늘은 1시간 동안 1바퀴 돌므로 4시간 동안에는 4바퀴를 돕니다.
; 4바퀴
15 예 7월의 토요일은 1일, 8일, 15일, 22일, 29일로 모두 5일이므로 방 청소를 모두 5번 하게 됩니다.
; 5번
16 연극 시작

17 연극 끝

18 7월 7일 **19** 11시 20분
20 동욱

1 2시 55분은 3시가 되기 5분 전의 시각과 같으므로 3시 5분 전이라고도 합니다.

2 6시 50분은 7시가 되기 10분 전의 시각과 같으므로 7시 10분 전이라고도 합니다.

3 오전: 전날 밤 12시부터 낮 12시까지
오후: 낮 12시부터 밤 12시까지

4 8시 32분 ⇨

5 날수가 31일인 달: 1월, 3월, 5월, 7월, 8월, 10월, 12월
날수가 30일인 달: 4월, 6월, 9월, 11월
날수가 28일 또는 29일인 달: 2월

6 10월 셋째 토요일은 **10월 20일**입니다.

7 생각열기 10월 마지막 날은 10월 31일입니다.

10월

일	월	화	수	목	금	토
	1	2	3	4	5	6
7	8	9	10	11	12	13
14	15	16	17	18	19	20
21	22	23	24	25	26	27
28	29	30	31			

1주일 전
1주일 전

⇨ 10월 31일의 2주일 전은 **10월 17일 수요일**입니다.

8 생각열기 1시간=60분, 1주일=7일, 1년=12개월
㉠ 1시간 30분=60분+30분=90분
㉡ 19일=7일+7일+5일=2주일 5일
㉢ 1년 2개월=12개월+2개월=14개월

9 은지가 오후에 계획한 일은 점심 식사, 수영, 게임, 피아노 학원, 저녁 식사, 숙제, 독서, 잠입니다.

10 서술형 가이드 아침 식사를 시작하는 시각과 숙제를 끝내는 시각을 알아보고 걸리는 시간을 구하는 과정이 들어 있어야 합니다.

평가 기준		
	각 시각을 알아보고 걸리는 시간을 바르게 구함.	상
	각 시각은 알고 있으나 걸리는 시간을 틀림.	중
	각 시각을 몰라 걸리는 시간을 구하지 못함.	하

11 짧은바늘이 11과 12 사이를 가리키고, 긴바늘이 9를 가리키므로 11시 **45분**입니다.
⇨ 12시 15분 **전**이라고도 합니다.

12 시계가 나타내는 시각은 오전 11시 38분이고, 오전 11시 30분부터 낮 12시까지는 **첨성대**를 구경합니다.

13 ㉠ 2시 35분 ㉡ 4시 16분
불국사는 오후 1시 30분부터 오후 3시까지 구경하므로 그 사이에 있는 시각을 찾아 보면 ㉠입니다.

14 서술형 가이드 4시간이 지났음을 알고 긴바늘이 4바퀴를 돌았다고 썼는지 확인합니다.

평가 기준		
	4시간 동안 긴바늘이 4바퀴를 돌았다고 씀.	상
	4시간이 지났음은 알고 있으나 긴바늘이 몇 바퀴를 돌았는지는 모름.	중
	몇 시간이 지났는지를 모름.	하

15 서술형 가이드 같은 요일이 며칠마다 반복되는지를 이용하여 토요일의 날짜를 모두 구했는지 확인합니다.

평가 기준		
	7일마다 같은 요일이 반복됨을 알고 답을 바르게 구함.	상
	7일마다 같은 요일이 반복됨은 알았으나 답이 틀림.	중
	7일마다 같은 요일이 반복됨을 알지 못해 답을 구하지 못함.	하

16 4시 10분 전은 3시 50분과 같은 시각입니다.
⇨ 짧은바늘이 3과 4 사이를 가리키고 긴바늘이 10을 가리키게 그립니다.

17 3시 50분 —1시간 후→ 4시 50분 —25분 후→ 5시 15분
3시 50분에서 1시간 25분 후는 5시 15분입니다.
⇨ 짧은바늘이 5와 6 사이를 가리키고 긴바늘이 3을 가리키게 그립니다.

18 홍석이의 생일로부터 15일 후를 8일 후와 7일 후로 나누어 생각합니다.
6월 22일 —8일 후→ 6월 30일 —7일 후→ 7월 7일
⇨ 6월 22일로부터 15일 후는 **7월 7일**입니다.

19 • 1교시: 시작 9시 —40분 후→ 끝 9시 40분
• 2교시: 시작 9시 50분 —40분 후→ 끝 10시 30분
• 3교시: 시작 10시 40분 —40분 후→ 끝 11시 20분
따라서 3교시 수업이 끝나는 시각은 **11시 20분**입니다.

20 동욱: 5시 30분부터 6시 55분까지 1시간 25분 동안 독서를 했습니다.
지효: 6시 15분부터 7시 35분까지 1시간 20분 동안 독서를 했습니다
⇨ 독서를 더 오래 한 사람은 **동욱**입니다.

5. 표와 그래프

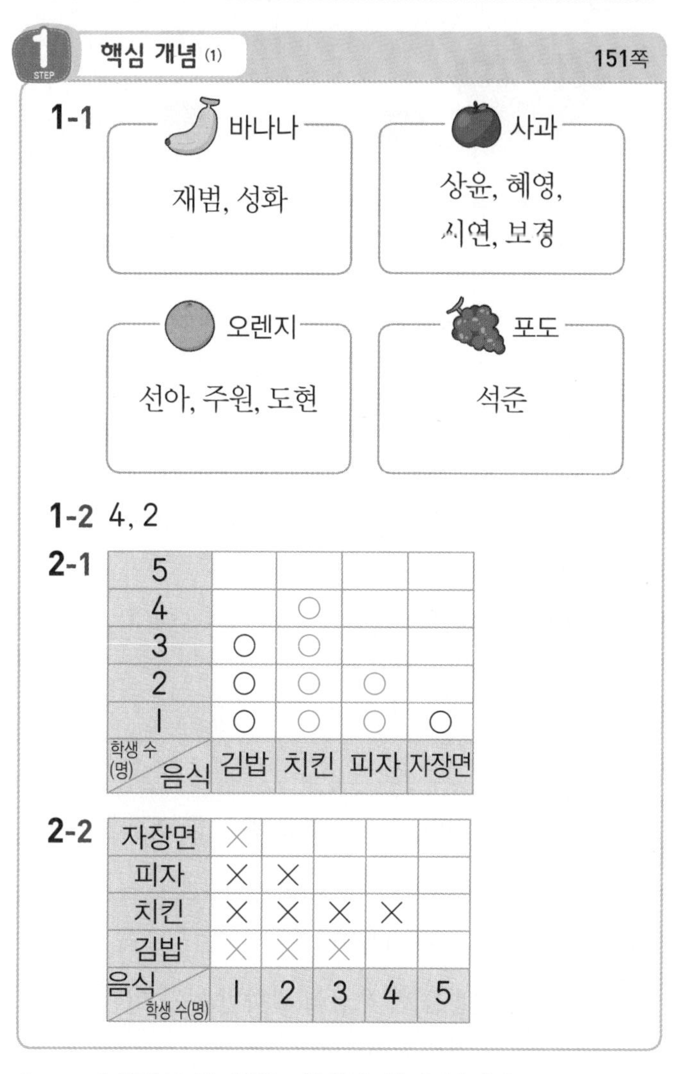

1 STEP 핵심 개념 (1) 151쪽

1-1

바나나	사과	오렌지	포도
재범, 성화	상윤, 혜영, 시연, 보경	선아, 주원, 도현	석준

1-2 4, 2

2-1

5				
4		○		
3	○	○		
2	○	○	○	
1	○	○	○	○
학생 수(명) / 음식	김밥	치킨	피자	자장면

2-2

자장면	×				
피자	×	×			
치킨	×	×	×	×	
김밥	×	×	×		
음식 / 학생 수(명)	1	2	3	4	5

1-1 과일별로 좋아하는 학생을 찾아 봅니다.

1-2 치킨: 혜선, 지현, 문성, 기홍 ⇨ 4명
피자: 정미, 상은 ⇨ 2명

2-1 치킨을 좋아하는 학생은 4명이므로 ○를 4개 그리고 피자를 좋아하는 학생은 2명이므로 ○를 2개 그립니다.

2-2 김밥을 좋아하는 학생은 3명이므로 ×를 3개 그리고 자장면을 좋아하는 학생은 1명이므로 ×를 1개 그립니다.

2 STEP 유형 탐구 (1) 152~157쪽

1 채아, 소영, 한주 **2** 4명

3 아선, 동윤, 지선, 희정 **4** 4명

5 소정, 선우, 지훈, 상은, 창민, 성호

6 6명

7

매미	나비	잠자리	장수풍뎅이
윤아, 서영, 은지, 현아	채은, 현서, 정혁, 소윤, 민지, 지은	지우, 민우, 민경	규민, 동빈, 태형

8 3명 **9** 4, 6, 3, 3, 16

10 16명

11

음표	♪	♩	𝅗𝅥	합계
음표 수 (개)	////, ////	////, ////	//, //	
	8	8	2	18

12

꽃	장미	국화	백합	튤립	합계
학생 수 (명)	////	////	///	///	
	5	4	3	3	15

13 2, 5, 2, 2, 11

14 예 사용한 조각 수를 쉽게 알 수 있습니다.

15 ㉡ **16** 2, 3, 5, 10

17 5, 7, 3, 3, 18

18 예 빨리 조사할 수 있습니다.

19 7, 5, 4, 4, 20 **20** ㉢, ㉡, ㉣

21 예

결과	도	개	걸	윷	모	합계
횟수(번)	1	4	2	2	1	10

22

7			○		
6			○		
5			○		
4		○	○	○	
3	○	○	○	○	
2	○	○	○	○	○
1	○	○	○	○	○
학생 수(명) / 장소	박물관	영화관	스키장	놀이공원	유적지

23 예

유적지	/	/					
놀이공원	/	/	/	/			
스키장	/	/	/	/	/	/	/
영화관	/	/	/	/			
박물관	/	/	/				
장소 / 학생 수(명)	1	2	3	4	5	6	7

24 예

7			×		
6	×		×		
5	×		×		×
4	×	×	×		×
3	×	×	×	×	×
2	×	×	×	×	×
1	×	×	×	×	×
학생 수(명) / 과일	배	귤	바나나	자두	감

25 예 야구를 좋아하는 학생 수 6명을 나타낼 수 없기 때문입니다.

26 예 농구를 좋아하는 학생 수를 나타낼 때 왼쪽부터 채우지 않았습니다.

1 주의

자료를 분류할 때 쓴 자료와 쓰지 않은 자료를 구분하기 위해 쓴 자료에 ∨, /, × 등의 표시를 적절히 사용하여 모든 자료를 빠뜨리지 않고 셀 수 있도록 합니다.

2 햄버거를 좋아하는 학생: 한별, 혜민, 영서, 진우 ⇨ 4명

3 게임기를 좋아하는 학생은 **아선, 동윤, 지선, 희정**입니다.

4 게임기를 좋아하는 학생: 아선, 동윤, 지선, 희정 ⇨ 4명

5 인형을 좋아하는 학생은 **소정, 선우, 지훈, 상은, 창민, 성호**입니다.

6 인형을 좋아하는 학생: 소정, 선우, 지훈, 상은, 창민, 성호 ⇨ 6명

7 좋아하는 곤충별로 학생을 분류하여 이름을 씁니다.

8 잠자리를 좋아하는 학생: 진우, 민우, 민경 ⇨ 3명

9 매미: 윤아, 서영, 은지, 현아 ⇨ 4명
나비: 채은, 현서, 정혁, 소윤, 민지, 지은 ⇨ 6명
잠자리: 진우, 민우, 민경 ⇨ 3명
장수풍뎅이: 규민, 동빈, 태형 ⇨ 3명
합계: $4+6+3+3=16$(명)

10 표의 합계를 보면 쉽게 알 수 있습니다. ⇨ 16명

11 산가지(卌)의 표시 방법을 이용하여 자료를 빠뜨리지 않고 센 후 표를 완성합니다.

참고

• 산가지(卌)의 표시 순서
/ // /// //// 卌

12 합계: $5+4+3+3=15$(명)

13 생각열기 같은 조각끼리 같은 표시를 하면서 세어 봅니다.

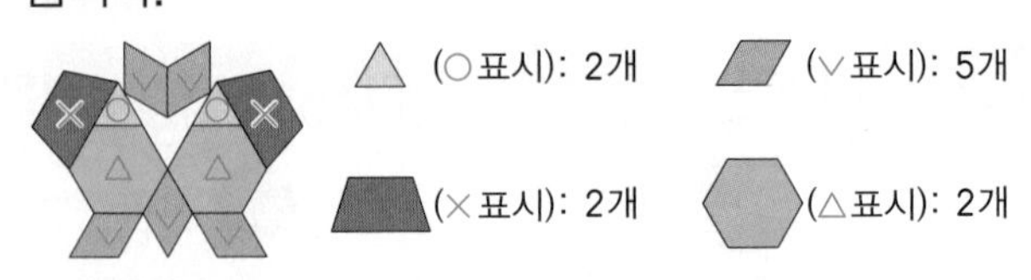

14 서술형 가이드 자료를 표로 나타냈을 때 좋은 점을 바르게 썼는지 확인합니다.

평가 기준		
	표로 나타냈을 때 좋은 점을 바르게 씀.	상
	표로 나타냈을 때 좋은 점을 썼으나 부족함.	중
	표로 나타냈을 때 좋은 점을 쓰지 못함.	하

15 그림 면일 때 ○표 하였으므로 ○의 수를 셉니다.
㉠ 아버지는 그림 면이 5번이므로 卌로 나타내야 합니다.

참고

• 바를 정(正)의 표시 순서
一 丅 下 正 正

주의

×표는 숫자 면일 때의 표시이므로 ×를 세지 않도록 주의합니다.

16 합계: $2+3+5=10$(번)

17 좋아하는 계절을 한 사람씩 말하면 누가 어떤 계절을 좋아하는지 쉽게 알 수 있습니다.

18 서술형 가이드 손을 들어 그 수를 세는 방법으로 조사했을 때 좋은 점을 바르게 썼는지 확인합니다.

평가 기준		
	손을 들어 세는 방법의 좋은 점을 바르게 씀.	상
	손을 들어 세는 방법의 좋은 점을 썼으나 부족함.	중
	손을 들어 세는 방법의 좋은 점을 쓰지 못함.	하

19 각 반려동물이 적힌 종이의 수를 각각 세어 표의 빈칸에 적습니다.

20 조사할 것 정하기(㉠) ⇨ 조사 방법 정하기(㉢) ⇨ 자료 조사하기(㉡) ⇨ 표로 나타내기(㉣)

21 각 결과별 횟수의 합이 10번이 되는지 확인합니다.
⇨ $1+4+2+2+1=10$(번)

22 가로는 장소, 세로는 학생 수를 나타냅니다. 각 장소별 학생 수만큼 아래에서 위로 ○를 그립니다.

23 가로는 학생 수, 세로는 장소를 나타냅니다. 각 장소별 학생 수만큼 왼쪽에서 오른쪽으로 ○, ×, / 중 하나를 이용하여 나타냅니다.

24 문제분석 ▶ 본문 157쪽

환희네 반 학생들이 좋아하는 과일을 조사하여 표로 나타내었습니다. ①표를 보고 ②×를 이용하여 그래프로 나타내시오.

환희네 반 학생들이 좋아하는 과일별 학생 수

과일	배	귤	바나나	자두	감	합계
학생 수(명)	6	4	7	3	5	25

①표를 보고	표에서 가장 큰 수를 찾아 그 수만큼 그래프의 세로 칸 수를 정합니다.
②×를 이용하여 그래프로 나타내시오. 6, 4, 7, 3, 5	학생들이 좋아하는 과일별 학생 수만큼 아래에서 위로 ×를 그립니다.

학생 수 6, 4, 7, 3, 5 중 가장 큰 수는 7이므로 학생 수를 나타내는 세로를 7칸으로 나눕니다. 그리고 좋아하는 과일별 학생 수만큼 아래에서 위로 ×를 그립니다.

예

7			×		
6	×		×		
5	×		×		×
4	×	×	×		×
3	×	×	×	×	×
2	×	×	×	×	×
1	×	×	×	×	×
학생 수(명) / 과일	배	귤	바나나	자두	감

25 서술형 가이드 그래프로 나타낼 때 주의할 점을 알고 그래프를 완성할 수 없는 이유를 바르게 썼는지 확인합니다.

평가기준		
	그래프를 완성할 수 없는 이유를 바르게 씀.	상
	그래프를 완성할 수 없는 이유를 썼으나 부족함.	중
	그래프를 완성할 수 없는 이유를 쓰지 못함.	하

26 서술형 가이드 그래프로 나타낼 때 주의할 점을 알고 잘못된 점을 바르게 설명했는지 확인합니다.

평가기준		
	그래프의 잘못된 점을 바르게 설명함.	상
	그래프의 잘못된 점을 설명하였으나 부족함.	중
	그래프의 잘못된 점을 설명하지 못함.	하

STEP 1 핵심 개념 (2) 159쪽

3-1 (1) 주스, 콜라, 우유, 사이다

(2) 3, 10 (3)

4	○			
3	○	○		
2	○	○		○
1	○	○	○	○
학생 수(명) / 음료수	주스	콜라	우유	사이다

3-2 (1) 2, 1

(2)

5		○		
4		○	○	
3		○	○	
2	○	○	○	
1	○	○	○	○
학생 수(명) / 마을	해	달	별	꽃

(3) 달 마을

3-1 (2) 합계: $4+3+1+2=10$(명)

3-2 (3) 그래프에서 ○가 가장 많은 마을은 **달 마을**입니다.

STEP 2 유형 탐구 (2) 160~165쪽

1 4권
2 4가지
3 연필
4 6개
5 21명
6 6
7 과학관
8 놀이공원
9 예 준서네 반에서 가장 많은 학생들이 가 보고 싶은 장소는 과학관이고 은지네 반에서 가장 많은 학생들이 가 보고 싶은 장소는 놀이공원으로 서로 다릅니다.
10 피구
11 야구
12 5명
13 3권
14 하경, 희수, 민우, 도형, 태희
15 하경, 희수
16 예 희수보다 책을 더 적게 읽은 학생은 민우, 도형, 태희로 모두 3명입니다. ; 3명
17

햄스터	/	/	/	/	/
이구아나	/	/			
거북	/	/	/		
고양이	/	/	/		
강아지	/	/	/	/	
동물 / 학생 수(명)	1	2	3	4	5

18 표
19 그래프

20 

21 ㉡, ㉢

22 예 동화네 반에서 학생 수가 가장 많은 혈액형은 A형입니다. 동화네 반에서 학생 수가 가장 적은 혈액형은 AB형입니다.

23 6, 3, 4, 2, 15 ;

6	○			
5	○			
4	○		○	
3	○	○	○	
2	○	○	○	○
1	○	○	○	○
학생 수(명) / 사탕	오렌지 맛	딸기 맛	사과 맛	포도 맛

24 예

즐겨 보는 TV프로그램별 학생 수

TV프로그램	예능	음악	뉴스	드라마	합계
학생 수(명)	5	4	2	3	14

25 예

즐겨 보는 TV프로그램별 학생 수

드라마	×	×	×		
뉴스	×	×			
음악	×	×	×	×	
예능	×	×	×	×	×
TV프로그램 / 학생 수(명)	1	2	3	4	5

26 예

1월의 날씨별 날수

날씨	맑음	흐림	비	눈	합계
날수(일)	12	10	3	6	31

예

1월의 날씨별 날수

12	/			
11	/			
10	/	/		
9	/	/		
8	/	/		
7	/	/		
6	/	/		/
5	/	/		/
4	/	/		/
3	/	/	/	/
2	/	/	/	/
1	/	/	/	/
날수(일) / 날씨	맑음	흐림	비	눈

1 표를 보면 공책은 **4권**입니다.

2 공책, 연필, 지우개, 색연필 ⇨ **4가지**

3 5>4>3>2이므로 **연필**이 5자루로 가장 많습니다.

4 표에서 민주네 학년은 1반부터 6반까지 반이 모두 **6개**입니다.

5 4+1+3+2+6+5=**21**(명)

6 문제분석 ▶ 본문 160쪽

소현이네 반 학생들의 혈액형을 조사하여 나타낸 표입니다. ③빈칸에 알맞은 수를 써넣으시오.

소현이네 반 학생들의 혈액형별 학생 수

혈액형	A형	B형	O형	AB형	합계
학생 수(명)		②5	2	3	①16

①합계: 16	소현이네 반 학생 수는 16명입니다.
②B형: 5명, O형: 2명, AB형: 3명	혈액형에는 A형, B형, O형, AB형이 있습니다.
③빈칸에 알맞은 수를 써넣으시오.	혈액형이 A형인 학생 수는 소현이네 반 학생 수에서 혈액형이 B형, O형, AB형인 학생 수를 뺍니다.

(A형인 학생 수)
=(소현이네 반 학생 수)−(B형인 학생 수)
−(O형인 학생 수)−(AB형인 학생 수)
=16−5−2−3=6(명)
따라서 빈칸에 알맞은 수는 **6**입니다.

7 8, 5, 6, 3 중 가장 큰 수는 8입니다.
⇨ **과학관**

8 4, 8, 7, 5 중 가장 큰 수는 8입니다.
⇨ **놀이공원**

9 서술형 가이드 준서네 반과 은지네 반 학생들이 가 보고 싶은 체험 학습 장소별 학생 수를 비교해서 바르게 썼는지 확인합니다.

평가 기준		
	체험 학습 장소별 학생 수를 비교해서 바르게 씀.	상
	체험 학습 장소별 학생 수를 비교해서 썼으나 부족함.	중
	체험 학습 장소별 학생 수를 비교해서 쓰지 못함.	하

10~11

5				○
4	○			○
3	○		○	○
2	○		○	○
1	○	○	○	○
학생 수(명) / 운동	축구	야구	농구	피구

○가 가장 많습니다.
○가 가장 적습니다.

가장 많은 학생들이 좋아하는 운동은 그래프에서 ○가 가장 많은 운동입니다. ⇨ **피구**
가장 적은 학생이 좋아하는 운동은 그래프에서 ○가 가장 적은 운동입니다. ⇨ **야구**

12 민우, 하경, 도형, 희수, 태희 ⇨ 5명

주의
민우네 모둠 학생들이 1주일 동안 읽은 책 수를 구하는 것이 아닙니다.
$4+6+3+5+2=20$으로 계산하지 않도록 주의합니다.

13 하경이가 읽은 책 수: 6권
도형이가 읽은 책 수: 3권
따라서 하경이는 도형이보다 $6-3=3$(권) 더 많이 읽었습니다.

14 ○가 많은 순서대로 씁니다.
⇨ **하경, 희수, 민우, 도형, 태희**

15

6		○			
5		○		○	
4	○	○		○	
3	○	○	○	○	
2	○	○	○	○	○
1	○	○	○	○	○
책 수(권) / 이름	민우	하경	도형	희수	태희

4권을 기준으로 선을 그어 그 위에 있는 권수까지 책을 읽은 학생을 찾아 보면 **하경, 희수**입니다.

16 서술형 가이드 희수보다 책을 더 적게 읽은 학생들을 찾아 모두 몇 명인지 구하는 과정이 들어 있어야 합니다.

평가 기준		
	희수보다 책을 더 적게 읽은 학생들을 찾아 모두 몇 명인지 바르게 구함.	상
	희수보다 책을 더 적게 읽은 학생들을 찾는 과정에서 실수가 있어서 답이 틀림.	중
	희수보다 책을 더 적게 읽은 학생들을 찾지 못함.	하

17 문제분석 ▶ 본문 162쪽

①민경이네 반 학생들이 좋아하는 동물을 조사하여 나타낸 그래프입니다. ②민경이네 반 학생이 17명일 때 ③거북을 좋아하는 학생 수를 구하여 ④그래프를 완성하시오.

①민경이네 반 학생들이 좋아하는 동물을 조사하여 나타낸 그래프입니다.	강아지: 4명 고양이: 3명 이구아나: 2명 햄스터: 5명
②민경이네 반 학생이 17명일 때	민경이네 반 학생 수: 17명
③거북을 좋아하는 학생 수를 구하여	(거북을 좋아하는 학생 수) =(민경이네 반 학생 수) −(강아지, 고양이, 이구아나, 햄스터를 좋아하는 학생 수의 합)
④그래프를 완성하시오.	거북을 좋아하는 학생 수만큼 /를 그립니다.

강아지, 고양이, 이구아나, 햄스터를 좋아하는 학생 수의 합은 $4+3+2+5=14$(명)입니다.
따라서 거북을 좋아하는 학생 수는 $17-14=3$(명)입니다.

민경이네 반 학생들이 좋아하는 동물별 학생 수

햄스터	/	/	/	/	/
이구아나	/	/			
거북	/	/	/		
고양이	/	/	/		
강아지	/	/	/	/	
동물 / 학생 수(명)	1	2	3	4	5

18 자료는 학생 수를 일일이 세어 보아야 합니다.

19 **그래프**에서 ○가 가장 많은 학용품을 보고 한눈에 알 수 있습니다.

20
- 자료: 누가 어떤 학용품이 필요한지 알 수 있습니다.
- 표: 필요한 학용품별 학생 수와 전체 학생 수를 쉽게 알 수 있습니다.
- 그래프: 가장 많은 학생들이 필요한 학용품과 가장 적은 학생들이 필요한 학용품을 한눈에 알 수 있습니다.

21 ㉠ 동화가 무슨 혈액형인지는 알 수 없습니다.

참고

동화네 반 학생들의 혈액형별 학생 수

혈액형	A형	B형	O형	AB형	합계
학생 수 (명)	6	4	5	3	18

㉡ 각 혈액형별 학생 수　㉢ 동화네 반 전체 학생 수

22 서술형 가이드 그래프를 보고 알 수 있는 내용을 바르게 썼는지 확인합니다.

평가 기준		
	그래프를 보고 알 수 있는 내용을 2가지 씀.	상
	그래프를 보고 알 수 있는 내용을 1가지 씀.	중
	그래프를 보고 알 수 있는 내용을 쓰지 못함.	하

23 오렌지 맛: 진영, 선아, 시연, 보경, 우진, 윤성 ⇨ 6명
딸기 맛: 상윤, 도현, 정연 ⇨ 3명
사과 맛: 혜영, 성화, 석준, 해찬 ⇨ 4명
포도 맛: 주원, 하원 ⇨ 2명
합계: $6+3+4+2=15$(명)

24 즐겨 보는 TV프로그램은 예능, 음악, 뉴스, 드라마로 4가지입니다. 이 4가지를 쓸 수 있도록 칸을 나누어야 합니다.

참고

주어진 표에는 칸이 나누어져 있지 않기 때문에 표에 적기 전에 조사한 항목이 몇 개로 구분되는지를 먼저 결정하여 알맞게 칸을 나눈 후, 조사한 내용에 따른 학생 수를 세어 표로 정리합니다.

25 생각열기 가로는 학생 수를 나타내고 세로는 TV프로그램을 나타냅니다.
가장 많은 학생들이 즐겨 보는 TV프로그램은 예능으로 5명입니다. 학생 수를 5명까지 나타낼 수 있도록 칸을 나누어야 합니다.

26 자료를 분류할 때 센 자료와 세지 않은 자료를 구분하기 위해 표시를 하면서 셉니다.

1월

일	월	화	수	목	금	토
				1	2	3
4	5	6	7	8	9	10
11	12	13	14	15	16	17
18	19	20	21	22	23	24
25	26	27	28	29	30	31

맑음(∨ 표시): 12일, 흐림(× 표시): 10일,
비(△ 표시): 3일, 눈(○ 표시): 6일
합계: $12+10+3+6=31$(일)
└1월의 날수와 같아야 합니다.

• 그래프로 나타내기
세로가 날수를 나타내므로 가로는 날씨를 나타내도록 합니다. 날수가 가장 많은 날씨는 맑음으로 12일이므로 날수를 12일까지 나타낼 수 있도록 칸을 나누어야 합니다. 또, 날씨에는 맑음, 흐림, 비, 눈의 4가지가 있으므로 날씨를 나타내는 가로의 칸을 4칸으로 나눕니다.

해결의 법칙 특강 창의·융합 166~167쪽

1 4, 5, 8, 6, 23
2 7, 4, 5, 7, 23
3 6, 7, 6, 6, 25
4 (위부터) 12 ; 10 ; 8, 7, 3, 4, 22
5 3, 4, 2
6

신발 정리	○	○			
화분 물 주기	○	○	○	○	
빨래 개기	○	○	○		
방 청소	○	○	○	○	○
집안일 / 횟수(번)	1	2	3	4	5

7 5, 4, 5, 4, 18 ;

5	×		×	
4	×	×	×	×
3	×	×	×	×
2	×	×	×	×
1	×	×	×	×
젤리 수(개) / 색깔	노랑	빨강	초록	보라

8 4, 3, 6, 5, 18 ;

고래	/	/	/	/	/	
거북	/	/	/	/	/	/
꽃게	/	/	/			
문어	/	/	/	/		
모양 / 젤리 수(개)	1	2	3	4	5	6

1 생각열기 영어 교육을 시작한 시기별로 붙임딱지 수를 세어 봅니다.

영어 교육을 시작한 시기

시작하지 않음 4명	6살 전 5명
6살부터 7살까지 8명	7살 후 6명

2 생각열기 영어 공부를 하는 이유별로 붙임딱지 수를 세어 봅니다.

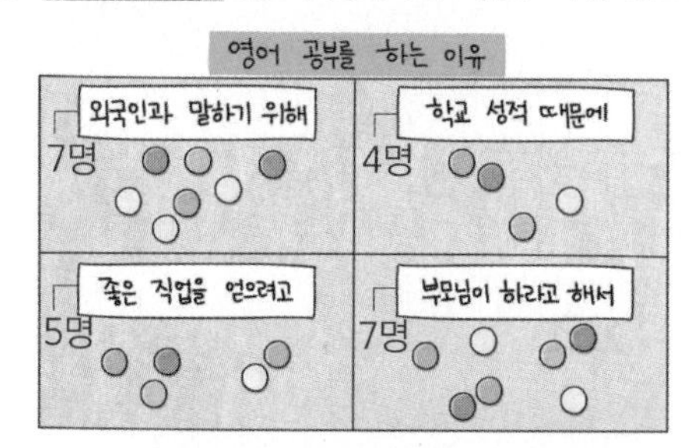

3 채린이네 반 학생들이 좋아하는 음식별 학생 수

음식	피자	라면	치킨	햄버거	합계
여학생 수(명)	4	2	2	3	11
남학생 수(명)	2	5	4	3	14
합계	6	7	6	6	25

4+2=6 2+5=7 2+4=6 3+3=6 11+14=25 또는 6+7+6+6=25

4 영준이네 반 학생들이 좋아하는 곤충별 학생 수

곤충	나비	메뚜기	잠자리	매미	합계
남학생 수(명)	3	4	2	3	12
여학생 수(명)	5	3	1	1	10
합계	8	7	3	4	22

3+4+2+3=12
5+3+1+1=10
3+5=8 4+3=7 2+1=3 3+1=4 12+10=22 또는 8+7+3+4=22

5 빨래 개기: 붙임딱지가 3장이므로 빨래 개기를 3번 했습니다.
화분 물 주기: 붙임딱지가 4장이므로 화분 물 주기를 4번 했습니다.
신발 정리: 붙임딱지가 2장이므로 신발 정리를 2번 했습니다.

6 ○를 이용하여 왼쪽에서 오른쪽으로 한 칸에 1개씩 빈칸 없이 채웁니다.
이때, ○ 1개는 집안일 1번을 나타냅니다.

셀파 가·이·드

▶ 합계: 4+5+8+6=23(명)

▶ 합계: 7+4+5+7=23(명)
위 **1**의 합계와 **2**의 합계는 같습니다.

▶ (합계)=(전체 여학생 수)+(전체 남학생 수)=11+14=25(명)
또는
(합계)=(피자, 라면, 치킨, 햄버거를 좋아하는 학생 수의 합)=6+7+6+6=25(명)

▶ (합계)=(전체 남학생 수)+(전체 여학생 수)=12+10=22(명)
또는
(합계)=(나비, 메뚜기, 잠자리, 매미를 좋아하는 학생 수의 합)=8+7+3+4=22(명)

7 생각열기 색깔별로 젤리 수를 세어 봅니다.
노랑: 5개, 빨강: 4개, 초록: 5개, 보라: 4개
합계: 5+4+5+4=18(개)
⇨ 그래프로 나타낼 때는 ×를 이용하여 아래에서 위로 한 칸에 1개씩 빈칸 없이 채웁니다.

8 생각열기 모양별로 젤리 수를 세어 봅니다.
문어: 4개, 꽃게: 3개, 거북: 6개, 고래: 5개
합계: 4+3+6+5=18(개)
⇨ 그래프로 나타낼 때는 /를 이용하여 왼쪽에서 오른쪽으로 한 칸에 1개씩 빈칸 없이 채웁니다.

셀파 가·이·드
▶ 색깔별로 분류하는 것이므로 모양은 생각하지 않습니다.
▶ 모양별로 분류하는 것이므로 색깔은 생각하지 않습니다.

3 STEP 레벨 UP 168~169쪽

1 10명
2 ㉡
3 3, 3, 5, 2, 13 ;

예)

5			/	
4			/	
3	/	/	/	
2	/	/	/	/
1	/	/	/	/
횟수(번) / 이름	현지	한수	윤아	주민

4 3번
5

미혜	○	○	○	○	○		
창용	○	○	○	○	○	○	○
강현	○	○	○	○	○	○	
윤주	○	○	○	○			
후보 / 학생 수(명)	1	2	3	4	5	6	7

6 창용
7 예) 뽑은 학생 수가 미혜를 뽑은 5명보다 많고 창용이를 뽑은 7명보다 적은 후보는 뽑은 학생 수가 6명인 강현입니다. ; 강현
8 예) 점수를 알아보면 경미는 3×3=9(점), 상수는 3×5=15(점), 가은이는 3×4=12(점), 준용이는 3×2=6(점)입니다. 따라서 상을 받는 학생은 상수, 가은입니다. ; 상수, 가은
9 종신, 정원

1 문제분석 ▶ 본문 168쪽

①연아네 반 학생들이 좋아하는 아이스크림을 조사하여 나타낸 표입니다. ②딸기 아이스크림을 좋아하는 학생은 몇 명입니까?

①연아네 반 학생들이 좋아하는 아이스크림을 조사하여 나타낸 표입니다.	초콜릿: 8명, 녹차: 3명, 바닐라: 4명, 합계: 25명
②딸기 아이스크림을 좋아하는 학생은 몇 명입니까?	(딸기 아이스크림을 좋아하는 학생 수) =(전체 학생 수)−(초콜릿, 녹차, 바닐라 아이스크림을 좋아하는 학생 수)

딸기 아이스크림을 좋아하는 학생 수는 합계에서 초콜릿, 녹차, 바닐라 아이스크림을 좋아하는 학생 수를 뺍니다.
⇨ 25−8−3−4=10(명)

셀파 가·이·드

2

책 수	0권	1권	3권	4권	합계
학생 수(명)	10	8	5	7	30

㉠ 30명을 조사했습니다.
㉡ 책을 읽지 않은 학생은 10명입니다.
㉢ 책을 가장 많이 읽은 학생들은 4권을 읽었습니다.

3 장애물을 넘은 횟수를 알아보는 것이므로 ○의 수를 세어 봅니다.

4 문제분석 ▶ 본문 168쪽

①장애물을 가장 많이 넘은 학생과 ②가장 적게 넘은 학생의 ③넘은 횟수의 차는 몇 번입니까?

①장애물을 가장 많이 넘은 학생과	그래프를 보면 장애물을 가장 많이 넘은 학생을 한눈에 알 수 있습니다.
②가장 적게 넘은 학생의	그래프를 보면 장애물을 가장 적게 넘은 학생을 한눈에 알 수 있습니다.
③넘은 횟수의 차는 몇 번입니까?	①과 ②에서 구한 두 사람이 장애물을 넘은 횟수의 차를 구합니다.

장애물을 가장 많이 넘은 학생: 윤아(5번)
장애물을 가장 적게 넘은 학생: 주민(2번)
⇨ 두 사람이 넘은 횟수의 차는 $5-2=3$(번)입니다.

5 윤주네 반 학생은 22명입니다.
(창용이를 뺀 나머지 후보들을 뽑은 학생 수의 합)
=(윤주)+(강현)+(미혜)$=4+6+5=15$(명)
(창용이를 뽑은 학생 수)
$=22-$(창용이를 뺀 나머지 후보들을 뽑은 학생 수의 합)
$=22-15=7$(명)
⇨ 창용이 칸에 ○를 7개 그립니다.

6 가장 많은 7명의 학생이 뽑은 창용이가 반장이 됩니다.

7 서술형 가이드 그래프를 보고 미혜와 창용이 사이만큼 표를 받은 후보를 바르게 찾았는지 확인합니다.

평가 기준		
	그래프를 보고 미혜와 창용이 사이만큼 표를 받은 사람을 바르게 찾음.	상
	그래프를 보는 방법은 알고 있으나 답이 틀림.	중
	그래프를 보는 방법을 모름.	하

8 서술형 가이드 맞힌 문제 수를 알고 점수를 구하여 상을 받는 학생을 알아보는 과정이 들어 있어야 합니다.

평가 기준		
	학생별로 점수를 구하여 상을 받는 학생을 바르게 구함.	상
	학생별로 맞힌 문제 수는 알고 있으나 점수를 구하는 과정에서 실수가 있어서 답이 틀림.	중
	학생별로 맞힌 문제 수를 모름.	하

셀파 가·이·드

▶ 그래프로 나타낼 때에는 ○, ×, / 를 사용합니다.

▶ 장애물을 가장 많이 넘은 사람과 가장 적게 넘은 사람은 그래프에서 /가 가장 많은 학생과 /가 가장 적은 학생입니다.

▶ 해·법·순·서
① 윤주, 강현, 미혜를 뽑은 학생 수의 합을 구합니다.
② 전체 학생 수에서 ①의 수를 뺍니다.
③ ②의 수만큼 ○를 그려 그래프를 완성합니다.

▶ (점수)$=3\times$(맞힌 문제 수)

9 문제분석 본문 169쪽

①수학 문제를 각각 10개씩 푼 후, 틀린 문제 수를 조사하여 나타낸 표입니다. ②각 문제의 점수가 10점씩이라면 ③70점보다 높은 점수를 받은 학생을 모두 찾아 쓰시오.

학생별 틀린 문제 수

①

이름	수현	종신	선진	정원	합계
틀린 문제 수(개)	3	2	6	1	12

①수학 문제를 각각 10개씩 푼 후, 틀린 문제 수를 조사하여 나타낸 표입니다.	(맞힌 문제 수)=10−(틀린 문제 수)
②각 문제의 점수가 10점씩이라면	10이 ■개이면 ■0입니다.
③70점보다 높은 점수를 받은 학생을 모두 찾아 쓰시오.	70점보다 높은 점수에는 70점이 포함되지 않습니다.

학생별 맞힌 문제 수와 점수는 다음과 같습니다.
수현: 10−3=7(개) ⇨ 70점, 종신: 10−2=8(개) ⇨ 80점,
선진: 10−6=4(개) ⇨ 40점, 정원: 10−1=9(개) ⇨ 90점
따라서 70점보다 높은 점수를 받은 학생은 **종신, 정원**입니다.

셀파 가·이·드

학생별 맞힌 문제 수

이름	수현	종신	선진	정원	합계
맞힌 문제 수(개)	7	8	4	9	28

10−3=7 10−6=4
10−2=8 10−1=9

1회 단원 평가 170~172쪽

1 동화책 **2** 영진, 창선, 서현

3

책의 종류	만화책	동화책	위인전	과학책	합계
학생 수 (명)	////	//////	////	////	
	3	5	3	1	12

4 12명

5

5		○		
4		○		
3	○	○	○	
2	○	○	○	
1	○	○	○	○
학생 수(명) / 책의 종류	만화책	동화책	위인전	과학책

6 책의 종류

7

과학책	×				
위인전	×	×	×		
동화책	×	×	×	×	×
만화책	×	×	×		
책의 종류 / 학생 수(명)	1	2	3	4	5

8 학생 수 **9** 3명 **10** 16명

11 예 가장 많은 학생들이 보고 싶은 유적은 첨성대로 6명이고, 가장 적은 학생들이 보고 싶은 유적은 안압지로 2명입니다. ⇨ 6−2=4(명) ; 4명

12 5, 4, 6, 3, 18 **13** 12월, 10월, 9월, 11월

14 11월

15 예 비 온 날수가 가장 많은 달은 11월입니다. 12월의 비 온 날수는 11월의 비 온 날수보다 적습니다.

16 6번 **17** 2, 5, 4, 3, 14

18

5		/		
4		/	/	
3		/	/	/
2	/	/	/	/
1	/	/	/	/
성공한 횟수(번) / 이름	예림	준혁	슬비	지훈

19 4 ;

주먹밥	○	○	○	○	
유부초밥	○	○			
샌드위치	○	○	○	○	
김밥	○	○	○	○	○
도시락 / 학생 수(명)	1	2	3	4	5

20 재우

1 유리 옆의 책의 종류를 씁니다.

2 위인전을 찾은 후 왼쪽 옆의 학생 이름을 모두 씁니다.

3 ////의 표시 방법을 이용하여 자료를 세어 봅니다.

4 표에서 합계는 12입니다. ⇨ **12명**

5 ○를 한 칸에 1개씩 아래에서 위로 빈칸 없이 채워서 표시합니다.

6 가로에는 **책의 종류**, 세로에는 학생 수를 나타내었습니다.

7 ×를 한 칸에 1개씩 왼쪽에서 오른쪽으로 빈칸 없이 채워서 표시합니다.

8 가로에는 **학생 수**, 세로에는 책의 종류를 나타내었습니다.

9 포석정을 보고 싶은 학생은 **3명**입니다.

10 보고 싶은 유적별 학생 수를 모두 더합니다.
⇨ 3+6+2+5=16(명)

11 서술형 가이드 가장 많은 학생들이 보고 싶은 유적과 가장 적은 학생들이 보고 싶은 유적을 알아보고 학생 수의 차를 바르게 구했는지 확인합니다.

평가 기준	
가장 많은 학생들이 보고 싶은 유적과 가장 적은 학생들이 보고 싶은 유적을 찾아 학생 수의 차를 바르게 구함.	상
가장 많은 학생들이 보고 싶은 유적과 가장 적은 학생들이 보고 싶은 유적을 알아보는 과정에서 실수가 있어서 답이 틀림.	중
가장 많은 학생들이 보고 싶은 유적과 가장 적은 학생들이 보고 싶은 유적을 모름.	하

12 그래프에서 월별 ×의 수를 셉니다.

13 그래프에서 ×가 적은 달부터 차례로 씁니다.
⇨ **12월, 10월, 9월, 11월**

14 9월의 비 온 날수인 5일보다 비 온 날수가 더 많은 달은 **11월**입니다.

15 서술형 가이드 그래프를 보고 알 수 있는 내용을 바르게 썼는지 확인합니다.

평가 기준	
그래프를 보고 알 수 있는 내용을 2가지 씀.	상
그래프를 보고 알 수 있는 내용을 1가지 씀.	중
그래프를 보고 알 수 있는 내용을 쓰지 못함.	하

16 표에서 순서가 6까지 있으므로 **6번**씩 던졌습니다.

17 성공한 횟수를 세는 것이므로 조사한 자료에서 ○표의 수를 셉니다.

18 /를 한 칸에 1개씩 아래에서 위로 빈칸 없이 채워서 표시합니다.

19 (주먹밥을 먹고 싶은 학생 수)
=(전체 학생 수)−(김밥, 샌드위치, 유부초밥을 먹고 싶은 학생 수)
=15−5−4−2=4(명)

20 수현: 합계가 15이므로 수현이네 반 학생은 15명입니다.
재우: 가장 적은 학생들이 먹고 싶은 도시락은 유부초밥입니다.
찬오: 샌드위치와 주먹밥을 먹고 싶은 학생 수는 4명으로 같습니다.
따라서 잘못 말한 사람은 **재우**입니다.

2회 단원 평가 173~175쪽

1 여름 **2** 규원, 민지, 은우, 은주

3

계절	봄	여름	가을	겨울	합계
학생 수(명)	////	///	//	///	
	4	3	2	3	12

4 예 계절별 좋아하는 학생 수를 쉽게 알 수 있습니다.

5

6	○			
5	○			○
4	○		○	○
3	○	○	○	○
2	○	○	○	○
1	○	○	○	○
학생 수(명) / 혈액형	A형	B형	O형	AB형

6 혈액형, 학생 수 **7** A형, AB형, O형, B형

8 예 학생 수가 가장 많은 혈액형을 한눈에 알 수 있습니다.

9 5명

10 예 5권을 읽은 학생 수 8명을 나타낼 수 없기 때문입니다.

11 예

10권	×	×	×	×				
8권	×	×	×	×	×	×		
5권	×	×	×	×	×	×	×	×
3권	×	×	×	×	×			
책 수 / 학생 수(명)	1	2	3	4	5	6	7	8

12 예

생일에 받고 싶은 선물별 학생 수

선물	신발	휴대 전화	책	게임기	합계
학생 수 (명)	2	4	1	3	10

13 예

생일에 받고 싶은 선물별 학생 수

4		/		
3		/		/
2	/	/		/
1	/	/	/	/
학생 수 (명) / 선물	신발	휴대 전화	책	게임기

14 2명 **15** 1명

16 금요일, 목요일, 월요일, 수요일, 화요일

17 화요일 **18** 수요일

19 (위부터) 11 ; 10, 54

20 8, 7

1 도영이가 좋아하는 계절은 **여름**입니다.

2 봄을 좋아하는 학생은 **규원, 민지, 은우, 은주**입니다.

3 ////(𝑋) 표시 방법을 이용하여 자료를 세어 봅니다.

4 서술형 가이드 표로 나타내면 좋은 점을 바르게 썼는지 확인합니다.

평가 기준		
	표로 나타내면 좋은 점을 바르게 씀.	상
	표로 나타내면 좋은 점을 썼으나 부족함.	중
	표로 나타내면 좋은 점을 쓰지 못함.	하

5 ○를 한 칸에 1개씩 아래에서 위로 빈칸 없이 채워서 표시합니다.

6 가로에는 **혈액형**, 세로에는 **학생 수**를 나타내었습니다.

7 그래프에서 ○가 많은 혈액형부터 차례로 씁니다.

8 서술형 가이드 그래프로 나타내면 좋은 점을 바르게 썼는지 확인합니다.

평가 기준		
	그래프로 나타내면 좋은 점을 바르게 씀.	상
	그래프로 나타내면 좋은 점을 썼으나 부족함.	중
	그래프로 나타내면 좋은 점을 쓰지 못함.	하

9 (책을 3권 읽은 학생 수)$=23-8-6-4$
$=5$(명)

10 서술형 가이드 학생 수 8명을 나타낼 수 없다는 설명이 들어 있어야 합니다.

평가 기준		
	그래프를 완성할 수 없는 이유를 바르게 씀.	상
	그래프를 완성할 수 없는 이유를 썼으나 부족함.	중
	그래프를 완성할 수 없는 이유를 쓰지 못함.	하

11 5, 8, 6, 4 중 가장 큰 수는 8이므로 가로를 적어도 8칸으로 나누어야 합니다.

12 받고 싶은 선물에는 신발, 휴대 전화, 책, 게임기가 있습니다.

13 세로에 학생 수를 나타내었으므로 가로에는 선물을 씁니다.

14 (휴대 전화를 받고 싶은 학생 수)$-$(신발을 받고 싶은 학생 수)$=4-2=2$(명)

15 수요일 지각생 수: 3명, 금요일 지각생 수: 2명
⇨ $3-2=1$(명)

16 $5>4>3>2>1$이므로 지각생 수가 많은 요일부터 차례로 쓰면 **금요일, 목요일, 월요일, 수요일, 화요일**입니다.

17 표를 보면 두 반의 **화요일** 지각생 수가 1명으로 같음을 알 수 있습니다.

18 생각열기 요일별로 두 반의 지각생 수를 비교해 봅니다.
월: $2<3$, 화: $1=1$, 수: $3>2$, 목: $0<4$, 금: $2<5$
따라서 수지네 반 지각생 수가 민호네 반 지각생 수보다 많은 요일은 **수요일**입니다.

19 (1반의 안경을 쓴 학생 수)
$=$(안경을 쓴 전체 학생 수)
$-$(2, 3, 4, 5반의 안경을 쓴 학생 수)
$=45-9-5-13-7=11$(명)
(2반의 안경을 쓰지 않은 학생 수)
$=$(2반의 전체 학생 수)$-$(2반의 안경을 쓴 학생 수)
$=19-9=10$(명)
(안경을 쓰지 않은 전체 학생 수)
$=10+10+13+8+13=54$(명)

20 (1급)$+$(2급)$+$(4급)$=3+5+9=17$(명)
(3급)$+$(5급)$=$(합계)$-$(1급, 2급, 4급)
$=32-17=15$(명)
⇨ 3급이 5급보다 1명 더 많으므로 3급은 8명, 5급은 7명입니다.

6. 규칙 찾기

1 STEP 핵심 개념 (1) 179쪽

1-1 2에 ○표　　1-2 (1) 2 (2) 4
2-1 짝수에 ○표
2-2 (1) 0 (2) 3, 3, 4, 4, 5, 5

1-1 파란색으로 칠해진 8, 10, 12, 14, 16은 2씩 커집니다.

1-2 (1) 빨간색으로 칠해진 4, 6, 8, 10, 12는 2씩 커집니다.
(2) 초록색 점선에 놓인 2, 6, 10, 14, 18은 4씩 커집니다.

2-1 파란색으로 칠해진 4, 8, 12, 16, 20은 모두 짝수입니다.

2-2 (1) 빨간색으로 칠해진 수는 5, 10, 15, 20, 25입니다.
⇨ 일의 자리 숫자가 5와 0이 반복됩니다.
(2) 초록색 점선에 놓인 수는 1, 4, 9, 16, 25입니다.
⇨ $1=1\times1, 4=2\times2, 9=3\times3, 16=4\times4, 25=5\times5$

2 STEP 유형 탐구 (1) 180~185쪽

1 ○　　2 ○
3 2씩　　4 2씩
5 민준
6 예 ↘ 방향으로 갈수록 4씩 커지는 규칙이 있습니다.
7 같습니다.
8 예 덧셈표에 있는 수들은 모두 짝수입니다.

9

+	1	3	5	7	9
1	2	4	6	8	10
3	4	6	8	10	12
5	6	8	10	12	14
7	8	10	12	14	16
9	10	12	14	16	18

10 ㉣

11 예

+	4	8	12
4	8	12	16
8	12	16	20
12	16	20	24

12 예 ↘ 방향으로 갈수록 8씩 커지는 규칙이 있습니다.

13

+	3	5	7	9
2	5	7	9	11
4	7	9	11	13
6	9	11	13	15
8	11	13	15	17

; 예 같은 줄에서 오른쪽으로 갈수록 2씩 커지는 규칙이 있습니다.

14 (1)

			11
9	10	11	12
	11	12	13
			14

(2)

		14		
13	14	15	16	17
	15	16	17	

15

+	5	10	15	20	25
5	10	15	20	25	30
10	15	20	25	30	35
15	20	25	30	35	40
20	25	30	35	40	45
25	30	35	40	45	50

16 ×　　17 ○
18 8씩

19

×	5	6	7	8	9
5	25	30	35	40	45
6	30	36	42	48	54
7	35	42	49	56	63
8	40	48	56	64	72
9	45	54	63	72	81

20 파란색
21 예 ↘ 방향으로 갈수록 일정한 규칙으로 수가 커집니다.
22 같습니다.
23 예 곱셈표에 있는 수들은 모두 홀수입니다.

24

×	3	4	5	6	7
3	9	12	15	18	21
4	12	16	20	24	28
5	15	20	25	30	35
6	18	24	30	36	42
7	21	28	35	42	49

25

×	1	3	5	7	9
1	1	3	5	7	9
3	3	9	15	21	27
5	5	15	20	35	45
7	7	21	35	49	62
9	9	27	45	63	81

26 예

×	1	3	5
1	1	3	5
3	3	9	15
5	5	15	25

27 예 곱셈표에 있는 수들은 모두 홀수입니다.

28

×	2	4	6	8
2	4	8	12	16
4	8	16	24	32
6	12	24	36	48
8	16	32	48	64

; 예 4에서 64까지 직선으로 그은 후 ↘ 방향으로 접으면 만나는 수는 서로 같습니다.

29 (1)

	18	21
	24	28
25	30	35
30	36	42

(2)

	49	56	63
48	56	64	72
54	63	72	81

30

×	5	6	7	8	9
5	25	30	35	40	45
6	30	36	42	48	54
7	35	42	49	56	63
8	40	48	56	64	72
9	45	54	63	72	81

1

+	1	2	3	4	5
1	2	3	4	5	6
2	3	4	5	6	7
3	4	5	6	7	8
4	5	6	7	8	9
5	6	7	8	9	10

↙ 방향으로 같은 수들이 있습니다.

2 어떤 줄이든 홀수, 짝수 또는 짝수, 홀수가 반복됩니다.

3 5, 7, 9, 11, 13은 2씩 커집니다.

4 7, 9, 11, 13, 15는 2씩 커집니다.

5 ↘ 방향으로 갈수록 4씩 커지는 규칙이 있으므로 진호는 규칙을 잘못 설명했습니다.
⇨ 규칙을 바르게 설명한 사람은 **민준**입니다.

6 서술형 가이드 덧셈표에서 초록색 점선에 놓인 수를 보고 규칙을 썼는지 확인합니다.

평가 기준		
	4, 8, 12, 16, 20, 24를 보고 규칙을 바르게 씀.	상
	4, 8, 12, 16, 20, 24를 보고 규칙을 썼으나 미흡함.	중
	4, 8, 12, 16, 20, 24를 보고 규칙을 쓰지 못함.	하

예 ↖ 방향으로 갈수록 4씩 작아지는 규칙이 있습니다.

7 초록색 점선을 따라 접었을 때 만나는 수는 더하는 순서를 바꾸어 더한 값이므로 서로 **같습니다.**

8 서술형 가이드 여러 가지 방향으로 놓인 수들에서 찾을 수 있는 규칙을 썼는지 확인합니다.

평가 기준		
	덧셈표를 보고 규칙을 바르게 씀.	상
	덧셈표를 보고 규칙을 썼으나 미흡함.	중
	규칙을 쓰지 못함.	하

9 1, 3, 5, 7, 9의 합을 나타낸 덧셈표입니다.

10 ㉠ 3+10=13, ㉡ 7+6=13, ㉢ 11+2=13, ㉣ 11+10=21

11 덧셈표의 가로줄과 세로줄에 4, 8, 12를 넣어 덧셈표를 완성합니다.

12 서술형 가이드 여러 가지 방향으로 놓인 수들에서 찾을 수 있는 규칙을 썼는지 확인합니다.

평가 기준		
	완성한 덧셈표를 보고 규칙을 바르게 씀.	상
	완성한 덧셈표를 보고 규칙을 썼으나 미흡함.	중
	완성한 덧셈표를 보고 규칙을 쓰지 못함.	하

13 서술형 가이드 여러 가지 방향으로 놓인 수들에서 찾을 수 있는 규칙을 썼는지 확인합니다.

평가 기준		
	덧셈표를 완성하고 규칙을 바르게 씀.	상
	덧셈표는 완성했지만 규칙을 쓰지 못함.	중
	덧셈표를 완성하지 못하고 규칙도 쓰지 못함.	하

+	3	5	7	㉠
2	5	7	9	11
㉡	7	9	11	13
6	9	㉢	13	15
8	11	13	15	㉣

2+9=11이므로 ㉠=9,
4+3=7이므로 ㉡=4,
6+5=11이므로 ㉢=11,
8+9=17이므로 ㉣=17

14 (1)

			11
9	10	㉠	12
	11	12	13
			㉡

같은 줄에서 오른쪽으로 갈수록 1씩 커지고, 아래쪽으로 내려갈수록 1씩 커지는 규칙이 있습니다.

⇨ ㉠$=10+1=11$, ㉡$=13+1=14$

(2)

	14			
13	㉠	15	16	17
	15	16	㉡	

같은 줄에서 오른쪽으로 갈수록 1씩 커지고, 아래쪽으로 내려갈수록 1씩 커지는 규칙이 있습니다.

⇨ ㉠$=13+1=14$, ㉡$=16+1=17$

15 $10=5+5$, $20=10+10$, $30=15+15$, $40=20+20$, $50=25+25$이므로 5, 10, 15, 20, 25의 합을 나타낸 덧셈표입니다.

16 1, 3, 5의 단 곱셈구구에 있는 수는 홀수, 짝수가 반복됩니다.

17

×	1	2	3	4	5
1	1	2	3	4	5
2	2	4	6	8	10
3	3	6	9	12	15
4	4	8	12	16	20
5	5	10	15	20	25

5, 10, 15, 20, 25
⇨ 일의 자리 숫자가 5와 0이 반복됩니다.

18 40, 48, 56, 64, 72는 8씩 커집니다.

19 8씩 커지는 규칙이 있는 곳을 찾아 색칠합니다.

20 문제분석 ▶ 본문 183쪽

①점선에 놓인 수의 규칙이 ②다른 하나를 찾아 점선의 색을 쓰시오.

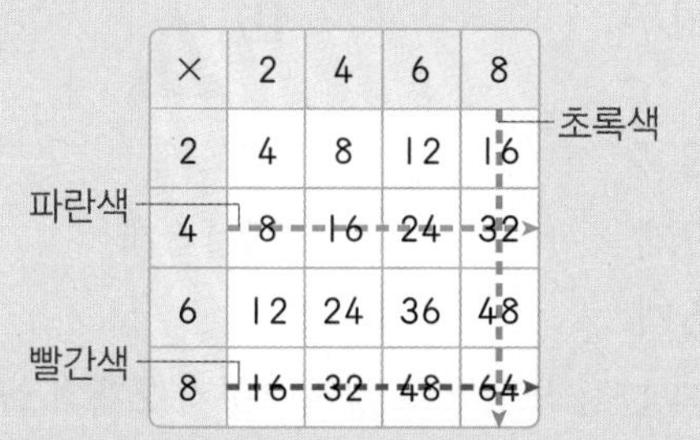

①점선에 놓인 수의 규칙	파란색 점선, 빨간색 점선, 초록색 점선에 놓인 수의 규칙을 각각 알아봅니다.
②다른 하나를 찾아 점선의 색을 쓰시오.	①에서 찾은 규칙을 비교하여 답을 구합니다.

파란색 점선: 8, 16, 24, 32는 8씩 커집니다.
빨간색 점선: 16, 32, 48, 64는 16씩 커집니다.
초록색 점선: 16, 32, 48, 64는 16씩 커집니다.
⇨ 규칙이 다른 하나는 **파란색** 점선입니다.

21 서술형 가이드 곱셈표에서 초록색 점선에 놓인 수를 보고 규칙을 썼는지 확인합니다.

평가기준		
	1, 9, 25, 49, 81을 보고 규칙을 바르게 씀.	상
	1, 9, 25, 49, 81을 보고 규칙을 썼으나 미흡함.	중
	1, 9, 25, 49, 81을 보고 규칙을 쓰지 못함.	하

1, 9, 25, 49, 81은 8, 16, 24, 32가 커집니다.

22 초록색 점선을 따라 접었을 때 만나는 수는 곱하는 순서를 바꾸어 곱한 값이므로 서로 **같습니다.**

23 서술형 가이드 여러 가지 방향으로 놓인 수들에서 찾을 수 있는 규칙을 썼는지 확인합니다.

평가기준		
	곱셈표를 보고 규칙을 바르게 씀.	상
	곱셈표를 보고 규칙을 썼으나 미흡함.	중
	규칙을 쓰지 못함.	하

24 3, 4, 5, 6, 7의 곱을 나타낸 곱셈표입니다.

25 $5\times5=25$, $7\times9=63$

26 곱셈표의 가로줄과 세로줄에 홀수만 넣어 곱셈표를 완성합니다.

27 서술형 가이드 여러 가지 방향으로 놓인 수들에서 찾을 수 있는 규칙을 썼는지 확인합니다.

평가기준		
	완성한 곱셈표를 보고 규칙을 바르게 씀.	상
	완성한 곱셈표를 보고 규칙을 썼으나 미흡함.	중
	완성한 곱셈표를 보고 규칙을 쓰지 못함.	하

28 서술형 가이드 여러 가지 방향으로 놓인 수들에서 찾을 수 있는 규칙을 썼는지 확인합니다.

평가기준		
	곱셈표를 완성하고 규칙을 바르게 씀.	상
	곱셈표는 완성했지만 규칙을 쓰지 못함.	중
	곱셈표를 완성하지 못하고 규칙도 쓰지 못함.	하

×	2	4	㉠	8
2	4	8	12	16
4	8	16	24	㉡
6	12	24	36	48
㉢	16	32	48	㉣

$2\times6=12$이므로 ㉠$=6$,
$4\times8=32$이므로 ㉡$=32$,
$8\times2=16$이므로 ㉢$=8$,
$8\times8=64$이므로 ㉣$=64$

29 (1)

	18	21
	24	28
25	30	35
30	㉠	㉡

같은 줄에서 아래쪽으로 내려갈수록 6씩 커지므로 ㉠=30+6=36입니다. 같은 줄에서 아래쪽으로 내려갈수록 7씩 커지므로 ㉡=35+7=42입니다.

(2)

	49	56	63
48	56	64	㉠
54	63	72	㉡

같은 줄에서 오른쪽으로 갈수록 8씩 커지므로 ㉠=64+8=72입니다.
같은 줄에서 오른쪽으로 갈수록 9씩 커지므로 ㉡=72+9=81입니다.

30 25=5×5, 36=6×6, 49=7×7, 64=8×8, 81=9×9이므로 5, 6, 7, 8, 9의 곱을 나타낸 곱셈표입니다.

1 핵심 개념 (2) 187쪽

3-1 (○)(　)　**3-2** (　)(○)
4-1 ●에 ○표　**4-2** ●에 ○표
5-1 ×에 ○표　**5-2** 1에 ○표

3-1 빨간색, 파란색, 초록색이 반복되는 규칙입니다.
3-2 ■, ▲, ●가 반복되는 규칙입니다.
4-1 ▲, ●가 반복되는 규칙이므로 ▲ 다음에 올 모양은 ●입니다.
4-2 ■, ●, ▲가 반복되는 규칙이므로 ■ 다음에 올 모양은 ●입니다.
5-1 ㄴ자 모양으로 쌓은 규칙입니다.
5-2 쌓기나무가 1개씩 늘어나는 규칙입니다.

2 유형 탐구 (2) 188~191쪽

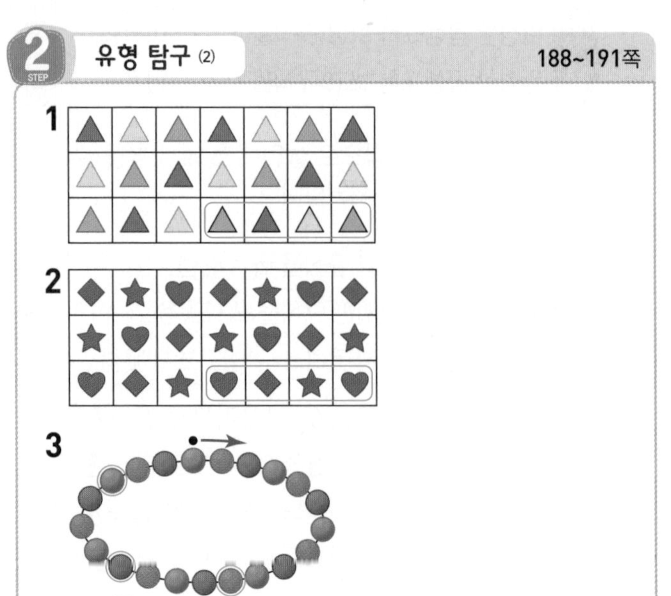

4

5

1	2	3	1	2	3	1
2	3	1	2	3	1	2
3	1	2	3	1	2	3
1	2	3	1	2	3	1

6 ●
7 예 사각형이 2개씩 늘어나는 규칙입니다.
;
8 예 빨간색, 노란색, 파란색이 반복되는 규칙을 만들었습니다.
;
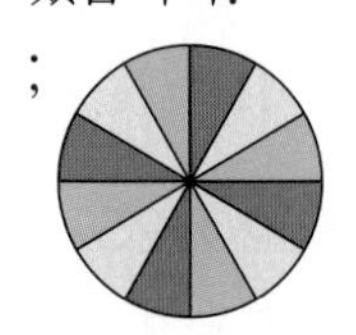

9 ▲에 ○표　**10** ♥에 ○표
11 ①
12

13 예 가, 나, 다가 반복되고 흰색과 검은색이 반복되는 규칙입니다.
;

14 자두　**15**
16 3, 2　**17** 4개
18 9개　**19** 16개
20 6개
21 예 U자 모양으로 쌓기나무가 2개씩 늘어나는 규칙입니다.
22 9개　**23** 15개

1 빨간색, 노란색, 파란색이 반복되는 규칙입니다. 노란색 다음에 올 색깔은 파란색이고, 파란색 다음에 이어질 3칸에 올 색깔은 빨간색, 노란색, 파란색입니다.

2 ◆, ★, ♥가 반복되는 규칙입니다.
★ 다음에 올 모양은 ♥이고, ♥ 다음에 이어질 3칸에 올 모양은 ◆, ★, ♥입니다.

3 초록색, 파란색, 빨간색이 반복되는 규칙입니다.
초록색 다음에 올 색깔은 파란색, 파란색 다음에 올 색깔은 빨간색, 빨간색 다음에 올 색깔은 초록색입니다.

4 파란색, 초록색, 빨간색이 반복되는 규칙입니다.
초록색 다음에 올 색깔은 빨간색이고, 파란색 다음에 이어질 3칸에 올 색깔은 초록색, 빨간색, 파란색입니다.

5 ●는 1, ●는 2, ●는 3으로 각각 나타냅니다.

6 △, ◯가 반복되고 ◯가 1개씩 늘어나는 규칙입니다.

7 서술형 가이드 사각형이 늘어나는 규칙을 찾고 이 규칙에 따라 모양을 그렸는지 확인합니다.

평가기준		
	□ 안에 알맞은 모양을 그리고 규칙을 바르게 씀.	상
	□ 안에 모양은 그렸지만 규칙을 쓰지 못함.	중
	□ 안에 모양을 그리지 못하고 규칙도 쓰지 못함.	하

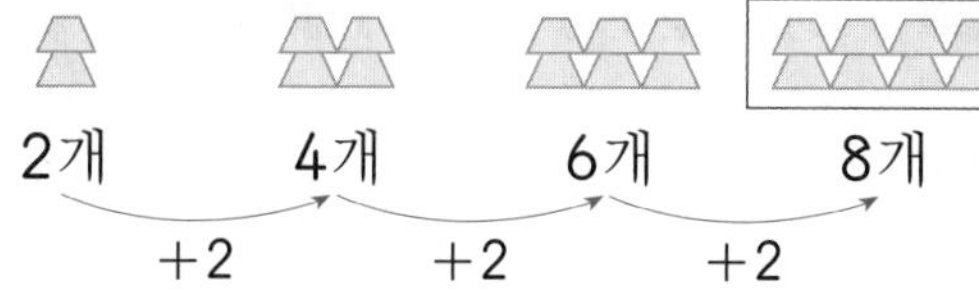

8 서술형 가이드 규칙을 만들고 만든 규칙에 따라 색칠했는지 확인합니다.

평가기준		
	규칙을 만들고 색칠함.	상
	규칙은 만들었지만 색칠한 것이 틀림.	중
	규칙을 만들지 못하고 색칠도 못함.	하

9 • 모양 규칙: ○, △, ☆이 반복됩니다.
⇨ ○ 다음에 올 모양은 △입니다.
• 색깔 규칙: 노란색, 파란색이 반복됩니다.
⇨ 노란색 다음에 올 색깔은 파란색입니다.

10 • 모양 규칙: ◇, ♡가 반복됩니다.
⇨ ◇ 다음에 올 모양은 ♡입니다.
• 색깔 규칙: 초록색, 보라색, 빨간색이 반복됩니다.
⇨ 초록색 다음에 올 색깔은 보라색입니다.

11 ② ⇨ ① ⇨ ③ ⇨ ④ ⇨ ② ⇩ ① ⇦ ④ ⇦ ③ ⇦ ② ⇦ ①

②, ①, ③, ④의 순서로 색칠하는 규칙입니다.
⇨ ② 다음에는 ①에 색칠합니다.

12 ●이 위쪽, 오른쪽, 왼쪽의 순서로 움직이는 규칙입니다.
⇨ 왼쪽 다음에 위쪽, 오른쪽으로 움직입니다.

13 서술형 가이드 한글 가, 나, 다가 반복되는 규칙과 카드의 색깔이 반복되는 규칙을 각각 찾아서 빈칸을 완성했는지 확인합니다.

평가기준		
	규칙을 쓰고 빈칸을 완성함.	상
	규칙은 썼지만 빈칸을 완성하지 못함.	중
	규칙을 쓰지 못하고 빈칸도 완성하지 못함.	하

가	나	다	가	나	다	가
나	㉠	가	나	다	㉡	나

〈글자 규칙〉
가, 나, 다가 반복됩니다.
〈색깔 규칙〉
흰색과 검은색이 반복됩니다.
㉠ 나 다음이므로 다가 오고, 검은색 카드 다음이므로 흰색 카드입니다.
㉡ 다 다음이므로 가가 오고, 검은색 카드 다음이므로 흰색 카드입니다.

14 문제분석 ▶ 본문 190쪽

①규칙에 따라 ①, ②, ③, ④에 각각 들어갈 글자를 ②번호 순서대로 쓰면 어떤 단어가 만들어집니까?

ㄱ	ㅁ	ㅈ	ㄱ	ㅁ	①	ㄱ	ㅁ
ㅏ	ㅓ	ㅏ	ㅓ	②	ㅓ	ㅏ	ㅓ
ㄷ	ㅅ	ㅋ	ㄷ	ㅅ	ㅋ	③	ㅅ
ㅗ	ㅜ	ㅗ	ㅜ	ㅗ	④	ㅗ	ㅜ

①규칙에 따라 ①, ②, ③, ④에 각각 들어갈 글자를	각 줄의 규칙에 따라 ①, ②, ③, ④에 들어갈 글자를 알아봅니다.
②번호 순서대로 쓰면 어떤 단어가 만들어집니까?	①에서 알아본 글자를 ①, ②, ③, ④ 순서대로 씁니다.

• 첫째 줄: ㄱ, ㅁ, ㅈ이 반복되는 규칙입니다. ⇨ ① ㅈ
• 둘째 줄: ㅏ, ㅓ가 반복되는 규칙입니다. ⇨ ② ㅏ
• 셋째 줄: ㄷ, ㅅ, ㅋ이 반복되는 규칙입니다. ⇨ ③ ㄷ
• 넷째 줄: ㅗ, ㅜ가 반복되는 규칙입니다. ⇨ ④ ㅜ
따라서 ①, ②, ③, ④ 순서대로 쓰면 **자두**입니다.

15 해·법·순·서

① 모양 규칙을 찾습니다.
② 색깔 규칙을 찾습니다.
③ ①과 ②의 규칙에 따라 도형을 그려 봅니다.

  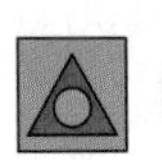  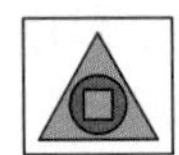

〈모양 규칙〉
첫째: 원 → 사각형 → 삼각형
둘째: 삼각형 → 원 → 사각형
셋째: 사각형 → 삼각형 → 원
넷째: 원 → 사각형 → 삼각형
□: 삼각형 → 원 → 사각형

〈색깔 규칙〉
첫째: 파란색—빨간색—파란색
둘째: 빨간색—파란색—빨간색
셋째: 파란색—빨간색—파란색
넷째: 빨간색—파란색—빨간색
□: 파란색—빨간색—파란색

16 쌓기나무 4개, 3개, 2개가 반복되는 규칙이 있습니다.

17

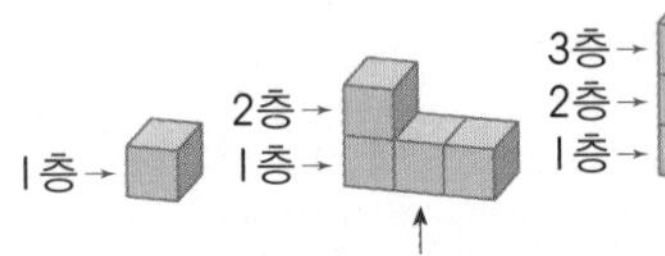

쌓기나무를 2층으로 쌓은 모양은 두 번째 모양이므로 1층에 3개, 2층에 1개입니다.
⇨ $3+1=4$(개)

18

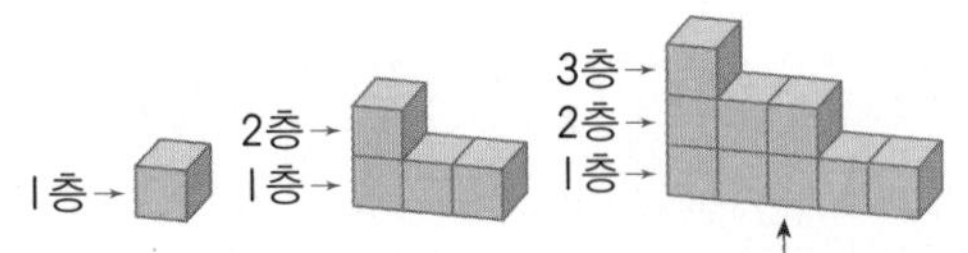

쌓기나무를 3층으로 쌓은 모양은 세 번째 모양이므로 1층에 5개, 2층에 3개, 3층에 1개입니다.
⇨ $5+3+1=9$(개)

19 생각열기 쌓기나무가 아래층으로 갈수록 2개씩 늘어나는 규칙입니다.

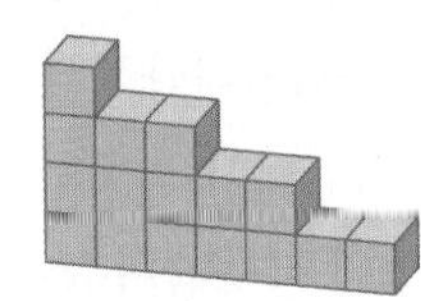

1층에 7개, 2층에 5개, 3층에 3개, 4층에 1개입니다.
⇨ $7+5+3+1=16$(개)

20

3개 6개 3개 6개 3개 6개

쌓기나무가 3개, 6개가 반복되는 규칙입니다.
3개 다음에는 6개가 와야 합니다.

21 서술형 가이드 쌓기나무를 쌓은 모양과 쌓기나무의 수의 규칙을 썼는지 확인합니다.

평가기준		
	쌓은 규칙을 바르게 씀.	상
	쌓은 규칙을 썼지만 미흡함.	중
	쌓은 규칙을 쓰지 못함.	하

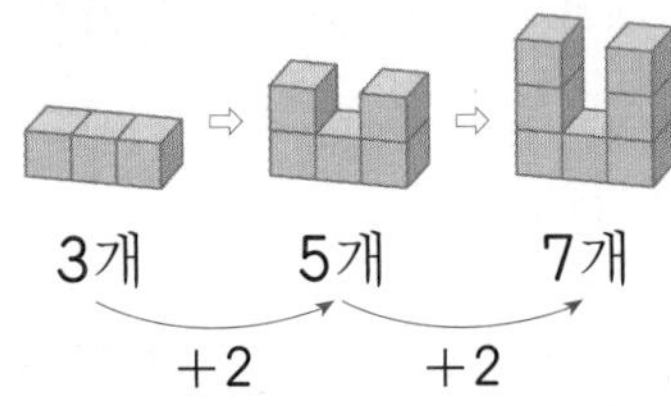

3개 → 5개 → 7개
+2 +2

22 1층에 3개, 2층에 2개, 3층에 2개, 4층에 2개입니다.
⇨ $3+2+2+2=9$(개)

23 1층에 5개, 2층에 4개, 3층에 3개, 4층에, 2개, 5층에 1개입니다.
⇨ $5+4+3+2+1=15$(개)

1 STEP 핵심 개념 (3) 193쪽

6-1 (1) 3 (2) 1
6-2 (1) 커집니다에 ○표 (2) 작아집니다에 ○표
7-1 7
7-2 (1) 커집니다에 ○표 (2) 작아집니다에 ○표

6-1 (1) 빨간색 선에 놓인 7, 4, 1은 3씩 작아집니다.
(2) 파란색 선에 놓인 1, 2, 3은 1씩 커집니다.

6-2 (1) 초록색 선에 놓인 1, 5, 9는 4씩 커집니다.
(2) 초록색 선에 놓인 9, 5, 1은 4씩 작아집니다.

7-1 달력에서 같은 요일은 7일마다 반복되는 규칙이 있습니다.

7-2 (1) 파란색 선에 놓인 1, 9, 17, 25는 8씩 커집니다.
(2) 빨간색 선에 놓인 31, 25, 19, 13, 7은 6씩 작아집니다.

2 STEP 유형 탐구 (3) 194~197쪽

1 규현

2 예 아래쪽으로 내려갈수록 1씩 작아집니다.

3 민아 **4** 3, 4

5 28번

6

1	2	3	4	5	6
7	8	9	10	11	12
13	14	15	16	17	18
19	20	21	22	23	24
25	26	27	28	29	30

; 예 ↘ 방향으로 갈수록 7씩 커집니다.

7 6, 13, 20, 27에 ○표 ; 7일 **8** 8, 6

9

7월

일	월	화	수	목	금	토
				1	2	3
4	5	6	7	8	9	10
			14			
			21			
			28			

10 4번 **11** 23일

12 예 25일과 요일이 같은 날은 $25-7=18$(일), $18-7=11$(일), $11-7=4$(일)입니다.
4일은 일요일이므로 25일도 일요일입니다.
; 일요일

13 36

14

8월

일	월	화	수	목	금	토
1	2	3	4	5	6	7
8	9	10	11	12	13	14
15	16	17	18	19	20	21
22	23	24	25	26	27	28
29	30	31				

15 수요일 **16** 1

17 2 **18** 6, 8

19 8번

20

21

22 예 빨간 불과 초록 불이 번갈아 가며 켜지는 규칙입니다.

1 4 → 10, 3 → 9 → 15 등과 같이 ↗ 방향으로 가면 6층 차이가 납니다.

2 서술형 가이드 엘리베이터 층수 버튼의 수에서 규칙을 찾아 바르게 썼는지 확인합니다.

평가 기준		
	규칙을 바르게 씀.	상
	규칙을 썼지만 미흡함.	중
	규칙을 쓰지 못함.	하

예 오른쪽으로 갈수록 5씩 커집니다.

3
- 3, 6, 9는 3씩 커집니다.
- 7, 5, 3은 2씩 작아집니다.
- 2, 5, 8은 3씩 커지지만 0은 8 작아졌습니다.

4 빨간색 선: 1, 4, 7은 3씩 커집니다.
파란색 선: 9, 5, 1은 4씩 작아집니다.

5 오른쪽으로 갈수록 1씩 커집니다.
뒤쪽으로 갈수록 8씩 커집니다.

⇨ 재중이는 28번입니다.

6 서술형 가이드 규칙에 따라 사물함에 번호를 써넣은 다음 빨간색 선에 놓인 번호에서 규칙을 찾아 바르게 썼는지 확인합니다.

평가 기준		
	사물함에 번호를 쓰고 규칙을 바르게 씀.	상
	사물함에 번호는 썼지만 규칙을 쓰지 못함.	중
	사물함에 번호를 쓰지 못하고 규칙도 쓰지 못함.	하

빨간색 선: 1, 8, 15, 22, 29는 7씩 커집니다.

7 금요일: 6일, 13일, 20일, 27일
⇨ 금요일은 7일마다 반복됩니다.

8
- 빨간색 선: 26, 18, 10, 2는 8씩 작아집니다.
- 파란색 선: 4, 10, 16, 22는 6씩 커집니다.

9 생각열기 같은 요일은 7일마다 반복되는 규칙이 있습니다.
$7+7=14$(일), $14+7=21$(일), $21+7=28$(일)

10 수요일은 7일, 14일, 21일, 28일로 4번 있습니다.

11 첫째 금요일: 2일
둘째 금요일: $2+7=9$(일)
셋째 금요일: $9+7=16$(일)
넷째 금요일: $16+7=23$(일)

12 서술형 가이드 달력에서 찾을 수 있는 여러 가지 규칙을 이용하여 25일이 무슨 요일인지 구하는 풀이 과정이 들어 있어야 합니다.

평가기준		
	달력의 규칙을 이용하여 답을 바르게 구함.	상
	달력의 규칙을 이용했지만 답이 틀림.	중
	달력의 규칙을 몰라서 답을 구하지 못함.	하

13 10+26=36

14 11+25=36, 12+24=36, 17+19=36

15 문제분석 본문 196쪽

달력의 일부분이 찢어져 있습니다. ①이 달의 마지막 날은 ②무슨 요일입니까?

6월

일	월	화	수	목	금	토
		1	2	3	4	5
6	7					

①이 달의 마지막 날은	6월의 마지막 날은 며칠인지 알아봅니다.
②무슨 요일입니까?	①에서 구한 날짜는 무슨 요일인지 구합니다.

6월의 마지막 날은 30일입니다.
30일은 30−7=23(일), 23−7=16(일), 16−7=9(일), 9−7=2(일)과 같은 **수요일**입니다.

16 6시 —1시간 후→ 7시 —1시간 후→ 8시 —1시간 후→ 9시

17 6시 —2시간 후→ 8시 —2시간 후→ 10시 —2시간 후→ 12시

18 부산행 기차와 광주행 기차가 동시에 출발하는 시각은 6시, 8시입니다.

19 큰북을 2번, 작은북을 2번씩 번갈아 가며 치는 규칙이므로 리듬을 완성하면 큰북을 8번 쳐야 합니다.

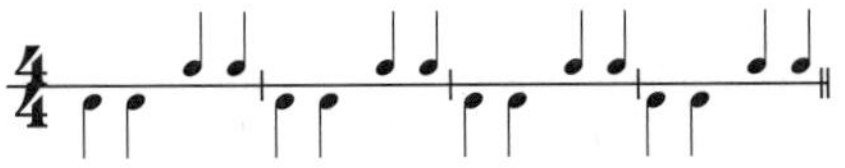

20 4시 —1시간 후→ 5시 —1시간 후→ 6시
⇨ 1시간씩 늘어나는 규칙이므로 6시에서 1시간 후인 7시를 그립니다.

21 1시 30분 —30분 후→ 2시 —30분 후→ 2시 30분
⇨ 30분씩 늘어나는 규칙이므로 2시 30분에서 30분 후인 3시를 그립니다.

22 서술형 가이드 빨간 불과 초록 불이 번갈아 가며 켜진다는 말이 들어 있는지 확인합니다.

평가기준		
	규칙을 바르게 씀.	상
	규칙을 썼지만 미흡함.	중
	규칙을 쓰지 못함.	하

해결의 법칙 특강 창의·융합

198~199쪽

1 (풀이 참조)
2 (풀이 참조)
3 (풀이 참조)
4 다
5 4개
6 34, 29, 19, 24, 14
7 (1) ⇨, ⇩ 또는 ⇩, ⇨ (2) ⇨, ⇧ 또는 ⇧, ⇨
8 예 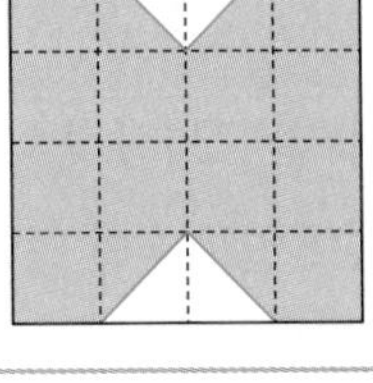
9 예

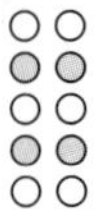

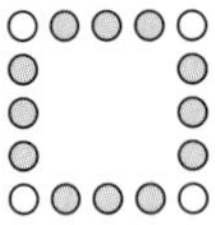

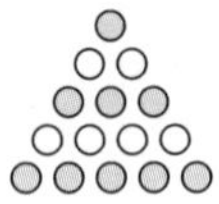

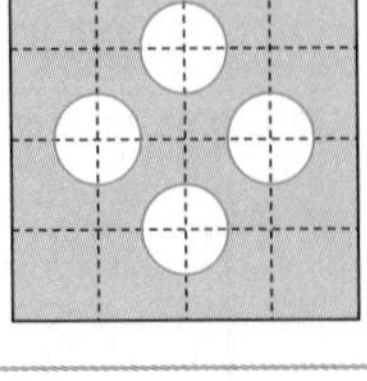

1 흰색 바둑돌과 검은색 바둑돌이 번갈아 가며 아래에 2개씩 늘어나고 있습니다.
2 흰색 바둑돌의 수는 4개로 변하지 않고 검은색 바둑돌은 4개씩 늘어나고 있습니다.

셀파 가·이·드

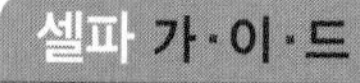

3 검은색 바둑돌과 흰색 바둑돌이 번갈아 가며 아래에 2개, 3개, 4개, 5개씩 늘어나고 있습니다.

4 쌓기나무로 쌓은 모양을 그리면 다음과 같습니다.

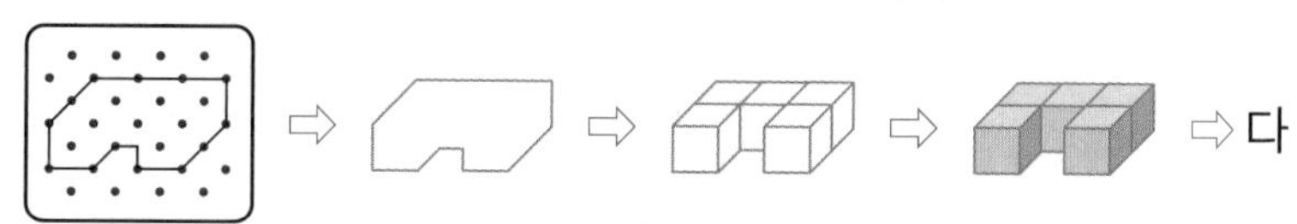
⇨ 다

5 쌓기나무로 쌓은 모양을 그리면 다음과 같습니다.

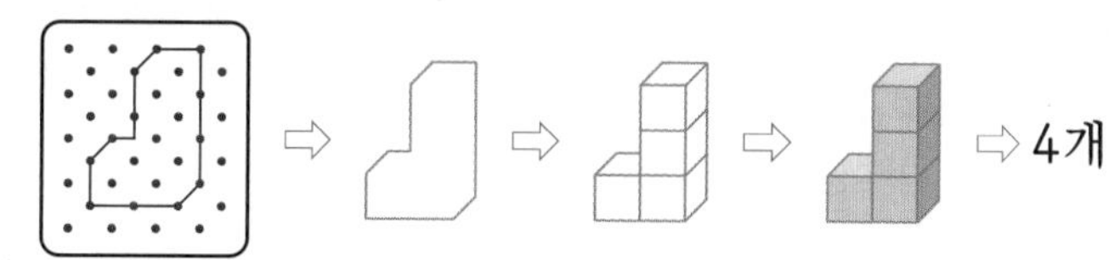
⇨ 4개

셀파 가·이·드

▶ 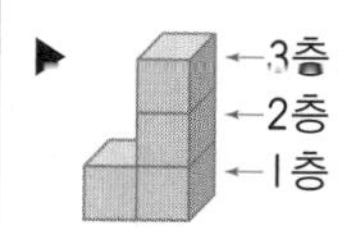

1층에 2개, 2층에 1개, 3층에 1개이므로 $2+1+1=4$(개)입니다.

6 4가지 화살표가 나타내는 규칙을 알아보면 각각 다음과 같습니다.

⇨: $+5$, ⇩: $+10$, ⇦: -5, ⇧: -10

$24+10=34$, $34-5=29$, $29-10=19$, $19+5=24$, $24-10=14$

7 4가지 화살표가 나타내는 규칙을 알아보면 각각 다음과 같습니다.

⇨: $+10$, ⇩: $+20$, ⇦: -10, ⇧: -20

(1) 45는 15보다 30 큰 수입니다. $10+20=30$이므로 ◯ 안에 알맞은 화살표를 그리면 [15] ⇨ ⇩ [45] 또는 [15] ⇩ ⇨ [45] 입니다.

▶ • $15+10=25$, $25+20=45$
• $15+20=35$, $35+10=45$

(2) 60은 70보다 10 작은 수입니다. $20-10=10$이므로 ◯ 안에 알맞은 화살표를 그리면 [70] ⇨ ⇧ [60] 또는 [70] ⇧ ⇨ [60] 입니다.

▶ • $70+10=80$, $80-20=60$
• $70-20=50$, $50+10=60$

8

9

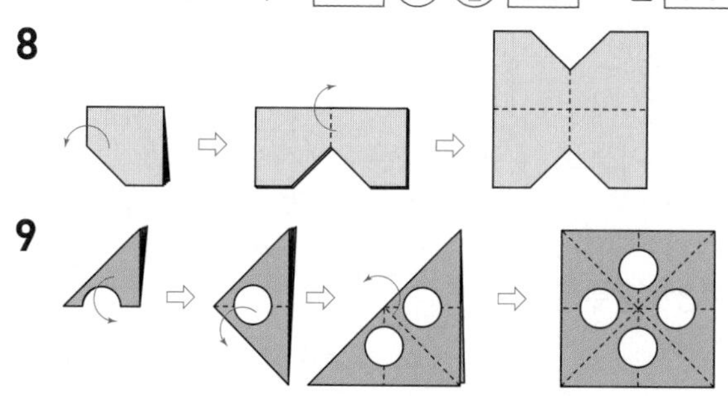

3 STEP 레벨 UP 200~201쪽

1 
2 예 위쪽으로 갈수록 3씩 커집니다.
3 22
4 (육각형)
5 라열 넷째 자리
6 35번
7 예 쌓기나무가 3개, 6개, 9개로 3개씩 늘어나는 규칙입니다.
(네 번째 모양에 쌓을 쌓기나무의 수)$=9+3=12$(개)
(다섯 번째 모양에 쌓을 쌓기나무의 수)$=12+3=15$(개) ; 15개
8 14씩, 64
9 금요일
10 파란색
11 55개

1 • 모양 규칙: □, ◯, ▽가 반복됩니다.

⇨ ◯ 다음에 올 모양은 ▽입니다.

• 색깔 규칙: 파란색, 노란색, 초록색, 보라색이 반복됩니다.

⇨ 보라색 다음에 올 색깔은 파란색입니다.

따라서 □ 안에 알맞은 모양은 ▼ 입니다.

셀파 가·이·드

▶ 모양이 반복되는 규칙과 색깔이 반복되는 규칙을 각각 알아봅니다.

2 서술형 가이드 전자계산기의 숫자 버튼에서 규칙을 찾아 바르게 썼는지 확인합니다.

평가기준		
	숫자 버튼의 규칙을 바르게 씀.	상
	숫자 버튼의 규칙을 썼지만 미흡함.	중
	숫자 버튼의 규칙을 쓰지 못함.	하

3

+	가	3		7
2	3			
6	㉠			
나		11		㉡

2+가=3이고 2+1=3이므로 가=1입니다.
⇨ ㉠=6+가=6+1=7
나+3=11이고 8+3=11이므로 나=8입니다.
⇨ ㉡=나+7=8+7=15
따라서 ㉠+㉡=7+15=22입니다.

4 문제분석 ▶ 본문 200쪽

①규칙을 찾아 ②□ 안에 11번째 모양을 그려 보시오.

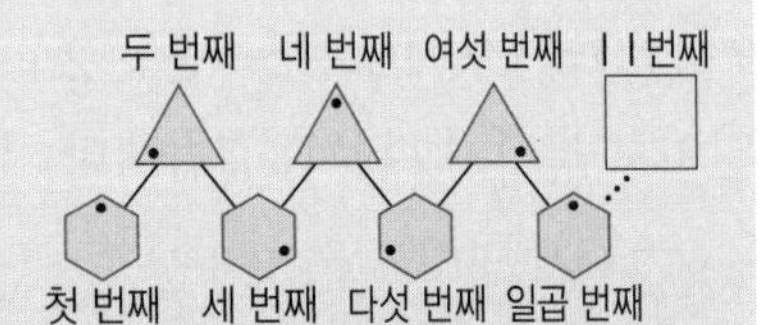

①규칙을 찾아	모양이 변하는 규칙과 점의 위치가 변하는 규칙을 각각 알아봅니다.
②□ 안에 11번째 모양을 그려 보시오.	11번째 모양은 각각의 규칙에서 몇 번째와 같은지 알아봅니다.

• 모양 규칙: ⬡, △가 반복됩니다. ⇨ 11=2+2+2+2+2+1이므로 11번째 모양은 첫 번째 모양과 같은 ⬡입니다.
• 점의 규칙: 위쪽, 왼쪽, 오른쪽의 순서로 움직입니다. ⇨ 11=3+3+3+2이므로 11번째 점의 위치는 두 번째 점과 같은 왼쪽입니다.

5 한 열이 늘어날 때마다 번호가 8씩 커지고 있습니다.
다열 첫째 자리: 9+8=17(번), 라열 첫째 자리: 17+8=25(번)
⇨ 라열에서 첫째(25), 둘째(26), 셋째(27), 넷째(28)이므로
진호는 **라열 넷째 자리**에 앉아야 합니다.

6 한 열이 늘어날 때마다 번호가 8씩 커지고 있습니다.
다열 셋째 자리: 11+8=19(번), 라열 셋째 자리: 19+8=27(번),
마열 셋째 자리: 27+8=35(번)
⇨ 지선이가 앉을 자리는 **35번**입니다.

7 서술형 가이드 쌓기나무를 쌓고 있는 규칙을 찾고 이 규칙에 따라 다섯 번째 모양에 쌓을 쌓기나무의 수를 구하는 풀이 과정이 들어 있어야 합니다.

평가기준		
	쌓기나무를 쌓은 규칙을 이용하여 답을 바르게 구함.	상
	쌓기나무를 쌓은 규칙을 이용했지만 답이 틀림.	중
	쌓기나무를 쌓은 규칙을 이용하지 못하여 답을 구하지 못함.	하

셀파 가·이·드

▶ 전자계산기 숫자 버튼에서 찾을 수 있는 규칙
예 오른쪽으로 갈수록 1씩 커집니다. ↗ 방향으로 갈수록 4씩 커집니다.

▶ 2+가=3, 나+3=11에서 가와 나를 먼저 알아봅니다.

▶ 모양은 2개가 반복되고 10=2+2+2+2+2이므로 10번째 모양은 두 번째 모양과 같은 △입니다.
점의 위치는 세 군데가 반복되고 9=3+3+3이므로 아홉 번째 점의 위치는 세 번째 점과 같은 오른쪽입니다.

8 생각열기 1, 3, 5, 7, 9의 곱을 나타낸 곱셈표입니다.

$1\times7=7$, $3\times7=21$, $5\times7=35$, $7\times7=49$, $9\times7=63$이므로 14씩 커지는 규칙입니다.

8 [22] [36] [50] 64이므로 ☆=64입니다.

+14 +14 +14 +14

9 문제분석 ▶ 본문 201쪽

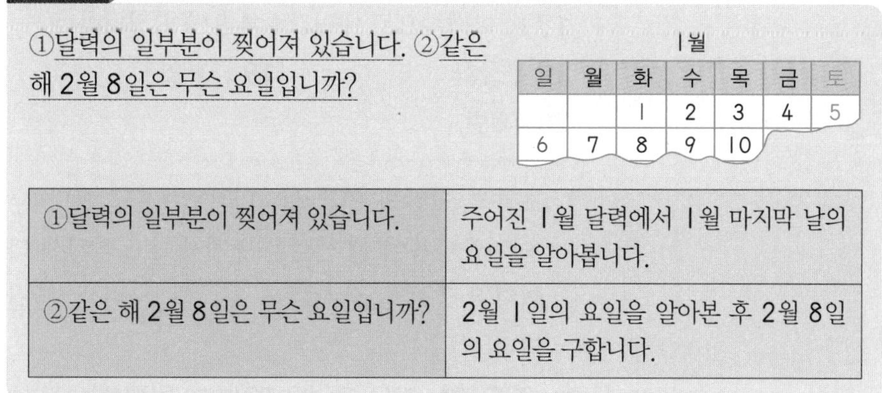

①달력의 일부분이 찢어져 있습니다. ②같은 해 2월 8일은 무슨 요일입니까?

①달력의 일부분이 찢어져 있습니다.	주어진 1월 달력에서 1월 마지막 날의 요일을 알아봅니다.
②같은 해 2월 8일은 무슨 요일입니까?	2월 1일의 요일을 알아본 후 2월 8일의 요일을 구합니다.

1월은 31일까지 있습니다.

31일은 $31-7-7-7=10$(일)과 같은 요일이므로 목요일입니다.

1월 31일 바로 다음 날인 2월 1일은 금요일입니다.

따라서 $1+7=8$(일)이므로 2월 8일도 **금요일**입니다.

10 문제분석 ▶ 본문 201쪽

①다음과 같은 규칙으로 구슬을 실에 꿰고 있습니다. ②15번째에 꿰는 구슬은 무슨 색입니까?

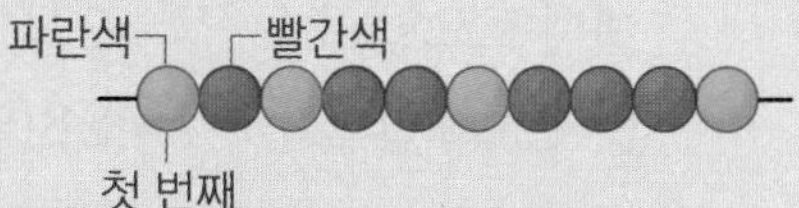

①다음과 같은 규칙으로 구슬을 실에 꿰고 있습니다.	구슬을 실에 꿰는 규칙을 알아봅니다.
②15번째에 꿰는 구슬은 무슨 색입니까?	①에서 알아본 규칙에 따라 답을 구합니다.

파란색, 빨간색 구슬을 번갈아 가면서 꿰고 빨간색 구슬이 한 개씩 늘어나는 규칙입니다.

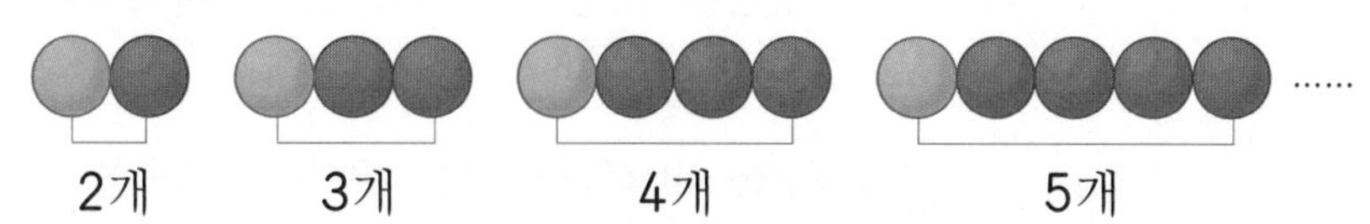

2개 3개 4개 5개

⇨ $2+3+4+5=14$이므로 15번째에 꿰는 구슬은 **파란색**입니다.

11 (5층, 4층, 3층, 2층, 1층) 쌓기나무를 5층으로 쌓은 모양은 왼쪽과 같습니다.
1층에 $5\times5=25$(개), 2층에 $4\times4=16$(개), 3층에 $3\times3=9$(개), 4층에 $2\times2=4$(개), 5층에 1개입니다.

⇨ $25+16+9+4+1=55$(개)

셀파 가·이·드

▶ 월별 날수

월	날수	월	날수
1월	31일	7월	31일
2월	28일	8월	31일
3월	31일	9월	30일
4월	30일	10월	31일
5월	31일	11월	30일
6월	30일	12월	31일

2월의 날수가 29일인 해도 있습니다.

▶ 같은 요일은 7일마다 반복되는 규칙이 있습니다.

▶ 아래층으로 내려갈수록 일정한 규칙으로 쌓기나무의 수가 늘어납니다.

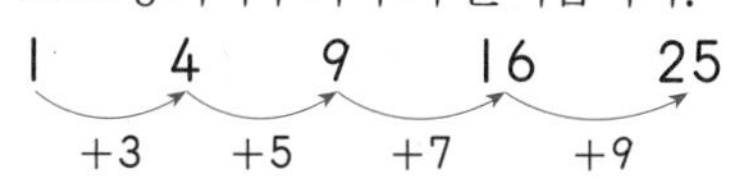

1회 단원 평가 202~204쪽

1

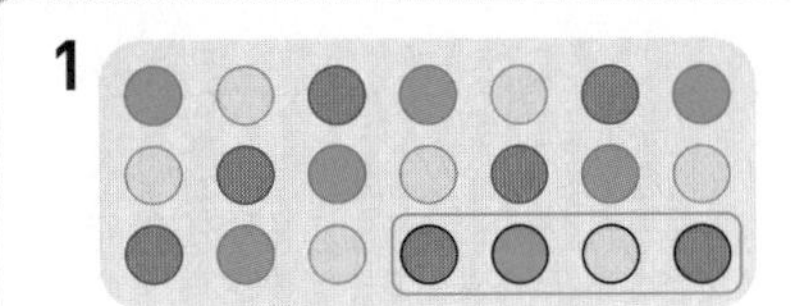

2

1월

일	월	화	수	목	금	토
1	2	3	4	5	6	7
8	9	10	11	12	13	14
	16					
	23					
	30					

3 5번　　**4** 28일

5

6

×	1	3	5	7	9
1	1	3	5	7	9
3	3	9	15	21	27
5	5	15	25	35	45
7	7	21	35	49	63
9	9	27	45	63	81

7 6씩

8

×	1	3	5	7	9
1	①	③	⑤	⑦	⑨
3	3	9	15	21	27
5	5	15	25	35	45
7	7	21	35	49	63
9	9	27	45	63	81

9

+	6	12	18	24	30
6	12	18	24	30	36
12	18	24	30	36	42
18	24	30	36	42	48
24	30	36	42	48	54
30	36	42	48	54	60

10 예 오른쪽으로 갈수록 6씩 커집니다.

11 전자계산기　　**12** 4개

13 예 둘째 화요일은 8일입니다. 같은 요일은 7일마다 반복되므로 넷째 화요일은
8+7+7=22(일)입니다.
; 22일

14

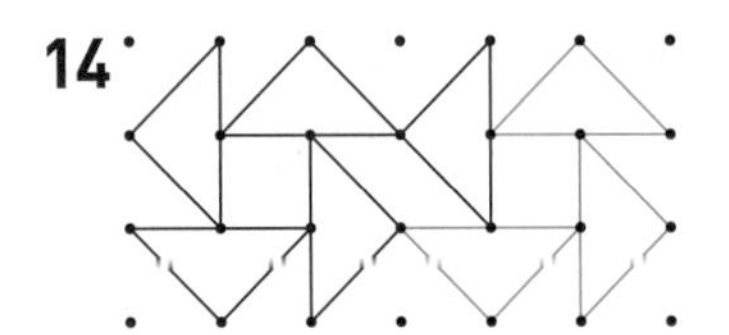

15 12장

16

×	2	3	4	5	6
2	4	6	8	10	12
3	6	9	12	15	18
4	8	12	16	20	24
5	10	15	20	25	30
6	12	18	24	30	36

17 예 아래쪽으로 내려갈수록 3씩 커집니다.

18 무궁화　　**19** 금요일

20 40번

1 초록색, 노란색, 빨간색이 반복되는 규칙입니다.
노란색 다음에 올 색깔은 빨간색이고 빨간색 다음에 이어질 3곳에 올 색깔은 초록색, 노란색, 빨간색입니다.

2 생각열기 같은 요일은 7일마다 반복되는 규칙이 있습니다.
9+7=16(일), 16+7=23(일), 23+7=30(일)

3 월요일은 2일, 9일, 16일, 23일, 30일로 **5번** 있습니다.

4 첫째 토요일: 7일
둘째 토요일: 7+7=14(일)
셋째 토요일: 14+7=21(일)
넷째 토요일: 21+7=**28(일)**

5 색칠되는 칸이 1개, 2개, 3개, 4개로 반복되는 규칙입니다.

6 1, 3, 5, 7, 9의 곱을 나타낸 곱셈표입니다.

7 3, 9, 15, 21, 27은 **6씩** 커집니다.

8 1, 3, 5, 7, 9는 2씩 커집니다.

9 6, 12, 18, 24, 30의 합을 나타낸 덧셈표입니다.

10 서술형 가이드 덧셈표에서 빨간색 점선에 놓인 수를 보고 규칙을 썼는지 확인합니다.

평가 기준		
	30, 36, 42, 48, 54를 보고 규칙을 바르게 씀.	상
	30, 36, 42, 48, 54를 보고 규칙을 썼으나 미흡함.	중
	30, 36, 42, 48, 54를 보고 규칙을 쓰지 못함.	하

30, 36, 42, 48, 54는 6씩 커집니다.

11 시계: 1부터 12까지 1씩 커집니다.
전자계산기: 3, 6, 9는 3씩 커집니다.
키보드: 1부터 9까지 1씩 커집니다.

12 (모양 3가지) 모양이 반복되는 규칙입니다.

□ 안에 알맞은 모양은 (모양)이므로 4개입니다.

13 서술형 가이드 달력에서 찾을 수 있는 여러 가지 규칙을 이용하여 넷째 화요일은 며칠인지 구하는 풀이 과정이 들어 있어야 합니다.

평가 기준		
	달력의 규칙을 이용하여 답을 바르게 구함.	상
	달력의 규칙을 이용했지만 답이 틀림.	중
	달력의 규칙을 이용하지 못하여 답을 구하지 못함.	하

14 △를 시계 방향(또는 시계 반대 방향)으로 돌려 가며 그린 규칙이 있습니다.

15 (곰), (새), (곰), (토끼) 모양 붙임딱지가 반복되는 규칙입니다. 한 줄에 (곰) 모양 붙임딱지가 4장 필요하고, 3줄을 더 붙여야 합니다.

⇨ $4\times3=12$(장)

16 $4=2\times2$, $9=3\times3$, $16=4\times4$, $25=5\times5$, $36=6\times6$이므로 2, 3, 4, 5, 6의 곱을 나타낸 곱셈표입니다.

17 서술형 가이드 곱셈표에서 보라색으로 칠해진 수를 보고 규칙을 썼는지 확인합니다.

평가 기준		
	6, 9, 12, 15, 18을 보고 규칙을 바르게 씀.	상
	6, 9, 12, 15, 18을 보고 규칙을 썼으나 미흡함.	중
	6, 9, 12, 15, 18을 보고 규칙을 쓰지 못함.	하

18

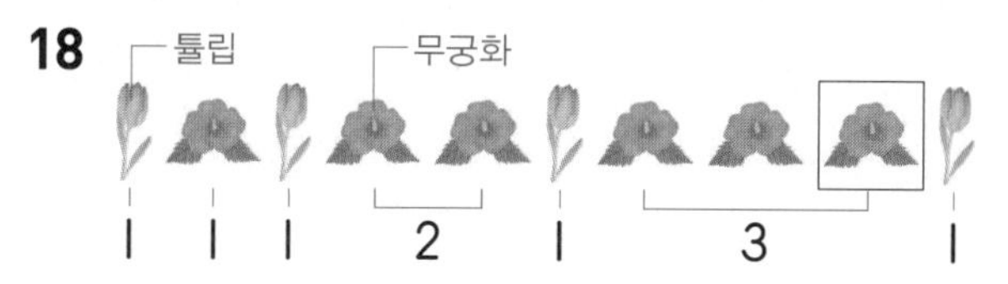

튤립, 무궁화가 반복되고 무궁화가 1송이씩 늘어나는 규칙입니다. ⇨ □ 안에 알맞은 국화는 **무궁화**입니다.

19 5월은 31일까지 있습니다.

31일은 $31-7=24$(일), $24-7=17$(일), $17-7=10$(일), $10-7=3$(일)과 같은 **금요일**입니다.

20 아래쪽으로 내려갈수록 사물함 번호가 9씩 커지므로 네 번째 줄 첫 번째 자리는 $19+9=28$(번), 다섯 번째 줄 첫 번째 자리는 $28+9=37$(번)입니다.

따라서 37, 38, 39, 40이므로 준희의 사물함의 번호는 40**번**입니다.

2회 단원 평가 205~207쪽

1 ㉠ **2** 15일

3 19일 **4** 화요일

5 ㉡

6

+	1	2	3	4	5
1	2	3	4	5	6
2	3	4	5	6	7
3	4	5	6	7	8
4	5	6	7	8	9
5	6	7	8	9	10

7 예 ↘ 방향으로 갈수록 2씩 커집니다.

8 예 오른쪽으로 갈수록 1씩 커집니다.

9 예 **10** 8

11 ㉣

12 예

13 **14** 21개

15 예 ♥, ◇, ◇가 반복되는 규칙을 만들었습니다.

; 예

16 **17** 금요일

18

19 5일, 12일, 19일, 26일 **20** 마열, 다섯째

1 한국, 미국, 일본 국기가 반복되는 규칙입니다.

2 첫째 월요일: 1일

둘째 월요일: $1+7=8$(일)

셋째 월요일: $8+7=15$(일)

3 첫째 금요일: 5일
둘째 금요일: $5+7=12$(일)
셋째 금요일: $12+7=19$(일)

4 16일과 요일이 같은 날은 $16-7=9$(일)입니다.
9일은 화요일이므로 16일도 화요일입니다.

5 ㉢, ㉠, ㉡이 반복되는 규칙이므로 ㉠ 다음에는 ㉡을 꿰어야 합니다.

6 1, 2, 3, 4, 5의 합을 나타낸 덧셈표입니다.

7 서술형 가이드 덧셈표에서 빨간색 점선에 놓인 수를 보고 규칙을 썼는지 확인합니다.

평가 기준		
	2, 4, 6, 8, 10을 보고 규칙을 바르게 씀.	상
	2, 4, 6, 8, 10을 보고 규칙을 썼으나 미흡함.	중
	2, 4, 6, 8, 10을 보고 규칙을 쓰지 못함.	하

2, 4, 6, 8, 10은 2씩 커집니다.

8 서술형 가이드 여러 가지 방향으로 놓인 수들에서 찾을 수 있는 규칙을 썼는지 확인합니다.

평가 기준		
	덧셈표를 보고 규칙을 바르게 씀.	상
	덧셈표를 보고 규칙을 썼으나 미흡함.	중
	규칙을 쓰지 못함.	하

9 주어진 빗살무늬(╱, ╲)를 사용하여 무늬를 꾸밉니다.

10 ① 4, 6, 8, 10, 12는 2씩 커집니다.
⇨ ●$=2$
② 12, 18, 24, 30, 36은 6의 단 곱셈구구의 값입니다.
⇨ ▲$=6$
따라서 ●$+$▲$=2+6=8$입니다.

11 ㉠ $2\times6=12$ ㉡ $3\times4=12$ ㉢ $4\times3=12$
㉣ $5\times3=15$

12 여러 가지 방법으로 색칠할 수 있습니다.

13 모양이 반복되고 있습니다.
$13=3+3+3+3+1$이므로 13번째 모양은 첫 번째 모양과 같은 입니다.

14 해·법·순·서
① 모양이 반복되는 규칙을 찾습니다.
② 몇 번 반복되는지 알아봅니다.
③ 사용한 쌓기나무의 수를 구합니다.

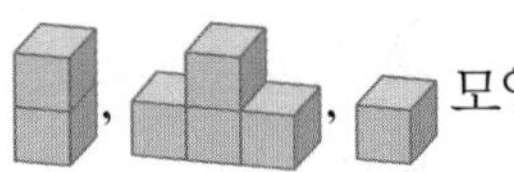 모양이 반복되는 규칙입니다.
⇨ $2+4+1=7$(개)
9번째 모양까지 쌓으면 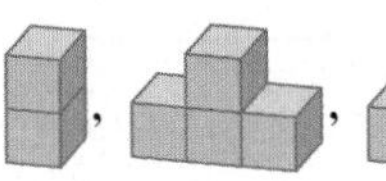 모양이 3번 반복되므로 사용한 쌓기나무는 $7\times3=21$(개)입니다.

15 서술형 가이드 규칙을 만들고 만든 규칙에 따라 무늬를 만들었는지 확인합니다.

평가 기준		
	규칙을 만들고 규칙에 따라 무늬를 만듦.	상
	규칙은 만들었지만 규칙에 따라 무늬를 만들지 못함.	중
	규칙을 만들지 못하고 무늬도 만들지 못함.	하

16 위의 두 수를 더하면 아래 가운데의 수가 되는 규칙입니다.

17 오늘은 수요일이고 같은 요일은 7일마다 반복되므로 $7+7+7+7=28$(일) 후는 수요일입니다.
30일 후는 수요일로부터 2일 후이므로 소풍 가는 날은 **금요일**입니다.

18 해·법·순·서
① 색칠한 수의 규칙을 알아봅니다.
② ①에서 색칠한 규칙에 따라 알맞은 수에 색칠합니다.
색칠한 수를 차례로 써 보면
1 2 5 10
+1 +3 +5
⇨ 수가 1, 3, 5……씩 커지고 있습니다.
$10+7=17$, $17+9=26$

19 5월 8일의 3일 전인 5월 5일이 일요일입니다.
따라서 5일, $5+7=12$(일), $12+7=19$(일), $19+7=26$(일)이 **일요일**입니다.

20 1 5 10 16
+4 +5 +6
⇨ 각 열의 왼쪽에서 첫째 의자의 번호는 4, 5, 6……씩 커집니다.
⇨ 마열의 왼쪽에서 첫째 의자의 번호는 $16+7=23$(번)이고 27번은 **마열**의 왼쪽에서 **다섯째**입니다.

뭘 좋아할지 몰라 다 준비했어♥ # 전과목 교재

전과목 시리즈 교재

●무등샘 해법시리즈

– 국어/수학	1~6학년, 학기용
– 사회/과학	3~6학년, 학기용
– 봄·여름/가을·겨울	1~2학년, 학기용
– SET(전과목/국수, 국사과)	1~6학년, 학기용

●똑똑한 하루 시리즈

– 똑똑한 하루 독해	예비초~6학년, 총 14권
– 똑똑한 하루 글쓰기	예비초~6학년, 총 14권
– 똑똑한 하루 어휘	예비초~6학년, 총 14권
– 똑똑한 하루 한자	예비초~6학년, 총 14권
– 똑똑한 하루 수학	1~6학년, 학기용
– 똑똑한 하루 계산	예비초~6학년, 총 14권
– 똑똑한 하루 도형	예비초~6학년, 총 8권
– 똑똑한 하루 사고력	1~6학년, 학기용
– 똑똑한 하루 사회/과학	3~6학년, 학기용
– 똑똑한 하루 봄/여름/가을/겨울	1~2학년, 총 8권
– 똑똑한 하루 안전	1~2학년, 총 2권
– 똑똑한 하루 Voca	3~6학년, 학기용
– 똑똑한 하루 Reading	초3~초6, 학기용
– 똑똑한 하루 Grammar	초3~초6, 학기용
– 똑똑한 하루 Phonics	예비초~초등, 총 8권

●독해가 힘이다 시리즈

– 초등 문해력 독해가 힘이다 비문학편	3~6학년
– 초등 수학도 독해가 힘이다	1~6학년, 학기용
– 초등 문해력 독해가 힘이다 문장제수학편	1~6학년, 총 12권

영어 교재

●초등영어 교과서 시리즈

파닉스(1~4단계)	3~6학년, 학년용
영단어(1~4단계)	3~6학년, 학년용
●LOOK BOOK 영단어	3~6학년, 단행본
●윈서 읽는 LOOK BOOK 영단어	3~6학년, 단행본

국가수준 시험 대비 교재

●해법 기초학력 진단평가 문제집	2~6학년·중1 신입생, 총 6권

단원별 3회 구성
서술형 단원평가 제공

모든 유형을 다 담은 해결의 법칙

단원평가 및 학력평가 대비

단원평가 문제집

수학 2·2

천재교육

차례 2-2

A형 1. 네 자리 수

초등학교 학년 반 번 이름:

점수 확인

1 그림이 나타내는 수를 쓰시오.

( )

2 수를 읽어 보시오.

3746

( )

3 100씩 뛰어 세어 보시오.

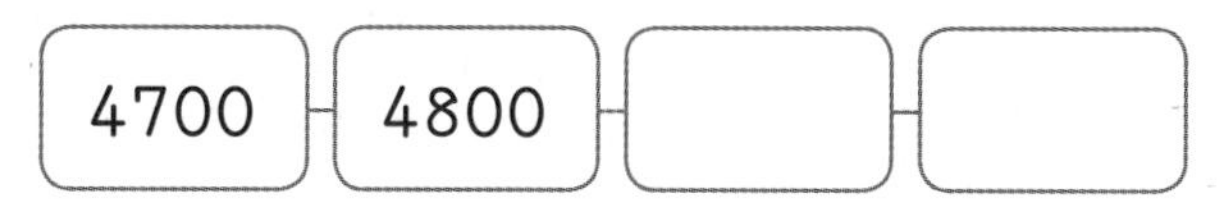

4 두 수의 크기를 비교하여 ○ 안에 > 또는 <를 알맞게 써넣으시오.

6935 ○ 8123

5 □ 안에 알맞은 수를 써넣으시오.

6784는
- 1000이 6개
- 100이 □개
- 10이 8개
- 1이 □개

숫자 7이 얼마를 나타내는지 써 보시오. [6 ~ 7]

6 2874 ⇨ ( )

7 7052 ⇨ ( )

8 수를 쓰고 읽어 보시오.

1000이 9개, 100이 2개인 수

쓰기 ( )
읽기 ( )

9 숫자 5가 5000을 나타내는 수를 찾아 ○표 하시오.

4526 5317 2615

창의·융합

10 세 사람 중 다른 수를 나타낸 사람은 누구입니까?

( )

11 뛰어 세어 보시오.

7440 – 7450 – 7460 – □

12 숫자 6이 나타내는 값이 가장 작은 수를 찾아 ○표 하시오.

9726 7612 6432

서술형

13 콩이 한 자루에 1000개씩 들어 있습니다. 7 자루에 들어 있는 콩은 모두 몇 개인지 풀이 과정을 쓰고 답을 구하시오.

[풀이]

[답]

14 더 작은 수를 찾아 기호를 쓰시오.

㉠ 1000이 8, 100이 3인 수
㉡ 팔천이백

( )

15 가장 큰 수에 ○표 하시오.

3498 4003 3403

서술형

16 어느 과수원에서 사과를 1324개, 배를 1287개 수확했습니다. 사과와 배 중 어느 것을 더 많이 수확했는지 풀이 과정을 쓰고 답을 구하시오.

[풀이]

[답]

17 현철이의 지갑에는 백 원짜리 동전 6개가 들어 있습니다. 1000원이 되려면 얼마가 더 필요합니까?

( )

수 카드 4장을 한 번씩만 사용하여 네 자리 수를 만들려고 합니다. 물음에 답하시오. [18 ~ 19]

7 4 5 9

18 가장 큰 네 자리 수를 만들어 보시오.

( )

19 가장 작은 네 자리 수를 만들어 보시오.

( )

20 0부터 9까지의 수 중에서 □ 안에 들어갈 수 있는 수를 모두 써 보시오.

205□ > 2057

( )

B형 1. 네 자리 수

점수 | 확인

초등학교 학년 반 번 이름:

1 수를 읽어 보시오.

2684

(   )

2 10씩 뛰어 세어 보시오.

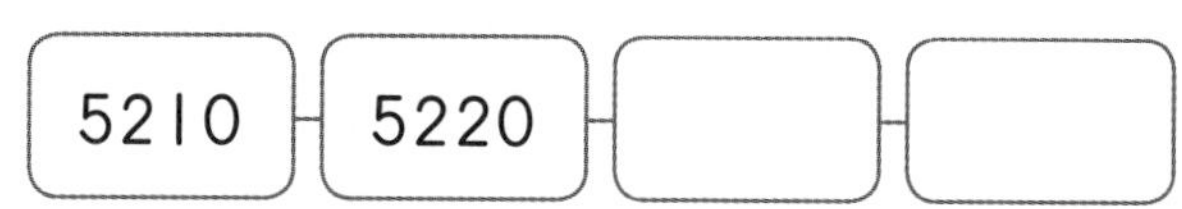

3 □ 안에 알맞은 수를 써넣으시오.

4623은 1000이 4개, 100이 □개, 10이 2개, 1이 □개인 수입니다.

4 두 수의 크기를 비교하여 ○ 안에 > 또는 < 를 알맞게 써넣으시오.

9456 ○ 9439

5 □ 안에 알맞은 수를 써넣으시오.

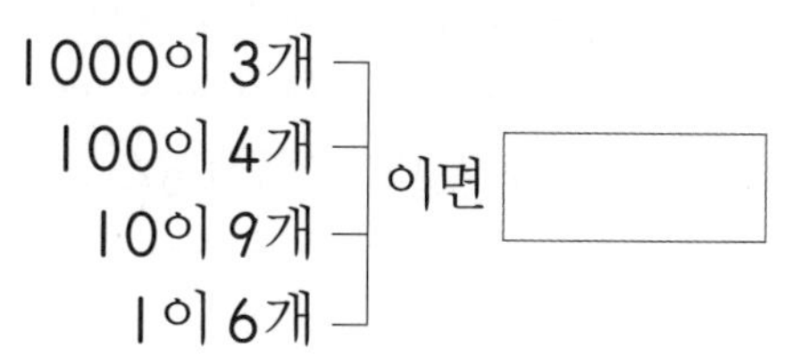

6 숫자 5가 얼마를 나타내는지 써 보시오.

1584 ⇨ (   )

7 수 모형이 나타내는 네 자리 수를 쓰고 읽어 보시오.

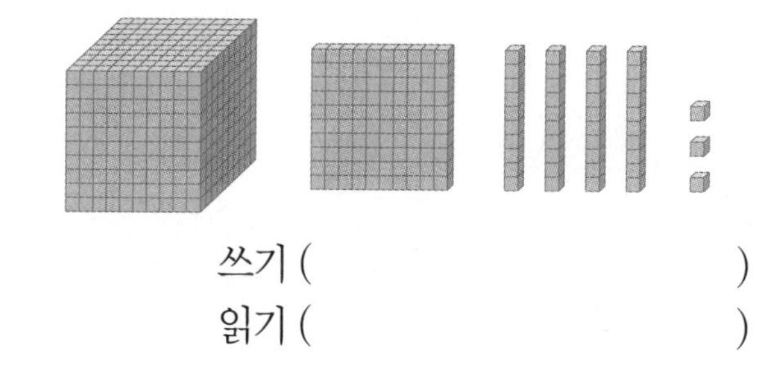

쓰기 (   )

읽기 (   )

8 숫자 3이 30을 나타내는 수를 찾아 ○표 하시오.

4723　　7638　　3152

9 □ 안에 알맞은 수를 써넣으시오.

800보다 □ 큰 수는 1000

10 다음 중 다른 수를 나타낸 것에 ○표 하시오.

1000이 9개인 수 (　　　)

100이 90개인 수 (　　　)

90이 10개인 수 (　　　)

11 뛰어 세어 보시오.

3450	3550	3650	

12 숫자 5가 나타내는 값이 가장 큰 수를 찾아 ○표 하시오.

1352 9245 5864

창의·융합

13 친구들이 1000 만들기 놀이를 하고 있습니다. 빈칸에 알맞은 수를 써넣어 1000을 만들어 보시오.

14 가장 작은 수에 ○표 하시오.

2830 3007 3403

서술형

15 정호의 저금통을 뜯어보니 천 원짜리 지폐 5장, 백 원짜리 동전 4개가 나왔습니다. 정호의 저금통에 들어 있던 돈은 얼마인지 풀이 과정을 쓰고 답을 구하시오.

[풀이]

[답]

서술형

16 마을에 사는 사람의 수를 나타낸 것입니다. 더 많은 사람이 사는 마을은 어디인지 풀이 과정을 쓰고 답을 구하시오.

민주네 마을: 2401명
근우네 마을: 2399명

[풀이]

[답]

17 지우개가 한 상자에 100개씩 들어 있습니다. 30상자에 들어 있는 지우개는 모두 몇 개입니까?

( )

18 수 카드 4장을 한 번씩만 사용하여 네 자리 수를 만들려고 합니다. 십의 자리 숫자가 7인 가장 큰 네 자리 수는 무엇입니까?

2	6	7	8

( )

19 천의 자리 숫자가 5, 백의 자리 숫자가 3, 일의 자리 숫자가 1인 네 자리 수는 모두 몇 개입니까?

( )

20 1부터 9까지의 수 중에서 □ 안에 들어갈 수 있는 가장 작은 수는 무엇입니까?

6827 < □154

( )

C형 1. 네 자리 수

초등학교 학년 반 번 이름:

점수 확인

1 수 모형이 나타내는 네 자리 수를 읽으려고 합니다. 풀이 과정을 쓰고 답을 구하시오.

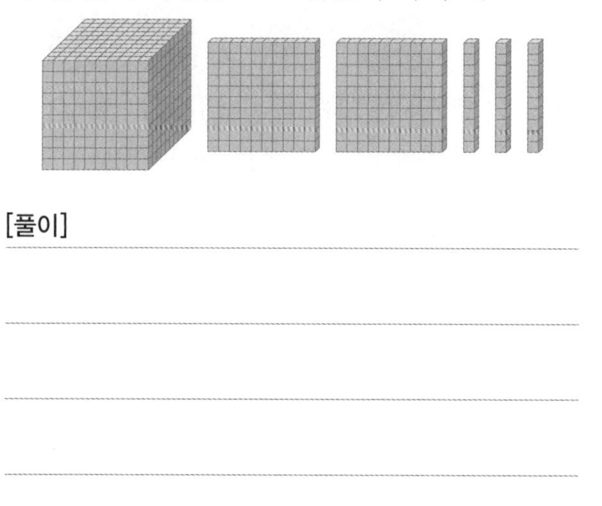

[풀이]

[답]

2 더 큰 수를 말한 사람은 누구인지 풀이 과정을 쓰고 답을 구하시오.

[풀이]

[답]

3 숫자 9가 9000을 나타내는 수를 찾아 쓰려고 합니다. 풀이 과정을 쓰고 답을 구하시오.

7923 9246 2794

[풀이]

[답]

4 풀이 한 상자에 1000개씩 들어 있습니다. 5상자에 들어 있는 풀은 모두 몇 개인지 풀이 과정을 쓰고 답을 구하시오.

[풀이]

[답]

5 해주는 문방구에서 학용품을 사면서 천 원짜리 지폐 2장, 백 원짜리 동전 5개를 냈습니다. 해주가 문방구에서 낸 돈은 얼마인지 풀이 과정을 쓰고 답을 구하시오.

[풀이]

[답]

6 은서의 통장에는 8350원이 들어 있고, 가현이의 통장에는 8089원이 들어 있습니다. 은서와 가현이 중 누구의 통장에 들어 있는 돈이 더 많은지 풀이 과정을 쓰고 답을 구하시오.

[풀이]

[답]

7 뛰어 세어 빈칸에 알맞은 수를 구하려고 합니다. 풀이 과정을 쓰고 답을 구하시오.

5129 - 6129 - 7129 - (　　)

[풀이]

[답]

8 열쇠고리가 한 상자에 100개씩 들어 있습니다. 40상자에 들어 있는 열쇠고리는 모두 몇 개인지 풀이 과정을 쓰고 답을 구하시오.

[풀이]

[답]

수 카드 4장을 한 번씩만 사용하여 네 자리 수를 만들려고 합니다. 물음에 답하시오. [9 ~ 10]

5　6　3　8

9 가장 큰 네 자리 수를 만들어 보려고 합니다. 풀이 과정을 쓰고 답을 구하시오.

[풀이]

[답]

10 가장 작은 네 자리 수를 만들어 보려고 합니다. 풀이 과정을 쓰고 답을 구하시오.

[풀이]

[답]

A형 2. 곱셈구구

초등학교 학년 반 번 이름:

점수	확인

1 봉지 1개에 복숭아가 2개씩 들어 있습니다. 봉지 4개에 들어 있는 복숭아는 모두 몇 개인지 □ 안에 알맞은 수를 써넣으시오.

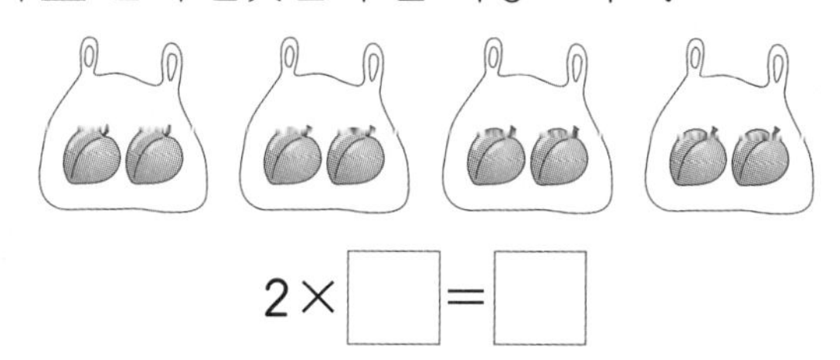

$2\times\square=\square$

2 □ 안에 알맞은 수를 써넣으시오.

9×5는 9×4보다 □만큼 더 큽니다.

3 □ 안에 알맞은 수를 써넣으시오.

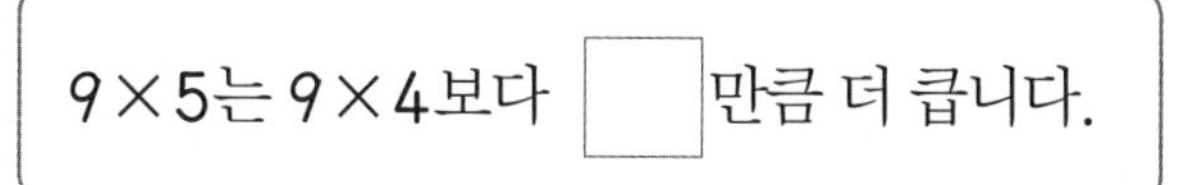

$7\times6=\square$

□ 안에 알맞은 수를 써넣으시오. [4～5]

4 $1\times4=\square$

5 $8\times0=\square$

6 빈칸에 알맞은 수를 써넣으시오.

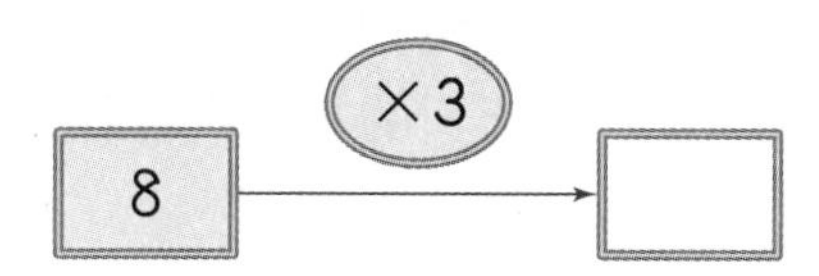

7 □ 안에 알맞은 수를 써넣으시오.

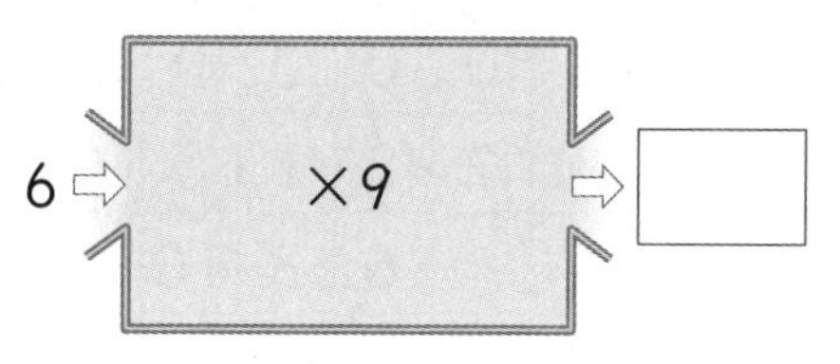

8 빈칸에 알맞은 수를 써넣으시오.

×	2	3	4
5			

9 4의 단 곱셈구구의 값을 찾아 이어 보시오.

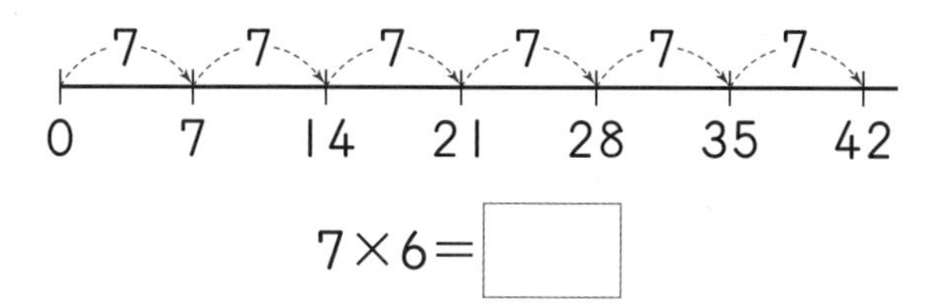

10 □ 안에 알맞은 수를 써넣으시오.

3×9와 곱이 같은 곱셈구구는 $9\times\square$입니다.

11 ○ 안에 >, =, <를 알맞게 써넣으시오.

곱셈표를 보고 물음에 답하시오. [12 ~ 15]

×	0	1	2	3	4	5	6	7	8	9
0	0	0	0	0	0	0	0	0	0	0
1	0	1	2	3	4	5	6	7	8	9
2	0	2	4	6	8	10	12	14	16	18
3	0	3	6	9	12	15	18	21	24	27
4	0	4	8	12	16	20	24	28	32	36
5	0	5	10	15	20	25	30	35	40	45
6	0	6	12	18	24	30	36	42	48	54
7	0	7	14	21	28	35	42	49	56	63
8	0	8	16	24	32	40	48	56	64	72
9	0	9	18	27	36	45	54	63	72	81

12 8의 단 곱셈구구에서는 곱이 얼마씩 커집니까?

( )

13 6씩 커지는 곱셈구구는 몇의 단입니까?

( )

14 곱셈표에서 5×4와 곱이 같은 곱셈구구를 찾아 쓰시오.

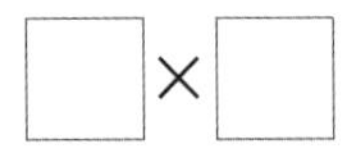

15 곱셈표에서 곱이 35인 곱셈구구를 모두 찾아 쓰시오.

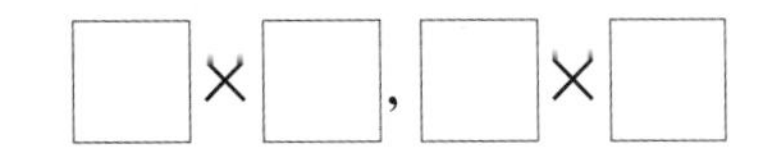

16 □ 안에 알맞은 수를 써넣으시오.

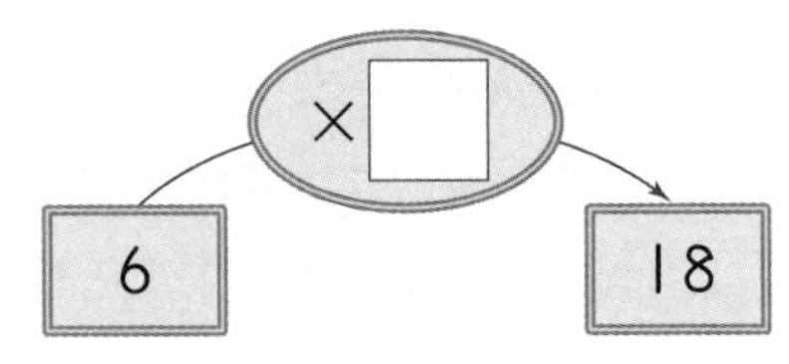

17 상자 1개에 농구공이 8개씩 담겨 있습니다. 상자 9개에 담겨 있는 농구공은 모두 몇 개입니까?

( )

서술형

18 고양이 한 마리의 다리는 4개입니다. 고양이 7마리의 다리는 모두 몇 개인지 곱셈식으로 나타내고 답을 구하시오.

[식]

[답]

창의·융합 서술형

19 딸기는 모두 몇 개인지 두 가지 곱셈식으로 써 보시오.

[식 1]

[식 2]

20 어느 문방구에서 풀은 한 상자에 8개씩, 가위는 한 상자에 5개씩 담아서 팔고 있습니다. 성태는 풀 2상자와 가위 3상자를 사 왔습니다. 성태가 산 풀과 가위는 모두 몇 개입니까?

( )

B형 2. 곱셈구구

점수 확인

초등학교 학년 반 번 이름:

1 봉지 1개에 도넛이 4개씩 들어 있습니다. 봉지 3개에 들어 있는 도넛은 모두 몇 개인지 □ 안에 알맞은 수를 써넣으시오.

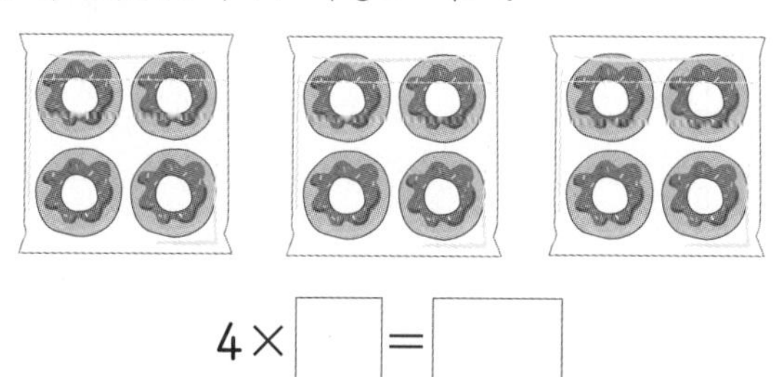

4×□=□

2 □ 안에 알맞은 수를 써넣으시오.

2×7은 2×□보다 2만큼 더 큽니다.

3 귤은 모두 몇 개인지 □ 안에 알맞은 수를 써넣으시오.

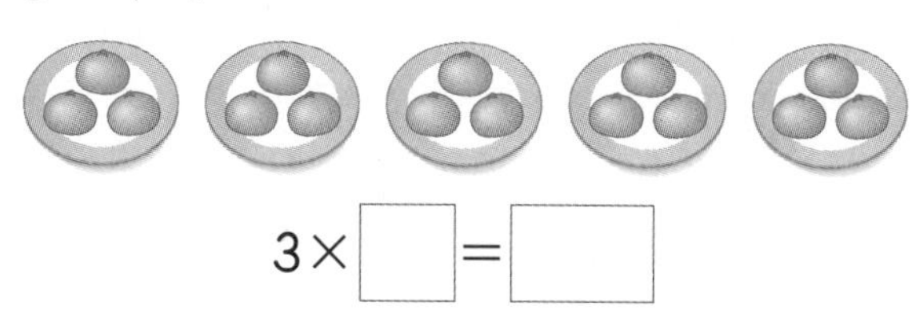

3×□=□

□ 안에 알맞은 수를 써넣으시오. [4～5]

4 1×6=□

5 0×9=□

6 빈 곳에 알맞은 수를 써넣으시오.

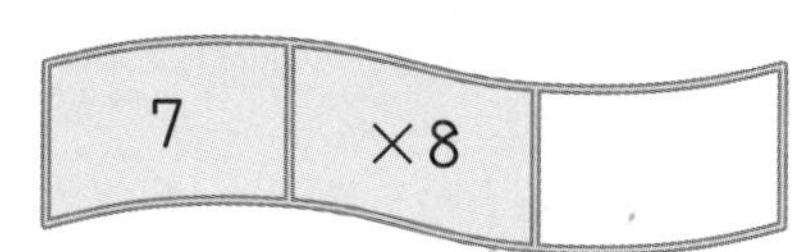

7 빈 곳에 ○를 그리고 □ 안에 알맞은 수를 써넣으시오.

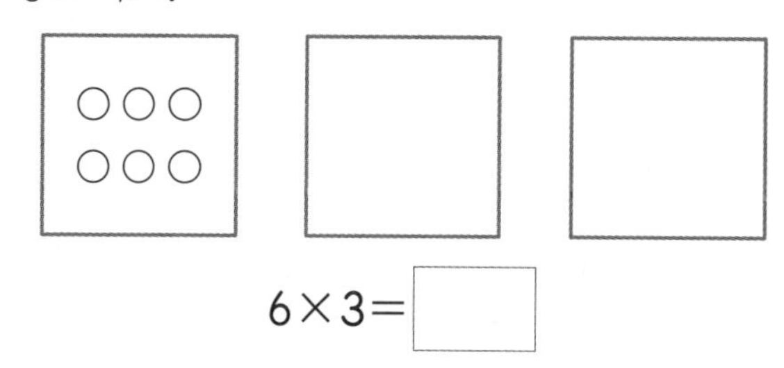

6×3=□

8 빈칸에 알맞은 수를 써넣으시오.

×	2	4	6
9			

9 □ 안에 알맞은 수를 써넣으시오.

5×6과 곱이 같은 곱셈구구는 □×5 입니다.

10 곱이 같은 것끼리 이어 보시오.

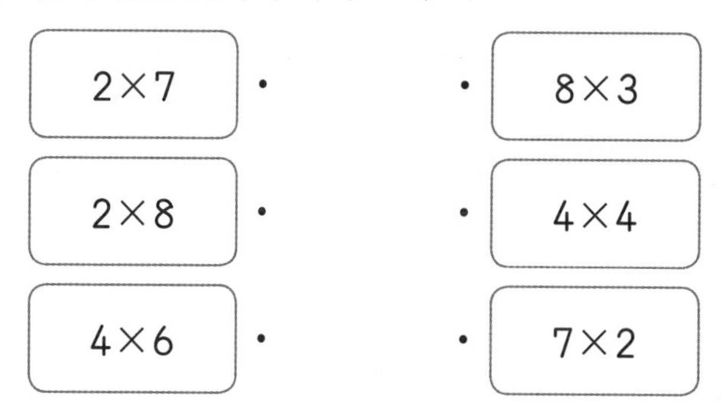

11 ○ 안에 >, =, <를 알맞게 써넣으시오.

3×6 ○ 2×9

12 곱이 다른 하나에 ○표 하시오.

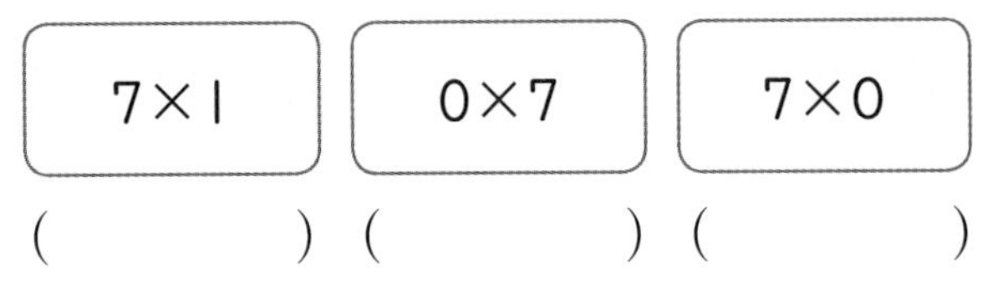

( ) ( ) ( )

13 □ 안에 알맞은 수를 써넣으시오.

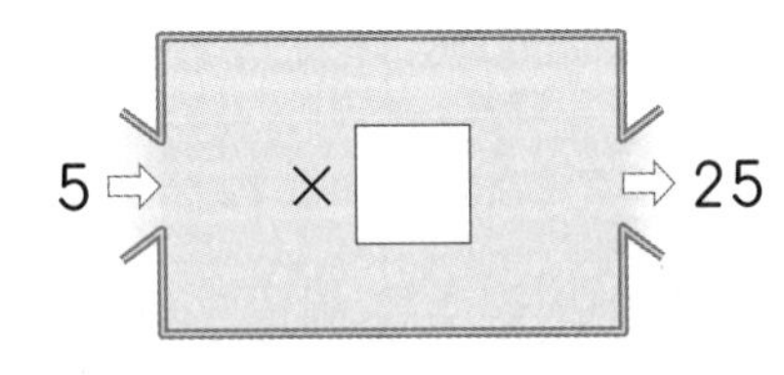

14 빈칸에 알맞은 수를 써넣으시오.

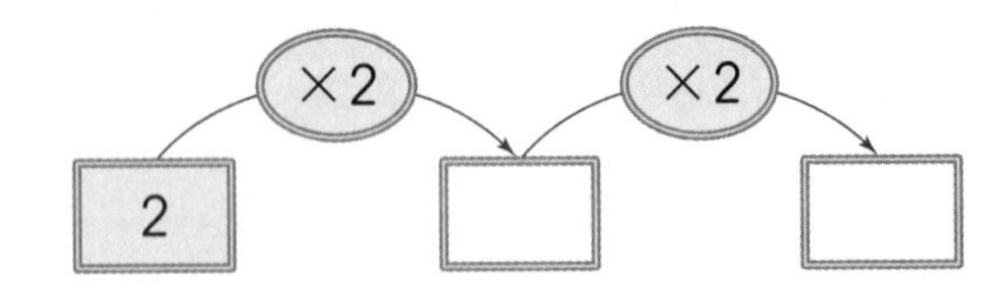

15 빈칸에 알맞은 수를 써넣어 곱셈표를 완성하시오.

×	2	3	4	5
6	12			
7			28	
8				
9				

16 접시 1개에 배가 3개씩 담겨 있습니다. 접시 6개에 담겨 있는 배는 모두 몇 개입니까?

( )

서술형

17 승용차 한 대의 바퀴는 4개입니다. 승용차 4대의 바퀴는 모두 몇 개인지 곱셈식으로 나타내고 답을 구하시오.

[식]

[답]

18 진주의 나이는 9살입니다. 진주 이모는 진주 나이의 3배보다 2살이 많다고 합니다. 진주 이모의 나이는 몇 살입니까?

( )

서술형 창의·융합

19 구슬이 모두 몇 개인지 알아보는 방법을 6의 단 곱셈구구를 이용하여 두 가지 방법으로 써 보시오.

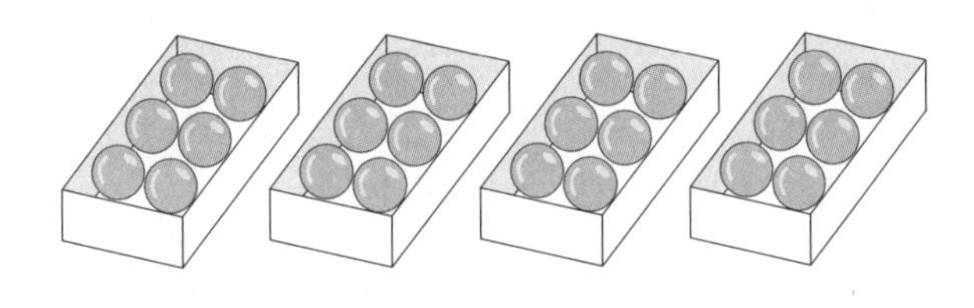

[방법 1]

[방법 2]

20 공 꺼내기 놀이에서 1점짜리 공 3개, 2점짜리 공 2개, 3점짜리 공 1개를 꺼냈습니다. 꺼낸 공의 점수는 모두 몇 점입니까?

( )

C 형

2. 곱셈구구

점수 | 확인

초등학교 학년 반 번 이름:

1 사과는 모두 몇 개인지 곱셈식으로 나타내고 답을 구하시오.

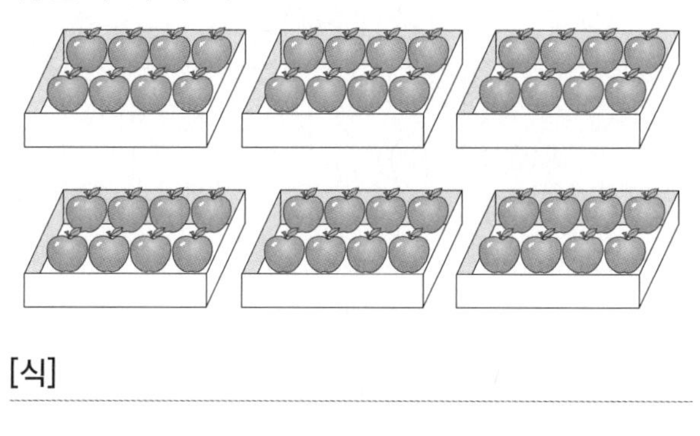

[식]

[답]

2 곱이 더 큰 것의 기호를 쓰려고 합니다. 풀이 과정을 쓰고 답을 구하시오.

㉠ 2×8 ㉡ 4×3

[풀이]

[답]

3 곱이 다른 하나의 기호를 쓰려고 합니다. 풀이 과정을 쓰고 답을 구하시오.

㉠ 5×0 ㉡ 0×5 ㉢ 5×1

[풀이]

[답]

4 상자 1개에 초콜릿이 7개씩 담겨 있습니다. 상자 5개에 담겨 있는 초콜릿은 모두 몇 개인지 곱셈식으로 나타내고 답을 구하시오.

[식]

[답]

5 오리 한 마리의 다리는 2개입니다. 오리 9마리의 다리는 모두 몇 개인지 곱셈식으로 나타내고 답을 구하시오.

[식]

[답]

6 한 팀에 선수 6명이 있습니다. 6팀이 모여서 배구 경기를 한다면 선수는 모두 몇 명인지 곱셈식으로 나타내고 답을 구하시오.

[식]

[답]

7 상자 1개에 장난감이 1개씩 담겨 있습니다. 상자 4개에 담겨 있는 장난감은 모두 몇 개인지 곱셈식으로 나타내고 답을 구하시오.

[식]

[답]

8 야구공은 모두 몇 개인지 두 가지 곱셈식으로 써 보시오.

[식 1]

[식 2]

9 공을 꺼내어 공에 적힌 수만큼 점수를 얻는 놀이를 하였습니다. 공을 다음과 같이 꺼냈습니다. 꺼낸 공의 점수는 모두 몇 점인지 풀이 과정을 쓰고 답을 구하시오.

공에 적힌 수	1	2	3
꺼낸 횟수(번)	2	1	3

[풀이]

[답]

10 은서의 나이는 9살입니다. 은서 삼촌은 은서 나이의 4배보다 1살이 많다고 합니다. 은서 삼촌의 나이는 몇 살인지 풀이 과정을 쓰고 답을 구하시오.

[풀이]

[답]

A형 3. 길이 재기

점수 확인

초등학교 학년 반 번 이름:

1 길이를 바르게 읽어 보시오.

3 m 70 cm

( )

□ 안에 알맞은 수를 써넣으시오. [**2** ~ **3**]

2 4 m 60 cm= □ cm

3 152 cm= □ m □ cm

계산해 보시오. [**4** ~ **5**]

4

	4 m	20 cm
+	5 m	10 cm

5

	7 m	50 cm
−	2 m	40 cm

6 우산의 길이는 몇 m 몇 cm입니까?

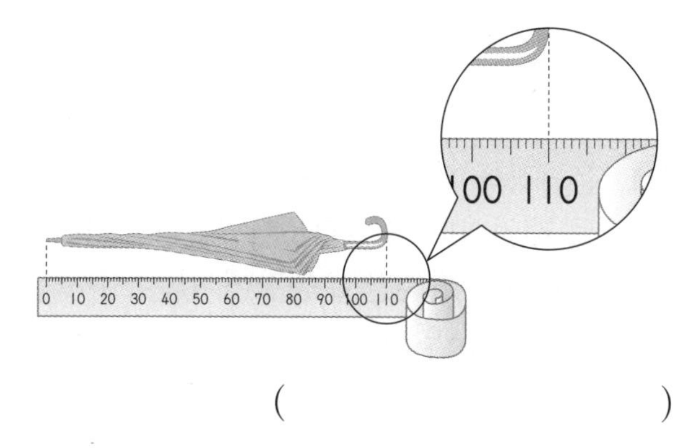

( )

길이를 나타낼 때 cm와 m 중 알맞은 단위를 써 보시오. [**7** ~ **8**]

7 야구 경기장 긴 쪽의 길이 ( )

8 가위의 길이 ( )

창의·융합

9 다희 동생의 키가 1 m일 때 방문의 높이는 약 몇 m입니까?

약 ( )

10 길이가 같은 것끼리 이어 보시오.

2 m 5 cm ·	· 250 cm
2 m 50 cm ·	· 205 cm

□ 안에 알맞은 길이를 보기 에서 골라 문장을 완성해 보시오. [**11** ~ **12**]

보기

20 cm 1 m 3 m

11 교실의 높이는 약 □ 입니다.

12 숟가락의 길이는 약 □ 입니다.

13 색 테이프의 전체 길이는 몇 m 몇 cm입니까?

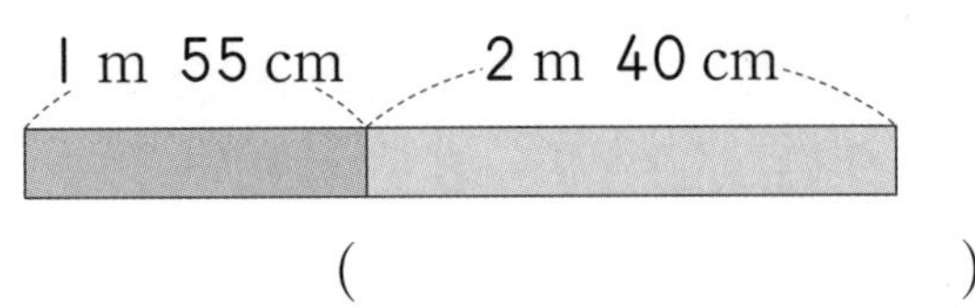

( )

14 두 길이의 차는 몇 m 몇 cm입니까?

6 m 85 cm, 1 m 15 cm

( )

15 길이가 1 m보다 긴 것을 찾아 기호를 쓰시오.

㉠ 수학책의 긴 쪽의 길이
㉡ 침대의 긴 쪽의 길이
㉢ 색연필의 길이

( )

16 진호의 줄넘기의 길이는 1 m 53 cm, 진주의 줄넘기의 길이는 135 cm입니다. 줄넘기의 길이가 더 긴 사람은 누구입니까?

( )

서술형

17 길이가 2 m 20 cm인 고무줄이 있습니다. 이 고무줄을 양쪽에서 잡아당겼더니 3 m 30 cm가 되었습니다. 늘어난 길이는 몇 m 몇 cm인지 식을 쓰고 답을 구하시오.

[식]

[답]

서술형

18 가현이는 운동장에서 굴렁쇠 굴리기 연습을 하였습니다. 굴렁쇠가 굴러간 거리는 몇 m 몇 cm인지 식을 쓰고 답을 구하시오.

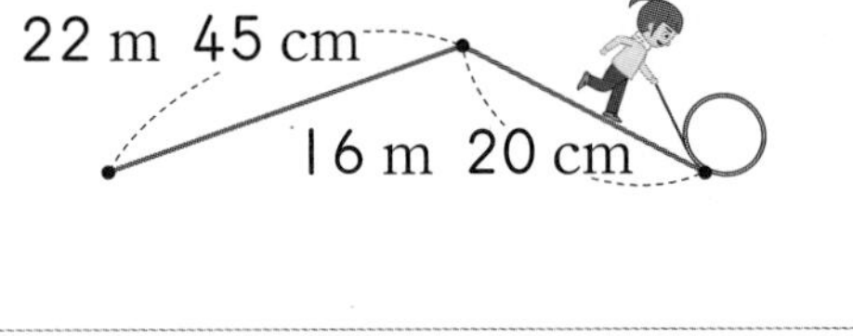

[식]

[답]

19 3 m에 가장 가까운 길이의 끈을 가진 사람은 누구입니까?

도영: 내 끈은 3 m 30 cm야.
정윤: 내 끈은 303 cm야.
현수: 내 끈은 3 m 13 cm야.

( )

20 운동장에 있는 시소의 길이를 재희의 걸음으로 재었더니 약 6걸음이었습니다. 재희의 두 걸음이 1 m라면 운동장에 있는 시소의 길이는 약 몇 m입니까?

약 ( )

B형 3. 길이 재기

점수 확인

초등학교 학년 반 번 이름:

□ 안에 알맞은 수를 써넣으시오. [1 ~ 2]

1 2 m 16 cm = □ cm

2 105 cm = □ m □ cm

계산해 보시오. [3 ~ 4]

3
  3 m 13 cm
+ 4 m 20 cm

4
  5 m 30 cm
− 1 m 5 cm

5 막대의 길이는 몇 m 몇 cm입니까?

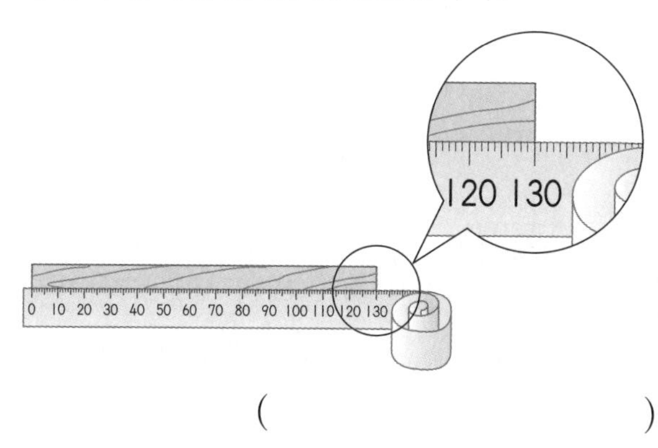

(　　　　　　　　)

6 길이를 나타낼 때 cm와 m 중 알맞은 단위를 써 보시오.

9층 건물의 높이 (　　　　　　　　)

7 □ 안에 알맞은 수를 써넣으시오.

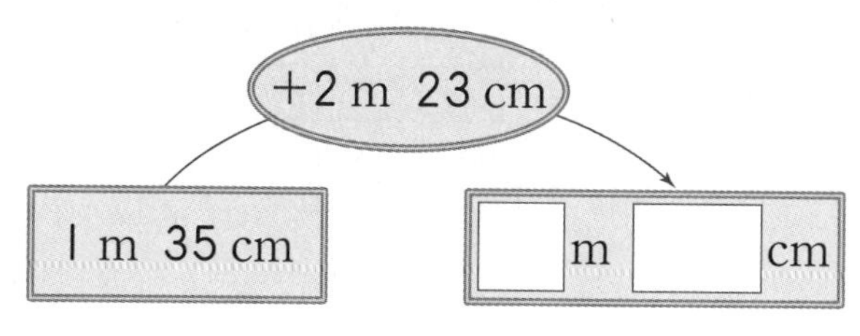

8 틀리게 나타낸 것은 어느 것입니까? (　　　　)

① 4 m 19 cm = 419 cm
② 740 cm = 7 m 40 cm
③ 530 cm = 5 m 3 cm
④ 2 m 19 cm = 219 cm
⑤ 802 cm = 8 m 2 cm

□ 안에 알맞은 길이를 보기 에서 골라 문장을 완성해 보시오. [9 ~ 10]

보기: 20 cm　　1 m　　5 m

9 야구 방망이의 길이는 약 □ 입니다.

10 축구 골대의 긴 쪽의 길이는 약 □ 입니다.

11 두 길이의 합은 몇 m 몇 cm입니까?

2 m 20 cm,　2 m 40 cm

(　　　　　　　　)

12 사용한 색 테이프의 길이는 몇 m 몇 cm입니까?

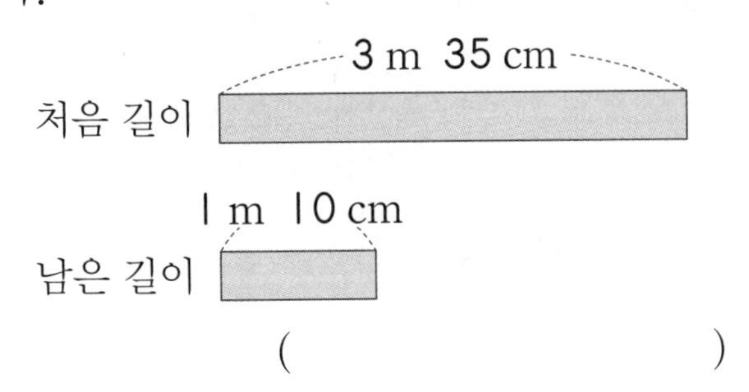

( )

13 길이가 5 m보다 긴 것을 모두 찾아 ○표 하시오.

기차의 길이 ( )
젓가락의 길이 ( )
비행기의 길이 ( )

14 더 긴 길이의 기호를 써 보시오.

㉠ 305 cm ㉡ 3 m 59 cm

( )

15 ○ 안에 > 또는 <를 알맞게 써넣으시오.

1 m 35 cm + 5 m 30 cm ○ 695 cm

서술형

16 아라와 희완이가 멀리뛰기를 하였습니다. 아라는 1 m 15 cm, 희완이는 1 m 30 cm를 뛰었습니다. 두 사람이 뛴 거리의 합은 몇 m 몇 cm인지 식을 쓰고 답을 구하시오.

[식]

[답]

17 5 m에 더 가까운 길이의 줄을 가진 사람은 누구입니까?

은서: 내 줄은 5 m 15 cm야.
현철: 내 줄은 520 cm야.

( )

성태가 가진 줄의 길이는 3 m 32 cm이고, 지혜가 가진 줄의 길이는 성태가 가진 줄의 길이보다 1 m 22 cm 더 짧습니다. 물음에 답하시오. [**18** ~ **19**]

서술형

18 지혜가 가진 줄의 길이는 몇 m 몇 cm인지 식을 쓰고 답을 구하시오.

[식]

[답]

19 두 사람이 가진 줄의 길이의 합은 몇 m 몇 cm입니까?

( )

창의·융합

20 수 카드 3장을 한 번씩만 사용하여 가장 긴 길이를 만들고, 그 길이와 1 m 35 cm와의 차를 구하시오.

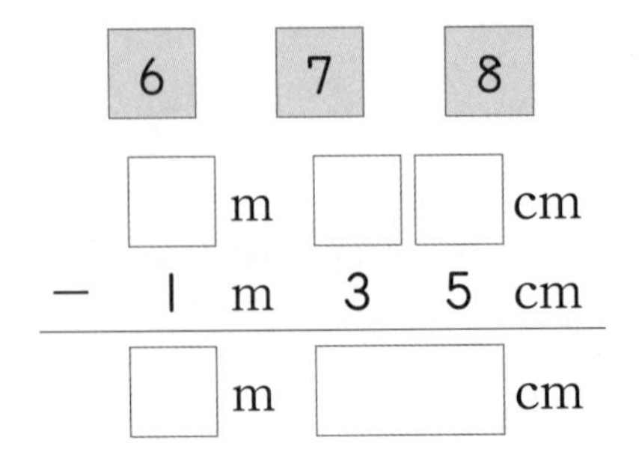

C 형

3. 길이 재기

점수 확인

초등학교 학년 반 번 이름:

1 길이를 잘못 잰 이유를 써 보시오.

[이유]

2 근우와 현철이가 멀리뛰기를 하였습니다. 근우는 1 m 45 cm, 현철이는 150 cm를 뛰었습니다. 더 멀리 뛴 사람은 누구인지 풀이 과정을 쓰고 답을 구하시오.

[풀이]

[답]

3 색 테이프의 전체 길이는 몇 m 몇 cm인지 식을 쓰고 답을 구하시오.

2 m 10 cm　2 m 50 cm

[식]

[답]

4 사용한 색 테이프의 길이는 몇 m 몇 cm인지 식을 쓰고 답을 구하시오.

처음 길이 4 m 30 cm

남은 길이 2 m 20 cm

[식]

[답]

5 해주는 길이가 3 m 50 cm인 색 테이프를 사서 그중 2 m 30 cm를 사용했습니다. 남은 색 테이프의 길이는 몇 m 몇 cm인지 식을 쓰고 답을 구하시오.

[식]

[답]

6 두 길이의 합은 몇 m 몇 cm인지 풀이 과정을 쓰고 답을 구하시오.

4 m 40 cm　　140 cm

[풀이]

[답]

정희와 성룡이는 운동장에서 굴렁쇠 굴리기 연습을 하였습니다. 물음에 답하시오. [**7** ~ **8**]

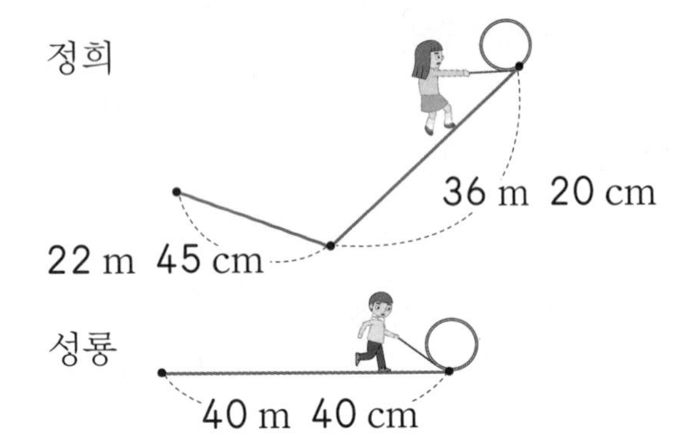

7 정희의 굴렁쇠가 굴러간 거리는 몇 m 몇 cm인지 식을 쓰고 답을 구하시오.

[식]

[답]

8 정희의 굴렁쇠가 굴러간 거리는 성룡이의 굴렁쇠가 굴러간 거리보다 몇 m 몇 cm 더 긴지 식을 쓰고 답을 구하시오.

[식]

[답]

9 가장 긴 길이의 기호를 쓰려고 합니다. 풀이 과정을 쓰고 답을 구하시오.

㉠ 575 cm
㉡ 5 m 70 cm
㉢ 507 cm

[풀이]

[답]

10 2 m에 가장 가까운 길이의 끈을 가진 사람은 누구인지 풀이 과정을 쓰고 답을 구하시오.

혜리: 내 끈은 2 m 25 cm야.
정혁: 내 끈은 210 cm야.
주하: 내 끈은 2 m 5 cm야.

[풀이]

[답]

A형 4. 시각과 시간

초등학교 학년 반 번 이름:

점수	확인

1 □ 안에 알맞은 수를 써넣으시오.

시계의 긴바늘이 가리키는 숫자가 11이면 □분을 나타냅니다.

시각을 써 보시오. [**2** ~ **3**]

2

(   )

3

(   )

4 몇 시 몇 분 전으로 써 보시오.

(   )

□ 안에 알맞은 수를 써넣으시오. [**5** ~ **6**]

5 80분=□시간 □분

6 1일 15시간=□시간

7 날수가 가장 적은 달에 ○표 하시오.

1월　　2월　　4월

시각에 맞게 긴바늘을 그려 넣으시오. [**8** ~ **9**]

8

11시 47분

9

3시 15분 전

진주가 영화를 보는 데 걸린 시간을 구하려고 합니다. 물음에 답하시오. [**10** ~ **11**]

〈영화가 시작한 시각〉　〈영화가 끝난 시각〉

10 진주가 영화를 보는 데 걸린 시간을 시간 띠에 나타내시오.

5시 10분 20분 30분 40분 50분 6시 10분 20분 30분 40분 50분 7시

11 진주가 영화를 보는 데 걸린 시간은 몇 시간 몇 분입니까?

(   )

어느 해의 5월 달력입니다. 달력을 보고 물음에 답하시오. [12 ~ 14]

5월

일	월	화	수	목	금	토
		1	2	3	4	5
6	7	8	9	10	11	12
13	14	15	16	17	18	19
20	21	22	23	24	25	26
27	28	29	30	31		

12 목요일이 몇 번 있습니까?

( )

13 5월 5일 어린이날은 무슨 요일입니까?

( )

14 어린이날로부터 1주일 후는 몇 월 며칠입니까?

( )

오른쪽 모형 시계의 바늘을 움직였을 때 가리키는 시각을 나타내시오. [15 ~ 16]

15 긴바늘이 한 바퀴 돌면 몇 시 몇 분입니까?

(오전 , 오후) □ 시 □ 분

16 짧은바늘이 한 바퀴 돌면 몇 시 몇 분입니까?

(오전 , 오후) □ 시 □ 분

서술형

17 더 짧은 기간의 기호를 쓰려고 합니다. 풀이 과정을 쓰고 답을 구하시오.

㉠ 1년 5개월 ㉡ 16개월

[풀이]

[답]

18 어느 축제에서 전통 놀이 체험은 10시 10분에 시작하여 1시간 30분 동안 합니다. 전통 놀이 체험이 끝나는 시각은 몇 시 몇 분입니까?

( )

서술형 창의·융합

19 승기가 오른쪽 시계를 보고 6시 1분이라고 잘못 읽었습니다. 잘못 읽은 이유와 올바른 시각을 써 보시오.

[이유]

[올바른 시각]

20 근우와 현철이가 그림을 그리기 시작한 시각과 끝낸 시각입니다. 그림을 더 오래 그린 사람은 누구입니까?

	시작한 시각	끝낸 시각
근우	6시 10분	8시 10분
현철	4시 30분	6시 5분

( )

B형 4. 시각과 시간

점수 확인

초등학교 학년 반 번 이름:

시각을 써 보시오. [1 ~ 2]

1

( )

2

( )

3 □ 안에 알맞은 수를 써넣으시오.

5시 55분은 6시 □분 전입니다.

4 몇 시 몇 분 전으로 써 보시오.

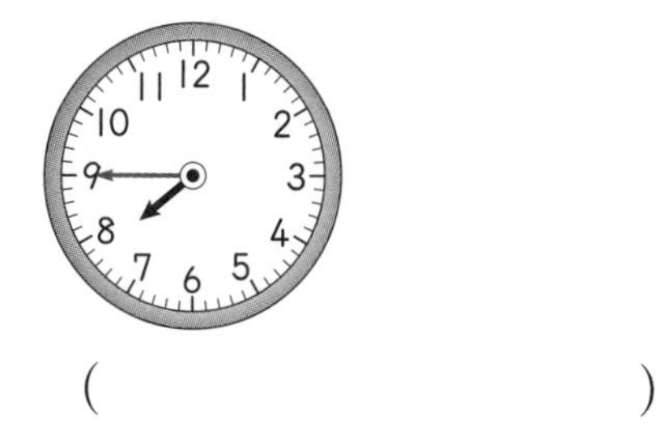

( )

□ 안에 알맞은 수를 써넣으시오. [5 ~ 6]

5 95분= □시간 □분

6 2일 2시간= □시간

7 옳은 것에 ○표 하시오.

15개월=1년 3개월 ( )

3년 5개월=35개월 ( )

8 시각에 맞게 긴바늘을 그려 넣으시오.

9시 23분

은서가 책을 읽는 데 걸린 시간을 구하려고 합니다. 물음에 답하시오. [9 ~ 10]

〈책을 읽기 시작한 시각〉 〈끝낸 시각〉

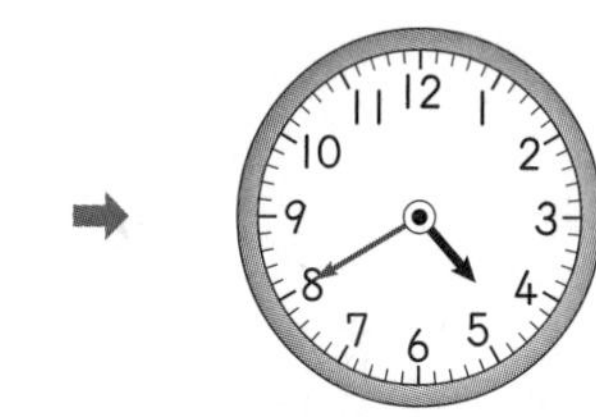

9 은서가 책을 읽는 데 걸린 시간을 시간 띠에 나타내시오.

3시 10분 20분 30분 40분 50분 4시 10분 20분 30분 40분 50분 5시

10 은서가 책을 읽는 데 걸린 시간은 몇 시간 몇 분입니까?

( )

11 날수가 같은 달끼리 짝 지은 것에 ○표 하시오.

4월, 6월	7월, 11월
( )	( )

어느 해의 4월 달력입니다. 달력을 보고 물음에 답하시오. [**12** ~ **14**]

4월

일	월	화	수	목	금	토
					1	2
3	4	5	6	7	8	9
10	11	12	13	14	15	16
17	18	19	20	21	22	23
24	25	26	27	28	29	30

12 월요일이 몇 번 있습니까?

( )

13 4월 5일 식목일은 무슨 요일입니까?

( )

14 식목일로부터 2주일 후는 몇 월 며칠입니까?

( )

15 해주의 생일은 6월 마지막 날입니다. 해주의 생일은 몇 월 며칠입니까?

( )

창의·융합

16 오른쪽은 거울에 비친 시계입니다. 이 시계가 나타내는 시각은 몇 시 몇 분입니까?

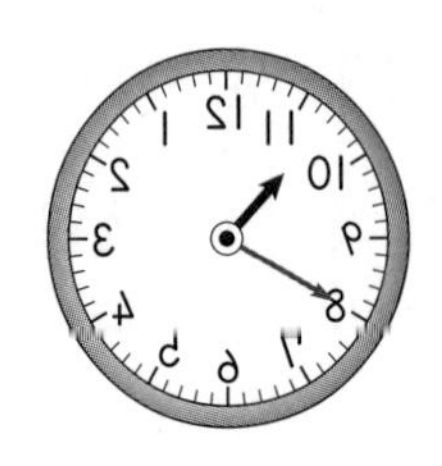

( )

17 민수가 운동을 시작한 시각은 3시 20분이고 끝낸 시각은 4시 50분입니다. 민수가 운동을 하는 데 걸린 시간은 몇 시간 몇 분입니까?

( )

서술형

18 정희와 영지가 아침에 일어난 시각입니다. 더 일찍 일어난 사람은 누구인지 풀이 과정을 쓰고 답을 구하시오.

정희: 7시 40분 영지: 8시 15분 전

[풀이]

[답]

서술형

19 은서의 생일은 9월 마지막 날이고 정호의 생일은 은서의 생일로부터 10일 전입니다. 정호의 생일은 몇 월 며칠인지 풀이 과정을 쓰고 답을 구하시오.

[풀이]

[답]

20 재우는 1시간 20분 동안 숙제를 했습니다. 재우가 숙제를 끝낸 시각이 5시 40분이라면 재우가 숙제를 시작한 시각은 몇 시 몇 분입니까?

( )

C형 4. 시각과 시간

점수 확인

초등학교 학년 반 번 이름:

1 다음 중 날수가 다른 달을 찾아 쓰려고 합니다. 풀이 과정을 쓰고 답을 구하시오.

5월 8월 11월

[풀이]

[답]

2 오른쪽 시계를 보고 옳게 말한 사람은 누구인지 풀이 과정을 쓰고 답을 구하시오.

호준

수지

[풀이]

[답]

어느 해의 3월 달력입니다. 달력을 보고 물음에 답하시오. [**3** ~ **5**]

3월

일	월	화	수	목	금	토
			1	2	3	4
5	6	7	8	9	10	11
12	13	14	15	16	17	18
19	20	21	22	23	24	25
26	27	28	29	30	31	

3 목요일이 몇 번 있는지 풀이 과정을 쓰고 답을 구하시오.

[풀이]

[답]

4 3월 1일 삼일절은 무슨 요일입니까?

( )

5 삼일절로부터 1주일 후는 몇 월 며칠인지 풀이 과정을 쓰고 답을 구하시오.

[풀이]

[답]

6 잘못된 것을 찾아 기호를 쓰려고 합니다. 풀이 과정을 쓰고 답을 구하시오.

㉠ 5주일=50일　㉡ 2년=24개월

[풀이]

[답]

7 더 긴 시간의 기호를 쓰려고 합니다. 풀이 과정을 쓰고 답을 구하시오.

㉠ 1일 14시간　㉡ 40시간

[풀이]

[답]

준서가 시계를 보고 시각을 잘못 읽었습니다. 물음에 답하시오. [**8** ~ **9**]

8 준서가 시각을 잘못 읽은 이유를 써 보시오.

[이유]

9 올바른 시각을 써 보시오.

(　　　　　　　　　　)

10 은주는 태권도를 2년 5개월 배웠고, 현종이는 32개월 배웠습니다. 태권도를 더 오래 배운 사람은 누구인지 풀이 과정을 쓰고 답을 구하시오.

[풀이]

[답]

A형 5. 표와 그래프

초등학교 학년 반 번 이름:

점수	확인

지수네 반 학생들이 좋아하는 과일을 조사하였습니다. 물음에 답하시오. [1 ~ 4]

좋아하는 과일

사과, 귤, 포도, 바나나

지수	우진	종인	영선	혜원
수일	다연	형주	안나	홍식
장선	금옥	정희	성룡	민석
해주	진호	가현	민준	수찬

1 지수가 좋아하는 과일은 무엇입니까?

( )

2 포도를 좋아하는 학생들의 이름을 모두 써 보시오.

( )

3 조사한 자료를 보고 표를 완성해 보시오.

좋아하는 과일별 학생 수

과일	사과	귤	포도	바나나	합계
학생 수(명)	5				

4 표에서 귤을 좋아하는 학생은 몇 명입니까?

( )

은서네 반 학생들이 여행하고 싶은 나라를 조사하여 표로 나타내었습니다. 물음에 답하시오. [5 ~ 8]

여행하고 싶은 나라별 학생 수

나라	영국	미국	일본	중국	합계
학생 수(명)	5	6	4	3	18

5 표를 보고 ○를 이용하여 그래프로 나타내어 보시오.

여행하고 싶은 나라별 학생 수

6				
5				
4				
3				
2				
1	○			
학생 수(명) / 나라	영국	미국	일본	중국

6 5번 그래프의 가로에 나타낸 것은 무엇입니까?

( )

7 표를 보고 ×를 이용하여 그래프로 나타내어 보시오.

여행하고 싶은 나라별 학생 수

중국						
일본						
미국						
영국	×					
나라 / 학생 수(명)	1	2	3	4	5	6

8 7번 그래프의 가로에 나타낸 것은 무엇입니까?

( )

준기네 반 학생들이 가 보고 싶은 주제별 체험 학습 장소를 조사하여 표와 그래프로 나타내었습니다. 물음에 답하시오. [9 ~ 11]

주제별 체험 학습 장소별 학생 수

장소	농장	박물관	과학관	동물원	합계
학생 수(명)	6	3	7	5	21

주제별 체험 학습 장소별 학생 수

7			○	
6	○		○	
5	○		○	○
4	○		○	○
3	○	○	○	○
2	○	○	○	○
1	○	○	○	○
학생 수(명) / 장소	농장	박물관	과학관	동물원

9 준기네 반 학생은 모두 몇 명입니까?

( )

창의·융합

10 위의 그래프를 보고 알 수 있는 내용을 찾아 기호를 쓰시오.

㉠ 가장 많은 학생들이 가 보고 싶은 주제별 체험 학습 장소가 어디인지 알 수 있습니다.
㉡ 준기가 가 보고 싶은 주제별 체험 학습 장소가 어디인지 알 수 있습니다.

( )

11 조사한 전체 학생 수를 알아보기에 편리한 것은 표와 그래프 중 어느 것입니까?

( )

홍주네 반 학생들이 좋아하는 간식을 조사하였습니다. 물음에 답하시오. [12 ~ 14]

좋아하는 간식

12 조사한 자료를 보고 표로 나타내어 보시오.

좋아하는 간식별 학생 수

간식	피자	떡볶이	김밥	치킨	합계
학생 수(명)					

13 표를 보고 /를 이용하여 그래프로 나타내어 보시오.

좋아하는 간식별 학생 수

6				
5				
4				
3				
2				
1				
학생 수(명) / 간식	피자	떡볶이	김밥	치킨

14 가장 많은 학생들이 좋아하는 간식은 무엇입니까?

( )

미소네 반 학생들의 장래 희망을 조사하여 표로 나타내었습니다. 물음에 답하시오. [15 ~ 17]

장래 희망별 학생 수

장래 희망	선생님	의사	연예인	요리사	합계
학생 수(명)	4	5	7	4	20

서술형

15 표를 보고 그래프로 나타내려고 합니다. 그래프를 완성할 수 없는 이유를 써 보시오.

장래 희망별 학생 수

6				
5				
4				
3				
2				
1	○			
학생 수(명) / 장래 희망	선생님	의사	연예인	요리사

[이유]

16 표를 보고 ○를 이용하여 그래프로 나타내어 보시오.

장래 희망별 학생 수

요리사							
연예인							
의사							
선생님							
장래 희망 / 학생 수(명)	1	2	3	4	5	6	7

17 가장 많은 학생들의 장래 희망은 무엇입니까?

( )

은주네 반 학생들이 좋아하는 꽃을 조사하여 표로 나타내었습니다. 물음에 답하시오. [18 ~ 20]

좋아하는 꽃별 학생 수

꽃	국화	장미	해바라기	튤립	합계
학생 수(명)	4	7	2		19

서술형

18 튤립을 좋아하는 학생은 몇 명인지 풀이 과정을 쓰고 답을 구하시오.

[풀이]

[답]

19 가장 많은 학생들이 좋아하는 꽃은 무엇입니까?

( )

20 표를 보고 ○를 이용하여 그래프로 나타내어 보시오.

좋아하는 꽃별 학생 수

7				
6				
5				
4				
3				
2				
1				
학생 수(명) / 꽃	국화	장미	해바라기	튤립

B 형

5. 표와 그래프

초등학교 학년 반 번 이름:

점수 | 확인

승기네 반 학생들이 좋아하는 운동을 조사하였습니다. 물음에 답하시오. [1 ~ 8]

좋아하는 운동

축구, 농구, 야구, 배구

승기	혜원	지수	영선	우진
형주	홍식	수일	안나	다연
성룡	민석	장선	정희	금옥
가현	희완	해주	민준	진호

1 승기가 좋아하는 운동은 무엇입니까?

( )

2 조사한 자료를 보고 표로 나타내어 보시오.

좋아하는 운동별 학생 수

운동	축구	농구	야구	배구	합계
학생 수(명)					

3 표에서 승기네 반 학생은 모두 몇 명입니까?

( )

4 표에서 농구를 좋아하는 학생은 몇 명입니까?

( )

5 표를 보고 ○를 이용하여 그래프로 나타내어 보시오.

좋아하는 운동별 학생 수

7				
6				
5				
4				
3				
2				
1	○			
학생 수(명) / 운동	축구	농구	야구	배구

6 5번 그래프의 가로에 나타낸 것은 무엇입니까?

( )

7 표를 보고 ×를 이용하여 그래프로 나타내어 보시오.

좋아하는 운동별 학생 수

배구							
야구							
농구							
축구	×						
운동 / 학생 수(명)	1	2	3	4	5	6	7

8 7번 그래프의 가로에 나타낸 것은 무엇입니까?

( )

희재네 반 학생들이 좋아하는 계절을 조사하여 표와 그래프로 나타내었습니다. 물음에 답하시오. [**9** ~ **11**]

좋아하는 계절별 학생 수

계절	봄	여름	가을	겨울	합계
학생 수(명)	5	8	5	4	22

좋아하는 계절별 학생 수

8		○		
7		○		
6		○		
5	○	○	○	
4	○	○	○	○
3	○	○	○	○
2	○	○	○	○
1	○	○	○	○
학생 수(명) / 계절	봄	여름	가을	겨울

9 희재네 반 학생은 모두 몇 명입니까?

( )

10 가장 많은 학생들이 좋아하는 계절은 무엇입니까?

( )

11 좋아하는 학생 수가 같은 계절은 무엇과 무엇입니까?

( ), ( )

민기네 반 학생들이 배우고 싶은 악기를 조사하였습니다. 물음에 답하시오. [**12** ~ **14**]

배우고 싶은 악기

피아노 바이올린 하프 플루트

민기	영란	진호	해주	가현
장선	범진	민준	진주	정혁
은서	홍식	서영	시원	경훈

12 조사한 자료를 보고 표로 나타내어 보시오.

배우고 싶은 악기별 학생 수

악기	피아노	바이올린	하프	플루트	합계
학생 수(명)					

13 표를 보고 /를 이용하여 그래프로 나타내어 보시오.

배우고 싶은 악기별 학생 수

6				
5				
4				
3				
2				
1				
학생 수(명) / 악기	피아노	바이올린	하프	플루트

14 배우고 싶은 학생 수가 많은 악기부터 차례로 써 보시오.

( )

소희네 반 학생들이 좋아하는 반려동물을 조사하여 표와 그래프로 나타내었습니다. 물음에 답하시오. [15 ~ 17]

좋아하는 반려동물별 학생 수

반려동물	강아지	고양이	햄스터	앵무새	합계
학생 수(명)	7	5	4	4	20

좋아하는 반려동물별 학생 수

7	○			
6	○			
5	○	○		
4	○	○	○	○
3	○	○	○	○
2	○	○	○	○
1	○	○	○	○
학생 수(명) / 반려동물	강아지	고양이	햄스터	앵무새

15 소희네 반 학생은 모두 몇 명입니까?

( )

서술형

16 표를 보고 알 수 있는 사실을 1가지 써 보시오.

서술형

17 그래프를 보고 알 수 있는 사실을 1가지 써 보시오.

현철이네 반 학생들이 좋아하는 색깔을 조사하여 표로 나타내었습니다. 노랑과 초록을 좋아하는 학생 수가 같다고 합니다. 물음에 답하시오. [18 ~ 20]

좋아하는 색깔별 학생 수

색깔	빨강	파랑	노랑	초록	합계
학생 수(명)	7	6			23

창의·융합

18 노랑을 좋아하는 학생은 몇 명입니까?

( )

19 가장 많은 학생들이 좋아하는 색깔은 무엇입니까?

( )

20 표를 보고 ○를 이용하여 그래프로 나타내어 보시오.

좋아하는 색깔별 학생 수

7				
6				
5				
4				
3				
2				
1				
학생 수(명) / 색깔	빨상	파랑	노랑	초록

C형 5. 표와 그래프

초등학교 학년 반 번 이름:

점수	확인

성태네 반 학생들이 가 보고 싶은 나라를 조사하여 표로 나타내었습니다. 물음에 답하시오. [**1** ~ **5**]

가 보고 싶은 나라별 학생 수

나라	미국	영국	일본	중국	합계
학생 수(명)	5	6	3	3	17

1 표를 보고 성태가 다음과 같이 그래프로 잘못 나타냈습니다. 잘못된 이유를 써 보시오.

가 보고 싶은 나라별 학생 수

6	○	○	○	○
5	○	○	○	○
4	○	○	○	○
3	○	○		
2	○	○		
1		○		
학생 수(명) / 나라	미국	영국	일본	중국

[이유]

2 표를 보고 ×를 이용하여 그래프로 나타내어 보시오.

가 보고 싶은 나라별 학생 수

중국						
일본						
영국						
미국						
나라 / 학생 수(명)	1	2	3	4	5	6

3 표를 보고 잘못 이야기한 사람은 누구인지 풀이 과정을 쓰고 답을 구하시오.

미국에 가 보고 싶은 학생은 6명이야.

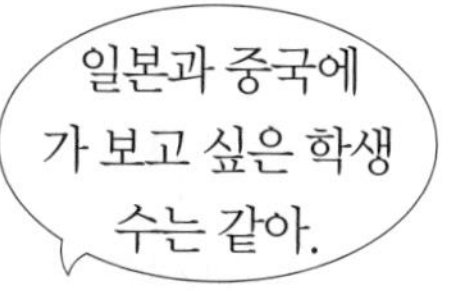

진주 성태

[풀이]

[답]

4 표를 보고 알 수 있는 사실을 1가지 써 보시오.

5 **2**번 그래프를 보고 알 수 있는 사실을 1가지 써 보시오.

연수네 반 학생들이 좋아하는 곤충을 조사하여 표로 나타내었습니다. 물음에 답하시오. [6 ~ 10]

좋아하는 곤충별 학생 수

곤충	나비	반딧불이	잠자리	사슴벌레	합계
학생 수(명)	6	4	5		22

6 사슴벌레를 좋아하는 학생은 몇 명인지 풀이 과정을 쓰고 답을 구하시오.

[풀이]

[답]

7 가장 많은 학생들이 좋아하는 곤충은 무엇인지 풀이 과정을 쓰고 답을 구하시오.

[풀이]

[답]

8 가장 적은 학생들이 좋아하는 곤충은 무엇인지 풀이 과정을 쓰고 답을 구하시오.

[풀이]

[답]

9 표를 보고 ○를 이용하여 그래프로 나타내어 보시오.

좋아하는 곤충별 학생 수

7				
6				
5				
4				
3				
2				
1				
학생 수(명) / 곤충	나비	반딧불이	잠자리	사슴벌레

10 9번 그래프를 보고 알 수 없는 내용을 찾아 기호를 쓰려고 합니다. 풀이 과정을 쓰고 답을 구하시오.

㉠ 연수네 반 학생들이 좋아하는 곤충의 종류를 알 수 있습니다.
㉡ 연수가 좋아하는 곤충이 무엇인지 알 수 있습니다.

[풀이]

[답]

A형 6. 규칙 찾기

점수 | 확인

초등학교 학년 반 번 이름:

덧셈표에서 규칙을 찾아 보려고 합니다. 물음에 답하시오. [1 ~ 2]

+	1	2	3	4	5
1	2	3	4	5	6
2	3	4	5	6	7
3	4	5	6	7	
4	5	6	7		
5	6	7			

1 빈칸에 알맞은 수를 써넣으시오.

2 빗금 친 수에는 어떤 규칙이 있는지 □ 안에 알맞은 수를 써넣으시오.

[규칙] 아래쪽으로 내려갈수록 □씩 커지는 규칙이 있습니다.

3 덧셈표에서 규칙을 찾아 빈칸에 알맞은 수를 써넣으시오.

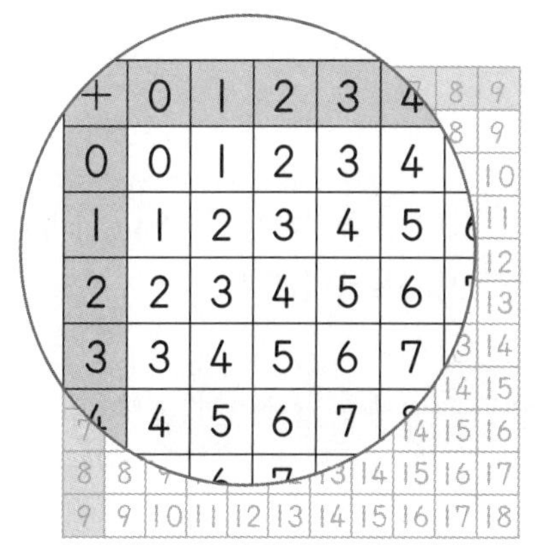

10	11	12
11	12	13

곱셈표에서 규칙을 찾아 보려고 합니다. 물음에 답하시오. [4 ~ 7]

×	3	4	5	6	7
3	9	12	15	18	21
4	12	16		24	
5	15	20	25	30	
6	18	24	30	36	42
7	21			42	49

4 빈칸에 알맞은 수를 써넣으시오.

5 빗금 친 수에는 어떤 규칙이 있는지 □ 안에 알맞은 수를 써넣으시오.

[규칙] 오른쪽으로 갈수록 □씩 커지는 규칙이 있습니다.

6 빗금 친 곳과 규칙이 같은 곳을 찾아 색칠해 보시오.

7 곱셈표를 점선을 따라 접었을 때 만나는 수는 서로 어떤 관계인지 알맞은 말에 ○표 하시오.

만나는 수들은 서로 (같습니다 , 다릅니다).

그림을 보고 물음에 답하시오. [**8** ~ **9**]

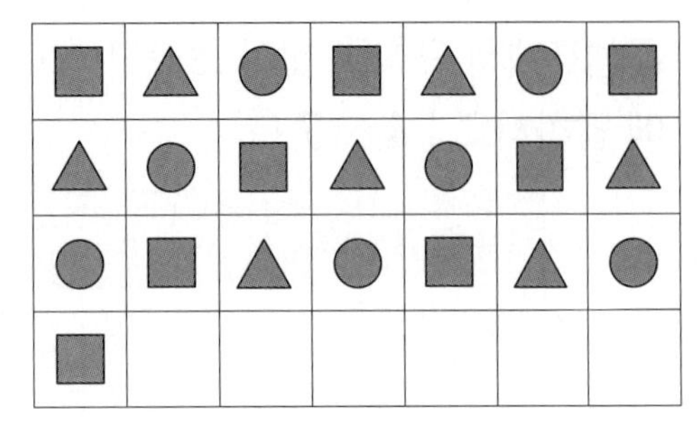

서술형

8 찾을 수 있는 규칙을 써 보시오.

[규칙]

9 빈칸에 알맞은 모양을 그려 보시오.

10 곱셈표에서 규칙을 찾아 빈칸에 알맞은 수를 써넣으시오.

×	1	2	3	4
1	1	2	3	4	5
2	2	4	6	8	10
3	3	6	9	12	15
4	4	8	12	16	20
5	5	10	15	20	

	12	14
	18	21
20	24	28
25		

달력을 보고 규칙을 찾아 보려고 합니다. 물음에 답하시오. [**11** ~ **12**]

10월

일	월	화	수	목	금	토
		1	2	3	4	5
6	7	8	9	10	11	12
13	14	15	16	17	18	19
20	21	22	23	24	25	26
27	28	29	30	31		

11 화요일은 며칠마다 반복됩니까?

( )

서술형

12 달력에서 찾을 수 있는 규칙을 써 보시오.

[규칙]

13 규칙을 찾아 □ 안에 알맞은 모양을 그려 보시오.

14 규칙에 따라 쌓기나무를 쌓아 갈 때 □ 안에 쌓을 쌓기나무는 몇 개입니까?

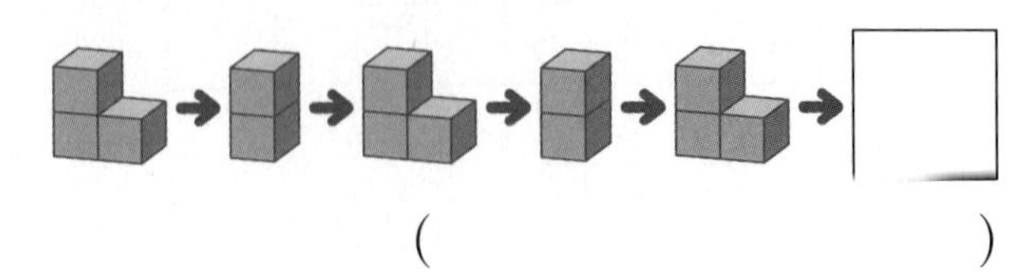

( )

은서는 흰색과 검은색 구슬을 실에 꿰고 있습니다. 물음에 답하시오. [15 ~ 16]

서술형

15 구슬을 꿰는 규칙을 써 보시오.

[규칙]

창의·융합

16 계속해서 구슬을 꿴다면 다음에는 어떤 색의 구슬을 꿰어야 하는지 검은색 구슬 자리에 색칠해 보시오.

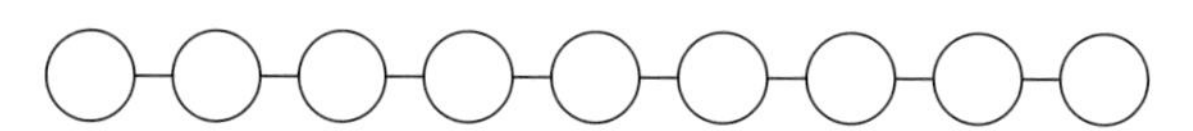

17 어떤 규칙에 따라 쌓기나무를 쌓은 것입니다. 쌓기나무를 4층으로 쌓으려면 쌓기나무는 몇 개 필요합니까?

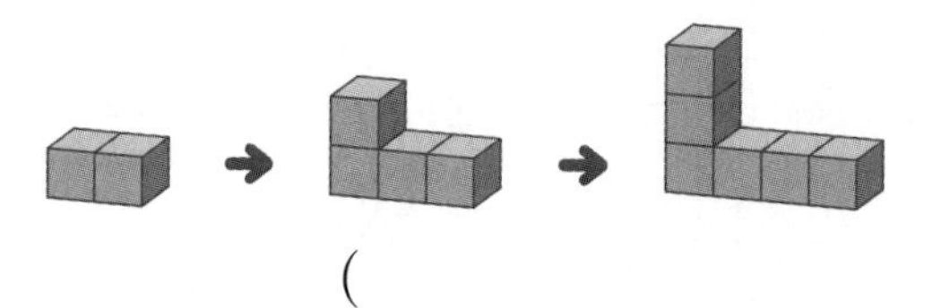

(　　　　　　　　)

어느 음악 공연장의 자리를 나타낸 그림입니다. 물음에 답하시오. [18 ~ 19]

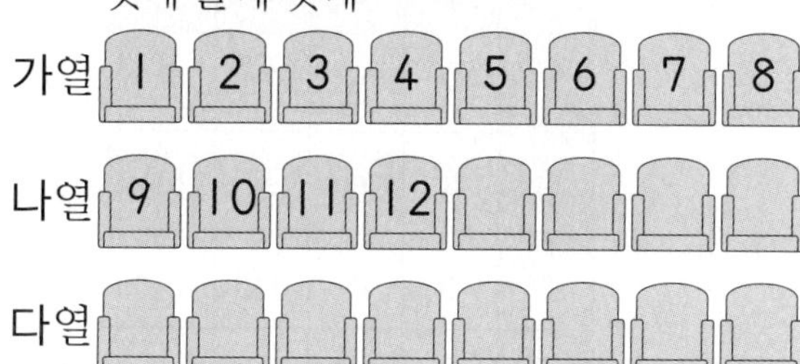

18 진주의 자리는 23번입니다. 어느 열 몇째 자리입니까?

(　　　　　　　　)

19 진호의 자리는 다열 셋째입니다. 진호가 앉을 의자의 번호는 몇 번입니까?

(　　　　　　　　)

서술형

20 덧셈표에서 빈칸에 알맞은 수를 써넣고 덧셈표에서 규칙을 찾아 써 보시오.

+	2	4		
3	5	7	9	11
5	7	9	11	13
	9		13	15
	11	13		

[규칙]

B형 6. 규칙 찾기

초등학교 학년 반 번 이름:

점수	확인

덧셈표에서 규칙을 찾아 보려고 합니다. 물음에 답하시오. [1 ~ 2]

+	1	3	5	7	9
1	2	4	6	8	10
3	4	6	8	10	12
5	6	8	10	12	
7	8	10	12		
9	10	12			

1 빈칸에 알맞은 수를 써넣으시오.

2 빗금 친 수에는 어떤 규칙이 있는지 □ 안에 알맞은 수를 써넣으시오.

[규칙] 오른쪽으로 갈수록 □씩 커지는 규칙이 있습니다.

3 덧셈표에서 규칙을 찾아 빈칸에 알맞은 수를 써넣으시오.

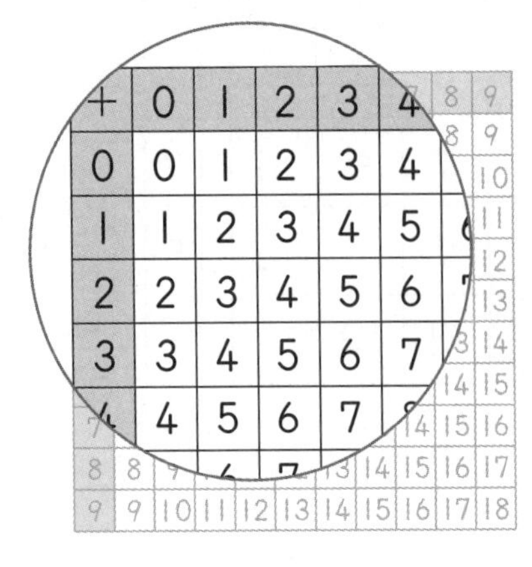

13		
14	15	
15	16	

곱셈표에서 규칙을 찾아 보려고 합니다. 물음에 답하시오. [4 ~ 5]

×	2	3	4	5	6
2	4	6	8	10	12
3	6	9	12	15	18
4	8	12	16	20	24
5	10	15	20		
6	12		24		

4 빈칸에 알맞은 수를 써넣으시오.

5 빗금 친 수에는 어떤 규칙이 있는지 □ 안에 알맞은 수를 써넣으시오.

[규칙] 아래쪽으로 내려갈수록 □씩 커지는 규칙이 있습니다.

6 곱셈표에서 규칙을 찾아 빈칸에 알맞은 수를 써넣으시오.

×	1	2	3	4
1	1	2	3	4
2	2	4	6	8
3	3	6	9	12
4	4	8	12	16

28	32	
35	40	
42	48	54
		63

그림을 보고 물음에 답하시오. [**7** ~ **8**]

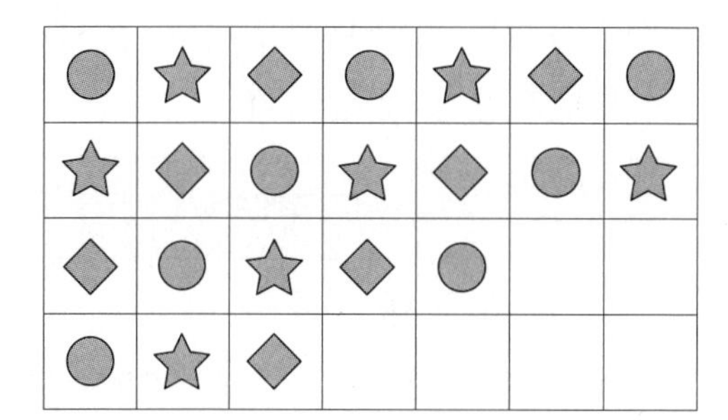

서술형

7 찾을 수 있는 규칙을 써 보시오.

[규칙]

8 빈칸에 알맞은 모양을 그려 보시오.

서술형

9 쌓기나무로 다음과 같은 모양을 쌓았습니다. 쌓은 규칙을 써 보시오.

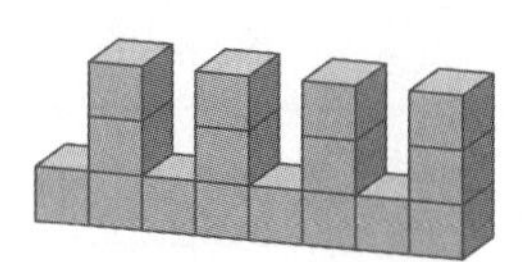

[규칙]

10 규칙을 찾아 □ 안에 알맞은 모양을 그려 보시오.

수 카드를 규칙에 따라 놓았습니다. 물음에 답하시오. [**11** ~ **12**]

11 규칙에 맞게 ↑표 한 빈 카드에 들어갈 수를 구하시오.

( )

서술형

12 수 카드가 놓여 있는 규칙을 써 보시오.

[규칙]

규칙에 따라 쌓기나무를 쌓아 갈 때 □ 안에 쌓을 쌓기나무는 몇 개인지 구하시오.

[**13** ~ **14**]

13

( )

14

( )

어떤 규칙에 따라 쌓기나무를 쌓은 것입니다. 물음에 답하시오. [15 ~ 16]

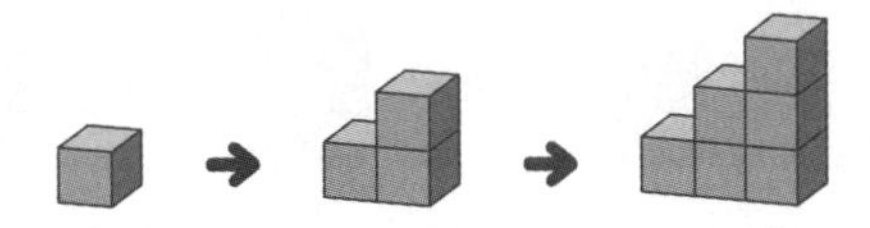

서술형

15 쌓은 규칙을 써 보시오.

[규칙]

16 다음에 이어질 모양에 쌓을 쌓기나무는 모두 몇 개입니까?

(　　　　　　　　)

창의·융합

17 엘리베이터 안에 있는 버튼의 수에서 찾을 수 있는 규칙을 써 보시오.

[규칙]

18 어느 공연장의 자리를 나타낸 그림입니다. 은서의 자리는 라열 넷째입니다. 은서가 앉을 의자의 번호는 몇 번입니까?

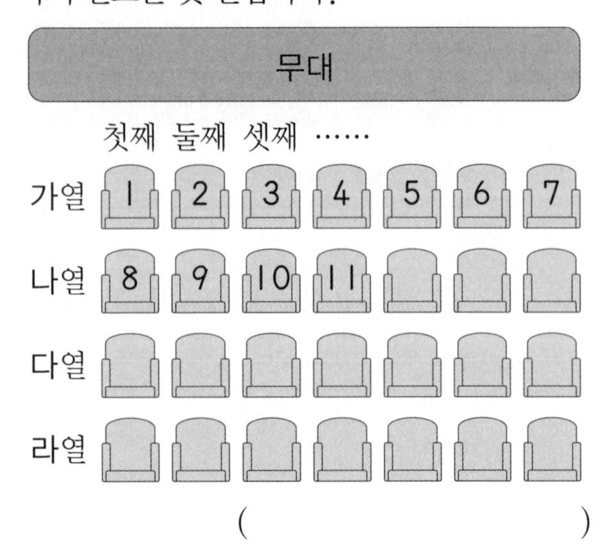

(　　　　　　　　)

곱셈표를 완성하고 규칙을 찾아 보려고 합니다. 물음에 답하시오. [19 ~ 20]

×	2	4	6	
2	4	8		16
4	8	16		32
6			36	48
	16	32	48	64

19 빈칸에 알맞은 수를 써넣으시오.

서술형

20 곱셈표에서 규칙을 찾아 써 보시오.

[규칙]

C형

6. 규칙 찾기

초등학교 학년 반 번 이름:

점수	확인

덧셈표에서 규칙을 찾아 보려고 합니다. 물음에 답하시오. [**1** ~ **3**]

+	3	4	5	6	7
3	6	7	8	9	10
4	7	8	9	10	
5	8	9	10		
6	9	10	11	12	
7	10	11	12		14

1 빈칸에 알맞은 수를 써넣으시오.

2 빗금 친 수의 규칙을 써 보시오.

[규칙]

3 점선에 놓인 수의 규칙을 써 보시오.

[규칙]

곱셈표에서 규칙을 찾아 보려고 합니다. 물음에 답하시오. [**4** ~ **6**]

×	5	6	7	8	9
5	25	30	35	40	45
6	30	36	42	48	54
7	35	42	49		
8	40	48	56	64	72
9	45	54			

4 빈칸에 알맞은 수를 써넣으시오.

5 빗금 친 수의 규칙을 써 보시오.

[규칙]

6 점선에 놓인 수의 규칙을 써 보시오.

[규칙]

벽에 수가 적힌 타일을 규칙에 따라 붙였습니다. 물음에 답하시오. [**7** ~ **8**]

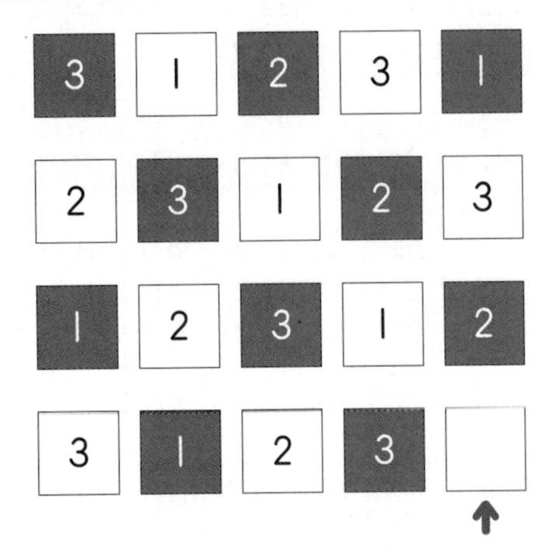

7 규칙에 맞게 ↑표 한 빈 타일에 들어갈 수를 구하시오.

(　　　　　　　　　　)

8 타일이 붙어 있는 규칙을 써 보시오.

[규칙]

9 쌓기나무로 다음과 같은 모양을 쌓았습니다. 쌓은 규칙을 써 보시오.

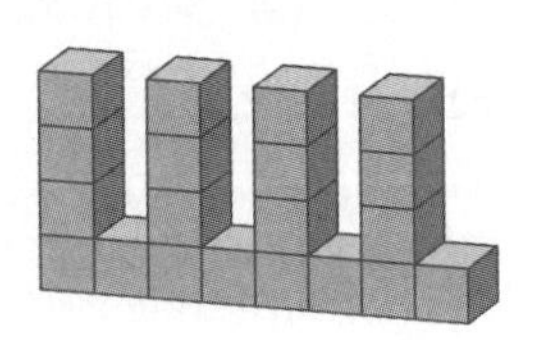

[규칙]

10 어떤 규칙에 따라 쌓기나무를 쌓은 것입니다. 쌓은 규칙을 써 보시오.

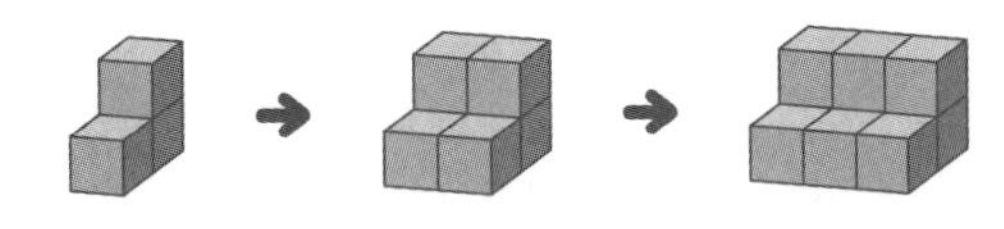

[규칙]

정답과 풀이

1. 네 자리 수

A형 1~2쪽

1 3000
2 삼천칠백사십육
3 4900, 5000
4 <
5 7, 4
6 70
7 7000
8 9200, 구천이백
9 5317에 ○표
10 진주
11 7470
12 9726에 ○표
13 예 1000개씩 7자루이면 7000개입니다. ; 7000개
14 ㉡
15 4003에 ○표
16 예 1324>1287이므로 사과를 더 많이 수확했습니다. ; 사과
17 400원
18 9754
19 4579
20 8, 9

17 1000은 600보다 400 큰 수이므로 1000원이 되려면 **400원**이 더 필요합니다.
20 천, 백, 십의 자리 숫자가 같으므로 일의 자리 숫자를 비교하면 □는 7보다 커야 합니다. ⇨ □=8, 9

B형 3~4쪽

1 이천육백팔십사
2 5230, 5240
3 6, 3
4 >
5 3496
6 500
7 1143, 천백사십삼
8 7638에 ○표
9 200
10 ( )
( )
(○)
11 3750
12 5864에 ○표
13 300
14 2830에 ○표
15 예 천 원짜리 지폐 5장이면 5000원, 백 원짜리 동전 4개이면 400원이므로 정호의 저금통에 들어 있던 돈은 5400원입니다. ; 5400원
16 예 2401>2399이므로 더 많은 사람이 사는 마을은 민주네 마을입니다. ; 민주네 마을
17 3000개
18 8672
19 10개
20 7

18 십의 자리 숫자가 7인 네 자리 수를 □□7□라고 하고 높은 자리에 7을 제외한 2, 6, 8을 큰 수부터 차례로 쓰면 **8672**입니다.
19 천의 자리 숫자가 5, 백의 자리 숫자가 3, 일의 자리 숫자가 1인 네 자리 수를 53□1이라고 하면 53□1에서 □ 안에는 0부터 9까지의 수가 들어갈 수 있습니다. 따라서 53□1인 네 자리 수는 모두 **10개**입니다.
20 백의 자리 숫자를 비교하면 8>1이므로 □는 6보다 커야 합니다. 따라서 □ 안에 들어갈 수 있는 가장 작은 수는 **7**입니다.

C형 5~6쪽

1 예 1000이 1개, 100이 2개, 10이 3개이면 1230이고 천이백삼십이라고 읽습니다. ; 천이백삼십
2 예 4739<4812이므로 더 큰 수를 말한 사람은 아라입니다. ; 아라
3 예 숫자 9가 얼마를 나타내는지 각각 알아보면 7923 ⇨ 900, 9246 ⇨ 9000, 2794 ⇨ 90
따라서 숫자 9가 9000을 나타내는 수는 9246입니다. ; 9246
4 예 1000개씩 5상자이면 5000개입니다. ; 5000개
5 예 천 원짜리 지폐 2장이면 2000원, 백 원짜리 동전 5개이면 500원이므로 해주가 문방구에서 낸 돈은 2500원입니다. ; 2500원
6 예 8350>8089이므로 은서의 통장에 들어 있는 돈이 더 많습니다. ; 은서
7 예 천의 자리 숫자가 1씩 커지므로 1000씩 뛰어 센 것입니다. 따라서 빈칸에 알맞은 수는 8129입니다. ; 8129
8 예 100개씩 40상자이면 4000개입니다. ; 4000개

9 예 높은 자리에 큰 수부터 차례로 쓰면 가장 큰 네 자리 수는 8653입니다. ; 8653

10 예 높은 자리에 작은 수부터 차례로 쓰면 가장 작은 네 자리 수는 3568입니다. ; 3568

2. 곱셈구구

A형 (7~8쪽)

1 4, 8
2 9
3 42
4 4
5 0
6 24
7 54
8 10, 15, 20
9
10 3
11 >
12 8씩
13 6의 단
14 [4]×[5]
15 [5]×[7], [7]×[5]
16 3
17 72개
18 4×7=28 ; 28개
19 [식 1] 7×2=14
[식 2] 2×7=14
20 31개

16 6×3=18이므로 □=3입니다.
19 딸기가 7개씩 2묶음 있으므로 7×2=14입니다.
딸기가 2개씩 7묶음 있으므로 2×7=14입니다.
20 풀의 수: 8×2=16(개)
가위의 수: 5×3=15(개)
⇨ 16+15=31(개)

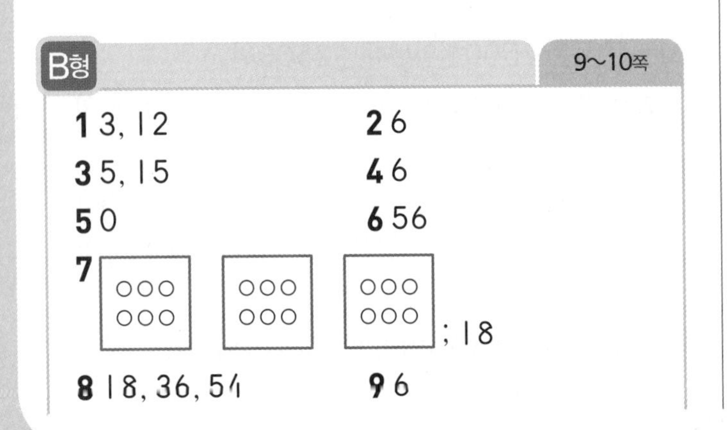

B형 (9~10쪽)

1 3, 12
2 6
3 5, 15
4 6
5 0
6 56
7 ; 18
8 18, 36, 54
9 6
10
11 =
12 (○)( )( )
13 5
14 4, 8
15 (위부터) 18, 24, 30 ; 14, 21, 35 ; 16, 24, 32, 40 ; 18, 27, 36, 45
16 18개
17 4×4=16 ; 16개
18 29살
19 [방법 1] 예 6×4를 이용하여 구합니다.
[방법 2] 예 6×3에 6을 더해서 구합니다.
20 10점

13 5×5=25이므로 □=5입니다.
18 진주 나이의 3배: 9×3=27
진주 이모의 나이: 27+2=29(살)
20 1점짜리 공 3개를 꺼냈으므로 1×3=3(점)
2점짜리 공 2개를 꺼냈으므로 2×2=4(점)
3점짜리 공 1개를 꺼냈으므로 3×1=3(점)
⇨ 3+4+3=10(점)

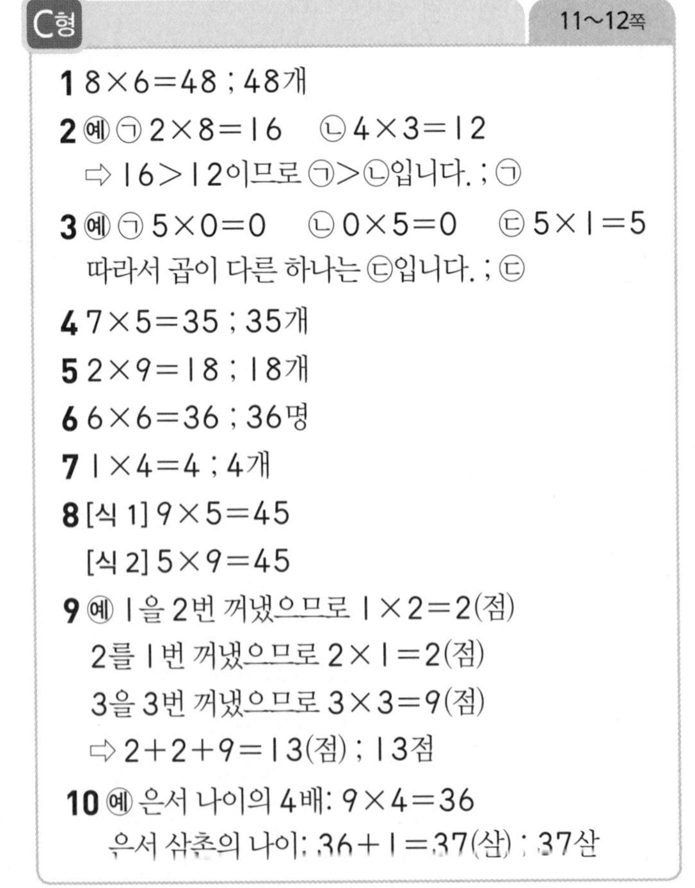

C형 (11~12쪽)

1 8×6=48 ; 48개
2 예 ㉠ 2×8=16 ㉡ 4×3=12
⇨ 16>12이므로 ㉠>㉡입니다. ; ㉠
3 예 ㉠ 5×0=0 ㉡ 0×5=0 ㉢ 5×1=5
따라서 곱이 다른 하나는 ㉢입니다. ; ㉢
4 7×5=35 ; 35개
5 2×9=18 ; 18개
6 6×6=36 ; 36명
7 1×4=4 ; 4개
8 [식 1] 9×5=45
[식 2] 5×9=45
9 예 1을 2번 꺼냈으므로 1×2=2(점)
2를 1번 꺼냈으므로 2×1=2(점)
3을 3번 꺼냈으므로 3×3=9(점)
⇨ 2+2+9=13(점) ; 13점
10 예 은서 나이의 4배: 9×4=36
은서 삼촌의 나이: 36+1=37(살) ; 37살

3. 길이 재기

A형 (13~14쪽)

1 3 미터 70 센티미터
2 460
3 1, 52
4 9 m 30 cm
5 5 m 10 cm
6 1 m 10 cm
7 m
8 cm
9 2 m
10
11 3 m
12 20 cm
13 3 m 95 cm
14 5 m 70 cm
15 ㉡
16 진호
17 3 m 30 cm−2 m 20 cm=1 m 10 cm ; 1 m 10 cm
18 22 m 45 cm+16 m 20 cm =38 m 65 cm ; 38 m 65 cm
19 정윤
20 3 m

10 2 m 5 cm=205 cm, 2 m 50 cm=250 cm
13 1 m 55 cm+2 m 40 cm=**3 m 95 cm**
14 6 m 85 cm−1 m 15 cm=**5 m 70 cm**
16 1 m 53 cm=153 cm
⇨ 153 cm>135 cm이므로 줄넘기의 길이가 더 긴 사람은 **진호**입니다.
19 3 m와 각자 가진 끈의 길이의 차이를 각각 구하면 도영: 30 cm, 정윤: 3 cm, 현수: 13 cm
⇨ 3 cm<13 cm<30 cm이므로 3 m에 가장 가까운 길이의 끈을 가진 사람은 **정윤**입니다.
20 2+2+2=6이므로 운동장에 있는 시소의 길이는 재희의 두 걸음의 약 3배입니다.
⇨ 1 m+1 m+1 m=**3 m**

B형 (15~16쪽)

1 216
2 1, 5
3 7 m 33 cm
4 4 m 25 cm
5 1 m 30 cm
6 m
7 3, 58
8 ③
9 1 m
10 5 m
11 4 m 60 cm
12 2 m 25 cm
13 (○) ( ) (○)
14 ㉡
15 <
16 1 m 15 cm+1 m 30 cm=2 m 45 cm ; 2 m 45 cm
17 은서
18 3 m 32 cm−1 m 22 cm=2 m 10 cm ; 2 m 10 cm
19 5 m 42 cm
20

	8	m	7	6	cm
−	1	m	3	5	cm
	7	m	4	1	cm

15 1 m 35 cm+5 m 30 cm=6 m 65 cm =665 cm
⇨ 665 cm<695 cm
17 5 m와 각자 가진 줄의 길이의 차이를 각각 구하면 은서: 15 cm, 현철: 20 cm
⇨ 15 cm<20 cm이므로 5 m에 더 가까운 길이의 줄을 가진 사람은 은서입니다.
19 3 m 32 cm+2 m 10 cm=**5 m 42 cm**
20 가장 긴 길이: m 단위부터 큰 수를 넣으면 8 m 76 cm입니다.
⇨ 8 m 76 cm−1 m 35 cm=7 m 41 cm

C형 (17~18쪽)

1 예 자의 눈금이 5부터 시작해서 1 m 5 cm가 아닙니다.
2 예 1 m 45 cm=145 cm
⇨ 145 cm<150 cm이므로 더 멀리 뛴 사람은 현철입니다. ; 현철
3 2 m 10 cm+2 m 50 cm=4 m 60 cm ; 4 m 60 cm
4 4 m 30 cm−2 m 20 cm=2 m 10 cm ; 2 m 10 cm
5 3 m 50 cm−2 m 30 cm=1 m 20 cm ; 1 m 20 cm
6 예 140 cm=1 m 40 cm
⇨ 4 m 40 cm+1 m 40 cm=5 m 80 cm ; 5 m 80 cm

7 22 m 45 cm+36 m 20 cm=58 m 65 cm ; 58 m 65 cm

8 58 m 65 cm−40 m 40 cm=18 m 25 cm ; 18 m 25 cm

9 예 ㉡ 5 m 70 cm=570 cm
⇨ 575 cm>570 cm>507 cm이므로 가장 긴 길이는 ㉠입니다. ; ㉠

10 예 2 m와 각자 가진 끈의 길이의 차이를 각각 구하면
혜리: 25 cm, 정혁: 10 cm, 주하: 5 cm
⇨ 5 cm<10 cm<25 cm이므로 2m에 가장 가까운 길이의 끈을 가진 사람은 주하입니다. ; 주하

4. 시각과 시간

A형 19~20쪽

1 55
2 1시 50분
3 9시 13분
4 5시 10분 전
5 1, 20
6 39
7 2월에 ○표
8
9

10 5시 10분 20분 30분 40분 50분 6시 10분 20분 30분 40분 50분 7시
11 1시간 40분
12 5번
13 토요일
14 5월 12일
15 오전에 ○표 ; 4, 45
16 오후에 ○표 ; 3, 45
17 예 ㉠ 1년 5개월=17개월
⇨ 17개월>16개월이므로 더 짧은 기간은 ㉡입니다. ; ㉡
18 11시 40분
19 예 시계의 긴바늘이 가리키는 1을 5분이 아니라 1분이라고 읽었기 때문입니다. ; 6시 5분
20 근우

6 1일 15시간=24시간+15시간=39시간
7 1월: 31일, 2월: 28일 또는 29일, 4월: 30일
14 1주일=7일이므로 5일+7일=12일입니다.
15 긴바늘이 한 바퀴를 돌면 60분=1시간이 지납니다.
16 짧은바늘이 한 바퀴를 돌면 12시간이 지납니다.
18 10시 10분 →(1시간 후) 11시 10분 →(30분 후) 11시 40분
20 근우가 그림을 그리는 데 걸린 시간: 2시간
현철이가 그림을 그리는 데 걸린 시간: 1시간 35분
따라서 그림을 더 오래 그린 사람은 근우입니다.

B형 21~22쪽

1 4시 35분
2 2시 54분
3 5
4 8시 15분 전
5 1, 35
6 50
7 (○)
( )
8
9 3시 10분 20분 30분 40분 50분 4시 10분 20분 30분 40분 50분 5시
10 1시간 10분
11 (○)( )
12 4번
13 화요일
14 4월 19일
15 6월 30일
16 10시 40분
17 1시간 30분
18 예 8시 15분 전은 7시 45분입니다. 따라서 더 일찍 일어난 사람은 7시 40분에 일어난 정희입니다. ; 정희
19 예 9월 마지막 날은 9월 30일이고, 9월 30일로부터 10일 전은 9월 20일입니다. ; 9월 20일
20 4시 20분

6 2일 2시간=48시간+2시간=50시간
7 3년 5개월=41개월
11 4월: 30일, 6월: 30일
7월: 31일, 11월: 30일
14 2주일=14일이므로 5일+14일=19일입니다.
16 시계의 짧은바늘이 10과 11 사이를 가리키고, 긴바늘이 8을 가리키므로 10시 40분입니다.

17 3시 20분 $\xrightarrow{\text{1시간 후}}$ 4시 20분 $\xrightarrow{\text{30분 후}}$ 4시 50분

20 5시 40분 $\xrightarrow{\text{1시간 전}}$ 4시 40분 $\xrightarrow{\text{20분 전}}$ 4시 20분

C형 — 23~24쪽

1 예 5월: 31일, 8월: 31일, 11월: 30일
따라서 날수가 다른 달은 11월입니다. ; 11월

2 예 시계가 나타내는 시각은 5시 55분이고 5시 55분은 6시 5분 전입니다. 따라서 옳게 말한 사람은 수지입니다. ; 수지

3 예 목요일은 2일, 9일, 16일, 23일, 30일이므로 모두 5번 있습니다. ; 5번

4 수요일

5 예 1주일=7일이므로 1일+7일=8일입니다.
; 3월 8일

6 예 ㉠ 5주일=35일이므로 잘못된 것은 ㉠입니다.
; ㉠

7 예 ㉠ 1일 14시간=24시간+14시간=38시간
⇨ 38시간<40시간이므로 더 긴 시간은 ㉡입니다. ; ㉡

8 예 시계의 긴바늘이 가리키는 3을 15분이 아니라 3분이라고 읽었기 때문입니다.

9 8시 15분

10 예 2년 5개월=29개월
⇨ 29개월<32개월이므로 태권도를 더 오래 배운 사람은 현종입니다. ; 현종

5. 표와 그래프

A형 — 25~27쪽

1 사과

2 종인, 수일, 정희, 진호

3 8, 4, 3, 20

4 8명

5

6		○		
5	○	○		
4	○	○	○	
3	○	○	○	○
2	○	○	○	○
1	○	○	○	○
학생 수(명) / 나라	영국	미국	일본	중국

6 나라

7

중국	×	×	×			
일본	×	×	×	×		
미국	×	×	×	×	×	×
영국	×	×	×	×	×	
나라 / 학생 수(명)	1	2	3	4	5	6

8 학생 수

9 21명

10 ㉠

11 표

12 4, 6, 3, 2, 15

13

6		/		
5		/		
4	/	/		
3	/	/	/	
2	/	/	/	/
1	/	/	/	/
학생 수(명) / 간식	피자	떡볶이	김밥	치킨

14 떡볶이

15 예 7명인 학생 수를 나타낼 수 없기 때문입니다.

16

요리사	○	○	○	○			
연예인	○	○	○	○	○	○	○
의사	○	○	○	○	○		
선생님	○	○	○	○			
장래 희망 / 학생 수(명)	1	2	3	4	5	6	7

17 연예인

18 예 19−4−7−2=6(명) ; 6명

19 장미

20

7		○		
6		○		○
5		○		○
4	○	○		○
3	○	○		○
2	○	○	○	○
1	○	○	○	○
학생 수(명) / 꽃	국화	장미	해바라기	튤립

10 ㉠ 가장 많은 학생들이 가 보고 싶은 주제별 체험 학습 장소는 과학관입니다.

14 그래프에서 / 가 가장 많은 간식을 찾아 봅니다.

17 그래프에서 ○가 가장 많은 장래 희망을 찾아 봅니다.

19 7>6>4>2이므로 가장 많은 학생들이 좋아하는 꽃은 **장미**입니다.

20 아래에서 위로 빈칸 없이 채워서 표시합니다.

B형 28~30쪽

1 축구　**2** 4, 6, 7, 3, 20

3 20명　**4** 6명

5

7			○	
6		○	○	
5		○	○	
4	○	○	○	
3	○	○	○	○
2	○	○	○	○
1	○	○	○	○
학생 수(명) / 운동	축구	농구	야구	배구

6 운동

7

배구	×	×	×				
야구	×	×	×	×	×	×	×
농구	×	×	×	×	×	×	
축구	×	×	×	×			
운동 / 학생 수(명)	1	2	3	4	5	6	7

8 학생 수　**9** 22명

10 여름　**11** 봄, 가을

12 6, 5, 1, 3, 15

13

6	/			
5	/	/		
4	/	/		
3	/	/		/
2	/	/		/
1	/	/	/	/
학생 수(명) / 악기	피아노	바이올린	하프	플루트

14 피아노, 바이올린, 플루트, 하프

15 20명

16 예 소희네 반에서 강아지를 좋아하는 학생은 7명입니다.

17 예 소희네 반에서 가장 많은 학생들이 좋아하는 반려동물은 강아지입니다.

18 5명　**19** 빨강

20

7	○			
6	○	○		
5	○	○	○	○
4	○	○	○	○
3	○	○	○	○
2	○	○	○	○
1	○	○	○	○
학생 수(명) / 색깔	빨강	파랑	노랑	초록

14 그래프에서 /가 많은 악기부터 차례로 씁니다.

18 (노랑과 초록을 좋아하는 학생 수의 합)
=23−7−6=10(명)
⇨ 5+5=10이므로 노랑을 좋아하는 학생은 **5명**입니다.

19 7>6>5이므로 가장 많은 학생들이 좋아하는 색깔은 **빨강**입니다.

C형 31~32쪽

1 예 아래에서 위로 빈칸 없이 채워서 표시하지 않았기 때문입니다.

2

중국	×	×	×			
일본	×	×	×			
영국	×	×	×	×	×	×
미국	×	×	×	×	×	
나라 / 학생 수(명)	1	2	3	4	5	6

3 예 미국에 가 보고 싶은 학생은 5명이므로 잘못 이야기한 사람은 진주입니다. ; 진주

4 예 성태네 반에서 영국에 가 보고 싶은 학생은 6명입니다.

5 예 성태네 반에서 가장 많은 학생들이 가 보고 싶은 나라는 영국입니다.

6 예 22−6−4−5=7(명) ; 7명

7 예 7>6>5>4이므로 가장 많은 학생들이 좋아하는 곤충은 사슴벌레입니다. ; 사슴벌레

8 예 4<5<6<7이므로 가장 적은 학생들이 좋아하는 곤충은 반딧불이입니다. ; 반딧불이

9

7				○
6	○			○
5	○		○	○
4	○	○	○	○
3	○	○	○	○
2	○	○	○	○
1	○	○	○	○
학생 수(명) / 곤충	나비	반딧불이	잠자리	사슴벌레

10 예 ㉠ 그래프를 보고 연수네 반 학생들이 좋아하는 곤충의 종류를 알아보면 나비, 반딧불이, 잠자리, 사슴벌레입니다. 따라서 그래프를 보고 알 수 없는 내용은 ㉡입니다. ; ㉡

6. 규칙 찾기

A형 33~35쪽

1 (위부터) 8 ; 8, 9 ; 8, 9, 10

2 1

3 12, 14

4 (위부터) 20, 28 ; 35 ; 28, 35

5 6

6

×	3	4	5	6	7
3	9	12	15	18	21
4	12	16	20	24	28
5	15	20	25	30	35
6	18	24	30	36	42
7	21	28	35	42	49

7 같습니다에 ○표

8 예 ■, ▲, ●가 반복되는 규칙이 있습니다.

9

■	▲	●	■	▲	●	■
▲	●	■	▲	●	■	▲
●	■	▲	●	■	▲	●
■	▲	●	■	▲	●	■

10 30, 35

11 7일

12 예 같은 요일은 7일마다 반복되는 규칙이 있습니다.

13 ○

14 2개

15 예 흰색 구슬과 검은색 구슬이 반복되고, 흰색 구슬의 수가 하나씩 커지는 규칙이 있습니다.

16 ●-○-○-○-○-○-●-○-○

17 8개

18 다열 일곱째 자리

19 19번

20

+	2	4	6	8
3	5	7	9	11
5	7	9	11	13
7	9	11	13	15
9	11	13	15	17

; 예 같은 줄에서 오른쪽으로 갈수록 2씩 커지는 규칙이 있습니다.

3 같은 줄에서 아래쪽으로 내려갈수록 1씩 커지는 규칙이 있습니다.

10

	12	14
	18	21
20	24	28
25	㉠	㉡

12부터 아래쪽으로 내려갈수록 6씩 커지는 규칙이 있습니다. ⇨ ㉠=24+6=30

14부터 아래쪽으로 내려갈수록 7씩 커지는 규칙이 있습니다. ⇨ ㉡=28+7=35

13 ○, △, ☆가 반복되고, 검은색과 흰색이 반복되는 규칙이 있습니다.

14 쌓기나무가 3개, 2개인 모양이 반복되는 규칙이 있습니다. 따라서 □ 안에 쌓을 쌓기나무는 2개입니다.

16 검은색 구슬 1개, 흰색 구슬 5개를 꿰어야 합니다.

17 쌓기나무가 위와 오른쪽으로 1개씩 늘어나는 규칙이 있습니다.

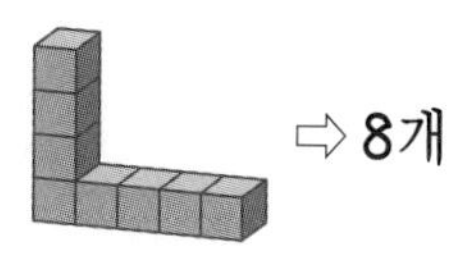

⇨ 8개

18

첫째 둘째 셋째 ……

가열	1	2	3	4	5	6	7	8
나열	9	10	11	12	13	14	15	16
다열	17	18	19	20	21	22	23	24

↑ 진주의 자리 (23)

19 오른쪽으로 갈수록 1씩 커지고 뒤로 갈수록 8씩 커집니다.
진호가 앉을 의자의 번호: 11+8=19(번)

B형 36~38쪽

1 (위부터) 14 ; 14, 16 ; 14, 16, 18
2 2
3 16, 17
4 (위부터) 25, 30 ; 18, 30, 36
5 4
6 49, 56
7 예 ●, ★, ◆가 반복되는 규칙이 있습니다.
8

●	★	◆	●	★	◆	●
★	◆	●	★	◆	●	★
◆	●	★	◆	●	★	◆
●	★	◆	●	★	◆	●

9 예 쌓기나무가 1개, 3개, 1개, 3개가 반복되는 규칙이 있습니다.
10 ♥
11 1
12 예 1, 2, 3이 반복되고, 흰색과 검은색이 반복되는 규칙이 있습니다.
13 3개
14 4개
15 예 오른쪽으로 1층, 2층, 3층을 쌓은 것으로 쌓은 쌓기나무가 1층씩 늘어나는 규칙이 있습니다.
16 10개
17 예 위아래로 1층씩 차이가 나고, 오른쪽으로 한 칸 가면 4층씩 차이가 나는 규칙이 있습니다.
18 25번
19

×	2	4	6	8
2	4	8	12	16
4	8	16	24	32
6	12	24	36	48
8	16	32	48	64

20 예 4에서 64까지 ↘ 방향으로 접으면 만나는 수들은 서로 같습니다.

3 같은 줄에서 오른쪽으로 갈수록 1씩 커지는 규칙이 있습니다.

6

28	32	
35	40	
42	48	54
㉠	㉡	63

28부터 아래쪽으로 내려갈수록 7씩 커지는 규칙이 있습니다. ⇨ ㉠=42+7=49
32부터 아래쪽으로 내려갈수록 8씩 커지는 규칙이 있습니다. ⇨ ㉡=48+8=56

10 ♡, △, ○가 반복되고, 흰색과 검은색이 반복되는 규칙이 있습니다.

14 쌓기나무가 3개, 4개인 모양이 반복되는 규칙이 있습니다.

16 ⇨ 10개

18 오른쪽으로 갈수록 1씩 커지고 뒤로 갈수록 7씩 커집니다.
은서가 앉을 의자의 번호: 11+7+7=25(번)

C형 39~40쪽

1 (위부터) 11 ; 11, 12 ; 13 ; 13
2 예 아래쪽으로 내려갈수록 1씩 커지는 규칙이 있습니다.
3 예 ↘ 방향으로 갈수록 2씩 커지는 규칙이 있습니다.
4 (위부터) 56, 63 ; 63, 72, 81
5 예 오른쪽으로 갈수록 8씩 커지는 규칙이 있습니다.
6 예 ↓ 방향으로 갈수록 6씩 커지는 규칙이 있습니다.
7 1
8 예 3, 1, 2가 반복되고, 검은색과 흰색이 반복되는 규칙이 있습니다.
9 예 쌓기나무가 4개, 1개, 4개, 1개가 반복되는 규칙이 있습니다.
10 예 쌓기나무가 오른쪽으로 3개씩 늘어나는 규칙이 있습니다.

단원평가
문 제 집

수학 전문 교재

●연산 학습

빅터연산	예비초~6학년, 총 20권
참의융합 빅터연산	예비초~4학년, 총 16권

●개념 학습

개념클릭 해법수학	1~6학년, 학기용

●수준별 수학 전문서

해결의법칙(개념/유형/응용)	1~6학년, 학기용

●단원평가 대비

수학 단원평가	1~6학년, 학기용

●단기완성 학습

초등 수학전략	1~6학년, 학기용

●상위권 학습

최고수준 S 수학	1~6학년, 학기용
최고수준 수학	1~6학년, 학기용
최강 TOT 수학	1~6학년, 학년용

●경시대회 대비

해법 수학경시대회 기출문제	1~6학년, 학기용

예비 중등 교재

●해법 반편성 배치고사 예상문제	6학년
●해법 신입생 시리즈(수학/영어)	6학년

맞춤형 학교 시험대비 교재

●열공 전과목 단원평가	1~6학년, 학기용(1학기 2~6년)

한자 교재

●해법 NEW 한자능력검정시험 자격증 한번에 따기	8~3급, 총 9권
●씽씽 한자 자격시험	8~5급, 총 4권
●한자 전략	8~5급Ⅱ, 총 12권

모든 유형을
다 담은
해결의 법칙